国家精品课程系列教材
国家视频共享课配套教材
教育部大学计算机课程改革项目成果

计 算 机 导 论

——以计算思维为导向（第3版）

董卫军　邢为民　索琦　编著
耿国华　主审

電子工業出版社
Publishing House of Electronics Industry
北京·BEIJING

内 容 简 介

本书是国家精品课程“计算机基础”的主教材，也是教育部大学计算机课程改革项目成果之一。全书以计算机思维为切入点，重构大学计算机的知识体系，促进计算思维能力培养，提升大学生综合素质和创新能力。

本书共 9 章，包括基础理论、实践应用两个层面。基础理论篇以培养计算思维能力为目的，从认识问题、存储问题、解决问题的角度组织内容，认识和理解计算思维的本质，以及通过计算机实现计算思维的基本过程，避免理论体系的大跨度跳跃，包括认识计算机、简单数据在计算机中的表示、复杂问题的存储与处理、规模数据的有效管理。实践应用篇以理解计算思维为目的，从计算机的常用软件入手，强化实践，培养学生利用计算机解决实际问题的能力，包括数据的共享与利用、云计算基础、大数据基础、Windows 7 操作系统、Office 2013 日常信息处理。

为方便教学，本书提供相关教学资料，读者可登录华信教育资源网（http://www.hxedu. com.cn）下载。

本书可作为高等学校“大学计算机”及相关课程的教材，也可作为全国计算机应用技术证书考试的培训教材或计算机爱好者的自学教材。

图书在版编目 (CIP) 数据

计算机导论：以计算思维为导向 / 董卫军，邢为民，索琦编著. — 3 版. —北京：电子工业出版社，2017.7
ISBN 978-7-121-31500-8

I. ①计… II. ①董… ②邢… ③索… III. ①电子计算机－高等学校－教材 IV. ①TP3

中国版本图书馆 CIP 数据核字(2017)第 105061 号

策划编辑：戴晨辰
责任编辑：袁　玺
印　　刷：北京虎彩文化传播有限公司
装　　订：北京虎彩文化传播有限公司
出版发行：电子工业出版社
　　　　　北京市海淀区万寿路 173 信箱　　邮编：100036
开　　本：787×1092　1/16　印张：19.5　字数：486.72 千字
版　　次：2011 年 5 月第 1 版
　　　　　2017 年 7 月第 3 版
印　　次：2023 年 8 月第13次印刷
定　　价：42.00 元

凡所购买电子工业出版社图书有缺损问题，请向购买书店调换。若书店售缺，请与本社发行部联系，联系及邮购电话：(010)88254888，88258888。

质量投诉请发邮件至 zlts@phei.com.cn，盗版侵权举报请发邮件至 dbqq@phei.com.cn。

本书咨询联系方式：dcc@phei.com.cn，192910558(QQ 群)。

第 3 版前言

实证思维、逻辑思维和计算思维是人类认识世界和改造世界的三大思维。计算机的出现为人类认识世界和改造世界提供了一种更有效的手段，以计算机技术和计算机科学为基础的计算思维已成为人们必须具备的基础性思维。如何以计算机思维为切入点，通过重构大学计算机的课程体系和知识结构，促进计算思维能力培养，提升大学生综合素质和创新能力是大学计算机课程改革面临的重要课题。这些不断变化的情况要求对目前的课程体系进行改革，本书正是在这样的背景下编写的。

本书是国家精品课程和国家视频共享课“计算机基础”的主教材，也是教育部大学计算机课程改革项目成果之一。全书以教育部高等学校大学计算机课程教学指导委员会发布的**高等学校计算机基础教育基本要求**和**计算思维教学改革白皮书**为指导，在总结多年教学实践和教学改革经验的基础上，以**计算思维能力培养为导向**组织教学内容。教材采用“**基础+提升+实践**”的模式，以理解计算机理论为基础，以知识扩展为提升，以常用软件为实践。做到在促进计算思维能力培养基础上，既能适应学生总体知识需求，又能满足学生个体深层要求。

全书共 9 章，**从基础理论、实践应用两个层面展开**。基础理论部分每章均由基本模块和扩展模块组成，基本模块强调对基础知识的理解和掌握，扩展模块通过内容的深化满足学生的深层次学习需求。

基础理论篇以理解计算思维为目的，从认识问题、存储问题、解决问题的角度组织内容，有助于学生尽快认识和理解计算思维本质以及通过计算机实现计算思维的基本过程。内容包括认识计算机、简单数据在计算机中的表示、复杂问题的存储与处理、规模数据的有效管理。

实践应用篇以实践计算思维为目的，从计算机的常用软件入手，强化实践，培养学生利用计算机解决实际问题的能力。内容包括数据的共享与利用、云计算基础、大数据基础、Windows 7 管理计算机、Office 2013 日常信息处理。

“计算机基础和大学计算机”课程在内容设计时，不仅要传授、训练和拓展大学生在计算机方面的基础知识和应用能力，更要展现计算思维方式。所以，科学地将计算思维融入知识体系，培养大学生用计算机解决问题的思维和能力，提升大学生的综合素质，强化大学生创新实践能力是当前大学计算机教育的核心任务。本书正是教学团队在这方面所做的努力和尝试，本书可作为高等学校“计算机基础和大学计算机”及相关课程的教材，也可作为全国计算机应用技术证书考试的培训教材或计算机爱好者的自学教材。

为方便教学，本书提供相关教学资料，读者可登录华信教育资源网（http://www.hxedu.com.cn）下载。

本书由多年从事计算机教学的一线教师编写，董卫军编写第 1～2 章、第 4 章、第 6～7 章以及附录 A，索琦编写第 3 章和第 5 章，邢为民编写第 8～9 章。全书由董卫军统稿，由国家级教学名师耿国华教授主审。在成书之际，感谢教学团队成员的帮助，由于水平有限，书中难免有不妥之处，恳请指正。

编　者

于西安・西北大学

知识结构框图

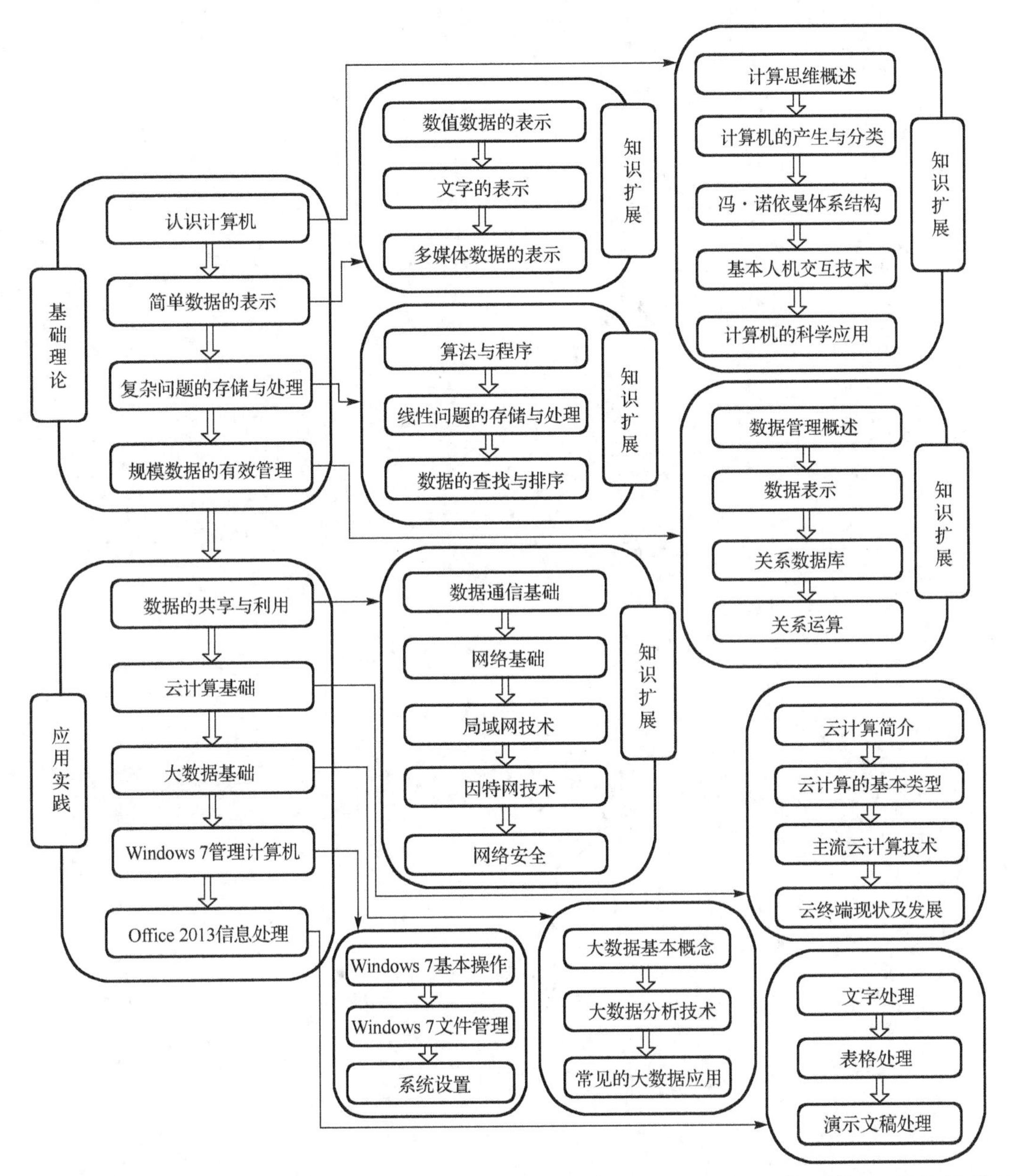

教材结合重点大学一线教师多年的教学经验与心得，以理解计算思维、强化计算思想、提升信息素质为主线，以认识问题、分析问题、存储问题、解决问题为思路，通过“理论+实践”的组织模式构建计算思维思想培养的基石，使学习者充分了解计算思维的基本过程，并能将这一科学过程融入自己的日常思维活动之中，适应现代社会对人才的信息素质要求。

目　录

第 1 章

认识计算机

实证思维、逻辑思维和计算思维是人类认识世界和改造世界的三大思维。计算机的出现为人类认识世界和改造世界提供了一种更有效的手段，而以计算机技术和计算机科学为基础的计算思维必将深刻影响人类的思维方式。

1.1 计算思维概述

1.1.1 人类认识改造世界的基本思维

认识世界和改造世界是人类创造历史的两种基本活动。认识世界是为了改造世界，要有效地改造世界，就必须正确地认识世界。而在认识世界和改造世界过程中，思维和思维过程占有重要位置。

1. 思维与思维过程

思维是通过一系列比较复杂的操作来实现的。人们在头脑中，运用存储在长时记忆中的知识经验，对外界输入的信息进行分析、综合、比较、抽象和概括的过程就是思维过程（或称为思维操作）。思维过程主要包括以下几个环节。

（1）分析与综合

分析是指在头脑中把事物的整体分解为各个部分或各个属性，事物分析往往是从分析事物的特征和属性开始的。综合是指在头脑中把事物的各个部分、各个特征、各种属性通过它们之间的联系结合起来，形成一个整体。综合是思维的重要特征，通过综合能够把握事物及其联系，抓住事物的本质。

（2）比较

比较是在头脑中把事物或现象的个别部分、个别方面或个别特征加以对比，确定它们之间的异同和关系。比较可以在同类事物和现象之间进行，也可以在类型不同但具有某种联系的事物和现象之间进行。当事物或现象之间存在着性质上的异同、数量上的多少、形式上的美丑、质量上的好坏时，常运用比较的方法来认识这些事物和现象。

比较是在分析与综合的基础上进行的。为了比较某些事物，首先要对这些事物进行分析，分解出它们的各个部分、个别属性和各个方面。再把它们相应的部分、相应的属性和相应的方面联系起来加以比较（实际上就是综合）。最后找出并确定事物的相同点和差异点。所以说，比较离不开分析综合，分析综合又是比较的组成部分。

（3）抽象与概括

抽象是在头脑中抽取同类事物或现象的共同的、本质的属性或特征，并舍弃其个别的、非本质特征的思维过程。概括是在头脑中把抽象出来的事物或现象的共同的、本质属性或特征综合起来并推广到同类事物或现象中去的思维过程。通过这种概括，人们可以认识同类事物的本质特征。

2. 三种基本思维

实证思维、逻辑思维、计算思维是人类认识世界和改造世界的三种基本思维。

（1）实证思维

实证思维是指以观察和总结自然规律为特征，以具体的实际证据支持自己的论点。实证思维以物理学科为代表，是认识世界的基础。

实证思维结论要符合三点：可以解释以往的实验现象；逻辑上自洽；能够预见新的现象。

（2）逻辑思维

逻辑思维是指人们在认识过程中借助于概念、判断、推理等思维形式能动地反映客观现实的理性认识过程，又称为理论思维。只有经过逻辑思维，人们才能达到对具体对象本质规定的把握，进而认识客观世界。逻辑思维以数学学科为代表，是认识的高级阶段。

逻辑思维结论要符合以下原则：有作为推理基础的公理集合；有一个可靠和协调的推演系统（推演规则）；结论只能从公理集合出发，经过推演系统的合法推理，达到结论。

（3）计算思维

计算思维就是运用计算机科学的基础概念，通过约简、嵌入、转化和仿真的方法，把一个看来困难的问题重新阐述成一个知道怎样解的问题。计算思维以计算机学科为代表，为改造世界提供有力支撑。

计算思维结论要符合以下原则：运用计算机科学的基础概念进行问题求解和系统设计；涵盖了计算机科学一系列思维活动。

1.1.2 理解计算思维

计算思维代表着一种普遍认识和基本技能，涉及运用计算机科学的基础概念去求解问题、设计系统和理解人类的行为，涵盖了反映计算机科学之广泛性的一系列思维活动。计算思维将渗入到每个人的生活之中，诸如“算法”和“程序”等计算机专业名词也将成为日常词汇的一部分。所以，计算思维不仅属于计算机专业人员，更是每个人应掌握的基本技能。计算思维具有以下基本特点。

（1）概念化

计算机科学不是计算机编程，计算机编程仅是实现环节的一个基本组成部分。像计算机科学家那样去思维远非计算机编程，而是要求人们能够在多个层次上抽象思维。

（2）基础技能

基础技能是每个人为了在现代社会中发挥职能所必须掌握的技能。构建于计算机技术基础上的现代社会要求人们必须具备计算思维。而生搬硬套的机械技能意味着机械的重复，不能为创新性需求提供支持。

（3）人的思维

计算思维是建立在计算过程的能力和限制之上的人类求解复杂问题基本途径，但绝非试图使人类像计算机那样思考。计算方法和模型的使用使得处理那些原本无法由个人独立完成的问题求解和系统设计成为可能，人类就能解决那些在计算时代之前不敢尝试的规模问题和复杂问题，就能建造那些功能仅受制于自身想象力的系统。

（4）本质是抽象和自动化

计算思维吸取了问题解决所采用的一般数学思维方法，复杂系统设计与评估的一般工程思维方法，以及复杂性、智能、心理、人类行为的理解等的一般科学思维方法。与数学和物理科学相比，计算思维中的抽象显得更为丰富，也更为复杂。数学抽象的最大特点是抛开现实事物的物理、化学和生物学等特性，而仅保留其量的关系和空间的形式。计算思维中的抽象却不仅仅如此，计算思维中的抽象完全超越物理的时空观，并完全用符号来表示，其中，数字抽象只是一类特例。

计算机科学在本质上源自数学思维和工程思维，计算设备的空间限制（计算机的存储空间有限）和时间限制（计算机的运算速度有限）使得计算机科学家必须计算性地思考，不能只是数学性地思考。

1.2 计算机的产生与分类

1.2.1 计算工具的发展

在人类发展的历史长河中，人们一直在研究高效的计算工具来满足实际的计算需求，因此，计算和计算工具息息相关，两者相互促进。

1．古代计算工具

中国古代的数学是一种计算数学，远在商代，中国人就创造了十进制计数方法。公元前 5 世纪，中国人已开始用算筹作为计算工具，并在公元前 3 世纪得到普遍的采用。后来，在算筹基础上发明了算盘。算盘通过算法口诀化，加快了计算速度，在 15 世纪得到普遍采用，并流传到海外成为一种国际性计算工具。

除中国外，其他国家亦有各式各样的计算工具发明，如罗马人的“铜制算盘”，古希腊人的“算板”，印度人的“沙盘”，英国人的“刻齿本片”等。这些计算工具的原理基本相同，都是通过某种具体物体来代表数值，并利用对物件的机械操作来进行运算。

2. 近代计算工具

近代科学发展促进了计算工具的进一步发展，出现了以下几种常见的计算工具。

（1）比例规

伽利略发明的“比例规”利用比例原理进行乘除比例等计算，其外形像圆规，两脚上各有刻度，可任意开合。

（2）纳皮尔筹

纳皮尔筹的计算原理来源于15世纪后流行于中亚细亚及欧洲的“格子算法”，不同之处在于，皮尔筹把格子和数字刻在“筹上”（长条竹片或木片），可根据需要拼凑起来计算。

（3）计算尺

1614年，对数被发明以后，乘除运算可以转化为加减运算，对数计算尺便是依据这一特点来设计。1632年，奥特雷德发明了有滑尺的计算尺，并制成了圆形计算尺。

（4）机械式计算机

机械式计算机是与计算尺几乎同时出现，是计算工具的一大发明。席卡德最早构思出机械式计算机，但并没有成功制成。布莱士·帕斯卡（Blaise Pascal）在1642年成功创制第一部能计算加减法的计算机。自此以后，经过多年研究，出现了多种多样的手摇计算机。

3. 现代计算机的产生

20世纪以来，电子技术与数学的充分发展，为现代计算机提供了物质基础，数学的发展又为设计及研制新型计算机提供了理论依据。人们对计算工具的研究进入了一个新的阶段。

（1）阿塔纳索夫-贝利计算机

1847年，计算机先驱、英国数学家Charles Babbages开始设计机械式差分机，总体设计耗时2年，这台机器可以完成31位精度的运算并将结果打印到纸上，因此被普遍认为是世界上第一台机械式计算机。

20世纪30年代，保加利亚裔的阿塔纳索夫面对求解线性偏微分方程组的繁杂计算，从1935年开始探索运用数字电子技术进行计算。经过反复研究试验，他和他的研究生助手克利福德·贝利终于在1939年造出一台完整的样机，证明了他们的概念正确并且可以实现。人们把这台样机称为阿塔纳索夫-贝利计算机（Atanasoff-Berry Computer，ABC）。

阿塔纳索夫-贝利计算机是电子与电器的结合，电路系统装有300个电子真空管，用于执行数字计算与逻辑运算，机器采用二进制计数方法，使用电容器进行数值存储，数据输入采用打孔读卡方法。可以看出，阿塔纳索夫-贝利计算机已经包含了现代计算机中4个最重要的基本概念，从这个角度来说，它具备了现代电子计算机的基本特征。

客观地说，阿塔纳索夫-贝利计算机正好处于模拟计算向数字计算的过渡阶段。阿塔纳索夫-贝利计算机的产生具有划时代的意义，与以前的计算机相比，阿塔纳索夫-贝利计算机具有以下特点：

① 采用电能与电子元件，当时为电子真空管。

② 采用二进制计数，而非通常的十进制计数。

③ 采用电容器作为存储器，可再生而且避免错误。

④ 进行直接的逻辑运算，而非通过算术运算模拟。

（2）埃尼阿克计算机

1946年，美国宾夕法尼亚大学研制成功了专门用于火炮弹道计算的大型电子数字积分计算机“埃尼阿克”（ENIAC）。埃尼阿克完全采用电子线路执行算术运算、逻辑运算和信息存储，运算速度比继电器计算机快1000倍。通常，说到世界公认的第一台电子数字计算机时，大多数人都认为是“埃尼阿克”。事实上，根据1973年美国法院的裁定，最早的电子数字计算机是阿塔纳索夫于1939年制造的阿塔纳索夫-贝利计算机。之所以会有这样的误会，是因为“埃尼阿克”研究小组中的一个叫莫克利的人于1941年剽窃了阿塔纳索夫的研究成果，并在1946年申请了专利，美国法院于1973年裁定该专利无效。

虽然“埃尼阿克”的产生具有划时代的意义，但其不能存储程序，需要用线路连接的方法来编排程序，每次解题时的准备时间大大超过实际计算时间。

（3）现代计算机的发展

英国剑桥大学数学实验室在1949年研制成功基于存储程序式通用电子计算机方案（该方案由冯·诺依曼领导的设计小组在1945年制定）的现代计算机——电子离散时序自动计算机（EDSAC）。至此，电子计算机开始进入现代计算机的发展时期。计算机器件从电子管到晶体管，再从分立元件到集成电路乃至微处理器，促使计算机的发展出现了三次飞跃。

① 电子管计算机。在电子管计算机时期（1946—1959年），计算机主要用于科学计算，主存储器是决定计算机技术面貌的主要因素。当时，主存储器有汞延迟线存储器、阴极射线管静电存储器，通常按此对计算机进行分类。

② 晶体管计算机。在晶体管计算机时期（1959—1964年），主存储器均采用磁芯存储器，磁鼓和磁盘开始作为主要的辅助存储器。不仅科学计算用计算机继续发展，而且中、小型计算机，特别是廉价的小型数据处理用计算机开始大量生产。

③ 集成电路计算机。1964年以后，在集成电路计算机发展的同时，计算机也进入了产品系列化的发展时期。半导体存储器逐步取代了磁芯存储器的主存储器地位，磁盘成了不可缺少的辅助存储器，并且开始普遍采用虚拟存储技术。随着各种半导体只读存储器和可改写只读存储器的迅速发展，以及微程序技术的发展和应用，计算机系统中开始出现固件子系统。

④ 大规模集成电路计算机。20世纪70年代以后，计算机用集成电路的集成度迅速从中小规模发展到大规模、超大规模的水平，微处理器和微型计算机应运而生，各类计算机的性能迅速提高。进入集成电路计算机发展时期以后，在计算机中形成了相当规模的软件子系统，高级语言的种类进一步增加，操作系统日趋完善，具备批量处理、分时处理、实时处理等多种功能。数据库管理系统、通信处理程序、网络软件等也不断增添到软件子系统中。

1.2.2 现代计算机的特点

现代计算机具有以下主要特点。

1. 自动执行

计算机在程序控制下能够自动、连续地高速运算。一旦输入编制好的程序，启动计算机后，就能自动地执行下去，直至完成任务，整个过程无须人工干预。另外，只要执行不同的程序，计算机就可以解决不同的问题，应用于不同的领域，因而具有很强的稳定性和通用性。

2. 运算速度快

计算机能以极快的速度进行计算。现在的微型计算机每秒可执行几百亿条指令，巨型机则达到每秒几亿亿次。随着计算机技术的发展，计算机的运算速度还在提高。

2016年全球超级计算机500强榜单中，我国“神威·太湖之光”的运算速度夺得世界第一。“神威·太湖之光”的机身占地约1000平方米。由三组巨大的机柜组成，这三组机柜又由40个运算机柜和8个网络机柜组成，每台运算机柜装有1024块“申威26010”高性能处理器，整台“神威·太湖之光”共有40960块处理器。“神威·太湖之光”系统的峰值性能为12.5亿亿次/秒，持续性能为9.3亿亿次/秒。

简单来说，这套系统1分钟的计算能力，相当于全球72亿人同时用计算器不间断计算32年；如果用2016年生产的主流笔记本电脑或个人台式机作参照，“太湖之光”的计算能力相当于200多万台普通计算机同时进行计算。

3. 运算精度高

在计算机内部，数据采用二进制表示，二进制位数越多表示数的精度就越高。目前计算机的计算精度已经能达到几十位有效数字。从理论上说随着计算机技术的不断发展，计算精度可以提高到任意精度。

4. 具有记忆和逻辑判断能力

计算机借助逻辑运算，可以进行逻辑判断，并根据判断结果自动确定下一步该做什么。计算机的存储系统由内存和外存组成，具有存储大量信息的能力，现代计算机的内存容量已达几万兆字节，而外存容量也很惊人。

5. 可靠性高

随着微电子技术和计算机技术的发展，现代电子计算机连续无故障运行时间可达到几十万小时以上，具有极高的可靠性。

1.2.3 现代计算机的分类

20世纪中期以来，计算机一直处于高速发展时期，计算机种类也不断分化，计算机的分类有多种方法。按其内部逻辑结构进行分类，计算机可分为单处理机与多处理机（并行机），16位机、32位机和64位计算机等。根据计算机的演变过程来分，计算机通常分为5大类：超级计算机、大型机、中小型机、工作站、微型机。

1. 超级计算机

（1）超级计算机的概念

超级计算机又称为巨型机，通常是指由成百上千甚至更多的处理器（机）组成的、能计算求解大型复杂问题的计算机。它采用大规模并行处理的体系结构，运算速度快、存储容量大、处理能力强，是价格最高、功能最强、速度最快的一类计算机，其浮点运算速度已达每秒几亿亿次。

（2）超级计算机的特点

新一代的超级计算机采用涡轮式设计，每个“刀片”就是一个服务器，能实现协同工作，并可根据应用需要随时增减。通过先进的架构和设计实现了存储和运算的分离，确保用户数据、资料在软件系统更新或CPU升级时不受任何影响，保障了存储信息的安全，真正实现了保持长时、高效、可靠的运算并易于升级和维护的优势。

在2016年的全球超级计算机500强榜单上，名列前十的除了“神威·太湖之光”，还有中国的“天河二号”、美国的“泰坦”与“红杉”、日本的“京”、美国的“米拉”与“三一”、瑞士的“代恩特峰”、德国的“花尾榛鸡”和沙特阿拉伯的“沙欣II”。但在运算速度上，“神威·太湖之光”是“天河二号”的3倍，美国“泰坦”的5倍，超过排名第二到第五的4台超级计算机运算速度的总和。

（3）超计算机的应用

目前，超级计算机主要用于战略武器设计、空间技术、石油勘探、航空航天、长期天气预报及社会模拟等领域。世界上只有少数国家能生产超级计算机，它是一个国家科技发展水平和综合国力的重要标志。

气象预报是超级计算机最主要的用途之一。有了超级计算机后，就可对云层运动的区域范围、轨迹等进行精确模拟与观测。天津“天河一号”观测精度为10万千米，“神威蓝光”实现1万千米精度，而“神威·太湖之光”把精度缩到9千米，如今正向着3千米精度迈进。

值得一提的是，“神威·太湖之光”系统可以在30天内完成未来100年的地球气候模拟，以往过去2到3小时才能发出的海啸预警，现在最快十几分钟就可完成。

再比如，目前已经上市销售的一款汽车中，其安全系数、防撞力度等实验结果都需要通过真车在现场进行真实碰撞而来，有了超级计算机，只需要几台车辆进行现场模拟后，将仿真的运算结果和实验结果作比对即可，既能减少企业产品的研发成本，又能缩短企业的研发周期。

在动漫电影中，为了使图像可以与漫画或者卡通达到形似的效果，专业人员通常使用卡通渲染着色器进行处理。一场2个小时的动漫电影，需要很大规模的渲染过程，假如一秒钟播放24帧画面，那么每一帧画面在后期制作过程中都需要渲染，每次需要24台机器同时给这个画面进行渲染，有了超级计算机后，可以同时给成千上万帧的画面进行渲染，以前一部动漫电影的后期渲染需要一年，现在可能只需要一个月就可以制作完成。

2. 大型机

（1）大型机的概念

大型机一般用在尖端科研领域，主机非常庞大，许多中央处理器协同工作，有超大的内存和海量存储器，并且使用专用操作系统和应用软件。目前，大型主机在MIPS（每秒百万指令数）已经不及高性能微型计算机，但是它的I/O能力、非数值计算能力、稳定性、安全性是微型计算机所不可比拟的。

（2）大型计算机和超级计算机的区别

大型计算机和超级计算机的区别主要如下。

① 大型计算机使用专用指令系统和操作系统；超级计算机使用通用处理器及UNIX或类UNIX操作系统（如Linux）。

② 大型计算机主要用于非数值计算（数据处理）领域；超级计算机主要用于数值计算（科学计算）。

③ 大型计算机主要用于商业领域，如银行和电信；超级计算机主要用于尖端科学领域，特别是国防领域。

④ 大型计算机大量使用冗余等技术，以确保其安全性及稳定性，所以内部结构通常有两套；超级计算机使用大量处理器，通常由多个机柜组成。

⑤ 为了确保兼容性，大型计算机的部分技术较为保守。

3. 中小型机

（1）中小型机的概念

中小型机是指采用8～32个处理器，性能和价格介于PC服务器和大型计算机之间的一种高性能64位计算机。

（2）中小型机的特点

中小型机具有区别于PC及其服务器的特有体系结构，并且具有各制造厂商自己的专利技术，有的还采用小型机专用处理器，中小型机使用的操作系统一般是基于UNIX的。从某种意义上讲，中小型机就是低价格、小规模的大型计算机，它们比大型机价格低，却几乎有同样的处理能力。

4. 工作站

工作站是一种以个人计算机和分布式网络计算为基础，主要面向专业应用领域，具备强大数据运算与图形、图像处理能力，为满足工程设计、动画制作、科学研究、软件开发、金融管理、信息服务、模拟仿真等专业领域而设计开发的高性能计算机。

（1）基本配置

工作站具备强大的数据处理能力，具有便于人机交换信息的用户接口。工作站在编程、计算、文件书写、存档、通信等方面给专业工作者以综合的帮助。常见的工作站有计算机辅助设计（CAD）工作站、办公自动化（OA）工作站、图像处理工作站等。不同任务的工作站有不同的硬件和软件配置。

一个小型CAD工作站的典型硬件配置为：高档微型计算机、带有功能键的CRT终端、光笔、平面绘图仪、数字化仪、打印机等。软件配置为：操作系统、编译程序、相应的数据库和数据库管理系统、二维和三维的绘图软件，以及成套的计算、分析软件包。

OA工作站的主要硬件配置为：微型计算机、办公用终端设备（如电传打字机、交互式终端、传真机、激光打印机、智能复印机等）、通信设施（如局部网、程控交换机、公用数据网、综合业务数字网等）。软件配置为：操作系统、编译程序、各种服务程序、通信软件、数据库管理系统、电子邮件、文字处理软件、表格处理软件、各种编辑软件及专门业务活动的软件包，并配备相应的数据库。

图像处理工作站的主要硬件配置为：计算机、图像数字化设备（包括电子的、光学的或机电的扫描设备及数字化仪）、图像输出设备、交互式图像终端。软件配置除了一般的系统软件外，还要有成套的图像处理软件包。

（2）常见分类

工作站根据软件、硬件平台的不同，一般分为基于 RISC（精简指令系统）架构的 UNIX 系统工作站和基于 Windows、Intel 的 PC 工作站。

UNIX 工作站是一种高性能的专业工作站，具有强大的处理器（以前多采用 RISC 芯片）和优化的内存、I/O、图形子系统。其使用专有处理器（Alpha、MIPS、Power 等）、内存及图形等硬件系统，专有 UNIX 操作系统及针对特定硬件平台的应用软件。

PC 工作站基于高性能的 x86 处理器之上，使用稳定的 Linux、Mac OS、Windows 操作系统，采用符合专业图形标准（OpenGL）的图形系统，再加上高性能的存储、I/O、网络等子系统，来满足专业软件运行的要求。

5. 微型机

微型计算机简称微型机、PC，是由大规模集成电路组成的、体积较小的电子计算机。它以微处理器为基础，配以内存储器及输入/输出接口电路和相应的辅助电路。如果把微型计算机集成在一个芯片上，即构成单片微型计算机（简称单片机）。

1.2.4　微型机简介

1. 微型机的产生

1981 年，IBM 公司正式推出了全球第一台个人计算机——IBM PC，该机采用主频 4.77 MHz 的 Intel 8088 微处理器，运行微软公司开发的 MS-DOS 操作系统。IBM PC 的产生具有划时代的意义，它首创了个人计算机的概念，为 PC 制定了全球通用的工业标准。而且，IBM 对所有厂商开放 PC 工业标准，从而使得这一产业迅速发展成为 20 世纪 80 年代的主导性产业，并造就了一大批 IBM PC 兼容机制造厂商。

2. 微型机的发展

从第一台 PC 产生到现在，PC 得到了长足的发展，其使用范围已经渗透到了人们生活的各个领域。

（1）第一代 PC

20 世纪 80 年代初推出 IBM PC，使用 Intel 8088 CPU，时钟频率 4.77 MHz，内部总线 16 位，外部总线 8 位，地址总线 20 位，寻址空间 1 MB。

（2）第二代 PC

1984 年，PC/AT 被推出，使用 80286 CPU，时钟频率 6～12 MHz，数据总线 16 位，采用工业标准体系结构总线，地址总线 24 位，寻址空间 16 MB。

（3）第三代 PC

1986 年，386 机被推出，使用 80386 CPU，采用扩展工业标准体系结构 EISA 总线。1987 年，IBM 推出 PS/2 微机，采用微通道体系结构 MCA 总线，时钟频率 16～25 MHz，数据总线和地址总线均为 32 位，寻址空间 4 GB。

（4）第四代 PC

1989 年，80486 机被推出，使用 80486 CPU。其 CPU 内部包含 8～16 KB 高速缓存，时钟频率 33～120 MHz，采用视频电子标准协会 VESA 总线和外围组件互连 PCI 总线，数据总线和地址总线均为 32 位，寻址空间 4 GB。

（5）第五代 PC

1993 年以来，奔腾（Pentium）系列微机陆续被推出，内部总线 32 位，外部总线 64 位。早期 Pentium、Pentium Pro 地址总线为 32 位，寻址空间 4 GB。从 Pentium2 开始，地址总线 36 位，寻址能力 64 GB。CPU 工作频率最低 75 MHz、最高 3.8 GHz。2004 年 6 月，英特尔发布了 P4 3.4 GHz 处理器，该处理器支持超线程（HT）技术，采用 0.13 微米制程，具备 512 KB 二级高速缓存、2 MB 三级高速缓存和 800 MHz 系统前端总线速度。

（6）第六代 PC

2005 年 4 月，英特尔的第一款双核处理器平台酷睿双核处理器问世，酷睿双核处理器的问世标志着多核 CPU 时代来临。双核和多核处理器是在一枚处理器中集成两个或多个完整执行内核，以支持同时管理多项活动。英特尔超线程技术能够使一个执行内核发挥两枚逻辑处理器的作用，与双核技术结合使用时，可同时处理四个软件线程。

但美国 Sandia 国家实验室的最新研究结果表明，处理器上的核心数量并不是越多越好。随着执行带宽的增加，内存带宽也必须随之增长，但是内存带宽的增长并没有达到应有的速度。如果不能为处理器提供足够的数据，那么就算在芯片上堆上再多的处理核心也毫无益处。8 核以上的处理器就会开始出现性能下降的现象，16 核的性能和双核的相差无几，而达到 64 核之后性能更会大幅下降。

3．多核处理器的关键技术

与单核处理器相比，多核处理器在体系结构、软件、功耗和安全性设计等方面面临着巨大的挑战，但也蕴含着巨大的潜能。CMP（Chip multiprocessors，单芯片多处理器）致力于发掘计算的粗粒度并行性。CMP 可以看成是随着大规模集成电路技术的发展，在芯片容量足够大时，就可以将大规模并行处理机结构中的 SMP（对称多处理机）或 DSM（分布共享处理机）节点集成到同一芯片内，各个处理器并行执行不同的线程或进程。在基于 SMP 结构的单芯片多处理机中，处理器之间通过片外 Cache 或者是片外的共享存储器来进行通信。而基于 DSM 结构的单芯片多处理器中，处理器间通过连接分布式存储器的片内高速交叉开关网络进行通信。

虽然多核能利用集成度提高带来的诸多好处，让芯片的性能成倍地增加，但原来系统级的一些问题也引入到了处理器内部。

（1）核结构研究

CMP 的构成分为同构和异构两类：同构是指内部核的结构是相同的；而异构是指内部的

核结构是不同的。为此，面对不同的应用，研究核结构的实现对未来微处理器的性能至关重要。核本身的结构，关系到整个芯片的面积、功耗和性能。如何继承和发展传统处理器的成果，直接影响多核的性能和实现周期。

同时，核所用的指令系统对整个系统的实现也是很重要的，多核之间采用相同的指令系统还是不同的指令系统，能否运行操作系统等，也将是研究的内容之一。

（2）程序执行模型

多核处理器设计的首要问题是选择程序执行模型。程序执行模型的适用性决定多核处理器能否以最低的代价提供最高的性能。程序执行模型是编译器设计人员与系统实现人员之间的接口。编译器设计人员决定如何将一种高级语言程序按一种程序执行模型转换成一种目标机器语言程序。系统实现人员则决定该程序执行模型在具体目标机器上的有效实现。

当目标机器是多核体系结构时，产生的问题是：多核体系结构如何支持重要的程序执行模型？是否有其他的程序执行模型更适于多核的体系结构？这些程序执行模型能多大程度上满足应用的需要并为用户所接受？

（3）Cache 设计

处理器和主存间的速度差距对 CMP 来说是个突出的矛盾，因此必须使用多级 Cache 来缓解。目前有共享一级 Cache 的 CMP，共享二级 Cache 的 CMP 以及共享主存的 CMP。通常，CMP 采用共享二级 Cache 的 CMP 结构，即每个处理器核心拥有独有的一级 Cache，且所有处理器核心共享二级 Cache。

Cache 自身的体系结构设计也直接关系到系统整体性能。但是在 CMP 结构中，共享 Cache 或独有 Cache 孰优孰劣，需不需要在一块芯片上建立多级 Cache，以及建立几级 Cache 等，对整个芯片的尺寸、功耗、布局、性能以及运行效率等都有很大的影响，这些都是需要认真研究和探讨的问题。

另一方面，多级 Cache 会引发一致性问题。采用何种 Cache 一致性模型和机制都将对 CMP 整体性能产生重要影响。

（4）核间通信技术

CMP 处理器的各 CPU 核心执行的程序之间有时需要进行数据共享与同步，因此其硬件结构必须支持核间通信。高效的通信机制是 CMP 处理器高性能的重要保障，目前比较主流的高效通信机制有两种，一种是基于总线共享的 Cache 结构，一种是基于芯片上的互连结构。

总线共享 Cache 结构是指每个 CPU 内核拥有共享的二级或三级 Cache，用于保存比较常用的数据，并通过连接核心的总线进行通信。这种系统的优点是结构简单，通信速度高，缺点是基于总线的结构可扩展性较差。

基于芯片上互连的结构是指每个 CPU 核心具有独立的处理单元和 Cache，各个 CPU 核心通过交叉开关或片上网络等方式连接在一起。各个 CPU 核心间通过消息通信。这种结构的优点是可扩展性好，数据带宽有保证；缺点是硬件结构复杂，且软件改动较大。在全局范围采用片上网络而局部采用总线方式，可达到性能与复杂性的平衡。

（5）总线设计

传统微处理器中，Cache不命中或访存事件都会对CPU的执行效率产生负面影响，而总线接口单元（BIU）的工作效率会决定此影响的程度。当多个 CPU核心同时要求访问内存或多个CPU核心内私有Cache，出现Cache不命中事件时，BIU对这多个访问请求的仲裁机制以及对外存储访问的转换机制的效率决定了CMP系统的整体性能。

因此，寻找高效的多端口总线接口单元（BIU）结构，将多核心对主存的单字访问转为更为高效的猝发（Burst）访问，同时寻找对CMP处理器整体效率最佳的一次Burst访问字的数量模型以及高效多端口BIU访问的仲裁机制将是CMP处理器研究的重要内容。

（6）操作系统设计

对于多核CPU，优化操作系统任务调度算法是保证效率的关键。一般任务调度算法有全局队列调度和局部队列调度。前者是指操作系统维护一个全局的任务等待队列，当系统中有一个CPU核心空闲时，操作系统就从全局任务等待队列中选取就绪任务开始在此核心上执行。这种方法的优点是CPU核心利用率较高。

局部队列调度是指操作系统为每个CPU内核维护一个局部的任务等待队列，当系统中有一个CPU内核空闲时，便从该核心的任务等待队列中选取恰当的任务执行，这种方法的优点是任务基本上无须在多个CPU核心间切换，有利于提高CPU核心局部Cache命中率。目前大部分多核CPU操作系统采用的是基于全局队列的任务调度算法。

多核的中断处理和单核有很大不同。多核的各处理器之间需要通过中断方式进行通信，所以多个处理器之间的本地中断控制器和负责仲裁各核之间中断分配的全局中断控制器也需要封装在芯片内部。

另外，多核CPU是一个多任务系统。由于不同任务会竞争共享资源，因此需要系统提供同步与互斥机制。而传统的用于单核的解决机制并不能满足多核，需要利用硬件提供的“读-修改-写”的原子操作或其他同步互斥机制来保证。

（7）低功耗设计

半导体工艺的迅速发展使微处理器的集成度越来越高，同时处理器表面温度也变得越来越高并呈指数级增长，每三年处理器的功耗密度就能翻一番。目前，低功耗和热优化设计已经成为微处理器研究的核心问题。CMP的多核心结构决定了其相关的功耗研究是一个至关重要的课题。

低功耗设计是一个多层次问题，需要同时在操作系统级、算法级、结构级、电路级等多个层次上进行研究。每个层次的低功耗设计方法实现的效果不同——抽象层次越高，功耗和温度降低的效果越明显。

（8）存储器设计

为了使芯片内核充分地工作，要求芯片能提供与芯片性能相匹配的存储器带宽。虽然内部Cache的容量能解决一些问题，但随着性能的进一步提高，必须有其他一些手段来提高存储器接口的带宽。同样，系统也必须有能提供高带宽的存储器。所以，芯片对封装的要求也越来越高，虽然封装的管脚数每年以20%的数目提升，但不能完全解决问题，同时带来了成本提高的问题，为此，怎样提供一个高带宽、低延迟的接口带宽，是必须解决的一个重要问题。

（9）可靠性及安全性设计

随着技术革新的发展，处理器的应用渗透到现代社会的各个层面，但是在安全性方面却存在着很大的隐患。一方面，处理器结构自身的可靠性低下，由于超微细化与时钟设计的高速化、低电压化，设计上的安全系数越来越难以保证，故障的发生率逐渐升高。另一方面，来自第三方的恶意攻击越来越多，手段越来越先进，已成为具有普遍性的社会问题。现在，可靠性与安全性的提高在计算机体系结构研究领域备受注目。

CMP 处理器芯片内有多个进程并发执行结构将成为主流，再加上硬件复杂性，设计时的失误增加，使得处理器芯片内部也未必是安全的，因此，安全与可靠性设计任重而道远。

1.3　冯·诺依曼体系结构

1.3.1　冯·诺依曼体系结构基本概念

20 世纪 30 年代中期，美籍匈牙利裔科学家冯·诺依曼提出，采用二进制作为数字计算机的数制基础。同时，他提出应预先编制计算程序，然后由计算机按照程序进行数值计算。1945 年，他又提出在数字计算机的存储器中存放程序的概念，这些所有现代电子计算机共同遵守的基本规则，被称为“冯·诺依曼体系结构”，按照这一规则建造的计算机就是存储程序计算机，又称为通用计算机。

1. 程序与指令

（1）程序

计算机的产生为人们解决复杂问题提供了可能，但从本质上讲，不管计算机功能多强大，构成多复杂，它也是一台机器而已。它的整个执行过程必须被严格和精确地控制，完成该功能的便是程序。

简单地讲，程序就是完成特定功能的指令序列。当希望计算机解决某个问题时，人们必须将问题的详细求解步骤以计算机可识别的方式组织起来，这就是程序。而计算机可识别的最小求解步骤就是指令。

（2）指令

程序由指令组成，指令能被计算机硬件理解并执行。一条指令就是程序设计的最小语言单位。一条计算机指令用一串二进制代码表示，由操作码和操作数两个字段组成。操作码用来表征该指令的操作特性和功能，即指出进行什么操作；操作数部分经常以地址码的形式出现，指出参与操作的数据在存储器中的地址。一般情况下，参与操作的源数据或操作后的结果数据都在存储器中，通过地址可访问其内容，即得到操作数。

一台计算机能执行的全部指令的集合，称为这台计算机的指令系统。指令系统根据计算机使用要求设计，准确地定义了计算机对数据进行处理的能力。不同种类的计算机，其指令系统的指令数目与格式也不同。指令系统越丰富完备，编制程序就越方便灵活。

2. 基本原理

冯·诺依曼提出的计算机的基本原理如下。

（1）五大功能部件

计算机由运算器、存储器、控制器和输入设备、输出设备五大部件组成。早期的冯·诺依曼体系结构以运算器为核心，输入/输出设备与存储器的数据传送要通过运算器。而现在以存储器为中心。

（2）采用二进制

指令和数据都用二进制代码表示，以同等地位存放于存储器内，并可按地址寻访。

（3）存储程序原理

存储程序原理是将程序像数据一样存储到计算机内部存储器中的一种设计原理。程序存入存储器后，计算机便可自动地从一条指令转到执行另一条指令。

首先，把程序和数据送入内存。

内存划分为很多存储单元，每个存储单元都有地址编号，而且把内存分为若干个区域，如有专门存放程序的程序区和专门存放数据的数据区。

其次，从第一条指令开始执行程序。一般情况下，指令按存放地址号的顺序，由小到大依次执行，遇到条件转移指令时改变执行的顺序。每条指令执行都要经过3个步骤：

① 取指：把指令从内存送往译码器。

② 分析：译码器将指令分解成操作码和操作数，产生相应控制信号送往各电器部件。

③ 执行：控制信号控制电器部件，完成相应的操作。

从早期的EDSAC到当前最先进的通用计算机，采用的都是冯·诺依曼体系结构。

3. 基本组成

典型的冯·诺依曼计算机是以运算器为中心，如图1.1所示。

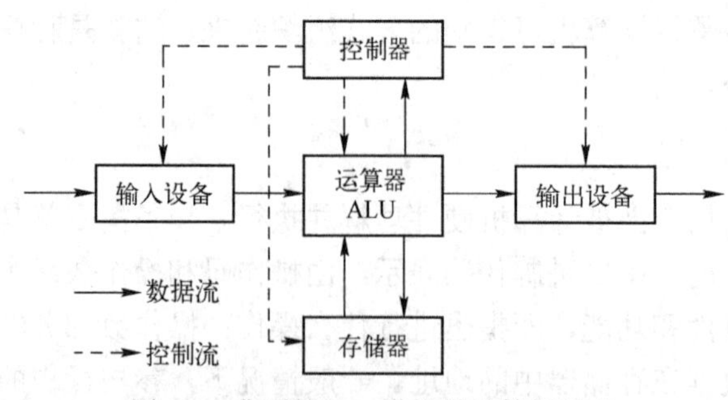

图1.1 典型的冯·诺依曼计算机组成

现代的计算机组成已转化为以存储器为中心，如图1.2所示。

图 1.2 中各部件的功能如下。

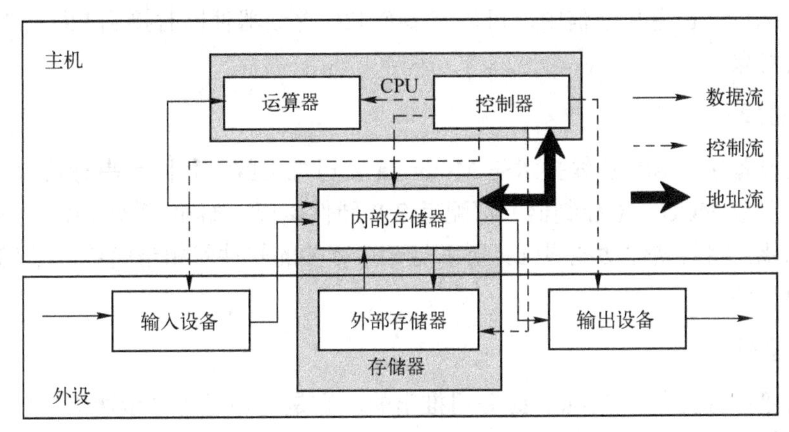

图 1.2 现代计算机组成

① 运算器：用来完成算术运算和逻辑运算，并将中间运算结果暂存在运算器内。

② 存储器：用来存放数据和程序。

③ 控制器：用来控制、指挥程序和数据的输入、运行及处理运算结果。

④ 输入设备：将人们熟悉的信息形式转换为机器能识别的信息形式。

⑤ 输出设备：将机器运算结果转换为人们熟悉的信息形式。

计算机的五大部件在控制器的统一指挥下，有条不紊地自动工作。由于运算器和控制器在逻辑关系和电路结构上联系紧密，尤其是在大规模集成电路出现后，这两大部件往往制作在同一芯片上，因此通常将它们合起来，统称为中央处理器（Central Processing Unit，CPU）。存储器分为主存储器和辅助存储器。主存又称内部存储器，简称为内存，可直接与 CPU 交换信息，CPU 与内存合起来称为主机。辅助存储器又称为外部存储器，简称外存。把输入设备与输出设备统称为 I/O 设备，I/O 设备和外存统称为外部设备，简称为外设。因此，现代计算机可认为由两大部分组成：主机和外设。

1.3.2 微型计算机常见总线标准

计算机通信方式从广义上可以分为并行通信和串行通信，相应的通信总线被称为并行总线和串行总线。并行通信速度快、实时性好，但由于占用的接口线多，不适于产品小型化；而串行通信速率虽低，但在数据通信吞吐量不是很大的微处理电路中则显得更加简易、方便、灵活。串行通信一般可分为异步模式和同步模式。随着微电子技术和计算机技术的发展，总线技术也在不断地发展和完善，下面介绍几种比较常见的总线技术。

1. 内部总线

内部总线是微机内部各外围芯片与处理器之间的总线，用于芯片级互连。常见的内部总线有以下几种。

（1）I2C 总线

I2C 总线由 Philips 公司推出，是近年来在微电子通信控制领域广泛采用的一种新型总线标准。它是同步通信的一种特殊形式，具有接口线少，控制方式简化，器件封装形式小，通信速率较高等优点。在主从通信中，可以有多个I2C总线器件同时接到I2C总线上，通过地址来识别通信对象。

（2）SPI总线

串行外围设备接口SPI总线技术是Motorola公司推出的一种同步串行接口。Motorola公司生产的绝大多数MCU（微控制器）都配有SPI硬件接口，如68系列MCU。SPI总线是一种三线同步总线，因其硬件功能很强，所以与SPI有关的软件就相当简单，使CPU有更多的时间处理其他事务。

（3）SCI总线

串行通信接口SCI是由Motorola公司推出的。它是一种通用异步通信接口，与MCS-51的异步通信功能基本相同。

2. 系统总线

系统总线是微机中各插件板与系统板之间的总线，用于插件板级互连。常见的系统总线有以下几种。

（1）VESA总线

VESA总线是1992年由60家附件卡制造商联合推出的一种局部总线。它的推出为微机系统总线体系结构的革新奠定了基础。该总线系统考虑到CPU与主存和Cache的直接相连，通常把这部分总线称为CPU总线或主总线，其他设备通过VESA总线与CPU总线相连，所以VESA总线被称为局部总线。它定义了32位数据线，且可通过扩展槽扩展到64位，使用33 MHz时钟频率，最大传输率达132 MB/s，可与CPU同步工作。

（2）PCI总线

PCI是由Intel公司推出的一种局部总线，是当前最流行的总线之一。PCI定义了32位数据总线，且可扩展为64位。PCI总线主板插槽的体积比原来的ISA总线插槽还小，其功能比VESA有极大的改善，支持突发的读写操作，最大传输速率可达132 MB/s，可同时支持多组外围设备。PCI总线不受制于处理器，是基于奔腾等新一代微处理器而发展的总线。

（3）Compact PCI

在计算机系统总线中，还有另一大类为适应工业现场环境而设计的系统总线，比如STD总线、VME总线、Compact PCI等。这里仅介绍Compact PCI。

Compact PCI是当今第一个采用无源总线底板结构的PCI系统，是PCI总线的电气和软件标准加欧式卡的工业组装标准，是当今最新的一种工业计算机标准。Compact PCI是在原有PCI总线基础上改造而来，它利用PCI的优点，提供满足工业环境应用要求的高性能核心系统，同时还考虑充分利用传统的总线产品，如ISA、STD、VME或PC/104来扩充系统的I/O和其他功能。

3. 外部总线

外部总线则是微机和外部设备之间的总线，微机作为一种设备，通过该总线和其他设备进行信息与数据交换，它用于设备一级的互连。常见的外部总线有以下几种。

（1）RS-232-C 总线

RS-232-C 是美国电子工业协会 EIA 制定的一种串行物理接口标准，设计有 25 条信号线，包括一个主通道和一个辅助通道，在多数情况下主要使用主通道。对于一般双工通信，仅需几条信号线就可实现，如一条发送线、一条接收线及一条地线。RS-232-C 一般用于 20 米以内的通信。

（2）RS-485 总线

RS-485 串行总线标准广泛用于几十米到上千米距离内的通信。RS-485 采用平衡发送和差分接收，因此具有抑制共模干扰的能力。RS-485 用于多点互连时非常方便，应用 RS-485 联网构成分布式系统时，其允许最多并联 32 台驱动器和 32 台接收器。

（3）IEEE-488 总线

IEEE-488 总线是并行总线接口标准，用来连接系统。如微计算机、数字电压表、数码显示器等设备及其他仪器仪表均可用 IEEE-488 总线装配起来。IEEE-488 总线按照位并行、字节串行双向异步方式传输信号，最多不超过 15 台的仪器设备可直接并联于总线上。最大传输距离为 20 米，信号传输速度一般为 500 KB/s，最大传输速度为 1 MB/s。

（4）USB 总线

通用串行总线 USB 基于通用连接技术，实现外设的简单快速连接，达到方便用户、降低成本、扩展 PC 连接外设范围的目的。它不仅传输速度快，可以为外设提供电源。

1.4 基本人机交互方式

人机交互主要研究系统与用户之间的交互关系。系统可以是各种各样的机器，也可以是计算机化的系统和软件。

人机交互部分的主要作用是控制相关设备的运行和理解，执行通过人机交互设备传来的各种命令和要求。用户通过可见的人机交互界面与系统交流并进行操作。常见的人机交互方式有三种：命令式、菜单式和图形界面。

1. 命令方式交互

命令式交互方式的基本实现思想是，定义一种简单的语言结构，通过这种简单的语言与计算机交互，每交互一次完成一个特定的任务或任务中的某一步，通过不断地交互完成所需要的操作。

（1）命令行

命令交互方式是一种最简单的人机交互界面，比如以前的 DOS 系统，现在的 Windows 系统中的 cmd 命令，Linux/UNIX 系统中的 shell 命令都是这种交互方式的代表。

例如：

```
C:\> cd    c:\windows
```

表示将当前目录改变为 c:\windows。其中：cd 是命令名，表示改变驱动器的当前目录或改变当前驱动器。

（2）快捷键

快捷键指通过键盘上某些特定的按键、按键顺序或按键组合来完成一个操作命令。快捷键有一定的有效范围。系统级快捷键可以全局响应，不论当前焦点在哪里、运行什么程序，按下时都能起作用；应用程序级快捷键只能在当前活动的程序中起作用；控件级的快捷键则仅在当前控件中起作用。

例如，Windows 操作系统的系统级常见快捷键有：

Ctrl + C（Copy）复制命令

Ctrl+X　剪切命令

Ctrl + V 粘贴命令

Ctrl + S（Save）保存命令

2. 菜单方式交互

菜单方式采用一种集成式和层次化结构，将上下文语义联系在一个集成平面中呈现出来，再辅助以图标的直观表意。在计算机应用中，下拉式菜单是菜单的常见表现形式。下拉式菜单通常应用于把一些具有相同分类的功能放在同一个菜单中，并把这个下拉式菜单置于主菜单的一个选项下。

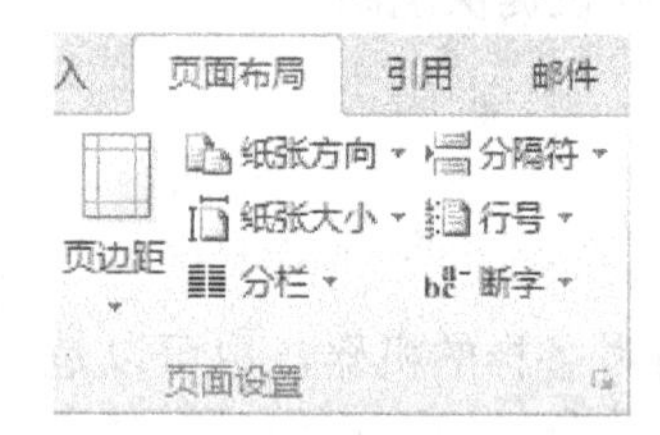

图 1.3　菜单方式交互示意

下拉菜单内的项目可以据需要设置为多选或单选，可以用来替代一组复选框（设置为多选）或单选框（设置为单选）。这样比复选框组或单选框组的占用位置小，但不如它们直观。图 1.3 是 Word 里的“页面布局”下拉菜单。

3. 图形方式交互

图形用户接口将以往的命令模拟为一个图标来表示，比较直观和直接。图形用户接口的广泛应用极大地方便了非专业用户的使用。图 1.4 展示了 Windows 7 的图形用户界面。

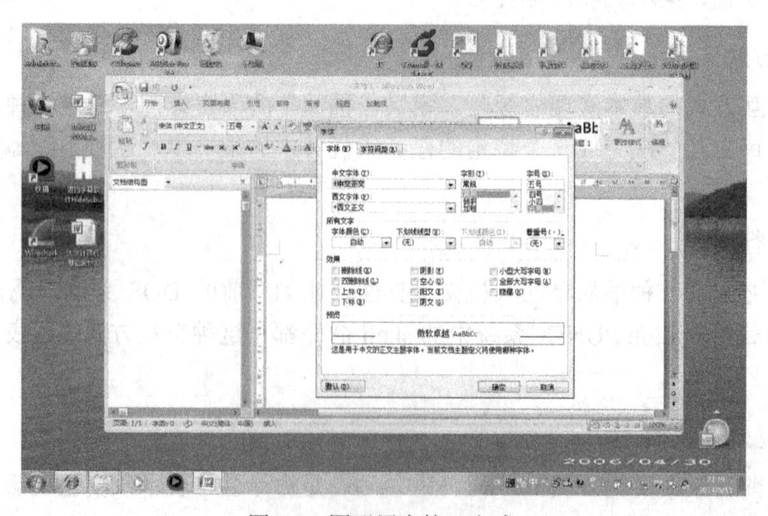

图 1.4　图形用户接口方式

图形界面主要由桌面、窗口、单一文件界面、多文件界面、标签、菜单、对话框、图标、按钮等基本图形对象组成，提供的向导交互方式使用户使用起来更为方便。

1.5 计算机的科学应用

1.5.1 计算机的基本应用领域

计算机应用已深入到科学、技术、社会的各个领域，按其应用问题信息处理的形态不同，大体上可以分为科学计算领域和非科学计算领域两个层面。

1. 科学计算领域

科学计算是计算机应用的一个重要领域，如高能物理、工程设计、地震预测、气象预报、航天技术等。同时，由于计算机具有很高的运算速度和精度及逻辑判断能力，因此又出现了计算力学、计算物理、计算化学、生物控制论等新学科。

（1）生物学领域

计算生物学主要用于海量生物数据的处理、存储、检索，其中最富挑战性和影响力的任务就是从各类数据中发现复杂的生物规律并建立有效的计算模型。利用这样的模型，人们可以快速模拟和预测生物活动过程，指导生物学实验、辅助药物设计、改良物种等。数据挖掘与聚类分析技术广泛应用于蛋白质的结构预测，有助于从分子层次认识生命的本质和进化规律。生物计算机是以生物芯片取代在半导体硅片上集成数以万计的晶体管制成的计算机，是计算机学科中最年轻的一个分支。

（2）化学领域

计算化学作为理论化学的一个分支，主要目标是利用有效的数学近似以及电脑程序计算分子的性质（如总能量、偶极矩、四极矩、振动频率、反应活性等）并用以解释一些具体的化学问题。

（3）物理学领域

现代的计算机实验在理论和实验之间建立了很好的桥梁。一个理论是否正确可以通过计算机模拟并与实验结果进行定量比较加以验证，而实验中的物理过程也可通过模拟加以理解。

实验物理学、理论物理学和计算物理学以不同的研究方式来逼近自然规律。纯理论不能完全描述自然界可能产生的复杂现象，很多现象不是那么容易地通过理论方程加以预见的。计算物理学在借助各种数值计算方法的基础上，结合实验物理和理论物理学的成果，可以很好地解决这个问题。例如，粒子穿过固体时的通道效应就是通过计算机模拟而偶然发现的。

（4）经济学领域

博弈论（也称为“对策论”、“赛局理论”）目前已经成为经济学的标准分析工具之一，其在揭示经济行为相互制约的性质方面得到广泛运用。如针对经济问题的种类、结构，构建出相应的博弈模型，用于描述、反映经济问题参与人的策略选择动机，以便寻找到己方的问题最优解。

（5）艺术领域

由于计算机数字处理技术的发展和应用空间的不断扩大，很多新型的艺术样式也随之涌现，数字媒体艺术成为文化传播的重要方式之一，如“电子书籍”、“电子杂志”、“电子报纸”等。在数字媒体艺术设计领域最活跃的是计算机美术，既可利用计算机进行纯艺术类绘画创作，如利用计算机绘制传统国画、模拟油画、版画，利用计算机控制的活动雕塑等，还可利用计算机进行应用类美术设计，如辅助平面设计、广告创意、服装设计等。

2．非科学计算领域

非科学计算领域一般包括过程控制、数据处理、计算机辅助系统、人工智能、网络应用等方面。

（1） 过程控制

过程控制广泛地应用于工业生产领域，利用计算机对工业生产过程中的某些信号自动进行检测，并把检测到的数据存入计算机，再根据需要对这些数据进行处理。特别是引进计算机技术后所构成的智能化仪器仪表，将工业自动化推向了一个更高的水平。

（2）数据处理

数据处理是计算机应用最广泛的一个领域。通过利用计算机加工、管理和操作各种数据资料，提高了管理效率。近年来，国内许多机构纷纷建设自己的管理信息系统（MIS），生产企业也开始采用制造资源规划软件（MRP），商业流通领域则逐步使用电子商务系统（EC）。

（3）计算机辅助系统

计算机辅助技术包括CAD、CAM和CAI等。

① 计算机辅助设计。计算机辅助设计（Computer Aided Design，CAD）是利用计算机及其图形设备辅助设计人员进行工程或产品设计，以实现最佳设计效果的一种技术。它已广泛应用于飞机、汽车、机械、电子、建筑和轻工等领域。例如，利用CAD技术进行体系结构模拟、逻辑模拟、插件划分、自动布线等，从而大大提高设计工作的自动化程度。

② 计算机辅助制造。计算机辅助制造（Computer Aided Manufacturing，CAM）是利用计算机系统进行生产设备的管理、控制和操作的过程。例如，在产品的制造过程中，用计算机控制机器的运行，处理生产过程中所需的数据，控制和处理材料的流动及对产品进行检测等。CAM技术可以提高产品质量，降低成本，缩短生产周期，提高生产率和改善劳动条件。如果将CAD和CAM技术集成，则可实现设计生产自动化，这种技术被称为计算机集成制造系统（CIMS），它是无人化工厂的基础。

③ 计算机辅助教学。计算机辅助教学（Computer Aided Instruction，CAI）是在计算机辅助下进行的各种教学活动，能引导学生循序渐进地学习，使学生轻松自如地从课件中学到所需要的知识。

（4）人工智能

人工智能（Artificial Intelligence，AI）就是用计算机模拟人类的智能活动，如感知、判断、理解、学习、问题求解和图像识别等。人工智能的研究成果有些已开始走向实用阶段。例如，能模拟高水平医学专家进行疾病诊疗的专家系统、具有一定思维能力的智能机器人等。

（5）网络应用

计算机网络是计算机技术与现代通信技术相结合的产物。计算机网络不仅解决了一个单位、一个地区、一个国家中计算机与计算机之间的数据通信、资源共享，也大大促进了国家间的文字、图像、视频和声音等各类数据的传输与共享。网络信息资源的深层次利用和网络应用的日趋大众化正在改变着我们的工作方式和生活方式。

1.5.2　计算思维的计算机实现

计算思维是可实现的，计算机的引入使得计算思维的深度和广度均发生重大变化，不但极大地提高了计算思维实现的效率，而且将计算机思维扩展到前所未有的领域。也就是说，计算思维的对象已不再仅仅局限于现存的客观事物，可以是人们想象或者臆造的任何对象，虚拟现实就是其中的一种典型的形式。下面介绍常见问题的计算思维计算机实现。

1. 简单数据和问题的处理

简单数据和问题与人们的日常工作、生活息息相关。在计算机没有产生之前，人们一直寻求好的解决方法，但未曾有质的变化。计算机的产生给人们解决问题提供了一种新型手段，人们发现从计算思维角度通过计算机解决问题变得简单而高效。图 1.5 描述了简单数据和问题的计算机处理过程。

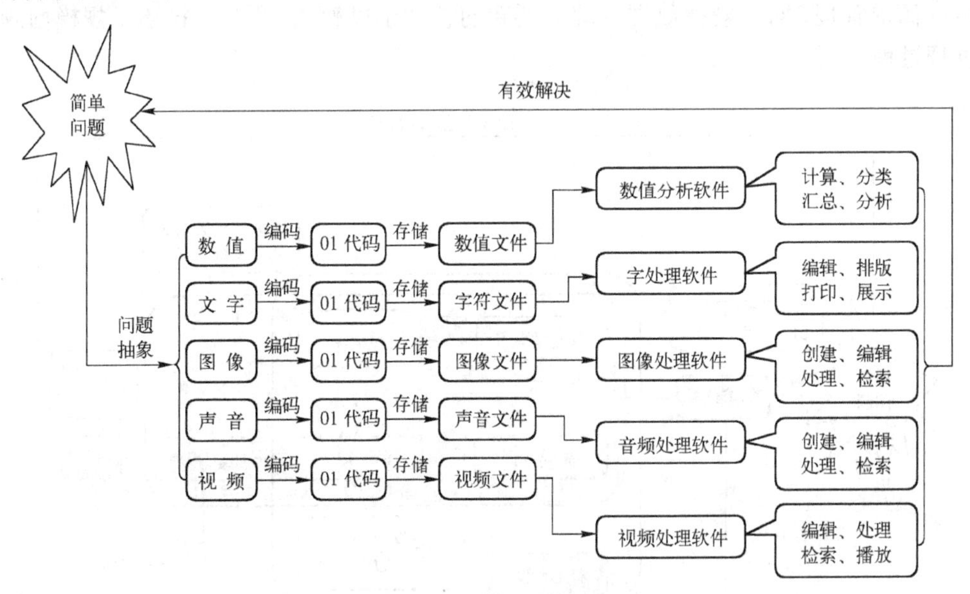

图 1.5　简单数据和问题的处理

2. 复杂问题的处理

对于复杂问题而言，问题的规模和复杂程度明显增加。这时，不仅要考虑问题的解决，而且必须是在当前计算机软件、硬件技术限制下能够高效解决。这就需要使用更复杂的数据结构、算法以及先进的程序设计思想来实现，图1.6描述了复杂问题的计算机处理过程。

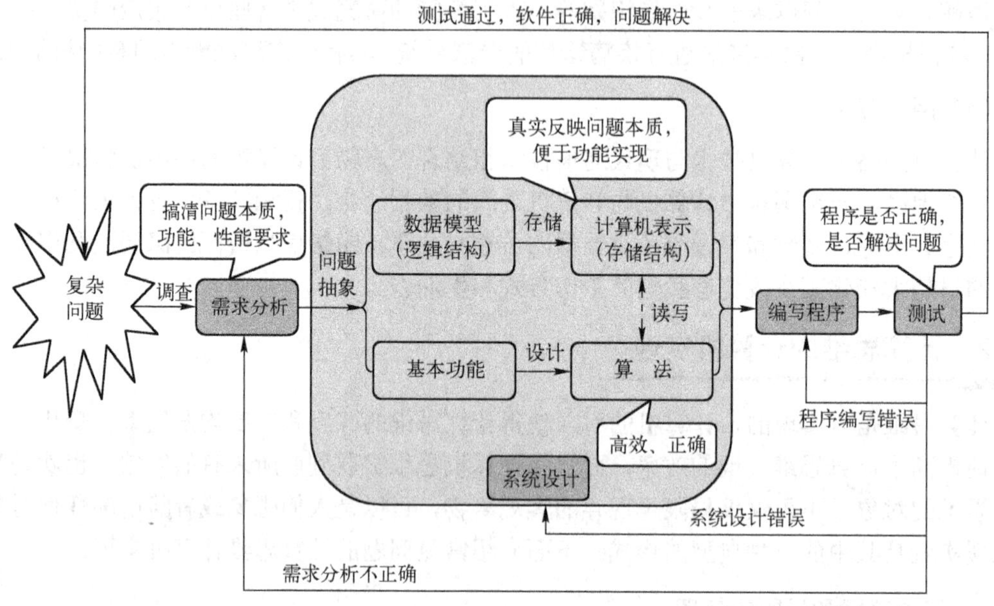

图1.6 复杂问题的处理

3. 规模数据的高效管理

除了复杂问题之外，在实际中还有一类和日常工作、生活密切相关的问题，那就是大量数据的管理与利用，数据唯有被利用才会产生价值。以传统的复杂问题处理方式无法满足规模数据的高效管理，对于规模数据管理需要新的技术予以解决，图1.7描述了规模问题的计算机处理过程。

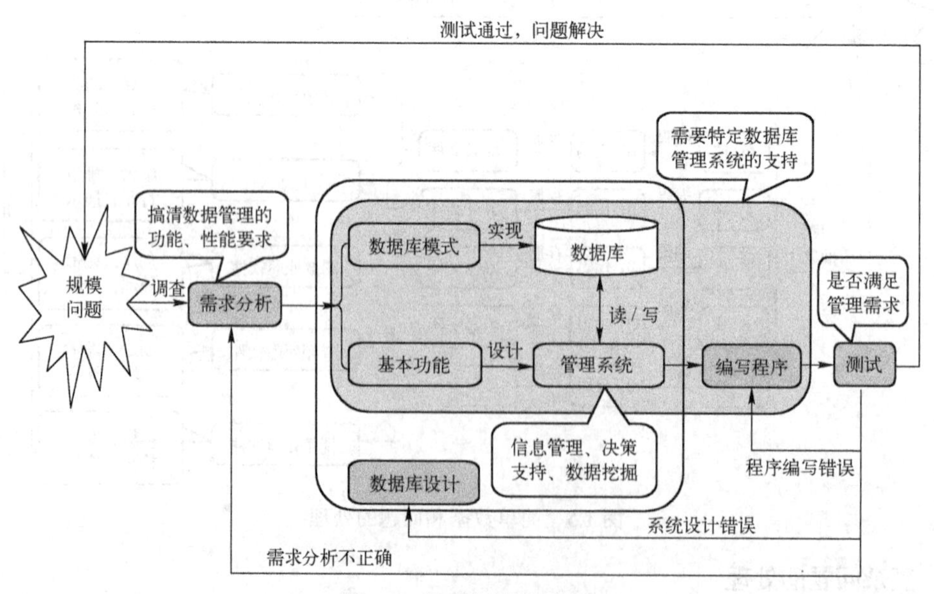

图1.7 规模问题的处理

1.6 知识扩展

1.6.1 程序、进程与线程

1. 程序

程序是计算任务的处理对象和处理规则的描述，是一系列按照特定顺序组织的计算机数据和指令的集合，并以文件的形式存储在外存中。程序是单任务系统的执行单位。

2. 进程

为了实现多个程序的并发执行，需要引入更小的执行单位，这就是进程。进程是应用程序的执行实例，是一个具有一定独立功能的程序关于某个数据集合的一次运行活动。进程是操作系统分配内存、CPU 时间片等资源的基本单位，为正在运行的程序提供运行环境。多个程序的不同进程之间通过进程调度以不可知的速度向前推进，在单核 CPU 中，每一时刻只有一个进程处于执行状态，而在某一时间段内，会有多个进程被执行，宏观上表现为多个程序都在执行，这就是所谓的多任务并发执行。

3. 线程

进程的引入实现了多个程序的并发执行，但进程切换需要耗费较多的系统资源。为了进一步提高并发性，减少系统资源占用，就需要引入比进程更小的执行单位，这就是线程。线程是进程内部的一个执行单元，系统创建好进程后，实际上就启动了执行该进程的主执行线程，主执行线程将程序的启动点提供给操作系统。主执行线程终止了，进程也就随之终止。

每个进程至少有一个由系统自动创建的主执行线程，用户根据需要在应用程序中创建其他线程，多个线程并发地运行于同一个进程中。一个进程中的所有线程都在该进程的虚拟地址空间中，共同使用这些虚拟地址空间、全局变量和系统资源，所以线程间的通信非常方便。

1.6.2 微型计算机的性能指标

微型计算机的性能指标是指能在一定程度上衡量机器优劣的技术指标，微型计算机的优劣是由多项技术指标综合确定的。但对于大多数普通用户来说，可以从以下几个方面来大体评价计算机性能。

1. 字长

字长是指 CPU 能够直接处理的二进制数的位数。它标志着计算机处理数据的精度，字长越长，精度越高。同时，字长与指令长度也有对应关系，因而指令系统功能的强弱程度与字长有关。一般的大型主机字长为 128～256 位，小型机字长为 64～128 位，微型机字长为 32～64 位。随着计算机技术的发展，各种类型计算机的字长有增加的趋势。

2. 运算速度

运算速度是衡量计算机性能的一项重要指标。通常所说的计算机运算速度（平均运算速度）是指每秒所能执行的指令条数，一般用 MIPS（每秒百万条指令）来描述。微型计算机也可采用主频来描述运算速度，主频就是 CPU 的时钟频率。一般来说，主频越高，单位时间里完成的指令数也越多，CPU 的速度也就越快。不过，由于各种各样的 CPU 的内部结构不尽相同，所以并非所有时钟频率相同的 CPU 的性能都一样。主频的单位是 GHz，例如，酷睿 i7 的主频为 3.5 GHz，AMD FX-8150 的主频为 3.6 GHz。

3. 存储容量

存储容量一般包括内存容量和外存容量。随着操作系统的升级、应用软件的不断丰富及其功能的不断扩展，人们对计算机内存容量的需求也不断提高。任何程序和数据的读/写都要通过内存，内存容量的大小反映了存储程序和数据的能力，从而反映了信息处理能力的强弱。内存容量越大，系统功能就越强大，能处理的数据量就越庞大。外存容量通常是指硬盘容量（包括内置硬盘和移动硬盘）。外存储器容量越大，可存储的信息就越多，可安装的应用软件就越丰富。

4. 外设扩展能力

外设扩展能力主要指计算机系统配接各种外部设备的可能性、灵活性和适应性。一台计算机允许配接多少外部设备，对于系统接口和软件开发都有重大影响。

5. 软件配置

软件配置是否齐全，直接关系到计算机性能的好坏和使用效率的高低。例如是否有功能很强，能满足应用要求的操作系统和高级语言、汇编语言，是否有丰富的、可供选用的应用软件等，都是在购置计算机系统时需要考虑的。

6. 其他指标

除了以上的各项指标外，评价计算机还要考虑机器的兼容性（兼容性强有利于计算机的推广）、系统的可靠性（指平均无故障工作时间）、系统的可维护性（指故障的平均排除时间），以及机器允许配置的外部设备的最大数目等。

习题 1

一、填空题

1. 实证思维、逻辑思维和____________是人类认识世界和改造世界的基本思维。

2. ____________是一种能够按照事先存储的程序，自动、高速地进行大量数值计算和各种信息处理的现代化智能电子设备。

3. ____________正好处于模拟计算与数字计算的过渡阶段。

4. ____________标志着计算机正式进入数字的时代。

5. 1949 年，英国剑桥大学率先制成____________，该计算机基于冯 • 诺依曼体系结构。

6. 一个完整的计算机系统由计算机____________及软件系统两大部分构成。

7. 运算器和控制器组成了处理器，这块芯片被称为____________。

8. 根据功能的不同，系统总线可以分为三种：数据总线、地址总线和____________。

9. ____________安装在机箱内，上面安装了组成计算机的主要电路系统。

10. CPU 的内部结构可以分为____________、寄存器部件和控制部件三大部分。

11. 衡量打印机性能的指标有三项：____________、打印速度和噪声。

12. ____________是指 CPU 能够直接处理的二进制数的位数。

二、选择题

1. 自计算机问世至今已经经历了 4 个时代，划分时代的主要依据是计算机的（　　）。

A. 规模　　B. 功能　　C. 性能　　D. 构成元件

2. 第四代计算机的主要元件采用的是（　　）。

A. 晶体管　　B. 电子管

C. 小规模集成电路　　D. 大规模和超大规模集成电路

3. 冯 • 诺依曼在研制 EDVAC 时，提出了两个重要的概念，它们是（　　）。

A. 引入 CPU 和内存储器概念　　B. 采用机器语言和十六进制

C. 采用二进制和存储程序原理　　D. 采用 ASCII 编码系统

4. 构成计算机物理实体的部件被称为（　　）。

A. 计算机系统　　B. 计算机硬件　　C. 计算机软件　　D. 计算机程序

5. 在下面描述中，正确的是（　　）。

A. 外存中的信息可直接被 CPU 处理

B. 键盘是输入设备，显示器是输出设备

C. 计算机的主频越高，其运算速度就一定越快

D. 现在微型机一般字长为 16 位

6. 下面各组设备中，同时包括了输入设备、输出设备和存储器的是（　　）。

A. CRT、CPU、ROM　　B. 绘图仪、鼠标器、键盘

C. 鼠标器、绘图仪、光盘　　D. 磁带、打印机、激光打印机

7. 计算机中，运算器的主要功能是完成（　　）。

A. 代数和逻辑运算　　B. 代数和四则运算　　C. 算术和逻辑运算　　D. 算术和代数运算

8. 在计算机领域中，通常用大写英文字母 B 来表示（　　）。

A. 字　　B. 字长　　C. 字节　　D. 二进制位

9．计算机中存储容量的单位之间，其正确的换算公式是（　　）。

A．1 KB=1024 MB　　B．1 KB=1000 B　　C．1 MB=1024 KB　　D．1 MB=1024 GB

10．计算机各部件传输信息的公共通路称为总线，一次传输信息的位数称为总线的（　　）。

A．长度　　B．粒度　　C．宽度　　D．深度

11．操作系统的主要功能是（　　）。

A．对计算机系统的所有资源进行控制和管理

B．对汇编语言、高级语言程序进行翻译

C．对高级语言程序进行翻译

D．对数据文件进行管理

12．计算机能直接识别的程序是（　　）。

A．高级语言程序　　B．机器语言程序　　C．汇编语言程序　　D．低级语言程序

13．（　　）属于系统软件。

A．办公软件　　B．操作系统　　C．图形图像软件　　D．多媒体软件

三、简答题

1．简述计算思维的现实意义。

2．简述冯·诺依曼体系结构的基本内容。

3．常见的计算机有哪些？各有什么特点？

4．说明CPU执行指令的基本过程。

5．试述内存、高速缓存、外存之间的区别和联系。

6．计算机软件可分为哪几类？简述各类软件的作用。

7．什么是程序设计语言和源程序？语言处理程序的工作方式有哪些？

8．衡量PC性能时，可从哪几个方面评价？

第2章

简单数据的表示

计算机的产生为人类认识世界和改造世界提供了强有力的手段，而要通过计算机解决现实问题首先需要对现实问题进行抽象表示，并将其存入到计算机中。现实问题最简单的抽象形式是数值、文字、图像、声音和视频。

2.1 数值数据的表示

数字是客观事物最常见的抽象表示。数字有大小和正负之分，还有不同的进位计数制。计算机中采用什么样的计数制，以及数字如何在计算机中表示是必须首先解决的问题。

2.1.1 数制

1. 数制的概念

（1）数制

所谓数制，是指用一组固定的数字和一套统一的规则来表示数目的方法。对于数制，应从以下几个方面理解。

① 数制是一种计数策略，数制的种类很多，除了十进制，还有六十进制、二十四进制、十六进制、八进制、二进制等。

② 在一种数制中，只能使用一组固定的数字来表示数的大小。

③ 在一种数制中，有一套统一的规则。N 进制的规则是逢 N 进 1，借 1 当 N。

任何进制都有其存在的必然理由。由于人们日常生活中一般都采用十进制计数，因此对十进制数最习惯，但其他进制仍有应用的领域。例如，十二进制（商业中仍使用的包装计量单位“一打”）、十六进制（如中药、金器的计量单位）仍在使用。

（2）基数

在一种数制中，单个位上可使用的基本数字的个数称为该数制的基数。例如，十进制数的基数是 10，使用 0～9 十个数字；二进制数的基数为 2，使用 0 和 1 两个数字。

（3）位权

在任何进制中，一个数码处在不同位置上，所代表的基本值也不同，这个基本值就是该位的位权。例如，十进制中，数字6在十位数上表示6个10，在百位数上表示6个100，而在小数点后1位表示6个0.1，可见每个数码所表示的数值等于该数码乘以位权。位权的大小是以基数为底、数码所在位置的序号为指数的整数次幂。十进制数个位的位权是 10^0，十位的位权为 10^1，小数点后1位的位权为 10^{-1}，依次类推。

（4）中国古代的计量制度

中国古代常见的度、量、衡关系如表2.1所示。

表2.1　中国古代常见的度、量、衡关系

类　型	单　位	进位关系
度制	分、寸、尺、丈、引	十进制关系：1引=10丈=100尺=1000寸=10 000分
量制	合、升、斗、斛	十进制关系：1斛=10斗=100升=1000合
衡制	株、两、斤、钧、石	非十进制关系：1石=4钧，1钧=30斤，1斤=16两，1两=24铢

2．常见数制

（1）二进制

二进制是计算技术中广泛采用的一种数制，由18世纪德国数理哲学大师莱布尼兹发现。二进制数基数为2，两个计数符号分别为0、1。它的进位规则是：逢二进一。借位规则是：借一当二。因此，对于一个二进制数而言，各位的位权是以2为底的幂。

例如，二进制数 $(101.101)_2$ 可以表示为：

$$(101.101)_2=1\times2^2+0\times2^1+1\times2^0+1\times2^{-1}+0\times2^{-2}+1\times2^{-3}$$

将这个式子称为 $(101.101)_2$ 的按位权展开式。

（2）八进制

八进制数据采用0、1、2、3、4、5、6、7这八个数码来表示数，它的基数为8。进位规则是：逢八进一。借位规则是：借一当八。因此，对于一个八进制数而言，各位的位权是以8为底的幂。

例如，八进制数 $(11.2)_8$ 按位权展开式为：

$$(11.2)_8=1\times8^1+1\times8^0+2\times8^{-1}$$

（3）十进制

十进制数基数为10，10个计数符号分别为0、1、2、…、9。进位规则是：逢十进一。借位规则是：借一当十。因此，对于一个十进制数，各位的位权是以10为底的幂。

例如，十进制数 $(8896.58)_{10}$ 按位权展开式为：

$$(8896.58)_{10}=8\times10^3+8\times10^2+9\times10^1+6\times10^0+5\times10^{-1}+8\times10^{-2}$$

（4）十六进制

十六进制多用于计算机理论描述、计算机硬件电路的设计。例如逻辑电路设计中，既要考虑功能的完备，还要考虑用尽可能少的硬件，十六进制就能起到理论分析的作用。十六进制数据采用0～9、A、B、C、D、E、F这十六个数码来表示数，基数为16。进位规则是：

逢十六进一。借位规则是：借一当十六。因此，对于一个十六进制数而言，各位的位权是以 16 为底的幂。

例如，十六进制数$(5A.8)_{16}$按位权展开式为：

$$(5A.8)_{16}=5\times16^1+A\times16^0+8\times16^{-1}$$

在本书中，用下标区别不同计数制。有时，用数字加英文后缀的方式区别不同进制的数字。例如，889.5D、11000.101B、1670.208O、15E.8AH，分别表示十进制数、二进制数、八进制数和十六进制数。有时也用前缀区别不同进制，例如 123、0506、0X73F，分别表示十进制数、八进制数和十六进制数。

注意： *扩展到一般形式，对于一个 R 进制数，基数为 R，用 0，1，…，$R-1$ 共 R 个数字符号来表示数。进位规则是：逢 R 进一。借位规则是：借一当 R。因此，各位的位权是以 R 为底的幂。*

一个 R 进制数的按位权展开式为：

$$(N)_R=k_n\times R^n+k_{n-1}\times R^{n-1}+\cdots+k_0\times R^0+k_{-1}\times R^{-1}+k_{-2}\times R^{-2}+\cdots+k_{-m}\times R^{-m}$$

3. 计算机采用二进制

在计算机中，理论上可以采用任意进制进行信息表示，他们之间没有本质的区别。但在实际中，计算机中采用二进制，其主要原因在于以下几点。

（1）技术实现简单

计算机是由逻辑电路组成的，逻辑电路通常只有两个状态，开关的接通与断开，这两种状态正好可以用 1 和 0 表示。

（2）运算规则简单

两个二进制数的和、积运算组合各有三种，运算规则简单，有利于简化计算机内部结构，提高运算速度。

（3）适合逻辑运算

逻辑代数是逻辑运算的理论依据，二进制数只有两个数码，正好与逻辑代数中的真和假相吻合。

（4）抗干扰能力强，可靠性高

因为每位数据只有高低两个状态，即便受到一定程度的干扰，仍能可靠地区分。

2.1.2　不同数制间的转换

在计算机内部，数据和程序都用二进制数来表示和处理，但计算机常见的输入/输出是用十进制数表示的，这就需要数制间的转换，转换过程虽通过机器完成的，但应懂得数制转换的原理。

1. R 进制转换为十进制

根据 R 进制数的按位权展开式，可以很方便地将 R 进制数转化为十进制数。即将按位权展开式用十进制方法计算各项，然后把各项相加。

例如：

$$(101.1)_2=1\times2^2+0\times2^1+1\times2^0+1\times2^{-1}=(5.5)_{10}$$

$$(50.2)_8=5\times8^1+0\times8^0+2\times8^{-1}=(40.25)_{10}$$

$$(AF.4)_{16}=A\times16^1+F\times16^0+4\times16^{-1}=(175.25)_{10}$$

2. 十进制转换为 *R* 进制

要将十进制数转换为 *R* 进制数，整数部分和小数部分别遵守不同的转换规则。

（1）整数部分：除 *R* 取余。

整数部分不断除以 *R* 取余数，直到商为 0 为止，最先得到的余数为最低位，最后得到的余数为最高位。

（2）小数部分：乘 *R* 取整。

小数部分不断乘以 *R* 取整数，直到小数为 0 或达到有效精度为止，最先得到的整数为最高位，最后得到的整数为最低位。

【例 2.1】 十进制数转换为二进制数：将$(37.125)_{10}$转换成二进制数。其转换过程如图 2.1 所示，结果为：$(37.125)_{10}=(100101.001)_2$。

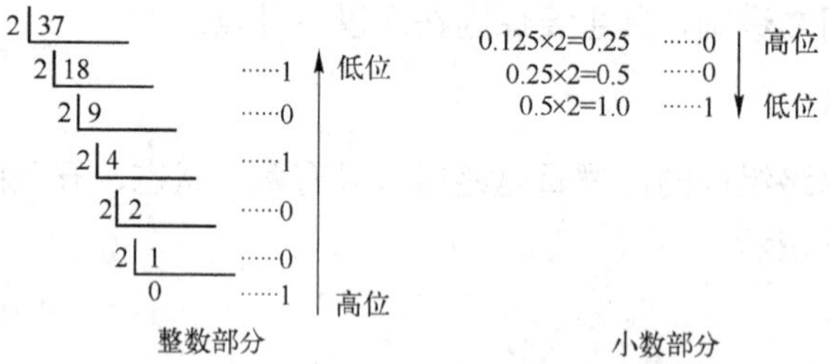

2|37
2|18 ……1 低位
2|9 ……0
2|4 ……1
2|2 ……0
2|1 ……0
0 ……1 高位
整数部分

0.125×2=0.25 ……0 高位
0.25×2=0.5 ……0
0.5×2=1.0 ……1 低位
小数部分

图 2.1 十进制数到二进制数的转换

十进制数转换成二进制数，基数为 2，故对整数部分除 2 取余，对小数部分乘 2 取整。

注意：一个十进制小数不一定能完全准确地转换成二进制小数，这时可以根据精度要求只转换到小数点后某一位为止。

【例 2.2】 十进制数转换成八进制数：将$(370.725)_{10}$转换成八进制数（转换结果取 3 位小数）。其转换过程如图 2.2 所示，结果为：$(370.725)_{10}=(562.563)_8$。

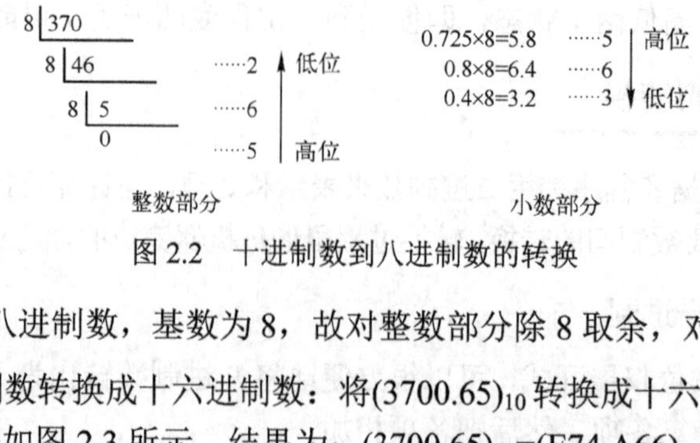

8|370
8|46 ……2 低位
8|5 ……6
0 ……5 高位
整数部分

0.725×8=5.8 ……5 高位
0.8×8=6.4 ……6
0.4×8=3.2 ……3 低位
小数部分

图 2.2 十进制数到八进制数的转换

十进制数转换成八进制数，基数为 8，故对整数部分除 8 取余，对小数部分乘 8 取整。

【例 2.3】 十进制数转换成十六进制数：将$(3700.65)_{10}$转换成十六进制数（转换结果取 3 位小数）。其转换过程如图 2.3 所示，结果为：$(3700.65)_{10}=(E74.A66)_{16}$。

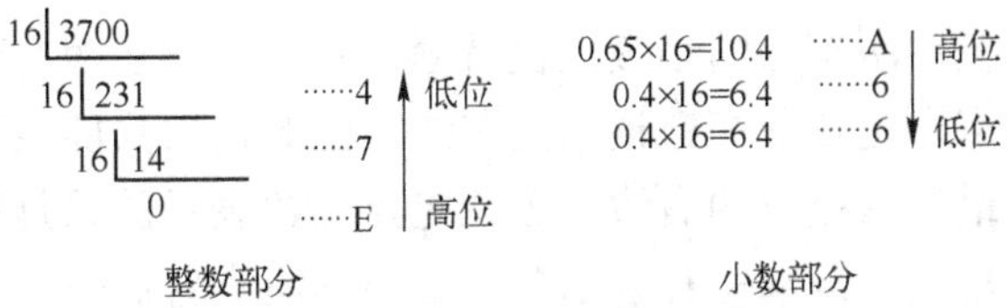

```
16|3700
  16|231        ……4 ↑ 低位
    16|14       ……7 |
        0       ……E | 高位
      整数部分

0.65×16=10.4  ……A | 高位
 0.4×16=6.4   ……6 |
 0.4×16=6.4   ……6 ↓ 低位
      小数部分
```

图 2.3　十进制到十六进制转换

十进制数转换成十六进制数，基数为 16，故对整数部分除 16 取余，对小数部分乘 16 取整。

3．二进制数和八进制数、十六进制数之间的转换

8 和 16 都是 2 的整数次幂，即 $8=2^3$、$16=2^4$，由数学可严格证明 3 位二进制数相当于 1 位八进制数，4 位二进制数相当于 1 位十六进制数。表 2.2 描述了 15 以内十进制、二进制、八进制和十六进制之间的对应关系。

表 2.2　二进制数、八进制数、十六进制数的对应关系表

十进制数	二进制数	八进制数	十六进制数	十进制数	二进制数	八进制数	十六进制数
0	0000	0	0	8	1000	10	8
1	0001	1	1	9	1001	11	9
2	0010	2	2	10	1010	12	A
3	0011	3	3	11	1011	13	B
4	0100	4	4	12	1100	14	C
5	0101	5	5	13	1101	15	D
6	0110	6	6	14	1110	16	E
7	0111	7	7	15	1111	17	F

【例 2.4】 将二进制数（110101110.0010101）$_2$转换成八进制数、十六进制数。

将二进制数转换为八进制数的基本思想是“三位归并”，即将二进制数以小数点为中心分别向两边按每 3 位为一组分组，整数部分向左分组，不足位数左边补 0。小数部分向右分组，不足部分右边加 0 补足，然后将每组二进制数转化成一个八进制数即可。将二进制数转换为十六进制数的基本思想是“四位归并”。

$$(\underbrace{110}_{6}\ \underbrace{101}_{5}\ \underbrace{110}_{6}.\underbrace{001}_{1}\ \underbrace{010}_{2}\ \underbrace{100}_{4})_2=(656.124)_8$$

$$(\underbrace{0001}_{1}\ \underbrace{1010}_{A}\ \underbrace{1110}_{E}.\underbrace{0010}_{2}\ \underbrace{1010}_{A})_2=(1AE.2A)_{16}$$

【例 2.5】 将数八进制数（625.621）$_8$转换成二进制数。

将八进制数转换为二进制数的基本思想是“一位分三位”。

$$625.621_8=(\underbrace{110}_{6}\ \underbrace{010}_{2}\ \underbrace{101}_{5}.\underbrace{110}_{6}\ \underbrace{010}_{2}\ \underbrace{001}_{1})_2$$

【例 2.6】 将数十六进制数（A3D.A2）$_{16}$转换成二进制数。

将十六制数转换为二进制数的基本思想是“一位分四位”。

$$A3D.A2_{16}=(\underbrace{1010}_{A}\ \underbrace{0011}_{3}\ \underbrace{1101}_{D}.\underbrace{1010}_{A}\ \underbrace{0100}_{2})_2$$

2.1.3　计算机中数值的表示

在计算机中，数值型的数据有两种表示方法：一种叫做定点数，另一种叫做浮点数。所

谓定点数，就是在计算机中所有数的小数点位置固定不变。定点数有两种：定点小数和定点整数。定点小数将小数点固定在最高数据位的左边，因此，它只能表示小于1的纯小数。定点整数将小数点固定在最低数据位的右边，因此定点整数表示的只是纯整数。

定点数在计算机中可用不同的码制来表示，常用的码制有原码、反码和补码3种。无论用什么码制来表示，数据本身的值并不发生变化，数据本身所代表的值叫做真值。下面，以8位二进制数为例来说明这3种码制的表示方法。

1. 原码

原码的表示方法为：如果真值是正数，则最高位为0，其他位保持不变；如果真值是负数，则最高位为1，其他位保持不变，其基本格式如图2.4所示。

【例2.7】 写出37和–37的原码表示。

37的原码：**0**0100101，其中高位0表示正数。

说明：100101是37的二进制值，不够7位，前面补0。

–37的原码：**1**0100101，其中高位1表示负数。

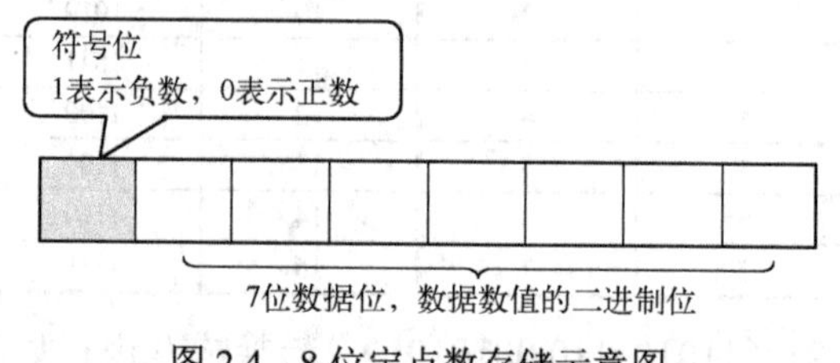

图2.4 8位定点数存储示意图

说明：100101是37的二进制值，不够7位，前面补0。

原码的优点是转换非常简单，只要根据正负号将最高位置0或1即可。但原码表示在加减运算时符号位不能参与运算。

2. 反码

反码的引入是为了解决减法问题，希望能够通过加法规则去计算减法，所以需要改变负数的编码，这才引入反码。原码变反码规则：正数的反码就是其原码，而对于负数而言，其反码是符号位不变，其他位按位求反。

【例2.8】 写出37和–37的反码表示。

37的原码：**0**0100101， 37的反码：**0**0100101。

–37的原码：**1**0100101，–37的反码：11011010。

反码与原码相比，符号位虽然可以作为数值参与运算，但计算完后，仍需要根据符号位进行调整。为了克服反码的上述缺点，人们又引进了补码表示法。补码的作用在于能把减法运算化成加法运算，现代计算机中一般采用补码来表示定点数。

3. 补码

和反码一样，正数的补码就是其原码。负数的补码是反码加1。

【例 2.9】 写出 37 和–37 的补码表示。

37 的原码：00100101， 37 的反码：00100101， 37 的补码：00100101。

–37 的原码：10100101，–37 的反码：11011010，–37 的补码：11011011。

补码的符号可以作为数值参与运算，且计算完后，不需要根据符号位进行调整。

注意：整数在计算机中以补码形式存储。补码转变成原码规则：正数的补码不变即为原码；负数的补码是除符号位，其他各位按位求反，然后再加 1。

2.1.4 计算机中的基本运算

计算机解决现实问题的过程就是对存储在计算机中现实问题抽象表示的一系列运算过程。不管运算过程有复杂，运算步骤有多麻烦，它们都基于计算机提供的两种基本运算：算术运算和逻辑运算。

1. 算术运算

算术运算包括加、减、乘、除 4 类运算。应当注意的是，引入数值的补码表示之后，两个数值的减法运算是通过它们的补码相加来实现的。表 2.3 列出了二进制数的运算规则。

表 2.3 二进制数的运算规则

加　法	乘　法	减　法	除　法
0+0=0 0+1=1 1+0=1 1+1=0（高位进一）	0×0=0 0×1=0 1×0=0 1×1=1	0–0=0 1–0=1 1–1=0 0–1=1（高位借一当二）	0÷1=0 1÷0=（没有意义） 1÷1=1

【例 2.10】 以 8 位二进制为例，计算 19+27 的值。

系统将通过计算 19 补码与 27 补码的和来完成。

19 的补码和其原码相同，是 00010011

27 的补码和其原码相同，是 00011011

补码相加：00010011+00011011=00101110

数字在计算机中以补码形式存在，所以 00101110 是补码形式。高位为 0，说明是正数，其原码、反码、补码相同，对应的原码是 00101110，即结果是十进制的 46。

【例 2.11】 以 8 位二进制为例，计算 37–38 的值。

系统将通过计算 37 补码与–38 补码的和来完成，运算过程如图 2.5 所示。

37 的补码和其原码相同，是 00100101。

–38 的原码是 10100110，反码是 11011001，补码是 11011010

两个补码相加：

00100101+11011010=11111111。

数字在计算机中以补码形式存在，所以 11111111 是补码形式。高位为 1，说明是负数，按负数的补码转换规则，除符号位，对其他各位按位求反得10000000，然后再加1得对应的原码是1000001，即结果是十进制的–1。

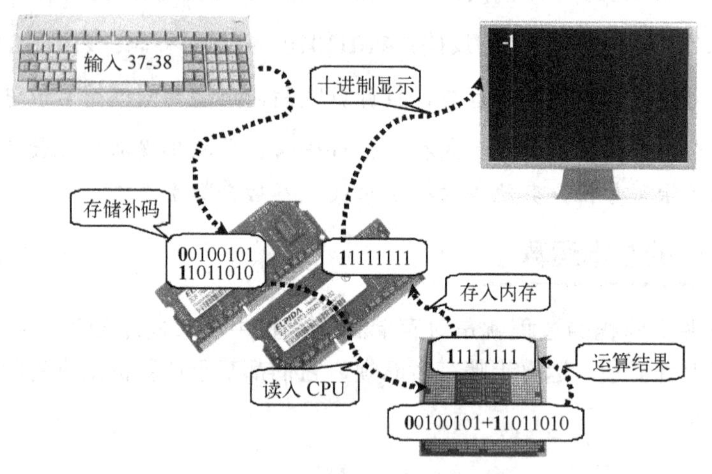

图2.5　37–38的运算过程示意

2. 逻辑运算

在现实中，除了数值性问题外就是判断性问题。这类问题往往要求根据多个条件进行结果判断。逻辑运算就是针对这类问题，逻辑运算有两种形式：逻辑运算和逻辑位运算。

（1）逻辑运算

计算机中的逻辑关系是一种二值逻辑，逻辑运算的结果只有“真”或“假”两个值。参与运算的条件值也无外乎“真”或“假”两个值。

例如，打开窗户，让空气流通。

条件是“打开窗户”，若打开则为“真”，若没打开，则为“假”。

结果是“空气流通”，他会随条件的变化而不同，打开一扇窗户，结果为“真”；打开两扇窗户，结果为“真”；打开所有窗户，结果为“真”；一扇都没打开，结果为“假”。

在数值参与逻辑运算时，系统规定，非零值为真，零值为假。真在计算机中一般用1表示，假用0表示。

逻辑运算有“或”、“与”和“非”3种。运算规则如表2.4所示。

表2.4　逻辑运算

运　算	规　则	举　例	
与	所有条件都为真，结果才为真。	7与5	结果为真，即1。
		–289或0	结果为假，即0。
或	只要有一个条件为真，结果就为真。	100或0	结果为真，即1。
		0或0	结果为假，即0。
非	取反，非真即假，非假即真。	非1000	结果为假，即0。
		非0	结果为真，即1。

（2）逻辑位运算

逻辑位运算符是将数据中每个二进制位上的“0”或“1”看成逻辑值，逐位进行逻辑运算的运算符。运算时按对应位进行，每位之间相互独立，不存在进位和借位关系，运算结果也是逻辑值。逻辑位运算有“或”、“与”、“非”和“异或”4 种。运算规则如表 2.5 所示。

表 2.5　逻辑位运算

运　算	规　则
与	对应位都为 1，结果才为 1。
或	对应位只要有一位为 1，结果就为 1。
非	取反，非 1 即 0，非 0 即 1。
异或	同值为 0，异值为 1。

【例 2.12】 逻辑位运算示例。有十进制数字 73、83，计算两数的与、或、异或结果和 73 的非。

73 与 83 结果为十进制 65。

73 或 83 结果为十进制 91。

73 异或 83 结果为十进制 26

非 73 结果为十进制-74

下面以 16 位二进制为例来说明计算过程。

73 对应的二进制数为 0000000001001001，83 对应的二进制数为 0000000001010011。

则有如下结果：

73 与 83 运算过程如下：

	0000000001001001	（73 的二进制数）
与	0000000001010011	（83 的二进制数）
	0000000001000001	（按位与的结果为十进制数 65）

73 或 83 运算过程如下：

	0000000001001001	（73 的二进制数）
或	0000000001010011	（83 的二进制数）
	0000000001011011	（按位或的结果为十进制数 91）

73 异或 83 运算过程如下：

	0000000001001001	（73 的二进制数）
异或	0000000001010011	（83 的二进制数）
	0000000000011010	（按位异或的结果为十进制数 26）

非 73 运算过程如下：

	0000000001001001	（73 的二进制数）
非		
	1111111110110110	（按位异或的结果为十进制数–74）

【例 2.13】 简单的信息加密示例。现有一个手机号码 18082286080 需要加密传送，设计一个简单的加密算法。

问题解决如下：设计一个 4 位二进制的加密密码（假定为 1011），然后将手机号码的每位数字转换为 4 位二进制数，并和加密密码进行异或运算，运算结果对应的十进制数字为加密后的一位电话号码。运算过程如下：

	1	8	0	8	2	2	8	6	0	8	0	（电话号码）
	0001	1000	0000	1000	0010	0010	1000	0110	0000	1000	0000	（二进制序列）
异或	1011	1011	1011	1011	1011	1011	1011	1011	1011	1011	1011	（加密密码）
	1010	0011	1011	0011	1001	1001	0011	1101	1011	0011	1011	（二进制序列）
	A	3	B	3	9	9	3	D	B	3	B	（密文号码）

得到的密文为A3B3993DB3B。

接收方得到密文后，用同样的方法解密，解密过程如下：

	A	3	B	3	9	9	3	D	B	3	B	（密文号码）
	1010	0011	1011	0011	1001	1001	0011	1101	1011	0011	1011	（二进制序列）
异或	1011	1011	1011	1011	1011	1011	1011	1011	1011	1011	1011	（解密密码）
	0001	1000	0000	1000	0010	0010	1000	0110	0000	1000	0000	（二进制序列）
	1	8	0	8	2	2	8	6	0	8	0	（电话号码）

解密后得到号码 18082286080。该方法的特点是加密解密速度快，但要注意加密密码的保护，防止泄密。

2.2 文字的表示

2.2.1 文字的编码表示

不同的文字有不同的书写格式，它们不能在计算机直接存储。为了在计算机中存储文字，必须为每个文字编制无二义性的二进制编码，这种为文字和符号编制的二进制代码称为文字编码。常见的文字编码有以下几种。

1. ASCII码

ASCII码（American Standard Code for Information Interchange，美国标准信息交换码）是基于罗马字母表的一套计算机编码系统。它主要用于显示现代英语和其他西欧语言。它是现今最通用的单字节编码系统，同时被国际标准化组织批准为国际标准。ASCII码划分为两个集合：128个字符的基本ASCII码和附加的128个字符的扩充ASCII码。表2.6为基本ASCII字符集及其编码。

表2.6 基本ASCII字符集及其编码

高3位 b7 b6 b5 低4位 b4 b3 b2 b1	000	001	010	011	100	101	110	111
0000	NUL	DLE	SP	0	@	P	`	p
0001	SOH	DC1	!	1	A	Q	a	q
0010	STX	DC2	“	2	B	R	b	r
0011	ETX	DC3	#	3	C	S	c	s
0100	EOT	DC4	$	4	D	T	d	t
0101	ENQ	NAK	%	5	E	U	e	u
0110	ACK	SYN	&	6	F	V	f	v
0111	BEL	ETB	’	7	G	W	g	w
1000	BS	CAN	(	8	H	X	h	x
1001	HT	EM	)	9	I	Y	i	y
1010	LF	SUB	*	:	J	Z	j	z
1011	VT	ESC	+	;	K	[	k	{
1100	FF	FS	,	<	L	\	l	|
1101	CR	GS	–	=	M	]	m	}
1110	SO	RS	.	>	N	^	n	~
1111	SI	US	/	?	O	_	o	DEL

基本 ASCII 字符集共有 128 个字符，其中有 95 个可打印字符，包括常用的字母、数字、标点符号等，还有 33 个控制字符。基本 ASCII 码使用 7 个二进制位对字符进行编码，对应的 ISO 标准为 ISO646 标准。ASCII 的局限在于只能显示 26 个基本拉丁字母、阿拉伯数目字和英式标点符号，因此只能用于显示现代美国英语。

例如，大写字母 A，其 ASCII 码为 1000001，即 ASC(A)=65；小写字母 a，其 ASCII 码为 1100001，即 ASC(a)=97。字母和数字的 ASCII 码的记忆是非常简单的，只要记住了一个字母或数字的 ASCII 码（如 A 的 ASCII 码为 65，0 的 ASCII 码为 48），知道大、小写字母之间差 32，就可以推算出其余数字、字母的 ASCII 码。基本 ASCII 码是 7 位编码，由于计算机基本处理单位为字节（1B = 8 b），所以，当某个系统以 ASCII 码表示字符时，将以 1 字节来存放该字符 ASCII 的码。每 1 字节中多余出来的一位（最高位）在计算机内部通常为 0。

2. GB 18030 字符集

GB 18030 即《信息交换用汉字编码字符集基本集的扩充》，是 2000 年 3 月 17 日发布的新的汉字编码国家标准，2001 年 8 月 31 日后在中国市场上发布的软件必须符合该标准。GB18030 有 1611668 个码位，在 GB18030-2005 中定义了 70244 个汉字。

GB18030 标准采用单字节、双字节和四字节三种方式对字符编码。单字节部分采用 GB/T 11383 的编码结构与规则，使用 0X00 至 0X7F 码位（对应于 ASCII 码的相应码位）。双字节部分，首字节码位从 0X81 至 0XFE，尾字节码位分别是 0X40 至 0X7E 和 0X80 至 0XFE。四字节部分采用 GB/T 11383 未采用的 0X30 到 0X39 作为对双字节编码扩充的后缀，其中第三个字节编码码位为 0X81 至 0XFE，第二、四个字节编码码位均为 0X30 至 0X39。GB18030-2005 汉字、字符码位表如表 2.7 所示，GB18030-2005 收录了 128 个字符，70244 个汉字。

表 2.7　GB18030-2005 汉字、字符码位表

类　别	码位范围	码位数	字符数	字符类型
单字节部分	0X00-0X7F	128	128	字符
双字节部分	第一字节 0XB0-0XF7 第二字节 0XA1-0XFE	6768	6763	汉字
	第一字节 0X81-0XA0 第二字节 0X40-0XFE	6080	6080	汉字
	第一字节 0XAA-0XFE 第二字节 0X40-0XA0	8160	8160	汉字
四字节部分	第一字节 0X81-0X82 第二字节 0X30-0X39 第三字节 0X81-0XFE 第四字节 0X30-0X39	6530	6530	CJK 统一汉字扩充 A
	第一字节 0X95-0X98 第二字节 0X30-0X39 第三字节 0X81-0XFE 第四字节 0X30-0X39	42711	42711	CJK 统一汉字扩充 B

3. Unicode 编码

Unicode 编码是为了解决传统的字符编码方案的局限而产生的。很多传统的编码方式都

有一个共同的问题，即允许计算机处理双语环境（通常使用拉丁字母以及其本地语言），但却无法同时支持多语言环境（指可同时处理多种语言混合的情况）。

Unicode依照通用字符集（Universal Character Set）的标准来发展，它为每种语言中的每个字符设定了统一并且唯一的二进制编码，以满足跨语言、跨平台进行文本转换和处理的要求。目前实用的Unicode版本对应于UCS-2，使用16位的编码空间。也就是每个字符占用2个字节。这样理论上一共最多可以表示2^{16}个字符。基本满足各种语言的使用。目前版本的Unicode尚未填充满这16位编码，保留了大量空间作为特殊使用或将来扩展。在表达一个Unicode的字符时，通常会用“U+”然后紧接着一组十六进制的数字来表示这一个字符，例如，字母“A”的编码为“U+0041”，汉字“汉”的编码是“U+6C49”。

在非Unicode环境下，由于不同国家和地区采用的字符集不一致，很可能出现无法正常显示所有字符的情况。微软公司使用了代码页（Codepage）转换表技术来过渡性地部分解决这一问题，即通过指定的转换表将非Unicode的字符编码转换为同一字符对应的系统内部使用的Unicode编码。可以在“语言与区域设置”中选择一个代码页作为非Unicode编码所采用的默认编码方式，如936为简体中文GBK，950为繁体中文Big5（皆指PC上使用）。在这种情况下，一些非英语的欧洲语言编写的软件和文档很可能出现乱码。而将代码页设置为相应语言时，中文处理又会出现问题，这一情况无法避免。

2.2.2 文字的输入

1. 英文的输入

英文字符的输入可以通过键盘直接完成，键盘像一台微缩的计算机，它拥有自己的处理器和在该处理器之间传输数据的电路，这个电路的很大一部分组成了键矩阵，键矩阵是位于键下方的一种电路网格。如图2.6所示，在所有的键盘（除了电容式键盘）中，每个电路在每个按键所处的位置点下均处于断开状态。当按下某个键时，此按键将按下开关，从而闭合电路，一旦处理器发现某处电路闭合，它就将该电路在键矩阵上的位置与其只读存储器（ROM）内的字符映射表进行对比。字符映射表是一个比较图或查询表，它会告诉处理器每个键在矩阵中的位置，以及每次击键或者击键组合所代表的含义，同时将该字符的ASCII码存储于内存之中。例如，字符映射表会告诉处理器单独按下a键对应于小写字母“a”，而同时按下Shift键和a键对应于大写字母“A”。如果按下某键并保持住，则处理器认为是反复按下该键。

图2.6　键矩阵

2. 汉字的输入

要在计算机中处理汉字，需要解决汉字的输入、输出及汉字的处理，较为复杂。汉字集很大，必须解决如下问题：

① 键盘上无汉字，不可能直接与键盘对应，需要输入码来对应；

② 汉字在计算机中的存储需要用机内码来表示；

③ 汉字量大，字形变化复杂，需要用对应的字库来存储汉字字形。

根据汉字特征信息的不同，汉字输入编码分为从音编码和从形编码两大类。从音编码以《汉语拼音方案》为基本编码元素，易于记忆，但同音字多，所以需要增加定字编码。从形编码以笔画和字根为编码元素，汉字从形编码充分利用现代汉字的字形演变特征，把汉字平面图形编成线性代码。与之对应的汉字输入方法有很多种，拼音输入法以智能 ABC、微软拼音为代表；形码广泛使用的是五笔字型；音形码使用较多的是自然码；手写主要有汉王笔和慧笔；另外，还有语音输入方式，其代表有 IBM 的 ViaVoice 等。计算机终端通常以拼音和形码输入为主，而掌上终端包括手机、PDA，除了拼音等编码方式外，触摸式手写输入也非常广泛。

2.2.3　文字的存储

1．英文的存储

英文字符输入后，系统将在内存中存储其对应的编码。系统不同，采用的存储编码也会不同。以 Windows 为例，在 Windows 中，字符存储其对应的 Unicode 编码。一个字符的 Unicode 编码在内存中占两个字节。字符的 Unicode 编码兼容 ASCII 码，只是占两个字节而已。例如，输入大写字符 A，系统将存储二进制 00000000 01000001，对应于十进制的 65，十六进制的 0X41。

在 Windows 中，英文字符的输入存储输出如图 2.7 所示。

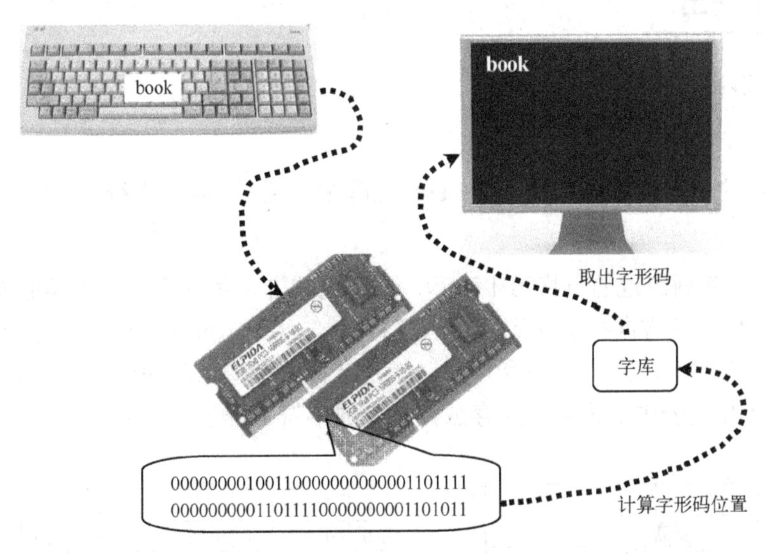

图 2.7　英文的输入存储输出示意

2．汉字的存储

汉字输入码被接收后就转换为机内码，系统不同，其机内码也不同。以 Windows 为例，在 Windows 中，汉字存储的是其对应的 Unicode 编码。一个汉字的 Unicode 编码在内存中占两个字节。例如输入汉字“岛”，系统将存储二进制 01011101 10011011，对应于十进制的 23707，十六进制的 0X5C9B。

在 Windows 中，汉字的输入存储输出如图 2.8 所示。需要注意的是：GB18030 中二字节汉字的编码和对应汉字的 Unicode 码之间的映射没有什么规律可循，对于 GB18030 四字节汉字和对应汉字的 Unicode 码之间也没有明显的映射规律，所以一般用查表的办法获得对应的编码。

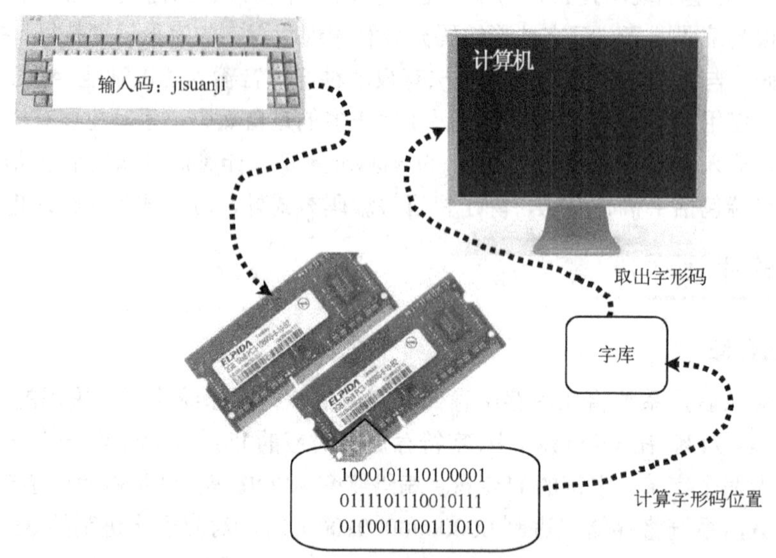

图 2.8　汉字的输入存储输出示意

2.2.4　文字的输出

1. 英文的输出

（1）英文的字形码

每一个字符的字形可被绘制在一个 M×N 点阵中，图 2.9 就是字符“A”字形的 8×8 点阵表示。

在图 2.9 中，笔画经过的方格用 1 表示，未经过的方格用 0 表示，这样形成的 0、1 矩阵称为字符点阵。依水平方向按从左到右的顺序将 0、1 代码组成字节信息，每行一个字节，从上到下共形成 8 个字节，如图 2.10 所示。这就是字符的字形点阵编码，将所有字符的点阵编码按照其在 ASCII 码表中的位置顺序存放，就形成字符点阵字库。字体不同，其对应的点阵字库也不同。

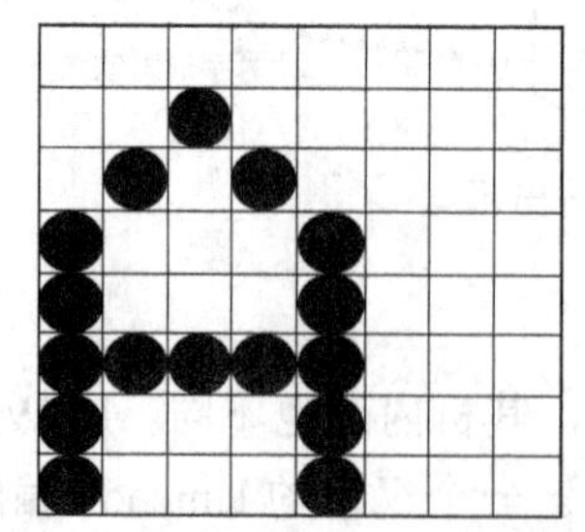

图 2.9　字符 A 的 8×8 点阵表示

0	0	0	0	0	0	0	0	0x00
0	0	1	0	0	0	0	0	0x20
0	1	0	1	0	0	0	0	0x50
1	0	0	0	1	0	0	0	0x88
1	0	0	0	1	0	0	0	0x88
1	1	1	1	1	0	0	0	0xF8
1	0	0	0	1	0	0	0	0x88
1	0	0	0	1	0	0	0	0x88

图 2.10　字符 A 的字形码

（2）英文的显示

根据所要显示字符的 Unicode 编码，到对应字库文件中获取该字符的字形码，然后，根据字形码在显示器上实现字符的显示。

2. 汉字的输出

（1）汉字的字形码

输出汉字时，无论汉字的笔画多少，每个汉字都可以写在同样大小的方块中，为了能准确地表达汉字的字形，每一个汉字都有相应的字形码。

目前大多数汉字系统中都以点阵的方式来存储和输出汉字的字形。汉字字形点阵有16×16、24×24、48×48、72×72 等，点阵越大，对每个汉字的修饰作用就越强，打印质量也就越高。实际中，用得最多的是 16×16 点阵，一个 16×16 点阵的汉字字形码需要用 2×16=32 字节表示，这 32 字节中的信息是汉字的数字化信息，即汉字字形码，也称字模。图 2.11 所示为汉字“跑”的 32×32 点阵，图 2.12 所示为其字形码。

图 2.11　汉字“跑”的点阵

00000000000000000000000000000000
00001000010000001110000000000000
00001111110000001100000000000000
00001100110000001100000000000000
00001100110000001100000000000000
00001100110000001111111111110000
……
……
……
……
……
00000000000000000000000000000000

图 2.12　汉字“跑”的字形码

将汉字字形码按特定顺序排列，以二进制文件形式存放构成汉字字库。同字符一样，汉字字体不同，其对应的点阵字库也不同。在 Windows 系统中的 FONTS 目录下存储着两类字体，如果字体扩展名为 FON，表示该文件为点阵字库；若扩展名为 TTF 则表示矢量字库。

矢量字体是与点阵字体相对应的一种字体。矢量字体的每个字形都是通过数学方程来描述，在一个字形上分割出若干个关键点，相邻关键点之间由一条被有限个参数唯一确定的光滑曲线连接。矢量字库保存每个文字的描述信息，如笔画的起始、终止坐标，以及半径、弧度等。在显示、打印矢量字时，要经过一系列的数学运算，理论上，矢量字被无限地放大后，笔画轮廓仍然能保持圆滑。

（2）汉字的显示

以 Windows 系统为例，汉字输入后，存储其 Unicode 码；然后根据 Unicode 码从字库中检索出该汉字点阵信息，利用显示驱动程序将这些信息送到显卡的显示缓冲存储器中；显示器的控制器把点阵信息顺次读出，并使每一个二进制位与屏幕的一个点位相对应，就可以将汉字字形在屏幕上显示出来。

2.3　多媒体数据表示

具有多媒体功能的计算机除可以处理数值和字符信息外，还可以处理图像、声音和视频信息。在计算机中，图像、声音和视频的使用能够增强信息的表现能力。

2.3.1 图形图像

1. 图形

图形与位图（图像）从各自不同的角度来表现物体的特性。图形是对物体形象的几何抽象，反映了物体的几何特性，是客观物体的模型化；而位图则是对物体形象的影像描绘，反映了物体的光影与色彩的特性，是客观物体的视觉再现。图形与位图可以相互转换。利用渲染技术可以把图形转换成位图，而边缘检测技术则可以从位图中提取几何数据，把位图转换成图形。

（1）图形的概念

图形也称为矢量图，是指由数学方法描述的、只记录图形生成算法和图形特征的数据文件。其格式是一组描述点、线、面等几何图形的大小、形状及其位置、维数的指令集合。如：Line（x1，y1，x2，y2，color）表示以（x1，y1）为起点，（x2，y2）为终点画一条 color 色的直线，绘图程序负责读取这些指令并将其转换为屏幕上的图形。若是封闭图形，还可用着色算法进行颜色填充。图 2.13 和图 2.14 就是两个矢量图的显示结果。

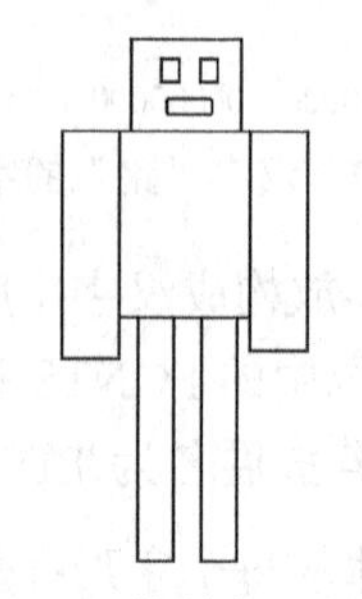

图 2.13 简单的矢量图

图 2.14 较为复杂的矢量图

（2）矢量图特点

矢量图最大特点在于可以对图中的各个部分进行移动、旋转、缩放、扭曲等变换而不会失真。此外，不同的物体还可以在屏幕上重叠并保持各自的特征，必要时还可以分离。由于矢量图只保存了算法和特征，其占用的存储空间小。显示时需要重新计算，所以，显示速度取决于算法的复杂程度。

（3）矢量图和位图的区别

矢量图和位图相比，它们之间的区别主要表现在以下 4 个方面。

① 存储容量不同。矢量图只保存了算法和特征，数据量少，存储空间也较小；而位图由大量像素点信息组成，容量取决于颜色种类、亮度变化以及图像的尺寸等，数据量大，存储空间也较大，经常需要进行压缩存储。

② 处理方式不同。矢量图一般是通过画图的方法得到的，其处理侧重于绘制和创建；而位图一般是通过数码相机实拍或对照片通过扫描得到，处理侧重于获取和复制。

③ 显示速度不同。矢量图显示时需要重新运算和变换，速度较慢；而位图显示时只是将图像对应的像素点影射到屏幕上，显示速度较快。

④ 控制方式不同。矢量图的放大只是改变计算的数据，可任意放大而不会失真，显示及打印时质量较好；而位图的尺寸取决于像素的个数，放大时需进行插值，数次放大便会明显失真。

2. 图像

（1）模拟图像与数字图像

真实世界是模拟的，用胶卷拍出的相片就是模拟图像，它的特点是空间连续。模拟图像含有无穷多的信息，理论上，可以对模拟图像进行无穷放大而不会失真。

模拟图像只有在空间上数字化后才是数字图像，它的特点是空间离散，如 1000×1000 的图片，包含 100 万个像素点，数字图像所包含的信息量有限，对其进行的放大次数有限，否则会出现失真。图 2.15、图 2.16 展示了两种不同类型的数字图像。

图 2.15 自然风景图像

图 2.16 通过软件设计的图像

数字图像和模拟图像相比，主要有 3 个方面的优点：

① 再现性好。不会因存储、输出、复制等过程而产生图像质量的退化。

② 精度高。精度一般用分辨率来表示。从原理上来讲，可实现任意高的精度。

③ 灵活性大。模拟的图像只能实现线性运算，而数字处理还可以实现非线性运算。凡可用数学公式或逻辑表达式来表达的一切运算都可以实现。

（2）图像的数字化

图像的数字化包括采样、量化和编码三个步骤，如图 2.17 所示。

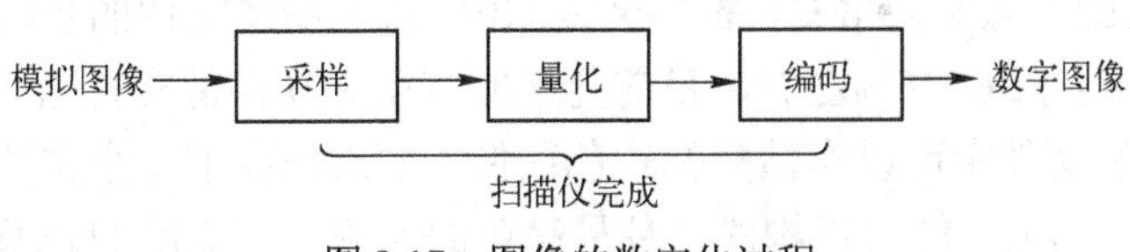

图 2.17 图像的数字化过程

① 采样。采样就是计算机按照一定的规律，对模拟图像所呈现出的表象特性，用数据的方式记录其特征点。这个过程的核心在于要决定在一定的面积内取多少个点（即有多少个像素），即图像的分辨率是多少（单位是 dpi）。

② 量化。通过采样获取了大量特征点，现在需要得到每个特征点的二进制数据，这个过程叫量化。量化过程中有一个很重要的概念——颜色精度。颜色精度是指图像中的每个像素的颜色（或亮度）信息所占的二进制数位数，它决定了构成图像的每个像素可能出现的最大颜色数。颜色精度值越高，显示的图像色彩越丰富。

③ 编码。编码是指在满足一定质量（信噪比的要求或主观评价要求）的条件下，以较少的位数表示图像。

显然，无论从平面的取点还是从记录数据的精度来讲，采样形成的数字图像与模拟图像之间存在着一定的差距。但这个差距通常控制得相当小，以至于人的肉眼难以分辨，所以，可以将数字化图像等同于模拟图像。

（3）数字图像常见文件格式

对数字图像处理必须采用一定的图像格式，图像格式决定在文件中存放何种类型的信息，对信息采用何种方式进行组织和存储，文件如何与应用软件兼容，文件如何与其他文件交换数据等内容。

① BMP 格式。BMP（位图格式）文件格式与硬件设备无关，是 DOS 和 Windows 兼容计算机系统的标准图像格式，扩展名为.BMP。Windows 环境下运行的所有图像处理软件都支持 BMP 文件格式。BMP 格式支持 RGB、索引颜色、灰度和位图颜色模式，使用非常广。它采用位映射存储格式，除了图像深度可选以外，不采用其他任何压缩，因此，BMP 文件所占用的空间很大。BMP 文件存储数据时，图像的扫描方式按从左到右、从下到上的顺序。BMP 文件的图像深度可选 lb、4b、8b 及 24b。

② TIFF 格式。TIFF（Tag Image File Format，标志图像文件格式）格式是一种非失真的压缩格式（最高 2～3 倍的压缩比），扩展名为.TIFF。这种压缩是文件本身的压缩，即把文件中某些重复的信息采用一种特殊的方式记录，文件可完全还原，能保持原有图颜色和层次。TIFF 格式是桌面出版系统中使用最多的格式之一，它不仅在排版软件中普遍使用，也可以用来直接输出。TIFF 格式主要的优点是适用于广泛的应用程序，它与计算机的结构、操作系统和图形硬件无关，支持 256 色、24 位真彩色、32 位色、48 位色等多种色彩位。因此，大多数扫描仪都能输出 TIFF 格式的图像文件。将图像存储为 TIFF 格式时，需注意选择所存储的文件是由 Macintosh 还是由 Windows 读取。因为，虽然这两个平台都使用 TIFF 格式，但它们在数据排列和描述上有一些差别。

③ GIF 格式。GIF（Graphics Interchange Format，图像互换格式）格式是 CompuServe 公司在 1987 年开发的图像文件格式，扩展名为.GIF。GIF 图像文件的数据采用可变长度压缩算法压缩，其压缩率一般在 50%左右，目前几乎所有相关软件都支持它。GIF 格式的另一个特点是其在一个 GIF 文件中可以存储多幅彩色图像，如果把存于一个文件中的多幅图像数据逐幅读出并显示到屏幕上，就可以构成一种最简单的动画。但 GIF 只能显示 256 色，另外，GIF 动画图片失真较大，一般经过羽化等效果处理的透明背景图都会出现杂边。

④ JPG 格式。JPEG（Joint Photographic Experts Group，联合图像专家组）是最常用的图像文件格式，扩展名为.JPG 或.JPEG，是一种有损压缩格式。通过选择性地去掉数据来压缩文件，图像中重复或不重要的资料会被丢弃，因此容易造成图像数据的损伤。目前，大多数彩色和灰度图像都使用 JPEG 格式压缩，其压缩比很大而且支持多种压缩级别的格式。当对图像的精度要求不高而存储空间又有限时，JPEG 是一种理想的压缩方式。JPEG 支持 CMYK、RGB 和灰度颜色模式，JPEG 格式保留 RGB 图像中的所有颜色信息。

⑤ PDF 格式。PDF（Portable Document Format，便携式文件格式）是由 Adobe Systems 在 1993 年提出的用于文件交换所推出的文件格式。它的优点在于跨平台、能保留文件原有格式、开放标准等。PDF 可以包含矢量和位图图形，还可以包含电子文档的查找和导航功能。

2.3.2　声音

声音是通过空气的振动发出的，通常用模拟波的方式表示。振幅反映声音的音量，频率反映了音调。

1. 声音的数字化

音频是连续变化的模拟信号，要使计算机能处理音频信号，必须进行音频的数字化。将模拟信号通过音频设备（如声卡）数字化时，会涉及采样、量化及编码等多种技术。图 2.18 是模拟声音数字化示意图。

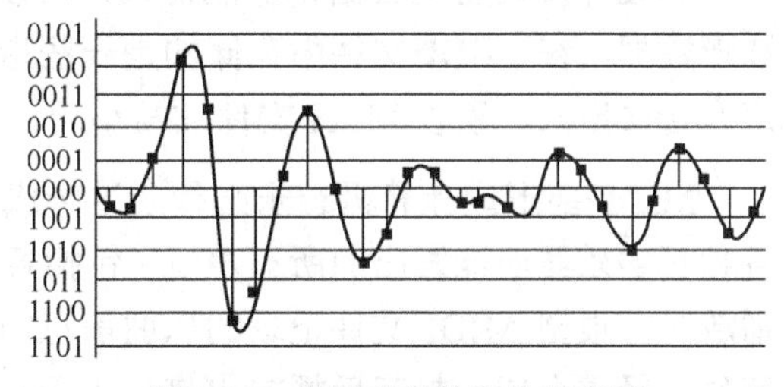

图 2.18　模拟声音数字化示意图

2. 量化性能指标

在模拟声音的数字化过程中，有两个重要的指标。

（1）采样频率

每秒钟的采样样本数叫做采样频率，采样频率越高，数字化后声波就越接近于原来的波形，即声音的保真度越高，但量化后声音信息量的存储量也越大。根据采样定理，只有当采样频率高于声音信号最高频率的两倍时，才能把离散声音信号唯一地还原成原来的声音。

目前，多媒体系统中捕获声音的标准采样频率有 44.1 kHz、22.05 kHz 和 11.025 kHz 三种。人耳所能接收声音的频率范围大约为 20 Hz～20 kHz，但在不同的实际应用中，音频的频率范围是不同的。例如，根据 CCITT 公布的声音编码标准，把声音根据使用范围分为三级：电话语音级，300 Hz～3.4 kHz；调幅广播级，50 Hz～7 kHz ；高保真立体声级，20 Hz～20 kHz。因而采样频率 11.025 kHz、22.05 kHz、44.1 kHz 正好与电话语音、调幅广播和高保真立体声（CD 音质）三级相对应。DVD 标准的采样频率是 96 kHz。

（2）采样精度

采样精度可以理解为采集卡处理声音的解析度。这个数值越大，解析度就越高，录制和回放的声音就越真实。一段相同的音乐信息，16 位声卡能把它分为 64 K 精度单位进行处理，而 8 位声卡只能处理 256 个精度单位，造成了较大的信号损失。目前市面上所有的主流产品都是 16 位的声卡，16 位声卡的采样精度对于计算机多媒体音频而言已经绰绰有余了。

3. 声音文件格式

常见的数字音频格式有以下6种。

（1）WAV格式

WAV格式是微软公司开发的一种声音文件格式，也叫波形声音文件，是最早的数字音频格式，被Windows平台及其应用程序广泛支持。WAV格式支持许多压缩算法，支持多种音频位数、采样频率和声道。

在对WAV音频文件进行编解码的过程中，包括采样点和采样帧的处理和转换。一个采样点的值代表了给定时间内的音频信号，一个采样帧由一定数量的采样点组成并能构成音频信号的多个通道。对于立体声信号，一个采样帧有两个采样点，一个采样点对应一个声道。一个采样帧作为单一的单元传送到数模转换器，以确保正确的信号能同时发送到各自的通道中。

（2）MIDI格式

MIDI（Musical Instrument Digital Interface，乐器数字接口）定义了计算机音乐程序、数字合成器及其他电子设备交换音乐信号的方式，规定了不同厂家的电子乐器与计算机连接的电缆和硬件及设备间数据传输的协议，可以模拟多种乐器的声音。MIDI文件本身并不包含波形数据，在MIDI文件中存储的是一些指令，把这些指令发送给声卡，由声卡按照指令将声音合成出来，所以MIDI文件非常小巧。

MIDI要形成计算机音乐必须通过合成，现在的声卡大都采用的是波表合成，它首先将各种真实乐器所能发出的所有声音（包括各个音域、声调）进行取样，存储为一个波表文件。播放时，根据MIDI文件记录的乐曲信息向波表发出指令，从波表格中逐一找出对应的声音信息，经过合成、加工后播放出来。由于它采用的是真实乐器的采样，所以效果好于FM。一般波表的乐器声音信息都以44.1 kHz、16位精度录制，以达到最真实的回放效果。理论上，波表容量越大，合成效果越好。

（3）CDA格式

CDA格式就是CD音乐格式，其采样频率为44.1 kHz，16位量化位数，CD存储采用音轨形式，记录的是波形流，是一种近似无损的格式。CD光盘可以在CD唱机中播放，也能用计算机里的各种播放软件来重放。一个CD音频文件是一个.CDA文件，但这只是一个索引信息，并不是真正的声音信息，所以无论CD音乐的长短如何，在计算机上看到的.CDA文件都是44字节长。

注意：不能直接复制CD格式的.CDA文件到硬盘上播放，需要使用类似EAC这样的抓音轨软件把CD格式的文件转换成WAV文件才可以。

（4）MP3格式

MP3是利用MPEG Audio Layer 3技术将音乐以1：10甚至1：12的压缩率压缩成容量较小的文件，MP3能够在音质丢失很小的情况下把文件压缩到更小的程度。正是因为MP3体积小、音质高的特点，使得MP3格式几乎成为网上音乐的代名词。每分钟音乐的MP3格式只有1 MB左右大小，这样每首歌的大小只有3～4 MB。使用MP3播放器对MP3文件进行实时解压缩，这样，高品质的 MP3 音乐就播放出来了。MP3 格式缺点是压缩破坏了音乐的质量，不过一般听众几乎觉察不到。

（5）WMA 格式

WMA 是微软在互联网音频、视频领域定义的文件格式。WMA 格式通过在保持音质基础上减少数据流量方式达到压缩目的，其压缩率一般可以达到 1∶18。此外，WMA 还可以通过 DRM（Digital Rights Management）方案加入防止复制，或者加入限制播放时间和播放次数，甚至是播放机器的限制，有力地防止盗版。

（6）DVD Audio 格式

DVD Audio 是新一代的数字音频格式，采样频率有 44.1 kHz、48 kHz、88.2 kHz、96 kHz、176.4 kHz 和 192 kHz 等，能以 16 位、20 位、24 位精度量化，当 DVD Audio 采用最大取样频率为 192 kHz、24 位精度量化时，可完美再现演奏现场的真实感。由于频带扩大使得再生频率接近 100 kHz（约 CD 的 4.4 倍），因此能够逼真再现各种乐器层次分明、精细微妙的音色成分。

2.3.3　视频

视频由一幅幅单独的画面（称为帧）序列组成，这些画面以一定的速率（帧率，即每秒显示帧的数目）连续地透射在屏幕上，利用人眼的视觉暂留原理，使观察者产生图像连续运动的感觉。

1. 模拟视频数字化

计算机只能处理数字化信号，普通的 NTSC 制式和 PAL 制式的模拟视频必须经过模/数转换和色彩空间变换等过程进行数字化。模拟视频的数字化包括很多技术问题，如电视信号具有不同的制式而且采用复合的 YUV 信号方式，而计算机工作在 RGB 空间；电视机是隔行扫描的，计算机显示器大多逐行扫描；电视图像的分辨率与显示器的分辨率也不尽相同等。因此，模拟视频的数字化主要包括色彩空间的转换、光栅扫描的转换及分辨率的统一。

模拟视频一般采用分量数字化方式：先把复合视频信号中的亮度和色度分离，得到 YUV 或 YIQ 分量，然后用三个模/数转换器对三个分量分别数字化，最后再转换成 RGB 空间。

2. 视频压缩技术

视频信号数字化后数据带宽很高，通常在 20 Mbps 以上，因此计算机很难对其进行保存和处理。采用压缩技术以后，通常数据带宽可以降到 1～10 Mbps，这样就可以将视频信号保存到计算机中并进行相应的处理。常用的压缩算法是 MPEG 算法。MPEG 算法适用于动态视频的压缩，它主要利用具有运动补偿的帧间压缩编码技术以减小时间冗余度，采用 DCT 技术以减小图像的空间冗余度，使用熵编码以减小信息表示方法的统计冗余度。这几种技术的综合运用，大大增强了压缩性能。

3. 视频文件格式

（1）AVI 格式

AVI（Audio Video Interleaved，音频视频交错格式）是将语音和影像同步组合在一起的文件格式。它对视频文件采用了一种有损压缩方式，压缩比比较高，画面质量不太好，但其应用范围仍然非常广泛。AVI 主要应用在多媒体光盘上，用来保存电视、电影等各种影像信息。

AVI 最直接的优点就是兼容好、调用方便。但它的缺点也十分明显：文件大。根据不同的应用要求，AVI 的分辨率可以随意调。窗口越大，文件的数据量也就越大。降低分辨率可以大幅减低它的数据量，但图像质量必然受损。与 MPEG-2 格式文件大小相近的情况下，AVI 格式的视频质量相对要差得多，但其制作简单，对计算机的配置要求不高，所以，人们经常先录制好 AVI 格式的视频，再转换为其他格式。

（2）MPEG 格式

MPEG（Moving Picture Experts Group，动态图像专家组）是国际标准组织（ISO）认可的媒体封装形式，受大部分机器的支持。其储存方式多样，可以适应不同的应用环境。MPEG 的控制功能丰富，可以有多个视频（即角度）、音轨、字幕（位图字幕）等。

（3）RM 格式

RM（RealMedia，实时媒体）格式是 Real Networks 公司开发的一种流媒体视频文件格式，主要包含 RealAudio、RealVideo 和 RealFlash 三部分。它的特点是文件小，画质相对良好，适用于在线播放。用户可以使用 RealPlayer 对符合 RM 技术规范的网络音频/视频资源进行实况转播。并且 RM 可以根据不同的网络传输速率制定出不同的压缩比率，从而实现在低速率的网络上进行影像数据实时传送和播放。另外，RM 作为目前主流网络视频格式，它还可以通过其 RealServer 服务器将其他格式的视频转换成 RM 格式的视频并由 RealServer 服务器负责对外发布和播放。

RM 格式最大的特点是边传边播，即先从服务器上下载一部分视频文件，形成视频流缓冲区后实时播放，同时继续下载，为接下来的播放做好准备。这种方法避免了用户必须等待整个文件从 Internet 上全部下载完毕才能观看的缺点，因而特别适合在线观看影视文件。RM 文件的大小完全取决于制作时选择的压缩率，压缩率不同，影像大小也不同。这就是为什么会同样看到 1 小时的影像有的只有 200 MB，而有的却有 500 MB 之多。

（4）ASF 格式

ASF（Advanced Streaming Format，高级流格式）是一个开放标准，它能依靠多种协议在多种网络环境下支持数据的传送。ASF 是 Microsoft 为了和 Real Player 竞争而发展出来的一种可以直接在网上观看视频节目的文件压缩格式。它是专为在 Internet 网上传送有同步关系的多媒体数据而设计的，所以 ASF 格式的信息特别适合在 Internet 网上传输。

音频、视频、图像及控制命令脚本等多媒体信息通过 ASF 格式以网络数据包的形式传输，实现流式多媒体内容发布。ASF 使用 MPEG-4 的压缩算法，可以边传边播，它的图像质量比 VCD 差一些，但比 RM 格式要好。

（5）WMV 格式

WMV（Windows Media Video）是微软推出的一种流媒体格式，它是 ASF 格式的升级延伸。在同等视频质量下，WMV 格式的文件非常小，很适合在网上播放和传输。WMV 文件一般同时包含视频和音频部分。视频部分使用 Windows Media Video 编码，音频部分使用 Windows Media Audio 编码。

2.4 知识扩展

2.4.1 理解编码

1. 编码的概念

所谓编码是指使用少量符号，按预先规定的方法将文字、数字或其他对象进行表示的编码规则，或将信息、数据转换成规定的电脉冲信号。编码在现实生活中广泛使用，在计算机中，通过二进制（即 0、1 两个符号）编码来表示各类数据资料，使其成为可利用计算机进行处理和分析的数据。

2. 信息化编码

计算机的深入使用极大地促进了管理水平的提升，而其中重要一环就是对管理对象的信息化编码。信息化实施面对的行业和企业千差万别，但无一例外，编码问题是必须解决的首要问题。借助编码标准化进行相应的管理优化，不仅可以成功实施信息系统，还能实现准确的运营管理，以及快速产品开发等更高目标。

确定编码的一般原则可归纳为：唯一性、简单性、完整性和可扩展性。例如实际中的身份证编码、邮政编码、学号编码、企业物料编码等。在信息管理中，没有含义的顺序编码已基本被舍弃，因为编码不是目的，管理才是价值所在。

3. 计算机中的编码

由于计算机采用二进制，在计算机内部所有信息均采用二进制编码方式。现实问题中的非二进制编码最终会被转换为二进制编码进行存储和处理。

（1）地址编码

为了便于内存管理，系统对内存空间以字节为单位进行编号，每个字节对应的编号就称为该字节的内存地址，简称地址。

假定系统的地址总线是 32 位，那么系统所支持的最小地址是 0X00000000（0X 开头表示 16 进制），最大是 0XFFFFFFFF（0X 开头表示 16 进制）。即从 32 个 0 排到 32 个 1，每个编号对应一个字节，那么系统所能管理的地址空间可达 2^{32}B=4 GB。

（2）数字通信编码

信息在信道中传输，其信号格式取决于信道的特性。例如，在模拟信道中，可能需要传送波形信号。传输数字信号来说，最普通且最容易的方法是用两个不同的电压值来表示两个二进制值。用无电压（或负电压）表示 0，而正电压表示 1。

常用的数字信号编码有不归零（NRZ）编码、曼彻斯特（Manchester）编码和差分曼彻斯特（Differential Manchester）编码，3类编码格式如图2.19所示。

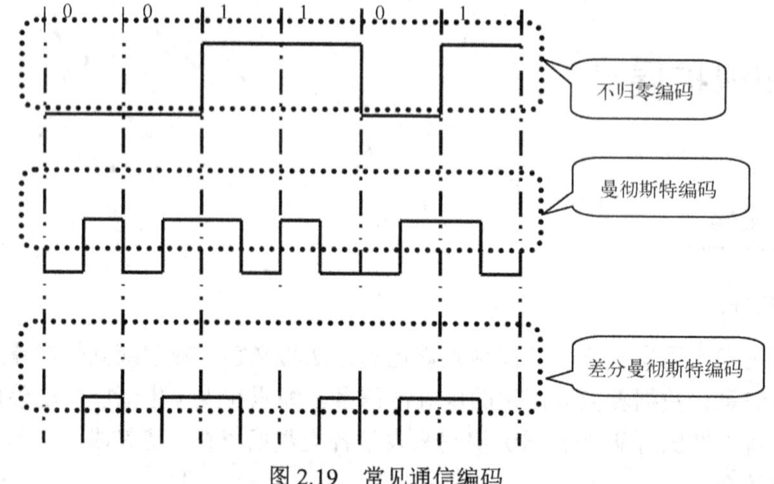

图2.19　常见通信编码

① NRZ编码。其优点是：根据通信理论，每个脉冲亮度越大，信号的能量越大，抗干扰能力强，且脉冲亮度与信道带宽成反比，即全亮码占用信道较小的带宽编码效率高。缺点是：当出现连续0或1时，难以分辨复位的起停点，会产生直流分量的积累，使信号失真。因此，过去大多数数据传输系统都不采用这种编码方式。近年来，随着技术的完善，NRZ编码已成为高速网络的主流技术。

② 曼彻斯特编码。在曼彻斯特编码中，用电压跳变的相位不同来区分1和0，即用正的电压跳变表示0，用负的电压跳变表示1。因此，这种编码也称为相应编码。由于跳变都发生在每一个码元的中间，接收端可以方便地利用它作为位同步时钟，因此，这种编码也称为自同步编码。

③ 差分曼彻斯特编码。差分曼彻斯特编码是曼彻斯特编码的一种修改格式。其不同之处在于：每位的中间跳变只用于同步时钟信号；而0或1的取值判断是用位的起始处有无跳变来表示（若有跳变则为0，若无跳变则为1）。这种编码的特点是每一位均用不同电平的两个半位来表示，因而始终能保持直流的平衡。这种编码也是一种自同步编码。

（3）压缩编码

对于图像、声音和视频信息而言，数据量大是其基本特点，为了存储和传输，必须对其进行压缩。压缩的实质是在不损害或不明显损害显示质量的基础上降低编码的数据量。下面介绍几种常用的压缩标准。

① JPEG标准。JPEG（Joint Photographic Experts Group）标准主要用于连续色调、多级灰度、彩色/单色静态图像压缩。具有较高压缩比（一张1000 KB的BMP文件压缩成JPEG格式后可能只有20～30 KB），在压缩过程中的失真程度很小，目前使用范围广泛（特别是在Internet网页中）。

② H.263标准。H.263是国际电联ITU-T的一个标准草案，是为低码流通信而设计的。但实际上这个标准可用在很宽的码流范围，而非只用于低码流应用。1998年IUT-T推出的H.263＋是H.263建议的第2版，它提供了12个新的可协商模式和其他特征，进一步提高了

压缩编码性能。H.263＋允许使用更多的源格式，图像时钟频率也有多种选择，拓宽应用范围；另一重要的改进是可扩展性，它允许多显示率、多速率及多分辨率，增强了视频信息在易误码、易丢包异构网络环境下的传输。另外，H.263＋对 H.263 中的不受限运动矢量模式进行了改进，加上 12 个新增的可选模式，不仅提高了编码性能，而且增强了应用的灵活性。

③ MPEG 标准。MPEG 标准包括 MPEG 视频、MPEG 音频和 MPEG 系统（视音频同步）三个部分。MPEG 压缩标准是针对运动图像而设计的，可实现帧之间的压缩，其平均压缩比可达 50 : 1。在多媒体数据压缩标准中，较多采用 MPEG 系列标准，包括 MPEG-1、2、4 等。MPEG-1 用于传输 1.5 Mbps 数据传输率的数字存储媒体运动图像及其伴音的编码，MPEG-1 提供每秒 30 帧 352×240 分辨率的图像，具有接近家用视频制式录像带的质量。MPEG-1 允许超过 70 分钟的高质量的视频和音频存储在一张 CD-ROM 盘上。MPEG-2 主要针对高清晰度电视（HDTV）的需要，传输速率为 10 Mbps，与 MPEG-1 兼容，适用于 1.5～60 Mbps 甚至更高的编码范围。MPEG-4 标准是超低码率运动图像和语言的压缩标准，用于传输速率低于 64 Mbps 的实时图像传输，它不仅可覆盖低频带，也向高频带发展。

2.4.2　浮点数的表示方法

浮点数表示法类似于科学计数法，任一数均可通过改变其指数部分使小数点发生移动。例如，1898.12 可以表示为：1.89812×10^3。浮点数的一般表示形式为：$N=2^E\times D$，其中，D 称为尾数，E 称为阶码。下面以 IEEE 标准为例来说明浮点数存储形式，如图 2.20 所示。

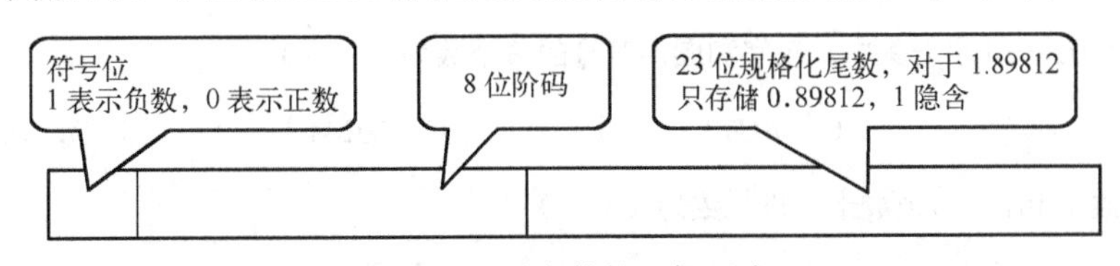

图 2.20　浮点数的一般形式

在该格式中，数的正负可由符号位表示，而对于阶码的正负表示，IEEE 的方法是：对于 2^n，阶码=n+127。n 为 0 时，阶码为 127；n>0 时，阶码>127，表示正数；n<0 时，阶码<127，表示负数。

例如，对于十进制数–12，用二进制数表示为–1100，规格化后为-1.1×2^3，其单精度浮点数表示如下：

1	10000010	10000000000000000000000

对于十进制数 0.25，用二进制数表示为 0.01，规格化后为 1.0×2^{-2}，其单精度浮点数表示如下：

0	01111101	00000000000000000000000

习题 2

一、填空题

1．所谓____________，是指用一组固定的数字和一套统一的规则来表示数目的方法。

2．单个位上可使用的基本数字的个数就称为该数制的＿＿＿＿＿＿。

3．标准 ASCII 码是 7 位编码，但计算机仍以＿＿＿＿＿＿来存放一个 ASCII 字符。

4．＿＿＿＿＿＿是在互联网上使用最广的一种 Unicode 的实现方式。

5．汉字字模按国标码的顺序排列，以二进制文件形式存放在存储器中，构成＿＿＿＿＿＿。

6．将下列二进制数转换成相应的十进制数、八进制数、十六进制数。

$$(10110101)_2=(\quad)_{10}=(\quad)_8=(\quad)_{16}$$

$$(11001.0010)_2=(\quad)_{10}=(\quad)_8=(\quad)_{16}$$

7．＿＿＿＿＿＿一般指用计算机绘制的画面，如直线、圆、圆弧、任意曲线和图表等。

8．＿＿＿＿＿＿是指由输入设备捕捉的实际场景画面或以数字化形式存储的画面。

9．图像的数字化包括采样、＿＿＿＿＿＿和编码三个步骤。

10．＿＿＿＿＿＿越高，数字化后声波就越接近于原来的波形，即声音的保真度越高，但量化后声音信息量的存储量也越大。

二、选择题

1．在计算机中，信息的存放与处理采用（　　）。

A．ASCII 码　　B．二进制　　C．十六进制　　D．十进制

2．在国标 GB18030 字符集中，汉字和图形符号的总个数为（　　）。

A．128　　B．70372　　C．70244　　D．1611668

3．二进制数 1110111 转换成十六进制数为（　　）。

A．77　　B．D7　　C．E7　　D．F7

4．下列 4 组数应依次为二进制数、八进制数和十六进制数，符合这个要求的是（　　）。

A．11，78，19　　B．12，77，10　　C．12，80，10　　D．11，77，19

5．在微型计算机中，应用最普遍的字符编码是（　　）。

A．BCD 码　　B．ASCII 码　　C．汉字编码　　D．补码

6．下列编码中，用于汉字输出的是（　　）。

A．输入编码　　B．汉字字模码　　C．汉字内码　　D．数字编码

7．一般说来，要求声音的质量越高，则（　　）。

A．量化级数越低和采样频率越低　　B．量化级数越高和采样频率越高

C．量化级数越低和采样频率越高　　D．量化级数越高和采样频率越低

8．JPEG 是（　　）图像压缩编码标准。

A．静态　　B．动态　　C．点阵　　D．矢量

9．下列声音文件格式中，（　　）是波形文件格式。

A．WAV　　B．CMF　　C．AVI　　D．MIDI

10．扩展名为.MP3 的含义是（　　）。

A．采用 MPEG 压缩标准第 3 版压缩的文件格式

B．必须通过 MP-3 播放器播放的音乐格式

C．采用 MPEG 音频层标准压缩的音频格式

D．将图像、音频和视频三种数据采用 MPEG 标准压缩后形成的文件格式

三、简答题

1．什么是二进制？计算机为什么要采用二进制？

2．什么是编码？计算机中常用的信息编码有哪几种？

3．简述图像数字化的基本过程。

4．常见的图像文件格式有哪些？

5．简述声音数字化的基本过程。

6．常见的声音文件格式有哪些？

7．声音文件的大小由哪些因素决定？

8．声音数字化的基本过程中，哪些参数对数字化质量影响大？

第3章

复杂问题的存储与处理

复杂问题处理的对象往往具有大量的数据，而数据之间还存在一定的关系，并且数据的存储也影响着处理的方法，因此应掌握必要的复杂问题的存储与处理方法。

本章主要介绍数据的逻辑结构和存储结构及算法的基本概念，常见线性结构与非线性结构及运算，查找和排序算法。

3.1 算法与程序

算法指的是解决问题的方法，而程序是该方法具体的实现。算法要依靠程序来完成功能，程序需要算法作为灵魂。

3.1.1 基本概念

1. 算法

算法是指解题方案的准确而完整的描述。即是一组严谨地定义运算顺序的规则，并且每一个规则都是有效的，且是明确的，没有二义性，同时该规则将在有限次运算后可终止。

算法可以理解为基本运算及规定的运算顺序所构成的完整的解题步骤。或者看成按照要求设计好的有限的确切的计算序列，并且这样的步骤和序列可以解决一类问题。

2. 程序

程序是为实现特定目标或解决特定问题而用程序设计语言描述的适合计算机执行的指令（语句）序列。一个程序应该包括以下两方面的内容：

① 对数据的描述。在程序中要指定数据的类型和数据的组织形式，即数据结构。

② 对操作的描述。即操作步骤，也就是算法。

3. 算法与程序的区别

算法不等于程序，也不是计算方法。算法是指逻辑层面上解决问题方法的一种描述，一个算法可以被很多不同的程序实现，即程序可以作为算法的一种描述，但程序通常还需考虑很多与方法和分析无关的细节问题，这是因为在编写程序时要受到计算机系统运行环境的限制。算法可以被计算机程序模拟出来，但程序只是一个手段，让计算机去机械式地执行，算法才是灵魂，驱动计算机“怎么去”执行。程序的编制不可能优于算法的设计，算法并不是程序或者函数本身。程序中的指令必须是机器可执行的，而算法中的指令则无此限制。

3.1.2 算法的性能分析

1. 算法的基本特征

（1）可行性

算法中执行的任何计算步骤都是可以被分解为基本的可执行的操作步，即每个计算步都可以在有限时间内完成（也称之为有效性）。

由于算法的设计是为了在某一个特定的计算工具上解决某一个实际的问题而设计的，因此，它总是受到计算工具的限制，使执行产生偏差。如计算机的数值有效位是有限的，往往会因为有效位数的影响产生错误。因此，在算法设计时，必须要考虑它的可行性，要根据具体的系统调整算法，否则是不会得到满意结果的。

（2）确定性

算法的设计必须是每一个步骤都有明确的定义，不允许有模糊的解释，也不能有多义性。

（3）有穷性

算法的有穷性是指在一定的时间内能够完成，即算法应该在计算有限个步骤后能够正常结束。

例如，在数学中的无穷级数，在计算机中只能求有限项，即计算的过程是有穷的。

算法的有穷性还应包括合理的执行时间的含义。因为，如果一个算法需要执行千万年，显然失去了实用价值。

（4）输入项

一个算法有0个或多个输入，以刻画运算对象的初始情况，所谓0个输入是指算法本身定出了初始条件。

（5）输出项

一个算法有一个或多个输出，以反映对输入数据加工后的结果。没有输出的算法是毫无意义的。

2. 算法的基本要素

（1）算法中对数据的运算和操作

通常，计算机可以执行的基本操作是以指令的形式描述的。一个计算机系统能执行的所有指令的集合称为该计算机系等的指令系统。计算机程序就是按解题要求从计算机指令系统中选择合适的指令所组成的指令序列。在一般的计算机系统中，基本的运算和操作有以下四类：

① 算术运算：主要包括加、减、乘、除等运算。

② 逻辑运算：主要包括“与”、“或”、“非”等运算。

③ 关系运算：主要包括“大于”、“小于”、“等于”、“不等于”等运算。

④ 数据传输：主要包括赋值、输入、输出等操作。

在设计算法的开始，通常并不直接用计算机程序来描述算法，而是用别的描述工具（如流程图，专门的算法描述语言，甚至用自然语言）来描述算法。但不管用哪种工具来描述算法，算法的设计一般都应从上述四种基本操作考虑，按解题要求从这些基本操作中选择合适的操作组成解题的操作序列。算法的主要特征着重于算法的动态执行，它区别于传统的着重于静态描述或按演绎方式求解问题的过程。传统的演绎数学是以公理系统为基础的，问题的求解过程是通过有限次推演来完成的，每次推演都对问题作进一步的描述，如此不断推演，直到直接将解描述出来为止。而计算机算法则是使用一些最基本的操作，通过对已知条件一步一步地加工和变换，从而实现解题目标。这两种方法的解题思路是不同的。

（2）算法的控制结构

算法的功能不仅取决于所选用的操作，而且还与各操作之间的顺序有关。

在算法中，操作的执行顺序又称算法的控制结构。算法的控制结构给出了算法的基本框架，它不仅决定了算法中各操作的执行顺序，而且也直接反映了算法的设计是否符合结构化原则。

一般的算法控制结构有三种：顺序结构、选择结构和循环结构。描述算法的工具通常有传统流程图、N-S 结构图、算法描述语言等。

3．算法设计的基本方法

为用计算机解决实际问题而设计的算法，即是计算机算法。常用的算法设计有列举法、归纳法、递推、递归、减半递推技术、回溯法等方法。在实际应用时，各种方法之间往往存在着一定的联系。

（1）列举法

列举法的基本思想是，根据提出的问题，列举出所有可能的情况，并用问题中给定的条件检验哪些是满足条件的，哪些是不满足条件的。列举法通常用于解决“是否存在”或“有哪些可能”等问题。

例如，我国古代的趣味数学题：“百钱买百鸡”、“鸡兔同笼”等，均可采用列举法进行解决。

列举法的特点是算法比较简单。但当列举的可能情况较多时，执行列举算法的工作量将会很大。因此，在用列举法设计算法时，使方案优化，尽量减少运算工作量，是应该重点注意的。通常，在设计列举算法时，只要对实际问题进行分析，将与问题有关的知识条理化、完备化、系统化，从中找出规律；或对所有可能的情况进行分类，引出一些有用的信息，是可以大大减少列举量的。

（2）归纳法

所谓归纳法或称归纳推理，是在认识事物过程中所使用的思维方法。有时叫做归纳逻辑，是指人们以一系列经验事物或知识素材为依据，寻找出其服从的基本规律或共同规律，并假设同类事物中的其他事物也服从这些规律，从而将这些规律作为预测同类事物的其他事物的基本原理的一种认知方法。它基于对特殊代表的有限观察，把性质或关系归结到类型；或基于对反复再现现象模式的有限观察，以公式表达规律。

归纳法的基本思想是，通过列举少量的特殊情况，经过分析，最后找出一般的关系。归纳是一种抽象，即从特殊现象中找出一般规律。但由于在归纳法中不可能对所有的情况进行列举，因此，该方法得到的结论只是一种猜测，还需要进行证明。

例如：一件由 A 和 B 同时发生才能确立的事件 C，明显地会观察到：事件 C 成立则 B 必定发生。但绝对不能贸然将结论误解为“只要 B 发生则事件 C 一定发生”（而应该是要由 A 和 B 同时发生才能确定 C 的产生）。而且也不能擅自扩充成为“只要 C 事件不发生则事件 B 一定没有发生”，同样的关键点仍旧是“当 A 不成立时，C 就一定不成立”而 B 是否成立就不一定也无从得知了。

（3）递推

递推，即是从已知的初始条件出发，逐次推出所要求的各个中间环节和最后结果。其中初始条件或问题本身已经给定，或是通过对问题的分析与化简而确定。

递推的本质也是一种归纳，递推关系式通常是归纳的结果。

例如，在数的序列中，建立起后项和前项之间的关系，然后从初始条件（或最终结果）入手，一步步地按递推关系递推，直至求出最终结果（或初始值）。很多程序就是按这样的方法逐步求解的。如：计算裴波那契数列第 n 项的函数 fib(n)，应采用从斐波那契数列的前两项出发，逐次由前两项计算出下一项，直至计算出要求的第 n 项。

（4）递归

在解决一些复杂问题时，为了降低问题的复杂程度，通常是将问题逐层分解，最后归结为一些最简单的问题。这种将问题逐层分解的过程，并没有对问题进行求解，而只是当解决了最后的问题那些最简单的问题后，再沿着原来分解的逆过程逐步进行综合，这就是递归的方法。

能采用递归描述的算法通常有这样的特征：为求解规模为 N 的问题，设法将它分解成规模较小的问题，然后从这些小问题的解方便地构造出大问题的解，并且这些规模较小的问题也能采用同样的分解和综合方法，分解成规模更小的问题，并从这些更小问题的解构造出规模较大问题的解。特别地，当规模 N=1 时，能直接得解。

递归算法的执行过程分递推和回归两个阶段。在递推阶段，把较复杂的问题（规模为 n）的求解推到比原问题简单一些的问题的求解。在递推阶段，必须要有终止递归的情况。在回归阶段，当获得最简单情况的解后，逐级返回，依次得到稍复杂问题的解。

递归分为直接递归和间接递归两种方法。如果一个算法直接调用自己，称为直接递归调用；如果一个算法 A 调用另一个算法 B，而算法 B 又调用算法 A，则此种递归称为间接递归调用。

有些问题的求解，既可以用递推算法，又可以用递归算法。通常，递归算法要比递推算法清晰易读，其结构比较简练。特别是在许多比较复杂的问题中，很难找到从初始条件推出所需结果的全过程，此时，设计递归算法要比递推算法容易得多，如汉诺塔问题的求解。但由于递归引起一系列的函数调用，并且可能会有一系列的重复计算，递归算法的执行效率相对较低。当某个递归算法能较方便地转换成递推算法时，通常按递推算法编写程序，如计算斐波那契数列应采用递推算法较好。

（5）减半递推技术

减半递推即将问题的规模减半，然后，重复相同的递推操作。例如，一元二次方程的求解。下面举例说明利用减半递推技术设计算法的基本思想。

【例 3.1】 设方程 $f(x)=0$ 在区间 $[a, b]$ 上有实根，且 $f(a)$ 与 $f(b)$ 异号。利用二分法求该方程在区间 $[a, b]$ 上的一个实根。

用二分法求方程实根的减半递推过程如下：

首先取给定区间的中点 $c=(a+b)/2$。

然后判断 $f(c)$ 是否为 0。若 $f(c)=0$，则说明 c 即为所求的根，求解过程结束；如果 $f(c)\neq0$，则根据以下原则将原区间减半：

若 $f(a)f(c)<0$，则取原区间的前半部分；

若 $f(b)f(c)<0$，则取原区间的后半部分。

最后判断减半后的区间长度是否已经很小：

若 $|a-b|<\varepsilon$，则过程结束，取 $(a+b)/2$ 为根的近似值;

若 $|a-b|\geqslant\varepsilon$，则重复上述的减半过程。

（6）回溯法

有些实际的问题很难归纳出一组简单的递推公式或直观的求解步骤，也不能使用无限的列举。对于这类问题，只能采用试探的方法，通过对问题的分析，找出解决问题的线索，然后沿着这个线索进行试探，如果试探成功，就得到问题的解，如果不成功，再逐步回退，换别的路线进行试探。这种方法，即称为回溯法。

回溯法是一种选优搜索法，按选优条件向前搜索，以达到目标。但当探索到某一步时，发现原先选择并不优或达不到目标，就退回一步重新选择。如人工智能中的机器人下棋。

4．算法复杂度

算法的复杂度包括时间复杂度和空间复杂度。

（1）时间复杂度

时间复杂度即实现该算法需要的计算工作量。算法的工作量用算法所执行的基本运算次数来计算。

算法的时间复杂度反映了程序执行时间随输入规模增长而增长的量级，在很大程度上能很好反映出算法的优劣与否。

从数学上定义，给定算法 A，如果存在函数 $F(n)$，当 $n=k$ 时，$F(k)$ 表示算法 A 在输入规模为 k 的情况下的运行时间，则称 $F(n)$ 为算法 A 的时间复杂度。

这里首先要明确输入规模的概念。输入规模是指算法 A 所接受输入的自然独立体的大小。

例如，对于排序算法来说，输入规模一般就是待排序元素的个数，而对于求两个同型方阵乘积的算法，输入规模可以看成是单个方阵的维数。为了简单起见，在下面的讨论中，总是假设算法的输入规模是用大于零的整数表示的，即 $n=1, 2, 3, \cdots, k, \cdots$。

算法的工作量用算法所执行的基本运算次数来度量，而算法所执行的基本运算次数是问题规模的函数，即：

$$\text{算法的工作量}=F(n)$$

其中 n 是问题的规模。例如，两个 n 阶矩阵相乘所需要的基本运算（即两个实数的乘法）次数为 n^3，即计算工作量为 n^3，也就是时间复杂度为 n^3。

对于同一个算法，每次执行的时间不仅取决于输入规模，还取决于输入的特性和具体的硬件环境在某次执行时的状态。所以想要得到一个统一精确的 $F(n)$是不可能的。为了解决这个问题，做一下两个说明：

① 忽略硬件及环境因素，假设每次执行时硬件条件和环境条件是完全一致的。

② 对于输入特性的差异，将从数学上进行精确分析并带入函数解析式。

【例 3.2】 时间复杂度分析示例。

问题：输入一组从 1 到 n 的整数，但其顺序为完全随机。其元素个数为 n，n 为大于零的整数。输出元素 n 所在的位置。（第一个元素位置为 1）

这个问题非常简单，下面是其解决算法之一（伪代码）：

```
LocationN(A)
{
      for(int i=1;i<=n;i++)-----------------------t1
            if(A[i] == n) ----------------------------t2
                return i; -----------------------t3
}
```

其中 $t1$、$t2$ 和 $t3$ 分别表示此行代码执行一次需要的时间。

首先，输入规模 n 是影响算法执行时间的因素之一。在 n 固定的情况下，不同的输入序列也会影响其执行时间。最好情况下，n 就排在序列的第一个位置，那么此时的运行时间为：$t1+t2+t3$。最坏情况下，n 排在序列最后一位，则运行时间为：$n*t1+n*t2+t3=(t1+t2)*n+t3$。

可以看到，最好情况下运行时间是一个常数，而最坏情况下运行时间是输入规模的线性函数。那么，平均情况如何呢？

由于输入序列完全随机，即 n 出现在 1 到 n 这 n 个位置上是等可能的，即概率均为 $1/n$。而平均情况下的执行次数即为执行次数的数学期望，其解为：

$$\begin{aligned}E &= p(n=1)*1+p(n=2)*2+\cdots+p(n=n)*n \\ &=(1/n)*(1+2+\cdots+n) \\ &=(1/n)*\big((n/2)*(1+n)\big) \\ &=(n+1)/2\end{aligned}$$

即在平均情况下，for 循环要执行$(n+1)/2$次，则平均运行时间为：$(t1+t2)*(n+1)/2+t3$。

由此得出分析结论：

$$t1+t2+t3 \leqslant F(n) \leqslant (t1+t2)*n+t3，在平均情况下 F(n)=(t1+t2)*(n+1)/2+t3$$

（2）算法的空间复杂度

空间复杂度是对一个算法在运行过程中临时占用存储空间大小的量度。一个算法在计算机存储器上所占用的存储空间，包括存储算法本身所占用的存储空间，算法的输入输出数据所占用的存储空间和算法在运行过程中临时占用的存储空间这三个方面。算法的输入输出数据所占用的存储空间是由要解决的问题决定的，是通过参数表由调用函数传递而来的，它不随本算法的不同而改变。存储算法本身所占用的存储空间与算法书写的长短成正比，要压缩这方面的存储空间，就必须编写出较短的算法。算法在运行过程中临时占用的存储空间随算法的不同而异，有的算法只需要占用少量的临时工作单元，而且不随问题规模的大小而改变，称这种算法是“就地”进行的，是节省存储的算法，有的算法需要占用的临时工作单元数与解决问题的规模n有关，它随着n的增大而增大，当n较大时，将占用较多的存储单元，例如快速排序和归并排序算法就属于这种情况。

分析一个算法所占用的存储空间要从各方面综合考虑。如对于递归算法来说，一般都比较简短，算法本身所占用的存储空间较少，但运行时需要一个附加堆栈，从而占用较多的临时工作单元；若写成非递归算法，一般可能比较长，算法本身占用的存储空间较多，但运行时将可能需要较少的存储单元。

一个算法的空间复杂度只考虑在运行过程中为局部变量分配的存储空间的大小，它包括为参数表中形参变量分配的存储空间和为在函数体中定义的局部变量分配的存储空间两个部分。若一个算法为递归算法，其空间复杂度为递归所使用的堆栈空间的大小，它等于一次调用所分配的临时存储空间的大小乘以被调用的次数（即为递归调用的次数加1，这个1表示开始进行的一次非递归调用）。算法的空间复杂度一般也以数量级的形式给出。如当一个算法的空间复杂度为一个常量，即不随被处理数据量n的大小而改变时，可表示为$O(1)$；当一个算法的空间复杂度与以2为底的n的对数成正比时，可表示为$O(\log_2 n)$；当一个算法的空间复杂度与n成线性比例关系时，可表示为$O(n)$。

例如：插入排序的时间复杂度是$O(n^2)$，空间复杂度是$O(1)$。而一般的递归算法就要有$O(n)$的空间复杂度了，因为每次递归都要存储返回信息。

对于一个算法，其时间复杂度和空间复杂度往往是相互影响的。当追求一个较好的时间复杂度时，可能会使空间复杂度的性能变差，即可能导致占用较多的存储空间；反之，当追求一个较好的空间复杂度时，可能会使时间复杂度的性能变差，即可能导致占用较长的运行时间。

3.1.3 问题的抽象表示

数据结构与算法之间存在本质联系，在某一类型数据结构上，总要涉及其上施加的运算，而只有通过对定义运算的研究，才能清楚理解数据结构的定义和作用；在涉及运算时，总要联系到该算法处理的对象和结果的数据。

1. 数据结构概念

数据是指计算机可以保存和处理的信息。

数据元素是构成数据的基本单位，在计算机程序中通常作为一个整体进行处理。一个数据元素可以由一个或多个数据项组成。数据元素也称为元素、节点或记录。

数据项是指数据中不可分割的、含有独立意义的最小单位，也称字段（field）或域。

例如实现对会员档案进行管理，设会员档案内容包括编号、姓名、性别、出生年月、等级和积分，如表 3.1 所示。则每个会员的编号、姓名、性别、出生年月、等级和积分各项就是数据项，每个会员的所有数据项就构成一数据元素。

表 3.1 会员信息登记表

编号	姓名	性别	出生年月	等级	积分
601110901	蒋一奇	男	1975-10-2	32	1052
601110902	刘怡婧	女	1982-01-20	38	892
601110903	张鹏	男	1980-09-23	15	165
601110904	郑晓敏	女	1978-06-12	33	1125
601110905	吴涛	男	1978-03-5	52	78

数据结构是指相互之间存在一种或多种特定关系的数据元素集合，是带有结构的数据元素的集合。它指的是数据元素之间的相互关系，即数据的组织形式。数据结构是研究数据及数据元素之间关系及其操作实现算法的学科。它不仅是一般程序设计的基础，而且是设计和实现编译程序、操作系统、数据库系统及其他系统程序和大型应用程序的重要基础。

下面通过例 3.3 来认识数据结构。

【例 3.3】 电话是通信联络必不可少的工具，如何用计算机来实现自动查询电话号码呢？要求对于给定的任意姓名，如果该人有电话号码，则迅速给出电话号码，否则，给出查找不到该人电话号码的信息。

对于这样的问题，可以按照客户向电信局申请电话号码的先后次序建立电话号码表，存储到计算机中。在这种情况下，由于电话号码表是没有任何规律的，查找时只能从第一个号码开始逐一进行，这样的逐一按顺序进行查找效率非常低。为了提高查询的效率，可以根据每个用户姓名的第一个拼音字母，按照 26 个英文字母的顺序进行排列，这样根据姓名的第一个字母就可以迅速地进行查找，从而极大地减少了查找所需的时间。进一步，可以按照用户的中文姓名的汉语拼音顺序进行排序，这样就可以进一步提高查询效率了。

在例 3.3 中，感兴趣的是如何提高查找效率。为了解决这个问题，就必须了解待处理对象之间的关系，以及如何存储和表示这些数据。例中的每一个电话号码就是一个要处理的数据对象，也称为数据元素，在数据结构中为了抽象地表示不同的数据元素，为了研究对于具有相同性质的数据元素的共同特点和操作，将数据元素又称为数据节点，简称为节点。电话号码经过处理，按照拼音排好了顺序，每个电话号码之间的先后次序就是数据元素之间的关系。

由此可见，计算机所处理的数据并不是数据的杂乱堆积，而是具有内在联系的数据集合。

如表结构（见表 3.1）、树型结构（见图 3.1）、图结构（见图 3.2）等，这里关心的是数据元素之间的相互关系与组织方式，及其施加运算及运算规则，并不涉及数据元素内容具体是什么值。

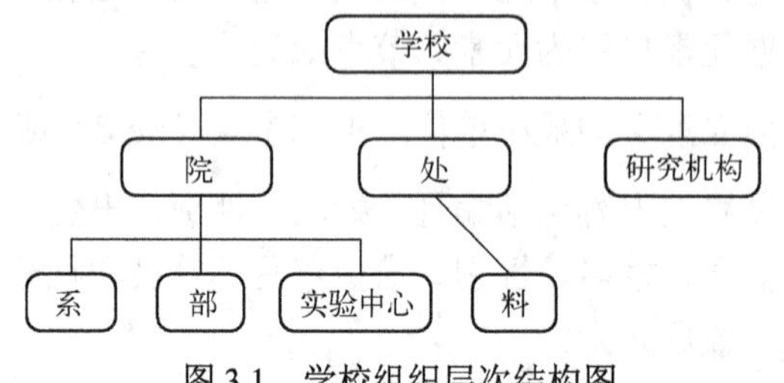

图 3.1 学校组织层次结构图

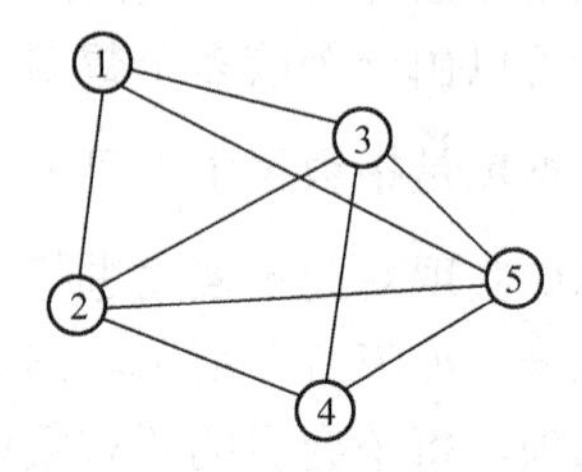

图 3.2 交通流量图

例如：一维数组是向量 $A=(a1\cdots\cdots an)$的存贮映象，使用时采用下标变量 $a[i]$的方式，关注其按序排列、按行存贮的特性，并不关心 $a[i]$中存放的具体值。同理：二维数组 $b[i,j]$是矩阵 B_{m*n} 的存贮映象，我们关心结构关系的特性而不涉及其数组元素本身的内容。

现实世界中客观存在的一切对象，在数据处理中都可以抽象成数据元素。如描述光谱颜色的名称：红、橙、黄、绿、蓝、紫是光谱的数据元素；1 到 n 的各个整数可以作为整数数值的数据元素：描述物体的长、宽、高、重量等也是物体的数据元素。

在实际应用中，被处理的数据元素一般有很多，而且，作为某种处理，其中的数据元素一般具有某种共同特征。如春、夏、秋、冬这四个数据元素有一个共同特征，即它们都是季节名，分别表示了一年中的四个季节，从而这四个数据元素构成了季节名的集合。

一般来说，人们不会同时处理特征完全不同且互相之间没有任何关系的各类数据元素，对于具有不同特征的数据元素总是分别进行处理。

一般情况下，在具有相同特征的数据元素集合中，各个数据元素之间存在有某种关系（即联系），这种关系反映了该集合中的数据元素所固有的结构。在数据处理领域中，通常把数据元素之间这种固有的关系简单地用前后件关系（或直接前驱与直接后继关系）来描述。

例如，在考虑一年四个季节的顺序关系时，则“春”是“夏”的前件（即直接前驱，下同），而“夏”是“春”的后件（即直接后继，下同）。同样，“夏”是“秋”的前件，“秋”是“夏”的后件；“秋”是“冬”的前件，“冬”是“秋”的后件。

前后件关系是数据元素之间的一个基本关系，但前后件关系所表示的实际意义随具体对象的不同而不同。一般来说，数据元素之间的任何关系都可以用前后件关系来描述。

数据结构就是研究这类非数值处理的程序设计问题。它包括三个方面的内容：数据的逻辑结构、数据的存储结构和数据的运算。

（1）数据的逻辑结构

数据的逻辑结构是指数据元素之间的逻辑关系，与数据在计算机内部是如何存储无关，数据的逻辑结构独立于计算机。

例如在城市交通中，两个地点之间就存在一种逻辑关系，两个地点之间的逻辑关系分为三种：第一种是：两个地点之间有公共汽车可以直达；第二种是：两个地点之间没有公共汽车可以直达，但可以通过中途换乘其他公共汽车而到达；第三种逻辑关系就是：两个地点之间没有公共汽车可以达到。

又如在电话号码本中，电话号码如何进行分类，按照什么顺序进行排列等都是数据之间的逻辑关系。

数据的逻辑结构有两个要素：

① 数据元素的集合，记作 D；

② 数据之间的前后件关系，记作 R。

则数据结构=(D, R)。

其中，D 是组成数据的数据元素的有限集合，R 是数据元素之间的关系集合。

例如：光谱颜色的数据结构可以表示成

D={红、橙、黄、绿、蓝、紫}

R={（红，橙），（橙，黄），（黄，绿），（绿，蓝），（蓝，紫）}

而学校成员（见图 3.1）的数据结构可以表示成

D={学校，院，处，研究机构，系，部，实验中心，科}

R={（学校，院），（学校，处），（学校，研究机构），（院，系），（院，部），（院，实验中心），（处，科）}

根据数据元素之间关系的不同特性，通常有下列四类基本的结构（见图 3.3）：

① 集合结构结构中的数据元素之间除了同属于一个集合的关系外，无任何其他关系。

② 线性结构结构中的数据元素之间存在着一对一的线性关系。

③ 树型结构结构中的数据元素之间存在着一对多的层次关系。

④ 图状结构或网状结构结构中的数据元素之间存在着多对多的任意关系。

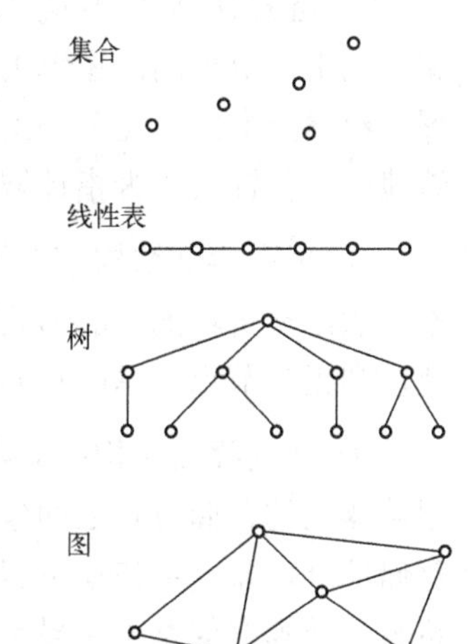

图 3.3　四类基本的结构

由于集合的关系非常松散，因此可以用其他的结构代替它。故数据的逻辑结构可概括为：

逻辑结构
- 线性结构——线性表、栈、队列、字符、串、数据、广义表
- 非线性结构——树、图

线性结构的逻辑特征是除第一个节点和最后一个节点外，其他所有节点都有且只有一个直接前趋和一个直接后继节点。非线性结构的逻辑特征是一个节点可能有多个直接前趋和直接后继。

（2）数据的存储结构

数据的逻辑结构在计算机存储空间中的存放形式称为数据的存储结构，或数据的物理结构。即数据存储时，不仅要存放数据元素的信息，而且要存储数据元素之间的前后件关系的信息。

通常的数据存储结构有顺序、链接、索引等存储结构。

例如在城市交通的例子中，就要研究如何在计算机中表示1个地点，如何在计算机中表示两个地点之间存在一条公共汽车线路，该线路有多长等。

又如对于电话号码资料信息在计算机中如何保存，如何表示资料的分类，如何表示排好顺序的电话号码之间的先后次序关系。

数据的逻辑结构是面向应用问题的，是从用户角度看到的数据的结构。数据必须在计算机内存储，数据的存储结构是研究数据元素和数据元素之间的关系如何在计算机中表示，是逻辑数据的存储映象，它是面向计算机的。

实现数据的逻辑结构到计算机存储器的映像有多种不同的方式。通常，数据在存储器中的存储有四种基本的映象方法。

① 顺序存储结构：把逻辑上相邻的节点存储在物理位置相邻的存储单元里，节点间的逻辑关系由存储单元的邻接关系来体现。由此得到的存储表示称为顺序存储结构，它主要用于线性数据结构，非线性的数据结构也可以通过某种线性化的方法来实现顺序存储。

② 链式存储结构：链式存储结构把逻辑上相邻的两个元素存放在物理上不一定相邻的存储单元中，节点间的逻辑关系是由附加的指针字段表示的。链式存储结构的特点就是将存放每个数据元素的节点分为两部分：一部分存放数据元素（称为数据域）；另一部分存放指示存储地址的指针（称为指针域），借助指针表示数据元素之间的关系。

③ 索引存储结构：在存储节点信息的同时，建立附加的索引表。索引表中的每一项称为索引项，索引项的一般形式是：（关键字，地址），关键字是能唯一标志一个节点的数据项，地址则指向节点信息的存储位置。

④ 散列存储结构：根据节点的关键字值计算出该节点的存储地址。即在数据元素与其在存储器上的存储位置之间建立一个映象关系F，根据关键字值和映象关系F就可以得到它的存储地址，即D=F(E)，E是要存放的数据元素的关键字值，D是该数据元素的存储位置。哈希表是散列存储结构中最常用的一种方法。

（3）数据的运算

数据的运算是定义在数据逻辑结构上的操作，每种数据结构都有一个运算的集合。常用的运算有检索、插入、删除、更新、排序等。运算的具体实现要在对应的存储结构上进行。例如在电话号码问题中，就要设计如何插入一个新的电话号码信息，如何删除一个作废的电话号码信息，如何对电话号码进行快速整理排序，如何高效快速查找资料等算法。在城市交通问题中，就要设计求两点之间最短线路的算法，要能够判断从城市的任一点出发乘坐公共汽车是否可以达到城市的任何地方。

2. 线性结构与非线性结构

如果一个数据元素都没有，该数据结构称为空数据结构；在空数据结构中插入一个新的元素后数据结构变为非空数据结构；将数据结构中的所有元素均删除，则该数据结构变成空数据结构。

（1）线性结构

如果一个非空的数据结构满足如下条件，则该数据结构为线性结构：

① 有且只有一个根节点；

② 每一个节点最多只有一个前件，也最多只有一个后件。

线性结构的特点是：在数据元素的非空有限集合中，存在唯一的首元素和唯一的尾元素，首元素无直接前驱，尾元素无直接后继，集合中其他每个数据元素均有唯一的直接前驱和唯一的直接后继。

注意：在线性结构表中插入或删除元素，该线性表仍然应满足线性结构。

线性结构又称线性表，其主要特征为各个数据之间有明确的、唯一的“先后”顺序。线性结构包括：线性表、栈和队列等。在现实生活中具有线性结构的实例非常多，例如在日常生活中的排队购物，队列中的每个人都有一个明确先后次序关系。

（2）非线性结构

如果一个数据结构不满足线性结构，则称为非线性结构。非线性结构包括树和图结构。

树型结构的主要特征是节点之间存在着一种层次的关系，每一个节点对应着下一层的多个节点，也就是说，数据元素之间的关系是“一对多”的关系。例如：学校下面有好几个院/系，每个院/系下面有好多班，每个班下面有好多学生。学校—院/系—班—学生，每一层之间都是一个一对多的关系，这就是一个典型的树型结构。

而在图结构中，任何两个节点之间都可能存在着联系，数据元素之间存在着多对多的关系。典型的图结构就是城市交通。如果城市中有单行线路，则从城市中的一个地点 A 出发，可以到达 N 个不同的地方，从城市的 M 个不同的地方出发又可以到达地点 A。城市交通就是一个典型的“多对多”的图结构（如图 3.2 所示）。

3.1.4 计算机求解问题过程

拿到问题之后，不能马上就动手编程，要经历一个思考、设计、编程以及调试的过程，具体分为 5 个步骤：

① 分析问题（确定计算机做什么）。

② 建立模型（将原始问题转化为数学模型或者模拟数学模型）。

③ 设计算法（形式化的描述解决问题的途径和方法）。

④ 编写程序（将算法翻译成计算机程序设计语言）。

⑤ 调试测试（通过各种数据，改正程序中的错误）。

有些人认为编程是最重要的求解步骤。但实际上，前3个步骤在问题求解中具有更加重要的地位。因为当算法设计好之后，可以很方便地用任何程序设计语言实现。

1．分析问题（自然问题的逻辑建模）

这一步的目的通过分析明确问题的性质，将一个自然问题建模到逻辑层面上，将一个看似很困难、很复杂的问题转化为基本逻辑（例如顺序、选择和循环等）。例如，要找到两个城市之间的最近路线，从逻辑上应该如何推理和计算？应该先利用图的方式将城市和交通路线表示出来，再从所有的路线中选择最近的。再如，要用计算机写一篇文章，基本的先后顺序是什么？即需要先使用字处理软件、再存盘、反复修改，最终将文章发到网上或者电邮给需要的人。

可以将问题简单地分为数值型问题和非数值型问题，非数值型问题也可以模拟为数值问题，在计算机里仿真求解。不同类型的问题可以有针对性地进行处理。

2．建立模型（逻辑步骤的数学建模）

有了逻辑模型，需要了解如何将逻辑模型转换为能够存储到芯片上的数学模型。例如，将最近路线问题，首先变为数据结构中的“图”，再转换为数学上的优化问题。又如在进行文本字处理的时候，首先用编辑软件编辑一篇文字，然后存储为固定的格式，如果需要将该文本发送给别人，可利用电子邮件软件将文件封装成一个个小的带有报头信息的数据包，在网络的各个路由器之间传输，到达目的地之后，再利用各个数据包的报头信息，利用排序等计算方法，重新装配文本。

对于数值型问题，可以建立数学模型，直接通过数学模型来描述问题。对于非数值型问题，可以建立一个过程模型或者仿真模型，通过模型来描述问题，再设计算法解决。

3．设计算法（从数学模型到计算建模）

有了数学模型或者公式，需要将数学的思维方式转化为离散计算的模式。例如，将最近路线问题中的距离离散化，并设置一定的步长，为自动化实现打好基础。再例如，在文字处理中，所有的输入文字，经过某种编码转化为二值序列，在计算机的存储器中顺序存储。网络传输所用的数据包，也需要加入表示顺序的数据码，到达目的地之后，需要用到排序等算法，进行数据包的装配和重组。

对于数值型的问题，一般采用离散数值分析的方法进行处理。在数值分析中，有许多经典算法，当然也可以根据问题的实际情况自己设计解决方案。

对于非数值型问题，可以通过数据结构或算法分析进行仿真。也可以选择一些成熟和典型的算法进行处理。例如，穷举法、递推法、递归法、分治法、回溯法等。

算法确定之后，可进一步形式化为伪代码或者流程图。

4．编写程序（从计算建模到编程实现）

根据已经形式化的算法，选用一种程序设计语言编程实现。

5．调试测试（程序的运行和修正）

上机调试、运行程序，得到运行结果。对于运行结果要进行分析和测试，看看运行结果是否符合预先的期望，如果不符合，要进行判断，找出问题出现的地方，对算法或程序进行修正，直到得到正确的结果。

3.2 线性问题的存储与处理

3.2.1 线性表的存储与处理

1. 基本概念

线性表是 n 个类型相同的数据元素的有限序列，数据元素之间是一对一的关系，即每个数据元素最多有一个直接前驱和一个直接后继，如图 3.4 所示。这里的数据元素是一个广义的数据元素，并不仅仅是指一个数据。如，矩阵、学生记录表等。

图 3.4 线性表元素之间的关系

非空线性表的结构特征：

- 有且只有一个根节点，它无前件；
- 有且只有一个终端节点，它无后件；
- 除根节点和终端节点之外，所有的节点有且只有一个前件和一个后件。线性表中节点的个数称为节点的长度 n。当 n=0 时，称为空表。

例如：英文字母表（A, B, …,Z）就是一个简单的线性表，表中的每一个英文字母是一个数据元素，每个元素之间存在唯一的顺序关系，如在英文字母表字母 B 的前面是字母 A，而字母 B 后面是字母 C。在较为复杂的线性表中，数据元素可由若干数据项组成，如学生成绩表中，每个学生及其各科成绩是一个数据元素，它由学号、姓名、各科成绩及平均成绩等数据项组成，常被称为一个记录，含有大量记录的线性表称为文件。数据对象是性质相同的数据元素集合。

如表 3.1 所示的会员信息登记表数据文件，每个会员的相关信息由编号、姓名、性别、等级和积分 5 个数据项组成，它是文件的一条记录（数据元素）。

综上所述，将线性表定义如下：

线性表是由 $n(n\geq 0)$个类型相同的数据元素 $a_1, a_2, \cdots, a_n$ 组成的有限序列，记做（$a_1, a_2, \cdots, a_{i-1}, a_i, a_{i+1}, \cdots, a_n$）。这里的数据元素 $a_i(1\leq i\leq n)$只是一个抽象的符号，其具体含义在不同情况下可以不同，它既可以是原子类型，也可以是结构类型，但同一线性表中的数据元素必须属于同一数据对象。此外，线性表中相邻数据元素之间存在着序偶关系，即对于非空的线性表（$a_1, a_2, \cdots, a_{i-1}, a_i, a_{i+1}, \cdots, a_n$），表中 a_{i-1} 领先于 a_i，称 a_{i-1} 是 a_i 的直接前驱，而称 a_i 是 a_{i-1} 的直接后继。除了第一个元素 a_1 外，每个元素 a_i 有且仅有一个被称为其直接前驱的节点 a_{i-1}，除了最后一个元素 a_n 外，每个元素 a_i 有且仅有一个被称为其直接后继的节点 a_{i+1}。线性表中元素的个数 n 被定义为线性表的长度，n=0 时称为空表。

线性表的特点可概括如下：

- 同一性：线性表由同类数据元素组成，每一个 a_i 必须属于同一数据对象
- 有穷性：线性表由有限个数据元素组成，表长度就是表中数据元素的个数
- 有序性：线性表中相邻数据元素之间存在着序偶关系 $<a_i, a_{i+1}>$

由此可看出，线性表是一种最简单的数据结构，因为数据元素之间是由一前驱一后继的直观有序的关系确定；线性表又是一种最常见的数据结构，因为矩阵、数组、字符串、堆栈、队列等都符合线性条件。

2．顺序存储结构

线性表的顺序存储是指用一组地址连续的存储单元依次存储线性表中的各个元素，使得线性表中在逻辑结构上相邻的数据元素存储在相邻的物理存储单元中，即通过数据元素物理存储的相邻关系来反映数据元素之间逻辑上的相邻关系。采用顺序存储结构的线性表通常称为顺序表。

顺序存储结构的特点：

- 线性表中所有的元素所占的存储空间是连续的；
- 线性表中各数据元素在存储空间中是按逻辑顺序依次存放的。

假设线性表中有 n 个元素，每个元素占 k 个单元，第一个元素的地址为 $\mathrm{loc}(a_1)$，则可以通过如下公式计算出第 i 个元素的地址 $\mathrm{loc}(a_i)$：

$\mathrm{loc}(a_i)=\mathrm{loc}(a_1)+(i-1)\times k$　　其中 $\mathrm{loc}(a_1)$ 称为基址。

图 3.5 给出了线性表的顺序存储结构示意图。从图中可看出，在线性表的顺序存储结构中，其前后两个元素在存储空间中是紧邻的，且前元素一定存储在后元素的前面，且每个节点 a_i 的存储地址是该节点在表中的逻辑位置 i 的线性函数，只要知道线性表中第一个元素的存储地址（基地址）和表中每个元素所占存储单元的多少，就可以计算出线性表中任意一个数据元素的存储地址，从而实现对顺序表中数据元素的随机存取。

存储地址	内存空间状态	逻辑地址
$\mathrm{loc}(a_1)$	a_1	1
$\mathrm{loc}(a_1)+(2-1)k$	a_2	2
…	…	…
$\mathrm{loc}(a_1)+(i-1)k$	a_i	i
…	…	…
$\mathrm{loc}(a_1)+(n-1)k$	a_n	n

图 3.5　顺序表存储结构示意图

顺序存储结构可以借助于高级程序设计语言中的数组来表示，一维数组的下标与元素在线性表中的序号相对应。在用一维数组存放线性表时，该一维数组的长度通常要定义得比线性表的实际长度大一些，以便对线性表进行各种运算，特别是插入运算。在一般情况下，如果线性表的长度在处理过程中是动态变化的，则在开辟线性表的存储空间时要考虑到线性表在动态变化过程中可能达到的最大长度。如果开始时所开辟的存储空间太小，则在线性表动态增长时可能会出现存储空间不够而无法再插入新的元素；但如果开始时所开辟的存储空间

太大，而实际上又用不着那么大的存储空间，则会造成存储空间的浪费。在实际应用中，可以根据线性表动态变化过程中的一般规模来决定开辟的存储空间量。

3. 线性表的基本操作

（1）顺序表的查找运算

线性表有按序号查找和按内容查找两种基本的查找运算。

按序号查找：其结果是线性表中第 i 个数据元素。

按内容查找：要求查找线性表中与给定值相等的数据元素，其结果是：若在表中找到与给定值相等的元素，则返回该元素在表中的序号；若找不到，则返回一个“空序号”，表示无此数据元素。

查找运算可采用顺序查找法实现，即从第一个元素开始，依次将表中元素与给定值相比较，若相等，则查找成功，返回该元素在表中的序号；若给定值与表中的所有元素都不相等，则查找失败，可返回“无此数据元素”信息的一个值（具体可由所用语言或实际需要决定其值的形式）。

（2）顺序表的插入运算

线性表的插入运算是指在表的第 $i(1\leqslant i\leqslant n+1)$个位置，插入一个新元素 e，使长度为 n 的线性表（$e_1, \cdots, e_{i-1}, e_i, \cdots, e_n$）变成长度为 $n+1$ 的线性表（$e_1, \cdots, e_{i-1}, \boldsymbol{e}, e_i, \cdots, e_n$）。

用顺序表作为线性表的存储结构时，由于节点的物理顺序必须和节点的逻辑顺序保持一致，因此必须将原表中位置 $n, n-1, \cdots, i$ 上的节点，依次后移到位置 $n+1, n, \cdots, i+1$ 上，空出第 i 个位置，然后在该位置上插入新节点 e。当 $i=n+1$ 时，是指在线性表的末尾插入节点，所以无须移动节点，直接将 e 插入表的末尾即可。

【例 3.4】 已知一个线性表（4，7，15，28，30，32，42，51，63），现需在第 4 个数据元素之前插入一个数据元素“21”。

方法：要将数据元素“21”插入，首先需将第 9 个位置到第 4 个位置的数据元素依次后移一个位置，然后将数据元素“21”插入到第 4 个位置，如图 3.6 所示。（注意区分数据元素的序号与数据元素。）

图 3.6 顺序表中插入元素

注意：*在定义线性表时，一定要定义足够的空间，否则，将不允许插入元素。另外，找到插入位置后，将插入位置开始的所有元素从最后一个元素开始顺序后移。*

显然，在线性表采用顺序存储结构时，如果插入运算在线性表的末尾进行，即在第 n 个元素之后（可以认为是在第 $n+1$ 个元素之前）插入新元素，则只要在表的末尾增加一个元素即可，不需要移动表中的元素；如果要在线性表的第 1 个元素之前插入一个新元素，则需要移动表中所有的元素。在一般情况下，如果插入运算在第 $i(1\leqslant i\leqslant n)$个元素之前进行，则原来第 i 个元素之后（包括第 i 个元素）的所有元素都必须移动。在平均情况下，要在线性表中插入一个新元素，需要移动表中一半的元素。因此，在线性表顺序存储的情况下，要插入一个新元素，其效率是很低的，特别是在线性表比较大的情况下更为突出，这是由于数据元素的移动而消耗较多的处理时间。

（3）顺序表的删除运算

线性表的删除运算是指将表的第 $i(1 \leqslant i \leqslant n)$ 个元素删去，使长度为 n 的线性表（$e_1, \cdots, e_{i-1}, e_i, e_{i+1}, \cdots, e_n$），变成长度为 $n-1$ 的线性表（$e_1, \cdots, e_{i-1}, e_{i+1}, \cdots, e_n$）。与插入运算类似，在顺序表上实现删除运算也必须移动节点，这样才能反映出节点间逻辑关系的变化。

【例 3.5】 将线性表（4，7，15， 28，30，32，42，51，63）中的第 4 个数据元素删除。

方法： 将第 5 个数据元素到第 9 个数据元素依次向前移动一个位置（如图 3.7 所示），即可完成任务。

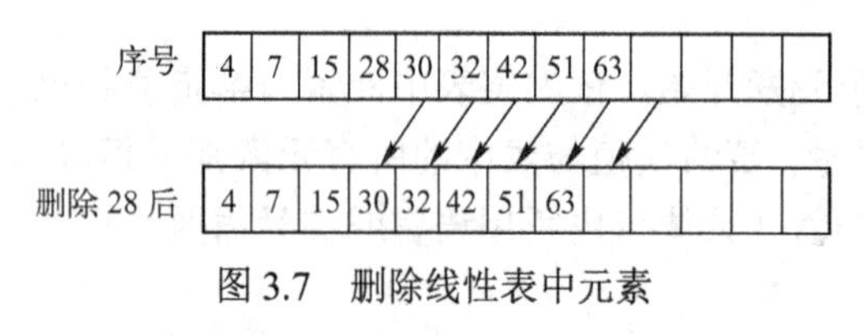

图 3.7 删除线性表中元素

显然，在线性表采用顺序存储结构时，如果删除运算在线性表的末尾进行，即删除第 n 个元素，则不需要移动表中的元素；如果要删除线性表中的第 1 个元素，则需要移动表中所有的元素。在平均情况下，要在线性表中删除一个元素，需要移动表中一半的元素。

由线性表在顺序存储结构下的插入与删除运算可以看出，线性表的顺序存储结构对于小线性表或者其中元素不常变动的线性表来说是合适的，因为顺序存储的结构比较简单。但这种顺序存储的方式对于元素经常需要变动的大线性表就不太合适了，因为插入与删除的效率比较低。

4．链式存储结构

解决静态内存分配不足的办法就是使用动态内存分配。所谓动态内存分配就是指在程序执行的过程中动态地分配或者回收存储空间的分配内存的方法。动态内存分配不像静态内存分配方法那样需要预先分配存储空间，而是由系统根据程序的需要即时分配，且分配的大小就是程序要求的大小。

假设每一个数据节点对应一个存储单元，该存储单元称为存储节点，简称节点。

链式存储方式，要求每个节点由两部分组成：一部分用于存放数据元素值，称为数据域；另一部分用于存放指针，称为指针域。其中指针用于指向该节点的前一个或后一个节点（即前件或后件），如图 3.8 所示。

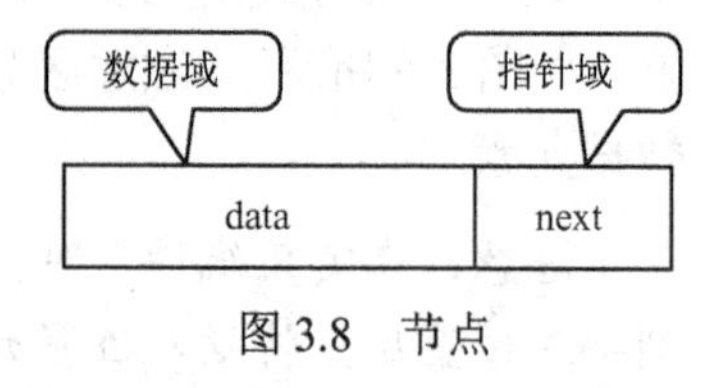

图 3.8 节点

在链式存储结构中，存储数据结构的存储空间可以不连续，各数据节点的存储顺序与数据元素之间的逻辑关系可以不一致，而数据元素之间的逻辑关系是由指针域来确定的。

5．线性链表

线性链表是用一组任意的存储单元来存放线性表的节点，这组存储单元可以是连续的，也可以是非连续的，甚至是零散分布在内存的任何位置上。因此，链表中节点的逻辑次序和物理次序不一定相同。为了正确地表示节点间的逻辑关系，必须在存储线性表的每个数据元素值的同时，存储指示其后继节点的地址（或位置）信息，这两部分信息组成的存储映象叫做节点，如图 3.8 所示。

① 单向链表。在单向链表中用一个专门的指针 HEAD 指向线性链表中第一个数据元素的节点（即存放第一个元素的地址）。线性表中最后一个元素没有后件，因此，线性链表中的最后一个节点的指针域为空（用 Null 或 0 表示），表示链终结。

在线性链表中，各元素的存储序号是不连续的，元素间的前后件关系与位置关系也是不一致的。在线性链表中，前后件的关系依靠各节点的指针来指示，指向表的第一个元素的指针 HEAD 称为头指针，当 HEAD=NULL 时，表示该链表为空。

例如图 3.9 所示为线性表（A,B,C,D,E,F,G,H）的单链表存储结构，整个链表的存取需从头指针开始进行，依次顺着每个节点的指针域找到线性表的各个元素。

头指针 H

31

存储地址	数据域	指针域
1	D	43
7	B	13
13	C	1
19	H	NULL
25	F	37
31	A	7
37	G	19
43	E	25

图 3.9　单链表的示例图

一般情况下，使用链表，只关心链表中节点间的逻辑顺序，并不关心每个节点的实际存储位置，因此通常是用箭头来表示链域中的指针，于是链表就可以更直观地画成用箭头链接起来的节点序列。图 3.9 示例的单链表可表示为如图 3.10 所示。

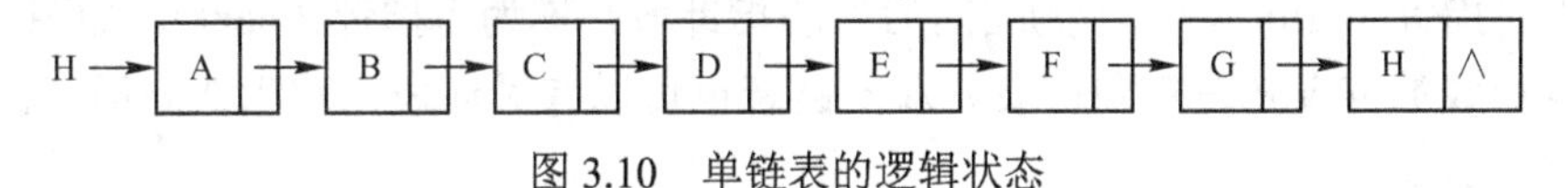

图 3.10　单链表的逻辑状态

有时为了操作的方便，还可以在单链表的第一个节点之前附设一个头节点，头节点的数据域可以存储一些关于线性表的长度的附加信息，也可以什么都不存；而头节点的指针域存储指向第一个节点的指针（即第一个节点的存储位置）。此时带头节点单链表的头指针就不再指向表中第一个节点而是指向头节点。如果线性表为空表，则头节点的指针域为“空”，如图 3.11 所示。

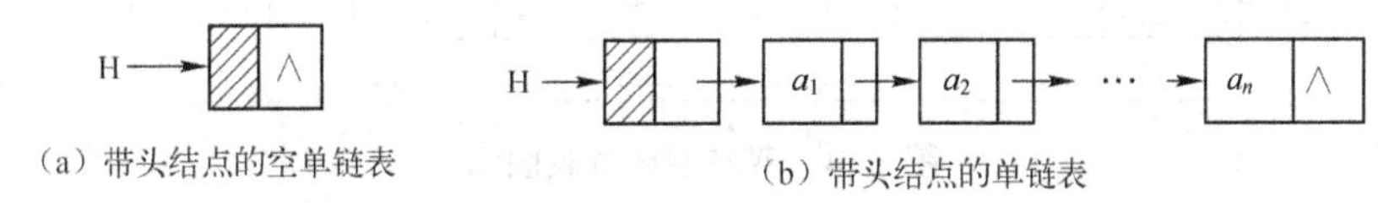

图 3.11　带头节点单链表图示

单向链表可以从表头开始，沿着各节点的指针向后扫描链表中的所有节点，而不能从中间或表尾节点向前扫描位于该节点之前的元素。

② 循环链表。循环链表是单链表的另一种形式，它是一个首尾相接的链表。其特点是将

单链表最后一个节点的指针域由NULL改为指向头节点或线性表中的第一个节点，就得到了单链形式的循环链表，并称为循环单链表，如图3.12所示。

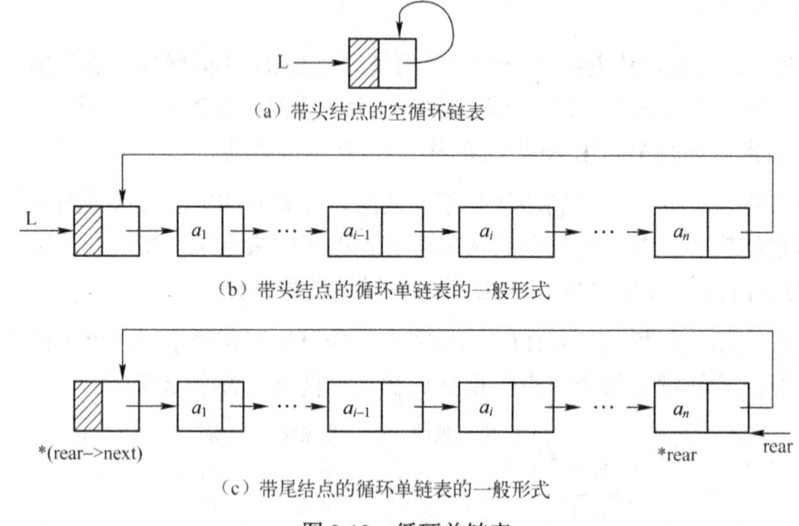

（a）带头结点的空循环链表

（b）带头结点的循环单链表的一般形式

（c）带尾结点的循环单链表的一般形式

图3.12　循环单链表

带头节点的循环单链表的各种操作的实现算法与带头节点的单链表的实现算法类似。在循环单链表中附设尾指针有时比附设头指针会使操作变得更简单。如在用头指针表示的循环单链表中要找到终端节点 a_n，需要从头指针开始遍历整个链表，如果用尾指针rear来表示循环单链表，则查找开始节点和终端节点都很方便。因此，实用中多采用尾指针表示循环单链表。

③ 双向链表。单向链表和循环单链表结构的缺点是不能任意地对链表中的元素按不同的方向进行扫描。在某些应用时，如果对链表中的元素设置两个指针域，一个为指向前件的指针域，称为前指针（prior），一个为指向后件的指针域，称为后指针（next），如图3.13所示，用这种节点形成的链表就是双向链表。双向链表也可以有循环表，称为双向循环链表，其结构如图3.14所示。

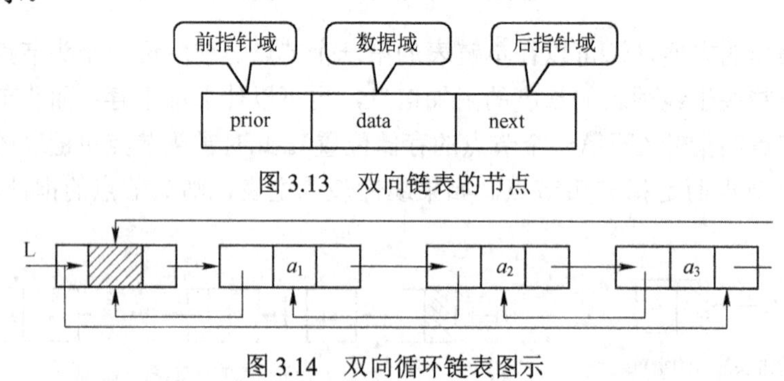

图3.13　双向链表的节点

图3.14　双向循环链表图示

6．线性链表的基本运算

（1）线性链表中查找指定的元素

链表存储结构不是一种随机存取结构，要查找单链表中的一个节点，必须从头指针出发，沿节点的指针域逐个往后查找，直到找到要查找的节点为止。

① 按序号查找。在单链表中，由于每个节点的存储位置都放在其前一节点的 next 域中，所以即使知道被访问节点的序号 i，也不能像顺序表那样直接按序号 i 访问一维数组中相应元素，实现随机存取，而只能从链表的头指针出发，顺链域 next 逐个节点往下搜索，直至搜索到第 i 个节点为止。

算法描述：设带头节点的单链表的长度为 n，要查找表中第 i 个节点，则需要从单链表的头指针 L 出发，从头节点（L→next）开始顺着链域扫描，用指针 p 指向当前扫描到的节点，初值指向头节点，用 j 作记数器，累计当前扫描过的节点数（初值为 0），当 j=i 时，指针 p 所指的节点就是要找的第 i 个节点。

② 按值查找。按值查找是指在单链表中查找是否存在一个节点的数据域的值等于要找的值，若有的话，则返回首次找到的节点的存储位置，否则返回找不到的信息提示。

算法描述：从单链表的头指针指向的头节点出发，顺着链逐个将节点的数据域值和给定值作比较。

（2）线性链表的插入

线性链表的插入即在链式存储结构的线性表中插入一个新元素。

要在带头节点的单链表 L 中第 i 个数据元素之前插入一个数据元素 e，需要首先在单链表中找到第 i–1 个节点并由指针 pre 指示，然后申请一个新的节点并由指针 s 指示，其数据域的值为 e，并使 s 节点的指针域指向第 i 个节点，然后修改第 i–1 个节点的指针使其指向 s。插入节点的过程如图 3.15 所示。

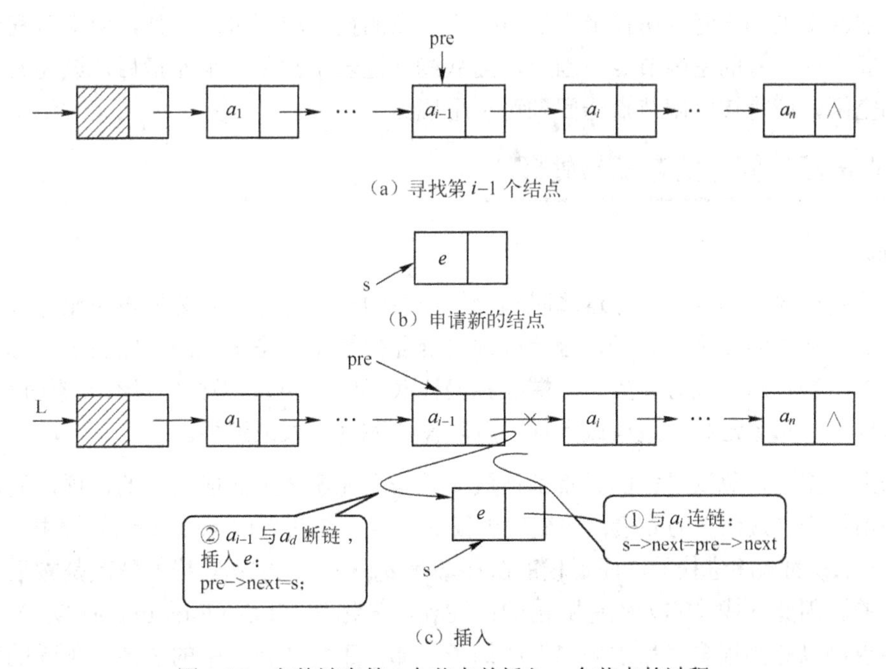

图 3.15　在单链表第 i 个节点前插入一个节点的过程

线性链表的插入操作，新节点是来自于可利用栈，因此不会造成线性表的溢出。同样，由于可利用栈可被多个线性表利用，因此，不会造成存储空间的浪费，大家动态地共同使用存储空间。另外，线性链表在插入过程中不发生数据元素移动的现象，只需改变有关节点的指针即可，从而提高了插入的效率。

（3）线性链表的删除

线性链表的删除，即是在链式存储结构下的线性表中删除指定元素的节点。

欲在带头节点的单链表 L 中删除第 i 个节点，则首先要找到第 $i-1$ 个节点并使 p 指向第 $i-1$ 个节点，如图 3.16（a）所示；其次将第 $i-1$ 个节点指针域的值赋给指针 r，然后将第 i 个节点的指针域值赋给 p 指向的第 $i-1$ 个节点的指针域，如图 3.16（b）所示，这样就使第 $i-1$ 节点与第 $i+1$ 节点直接链接起来；最后用指针 r 将第 i 个节点释放，即归还给可利用栈。

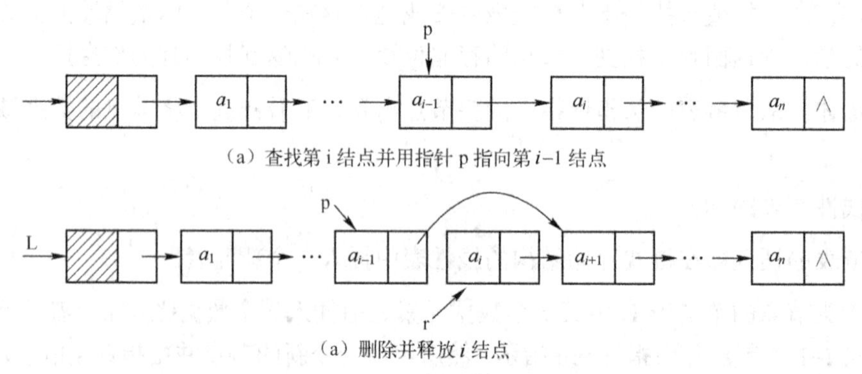

（a）查找第 i 结点并用指针 p 指向第 $i-1$ 结点

（a）删除并释放 i 结点

图 3.16　单链表的删除过程

从线性链表的删除过程可以看出，在线性链表中删除一个元素后，不需要移动表的数据元素，只需改变被删除元素所在节点的前一个节点的指针域即可。另外，由于可利用栈是用于收集计算机中所有的空闲节点。因此，当从线性链表中删除一个元素后，该元素的存储节点就变为空闲，应将该空闲节点送回到可利用栈。

3.2.2　先进后出问题的存储与处理

1．栈

栈是将线性表的插入和删除运算限制为仅在表的一端进行。通常将表中允许进行插入、删除操作的一端称为栈顶（Top），因此栈顶的当前位置是动态变化的，它由一个称为栈顶指针的位置指示器指示。同时表的另一端被称为栈底（Bottom）。当栈中没有元素时称为空栈。栈的插入操作被形象地称为进栈或入栈，删除操作称为出栈或退栈。

根据上述定义，每次进栈的元素都被放在原栈顶元素之上而成为新的栈顶，而每次出栈的总是当前栈中“最新”的元素，即最后进栈的元素。在图 3.17（a）所示的栈中，元素是以 $a_1, a_2, a_3, \cdots, a_n$ 的顺序进栈的，而退栈的次序却是 $a_n, \cdots, a_3, a_2, a_1$。栈的修改是按后进先出的原则进行的。因此，栈又称为先进后出的线性表，简称为 FILO（First In Last Out）表。在日常生活中也可以见到很多“后进先出”的例子，如：手枪子弹夹中的子弹，子弹的装入与子弹弹出膛均在弹夹的最上端进行，先装入的子弹后发出，而后装入的子弹先发出。又如：铁路调度站（如图 3.17（b）所示），都是栈结构的实际应用。

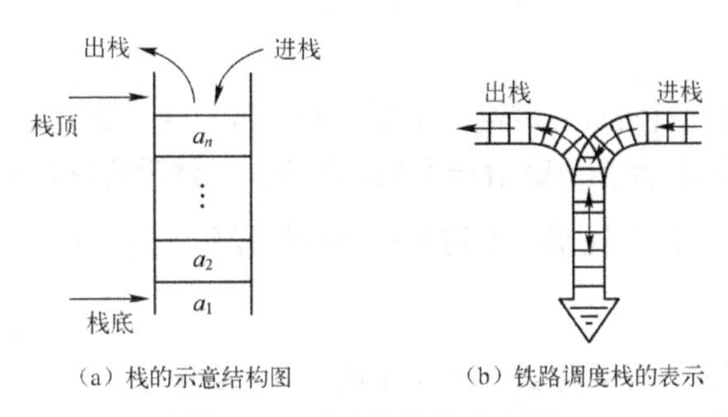

（a）栈的示意结构图　　（b）铁路调度栈的表示

图 3.17 进出栈顺序示意图

栈的基本操作除了有进栈（栈顶插入）、出栈（删除栈顶）外，还有建立堆栈（栈的初始化）、判空、判满及取栈顶元素等运算。

栈作为一种特殊的线性表，在计算机中也主要有顺序存储和链式存储两种基本的存储结构。一般称顺序存储的栈为顺序栈，链式存储的栈为链栈。

2. 栈的顺序存储及其运算

在程序设计中，顺序栈与一般的线性表一样，用一维数组 $S(1{:}m)$作为栈的顺序存储空间，其中 m 为栈的最大容量。通常，栈底指针指向栈空间的低地址一端（即数组的起始地址这一端）。图 3.18（a）是容量为 10 的栈顺序存储空间，栈中已有 6 个元素；图 3.18（b）与图 3.18（c）分别为入栈与退栈后的状态。

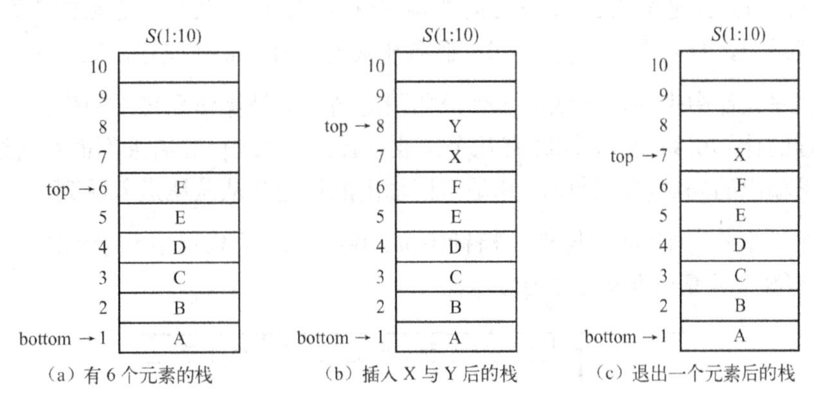

（a）有 6 个元素的栈　　（b）插入 X 与 Y 后的栈　　（c）退出一个元素后的栈

图 3.18 栈在顺序存储结构下的运算

在栈的顺序存储空间 $S(1{:}m)$中，S(bottom)通常为栈底元素（在栈非空的情况下），S(top)为栈顶元素。top=0 表示栈空；top=m 表示栈满。

栈的基本运算有三种：入栈、退栈与读栈顶元素。下而分别介绍在顺序存储结构下栈的这三种运算。

（1）入栈运算

入栈运算是指在栈顶位置插入一个新元素。这个运算有两个基本操作：首先将栈顶指针进一（即 top 加 1），然后将新元素插入到栈顶指针指向的位置。

当找顶指针已经指向存储空间的最后一个位置时，说明栈空间已满，不可能再进行入栈操作。这种情况称为栈“上溢”错误。

（2）退栈运算

退栈运算是指取出找顶元素并赋给一个指定的变量。这个运算有两个基本操作：首先将栈顶元素（栈顶指针指向的元素）赋给一个指定的变量，然后将栈顶指针退一（即 top 减 1）。

当栈顶指针为 0 时，说明栈空，不可能进行退栈操作。这种情况称为栈“下溢”错误。

（3）读栈顶元素

读栈顶元素是指将栈顶元素赋给一个指定的变量。必须注意，这个运算不删除栈顶元素，只是将它的值赋给一个变量，因此、在这个运算中，栈领指针不会改变。

当栈顶指针为 0 时，说明栈空，读不到栈顶元素。

3.2.3 先进先出问题的存储与处理

1. 队列

队列是另一种限定性的线性表，它只允许在表的一端插入元素，而在另一端删除元素，所以队列具有先进先出（FIFO）的特性。这与我们日常生活中的排队是一致的，最早进入队列的人最早离开，新来的人总是加入到队尾。在队列中，允许插入的一端叫做队尾（通常用一个尾指针“rear”指向队尾），允许删除的一端则称为队头（通常用一个队首指针“front”指向排队元素的队头位置）。假设队列为 $q=(a_1, a_2, \cdots, a_n)$，那么 a_1 就是队头元素，a_n 则是队尾元素。队列中的元素是按照 $a_1, a_2, \cdots, a_n$ 的顺序进入的，退出队列也必须按照同样的次序依次出队，也就是说，只有在 $a_1, a_2, \cdots, a_{n-1}$ 都离开队列之后，a_n 才能退出队列。

队列在程序设计中也经常出现。一个最典型的例子就是操作系统中的作业排队。在允许多道程序运行的计算机系统中，同时有几个作业运行。如果运行的结果都需要通过通道输出，那就要按请求输出的先后次序排队。凡是申请输出的作业都从队尾进入队列。

在队列中，队尾指针 rear 与排头指针 front 共同反映了队列中元素动态变化的情况。图 3.19 是具有 8 个元素的队列示意图。

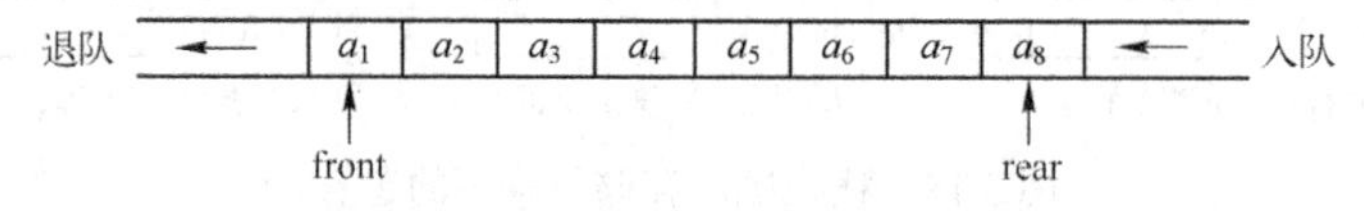

图 3.19 具有 8 个元素的队列示意

往队列的队尾插入一个元素称为入队运算，从队列的排头删除一个元素称为退队运算。

图 3.20 是在队列（$a_1, a_2, \cdots, a_8$）中进行插入与删除的示意图。由图 3.20 可以看出，在队列的末尾插入一个元素 a_9（入队运算），只涉及队尾指针 rear 的变化，而要删除队列中的排头元素 a_1（退队运算），只涉及排头指针 front 的变化。

与找类似，在程序设计语言中，用一维数组作为队列的顺序存储空间。

队列在计算机中也主要有顺序存储和链式存储两种基本的存储结构。

2. 循环队列及其运算

循环队列是队列的一种顺序表示和实现方法。与顺序栈类似，在队列的顺序存储结构中，用一组地址连续的存储单元依次存放从队头到队尾的元素，如一维数组 Queue[MAXSIZE]。此外，由于队列中队头和队尾的位置都是动态变化的，因此需要附设两个指针 front 和 rear，分别指示队头元素和队尾元素在数组中的位置。初始化队列时，令 front=rear=0（见图 3.21（a））；入队时，直接将新元素送入尾指针 rear 所指的单元，然后尾指针增 1；出队时，直接取出队头指针 front 所指的元素，然后头指针增 1。显然，在非空顺序队列中，队头指针始终指向当前的队头元素，而队尾指针始终指向真正队尾元素后面的单元。当 rear==MAXSIZE 时，认为队满。但此时不一定是真的队满，因为随着部分元素的出队，数组前面会出现一些空单元，如图 3.21（d）所示。由于只能在队尾入队，使得上述空单元无法使用。把这种现象称为假溢出，真正队满的条件是 rear - front=MAXSIZE。

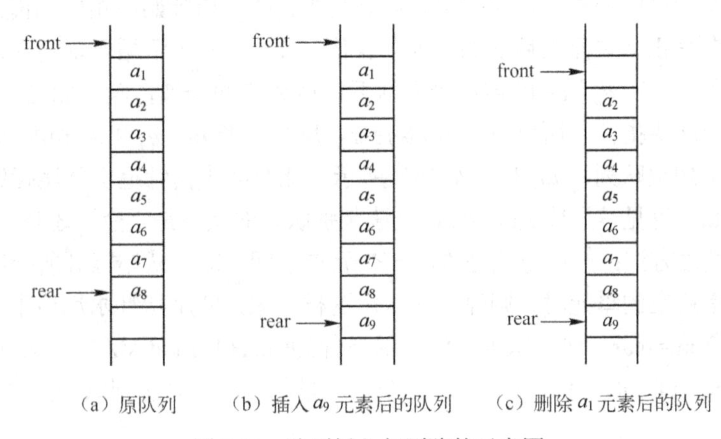

（a）原队列　（b）插入 a_9 元素后的队列　（c）删除 a_1 元素后的队列

图 3.20　队列插入与删除的示意图

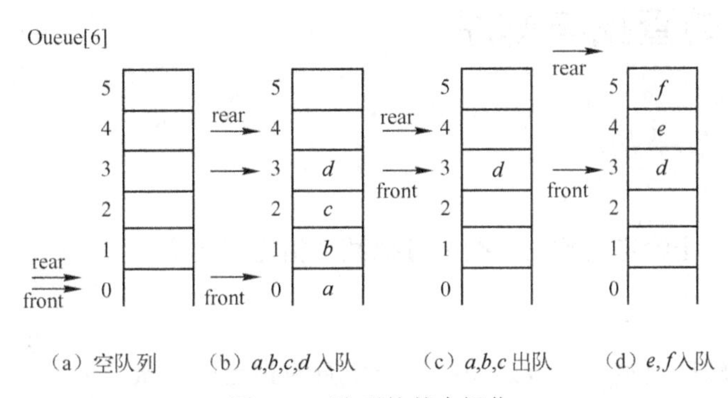

（a）空队列　（b）a,b,c,d 入队　（c）a,b,c 出队　（d）e,f 入队

图 3.21　队列的基本操作

为了解决假溢出现象并使得队列空间得到充分利用，一个较巧妙的办法是将顺序队列的数组看成一个环状的空间，即规定最后一个单元的后继为第一个单元，可形象地称之为循环队列。假设队列数组为 Queue[MAXSIZE]，当 rear+1=MAXSIZE 时，令 rear=0，即可求得最后一个单元 Queue[MAXSIZE-1]的后继：Queue[0]。更简便的办法是通过数学中的取模（求余）运算来实现：rear=(rear+1) mod MAXSIZE，显然，当 rear+1=MAXSIZE 时，rear=0，同样可求得最后一个单元 Queue[MAXSIZE-1]的后继：Queue[0]。所以，借助于取模（求余）运算，可以自动实现队尾指针、队头指针的循环变化。进队操作时，队尾指针的变化是：rear=(rear+1) mod MAXSIZE；而出队操作时，队头指针的变化是：front=(front+1) mod MAXSIZE。图 3.22 给出了循环队列的几种情况。

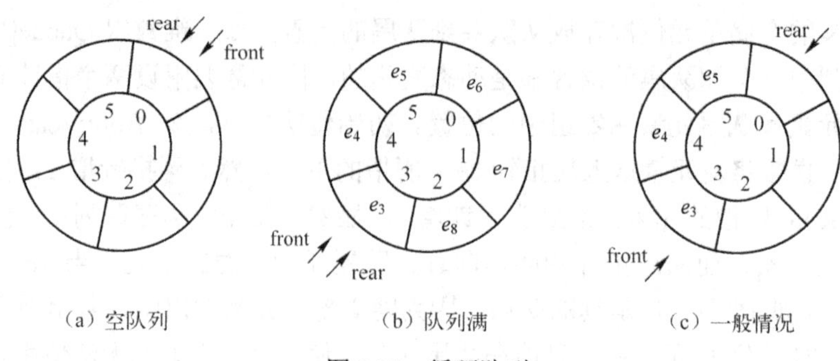

（a）空队列　　（b）队列满　　（c）一般情况

图 3.22　循环队列

与一般的非空顺序队列相同，在非空循环队列中，队头指针始终指向当前的队头元素，而队尾指针始终指向真正队尾元素后面的单元。在图 3.14（c）所示循环队列中，队列头元素是 e_3，队列尾元素是 e_5，当 e_6、e_7 和 e_8 相继入队后，队列空间均被占满，如图 3.14（b）所示，此时队尾指针追上队头指针，所以有：front=rear。反之，若 e_3、e_4 和 e_5 相继从图 3.14（c）的队列中删除，则得到空队列，如图 3.14（a）所示，此时队头指针追上队尾指针，所以也存在关系式：front=rear。可见，只凭 front=rear 无法判别队列的状态是“空”还是“满”。对于这个问题，可有两种处理方法：一种方法是少用一个元素空间，即当队尾指针所指向的空单元的后继单元是队头元素所在的单元时，则停止入队。这样一来，队尾指针永远追不上队头指针，所以队满时不会有 front=rear。现在队列“满”的条件为(rear+1) mod MAXSIZE=front。判队空的条件不变，仍为 rear=front。另一种是增设一个标志量的方法，以区别队列是“空”还是“满”。

3.3 数据的查找与排序

3.3.1 查找

查找即是指在一个给定的数据结构中查找某个指定的元素。

1. 顺序查找

顺序查找又称顺序搜索。一般是在线性表中查找指定的元素。

基本操作方法是：

从线性表的第一个元素开始，与被查元素进行比较，相等则查找成功，否则继续向后查找。如果所有的元素均查找完毕后都不相等，则该元素在指定的线性表中不存在。

顺序查找的最好情况：要查找的元素在线性表的第一个元素，则查找效率最高；如果要查找的元素在线性表的最后或根本不存在，则查找需要搜索所有的线性表元素，这种情况是最差情况。

对于线性表而言，顺序查找效率很低。但对于以下的线性表，也只能采用顺序查找的方法：

① 线性表为无序表，即表中的元素不是按大小顺序进行排列的，这类线性表不管它的存储方式是顺序存储还是链式存储，都只能按顺序查找方式进行查找。

② 即使是有序线性表，如果采用链式存储，也只能采用顺序查找方式。

【例 3.6】 现有（7、2、1、5、9、4）线性表，整个线性表的长度为 6。要在序列中查找元素 6，查找的过程如下：

查找计次 n	操　作
1	将元素 6 与序列的第一个元素 7 进行比较，不等，继续查找
2	将 6 与第二个元素 2 进行比较，不等，继续
3	将 6 与第三个元素 1 进行比较，不等，继续
4	将 6 与第四个元素 5 进行比较，不等，继续
5	将 6 与第五个元素 9 进行比较，不等，继续
6	将 6 与第六个元素 4 进行比较，不等，继续
7	超出线性表的长度，查找结束，则该表中不存在要查找的元素

2. 二分查找

二分查找只适用于顺序存储的有序表。此处所述的有序表是指线性表中的元素按值非递减排列（即由小到大，但允许相邻元素值相等）。

二分查找的方法如下，将要查找的元素与有序序列的中间元素进行比较：

- 如果该元素比中间元素大，则继续在线性表的后半部分（中间项以后的部分）进行查找；
- 如果要查找的元素的值比中间元素的值小，则继续在线性表的前半部分（中间项以前的部分）进行查找。

这个查找过程一直按相同的顺序进行下去，一直到查找成功或子表长度为 0（说明线性表中没有要查找的元素）

有序线性表的二分法查找，条件是这个有序线性表的存储方式必须是顺序存储的。它的查找效率比顺序查找要高得多，它的最坏情况的查找次数是 $\log_2 n$ 次，而顺序查找的最坏情况的查找次数是 n 次。

当然，二分查找的方法也支持顺序存储的递减序列的线性表。

【例 3.7】 有（1、2、4、5、7、9）非递减有序线性表，要查找元素 6。

查找的方法是：

① 序列长度为 n=6，中间元素的序号 m=[(n+1)/2]=3；

② 查找计次 k=1，将元素 6 与中间元素即元素 4 进行比较，6>4，不等；

③ 查找计次 k=2，查找继续在后半部分进行，后半部分子表的长度为 3，计算中间元素的序号：m=3+[(3+1)/2]=5，将元素与后半部分的中间项进行比较，即第 5 个元素中的 7 进行比较，6<7，不等；

④ 查找计次 k=3，继续查找在后半部分序列的前半部分子序列中查找，子表长度为 1，则中间项序号即为 m=3+[(1+1)/2]=4，即与第 4 个元素 5 进行比较，不相等，继续查找的子表长度为 0，则查找结束。

3.3.2 排序

排序即是将一个无序的序列整理成按值非递减顺序排列的有序序列。排序的方法有很多，根据待排序序列的规模以及对数据处理的要求，可以采用不同的排序方法。这里主要讨论顺序存储的线性表的排序操作。

1. 交换类排序法

基于交换的排序法是一类通过交换逆序元素进行排序的方法。下面介绍的冒泡排序法和快速排序法都属于交换类的排序方法。

（1）冒泡排序

冒泡排序是一种简单的交换类排序方法，它是通过相邻的数据元素的交换，逐步将待排序序列变成有序序列的过程。冒泡排序的基本思想是：从头扫描待排序记录序列，在扫描的过程中顺次比较相邻的两个元素的大小。以升序为例：在第一趟排序中，对 n 个记录进行如下操作：若相邻的两个记录的关键字比较，逆序时就交换位置。在扫描的过程中，不断地将相邻两个记录中关键字大的记录向后移动，最后将待排序记录序列中的最大关键字记录换到了待排序记录序列的末尾，这也是最大关键字记录应在的位置。然后进行第二趟冒泡排序，对前 $n-1$ 个记录进行同样的操作，其结果是使次大的记录被放在第 $n-1$ 个记录的位置上。如此反复，直到排好序为止（若在某一趟冒泡过程中，没有发现一个逆序，则可提前结束冒泡排序），所以冒泡过程最多进行 $n-1$ 趟。

【例 3.8】 有序列（5、2、9、4、1、7、6），将该序列从小到大进行排列。

采用冒泡排序法，具体操作步骤如下：

序列长度 $n=7$

原序列	5	2	9	4	1	7	6
第一遍（从前往后）	5←→	2	9	4	1	7	6
	2	5	9←→	4	1	7	6
	2	5	4	9←→	1	7	6
	2	3	4	1	9←→	7	6
	2	5	4	1	7	9←→	6
第一遍结束后	2	5	4	1	7	6	9
第二遍（从前往后）	2	5←→	4	1	7	6	9
	2	4	5←→	1	7	6	9
	2	4	1	5	7←→	6	9
	2	4	1	5	6	7	9
第二遍结束后	2	4	1	5	6	7	9
第三遍（从前往后）	2	4←→	1	5	6	7	9
	2	1	4	5	6	7	9
第三遍结束	2	1	4	5	6	7	9
第四遍（从前往后）	2←→	1	4	5	6	7	9
	1	2	4	5	6	7	9
第四遍结束	1	2	4	5	6	7	9
最后结果	1	2	4	5	6	7	9

扫描的次数，最多需要扫描 $n-1$ 次，如果序列已经就位，则扫描结束。测试是否已经就位，可设置一个标志，如果该次扫描没有数据交换，则说明数据排序结束。

（2）快速排序法

冒泡排序方法每次交换只能改变相邻两个元素之间的逆序，速度相对较慢。如果将两个不相邻的元素之间进行交换，可以消除多个逆序。

快速排序的方法是：

从线性表中选取一个元素，设为 T，将线性表后面小于 T 的元素移到前面，而前面大于 T 的元素移到后面，结果将线性表分成两个部分（称为两个子表），T 插入到其分界线的位置处，这个过程称为线性表的分割。对线性表的一次分割，就以 T 为分界线，将线性表分成前后两个子表，且前面子表中的所有元素均不大于 T，而后面的所有元素均不小于 T。

再将前后两个子表再进行相同的快速排序，将子表再进行分割，直到所有的子表均为空，则完成快速排序操作。

在快速排序过程中，随着对各子表不断地进行分割，划分出的子表会越来越多，但一次又只能对一个子表进行分割处理，需要将暂时不用的子表记忆起来，这里可用栈来实现。

对某个子表进行分割后，可以将分割出的后一个子表的第一个元素与最后一个元素的位置压入栈中，而继续对前一个子表进行再分割；当分割出的子表为空时，可以从栈中退出一个子表进行分割。

这个过程直到栈为空为止，说明所有子表为空，没有子表再需分割，排序就完成。

2．插入类排序法

插入排序，是指在一个已排好序的记录子集的基础上，每一步将下一个待排序的记录有序插入到已排好序的记录子集中，直到将所有待排记录全部插入为止。

打扑克牌时的抓牌就是插入排序一个很好的例子，每抓一张牌，插入到合适位置，直到抓完牌为止，即可得到一个有序序列。

直接插入排序是一种最基本的插入排序方法。其基本操作是将第 i 个记录插入到前面 $i-1$ 个已排好序的记录中，具体过程为：将第 i 个记录的关键字 Ki 顺次与其前面记录的关键字 K_{i-1}，K_{i-2}，$\cdots K_1$ 进行比较，将所有关键字大于 K_i 的记录依次向后移动一个位置，直到遇见一个关键字小于或者等于 K_i 的记录 K_j，此时 K_j 后面必为空位置，将第 i 个记录插入空位置即可。完整的直接插入排序是从 i=2 开始，也就是说，将第 1 个记录视为已排好序的单元素子集合，然后将第二个记录插入到单元素子集合中。i 从 2 循环到 n，即可实现完整的直接插入排序。

该方法与冒泡排序方法的效率相同，最坏的情况下需要 $n(n-1)/2$ 次比较。

【例 3.9】 有序列(5，2，9，4，1，7，6)，将该序列从小到大进行排列。

采用简单插入排序法，具体操作步骤如下：

$\underline{5}$　2　9　4　1　7　6
　　↑j=2

$\underline{2\quad 5}$　9　4　1　7　6
　　　↑j=3

$\underline{2\quad 5\quad 9}$　4　1　7　6
　　　　↑j=4

	2	4	5	9	1	7	6
序列长度 n=7					↑j=5		
	1	2	4	5	9	7	6
						↑j=6	
	1	2	4	5	7	9	6
							↑j=7
插入排序后的结果	1	2	4	5	6	7	9

3．选择类排序法

选择排序的基本思想是：每一趟在 $n-i+1(i=1, 2, \cdots, n-1)$ 个记录中选取关键字最小的记录作为有序序列中第 i 个记录。下面介绍简单选择排序法。

简单选择排序的基本思想：第 i 趟简单选择排序是指通过 $n-i$ 次关键字的比较，从 $n-i+1$ 个记录中选出关键字最小的记录，并和第 i 个记录进行交换。共需进行 $i-1$ 趟比较，直到所有记录排序完成为止。例如：进行第 i 趟选择时，从当前候选记录中选出关键字最小的 k 号记录，并和第 i 个记录进行交换。图 3.23 给出了一个简单选择排序示例，图中有方框的元素是刚被选出来的最小元素。

原序列	89	21	56	48	85	16	19	47
第 1 遍选择	[16]	21	56	48	85	89	19	47
第 2 遍选择	16	[19]	56	48	85	89	21	47
第 3 遍选择	16	19	[21]	48	85	89	56	47
第 4 遍选择	16	19	21	[47]	85	89	56	48
第 5 遍选择	16	19	21	47	[48]	89	56	85
第 6 遍选择	16	19	21	47	48	[56]	89	85
第 7 遍选择	16	19	21	47	48	56	[85]	89

图 3.23 选择排序示例

3.4 知识扩展

3.4.1 树

树是一种简单的非线性结构，在树的图形表示中，用直线连接两端的节点，上端点为前件，下端点为后件，如图 3.24 所示。

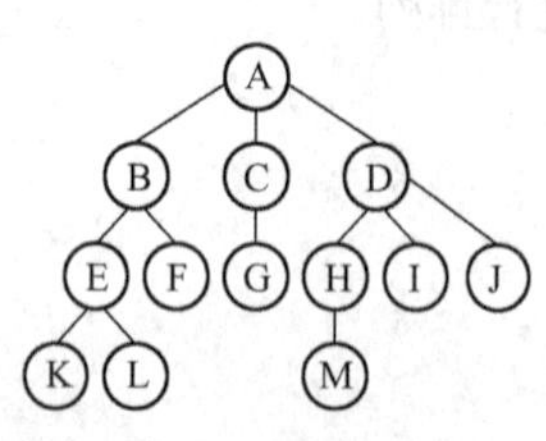

图 3.24 树的图形表示

线性结构中节点间具有唯一前驱、唯一后继关系，而非线性结构的特征则是节点间关系的前驱、后继不具有唯一性。在树型结构中，节点间关系是前驱唯一而后继不唯一，即节点之间是一对多的关系。直观地看，树结构是指具有分支关系的结构（其分叉、分层的特征，类似于自然界中的树）。树形结构应用非常广泛，特别是在大量数据处理方面，如在文件系统、编译系统、目录组织等方面。

树结构中，每一个节点只有一个前件，称为父节点，如图 3.24 中的 D 节点即为节点 H、I、J 的父节点。没有父节点的节点只有一个，称为根节点，如图 3.24 中的节点 A。每一个节点可以有多个后件，它们均称为该节点的子节点，如图 3.24 中的节点 E、F 是节点 B 的子节点。没有后件的节点，称为叶子节点，图 3.24 中的叶子节点有 K、L、F、G、M、I 和 J。

1. 与树相关的术语

- 节点：包含一个数据元素及若干指向其他节点的分支信息。
- 节点的度：一个节点的子树个数称为此节点的度。在图 3.24 中的节点 D 的度为 3，节点 E 的度为 2 等，按此原则，所有叶子节点的度均为 0。
- 叶节点：度为 0 的节点，即无后继的节点，也称为终端节点。
- 分支节点：度不为 0 的节点，也称为非终端节点。
- 孩子节点：一个节点的直接后继称为该节点的孩子节点。在图 3.24 中，B、C 是 A 的孩子节点。
- 双亲节点：一个节点的直接前驱称为该节点的双亲节点。在图 3.24 中，A 是 B、C 的双亲节点。
- 兄弟节点：同一双亲节点的孩子节点之间互称兄弟节点。在图 3.24 中，节点 H、I、J 互为兄弟节点。
- 祖先节点：一个节点的祖先节点是指从根节点到该节点的路径上的所有节点。在图 3.24 中，节点 K 的祖先是 A、B、E。
- 子孙节点：一个节点的直接后继和间接后继称为该节点的子孙节点。在图 3.24 中，节点 D 的子孙节点是 H、I、J、M。
- 树的度：树中所有节点的度的最大值。在图 3.24 所示的树中，所有节点中最大的度是 3，所以该树的度为 3。
- 节点的层次：从根节点开始定义，根节点的层次为 1，根的直接后继的层次为 2，依次类推。
- 树的高度（深度）：树中所有节点的层次的最大值。
- 有序树：在树 T 中，如果各子树 T_i 之间是有先后次序的，则称为有序树。
- 森林：$m(m \geq 0)$棵互不相交的树的集合。将一棵非空树的根节点删去，树就变成一个森林；反之，给森林增加一个统一的根节点，森林就变成一棵树。

树分层，根节点为第一层，往下依次类推。同一层节点的所有子节点均在下一层。如图 3.24 所示：A 节点在第 1 层，B、C、D 节点在第 2 层；E、F、G、H、I 、J 在第 3 层；K、L、M 在第 4 层。

3.4.2 二叉树

1. 二叉树的定义

二叉树是一个有限节点的集合，该集合或者为空，或由一个根节点和两棵互不相交的被称为该根的左子树和右子树的二叉树组成。二叉树应满足以下两个条件：

① 每个节点的度都不大于 2；

② 每个节点的孩子节点次序不能任意颠倒。

因此一个二叉树中的每个节点只能含有 0、1 或 2 个孩子节点，而且每个孩子有左右之分。把位于左边的孩子节点叫做左孩子节点，位于右边的孩子节点叫做右孩子节点。图 3.25 给出了二叉树的五种基本形态：

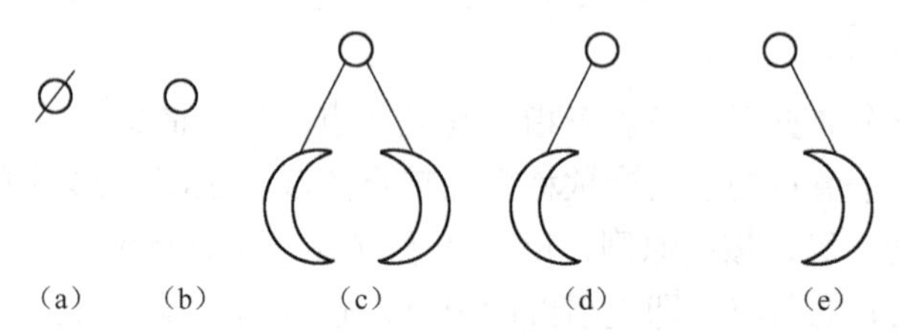

图 3.25　二叉树的五种基本形态

在图 3.25 中，（a）为空二叉树；（b）为只有一个根节点的二叉树；（c）是具有左、右子树的二叉树；（d）是只有左子树的二叉树；（e）是只有右子树的二叉树。

2．二叉树的性质

性质 1：在二叉树的第 i 层上至多有 2^{i-1} 个节点（$i \geqslant 1$）。

证明：用数学归纳法。

归纳基础：当 i=1 时，整个二叉树只有一根节点，此时 $2^{i-1}=2^0=1$，结论成立。

归纳假设：假设 $i=k$ 时结论成立，即第 k 层上节点总数最多为 2^{k-1} 个。

现证明当 $i=k+1$ 时，结论成立：

因为二叉树中每个节点的度最大为 2，则第 k+1 层的节点总数最多为第 k 层上节点最大数的 2 倍，即 $2 \times 2^{k-1}=2^{(k+1)-1}$，故结论成立。

性质 2：深度为 k 的二叉树至多有 2^k-1 个节点（$k \geqslant 1$）。

证明：因为深度为 k 的二叉树，其节点总数的最大值是将二叉树每层上节点的最大值相加，所以深度为 k 的二叉树的节点总数至多为

$$\sum_{i-1}^{k} \text{第}i\text{层上的最大结点个数} = \sum_{i-1}^{k} 2^{i-1} = 2^k - 1$$

故结论成立。

性质 3：对任意一棵二叉树 T，若终端节点数为 n_0，而其度数为 2 的节点数为 n_2，则 $n_0=n_2+1$

证明：设二叉树中节点总数为 n，n_1 为二叉树中度为 1 的节点总数。

因为二叉树中所有节点的度小于等于 2，所以有

$$n=n_0+n_1+n_2$$

设二叉树中分支数目为 B，因为除根节点外，每个节点均对应一个进入它的分支，所以有

$$n=B+1。$$

又因为二叉树中的分支都是由度为 1 和度为 2 的节点发出，所以分支数目为

$$B=n_1+2n_2$$

整理上述两式可得到

$$n=B+1=n_1+2n_2+1$$

将 $n=n_0+n_1+n_2$ 代入上式得出 $n_0+n_1+n_2=n_1+2n_2+1$，整理后得 $n_0=n_2+1$，故结论成立。

下面先给出两种特殊的二叉树，然后讨论其有关性质。

满二叉树：深度为 k 且有 2^k-1 个节点的二叉树。在满二叉树中，每层节点都是满的，即每层节点都具有最大节点数。图 3.26（a）所示的二叉树，即为一棵满二叉树。

满二叉树的顺序表示，即从二叉树的根开始，层间从上到下，层内从左到右，逐层进行编号（$1, 2, \cdots, n$）。例如图 3.26（a）所示的满二叉树的顺序表示为（1，2，3，4，5，6，7，8，9，10，11，12，13，14，15）。

完全二叉树：深度为 k，节点数为 n 的二叉树，如果其节点 1～n 的位置序号分别与满二叉树的节点 1～n 的位置序号一一对应，则为完全二叉树，如图 3.26（b）所示。

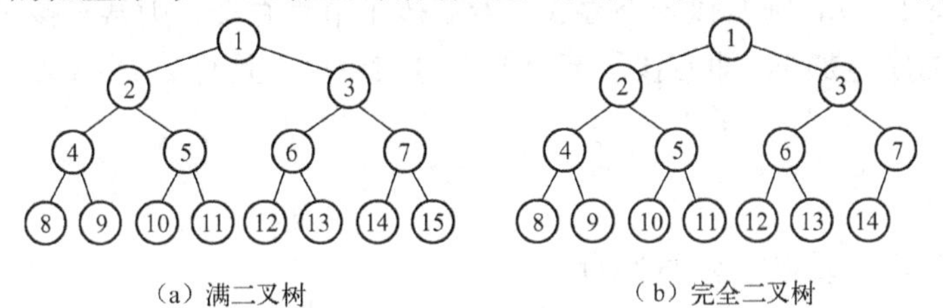

图 3.26　满二叉树与完全二叉树

满二叉树必为完全二叉树，而完全二叉树不一定是满二叉树。

性质 4：具有 n 个节点的完全二叉树的深度为 $\lfloor \log_2 n \rfloor + 1$。

证明：假设 n 个节点的完全二叉树的深度为 k，根据性质 2 可知，$k-1$ 层满二叉树的节点总数为：

$$n_1=2^{k-1}-1$$

k 层满二叉树的节点总数为：

$$n_2=2^k-1$$

显然有 $n_1<n\leqslant n_2$，进一步可以推出 $n_1+1\leqslant n<n_2+1$

将 $n_1=2^{k-1}-1$ 和 $n_2=2^k-1$ 代入上式，可得 $2^{k-1}\leqslant n<2^k$，即 $k-1\leqslant \log_2 n<k$。

因为 k 是整数，所以 $k-1=\lfloor \log_2 n \rfloor$，$k=\lfloor \log_2 n \rfloor+1$，故结论成立。

性质 5：对于具有 n 个节点的完全二叉树，如果按照从上到下和从左到右的顺序对二叉树中的所有节点从 1 开始顺序编号，则对于任意的序号为 i 的节点有：

① 如 $i=1$，则序号为 i 的节点是根节点，无双亲节点；如 $i>1$，则序号为 i 的节点的双亲节点序号为 $\lfloor i/2 \rfloor$。

② 如 $2\times i>n$，则序号为 i 的节点无左孩子节点；如 $2\times i\leqslant n$，则序号为 i 的节点的左孩子节点的序号为 $2\times i$。

③ 如 $2\times i+1>n$，则序号为 i 的节点无右孩子节点；如 $2\times i+1\leqslant n$，则序号为 i 的节点的右孩子节点的序号为 $2\times i+1$。

可以用归纳法证明其中的②和③：

当 $i=1$ 时，由完全二叉树的定义知，如果 $2\times i=2\leqslant n$，说明二叉树中存在两个或两个以上的节点，所以其左孩子存在且序号为 2；反之，如果 $2>n$，说明二叉树中不存在序号为 2 的节点，其左孩子不存在。同理，如果 $2\times i+1=3\leqslant n$，说明其右孩子存在且序号为 3；如果 $3>n$，则二叉树中不存在序号为 3 的节点，其右孩子不存在。

假设对于序号为 $j(1\leqslant j\leqslant i)$的节点，当 $2\times j\leqslant n$ 时，其左孩子存在且序号为 $2\times j$，当 $2\times j>n$ 时，其左孩子不存在；当 $2\times j+1\leqslant n$ 时，其右孩子存在且序号为 $2\times j+1$，当 $2\times j+1>n$ 时，其右孩子不存在。

当 $i=j+1$ 时，根据完全二叉树的定义，若其左孩子存在，则其左孩子节点的序号一定等于序号为 j 的节点的右孩子的序号加 1，即其左孩子节点的序号等于$(2\times j+1)+1=2(j+1)=2\times i$，且有 $2\times i\leqslant n$；如果 $2\times i>n$，则左孩子不存在。若右孩子节点存在，则其右孩子节点的序号应等于其左孩子节点的序号加 1，即右孩子节点的序号$=2\times i+1$，且有 $2\times i+1\leqslant n$；如果 $2\times i+1>n$，则右孩子不存在。

故②和③得证。

由②和③，我们可以很容易证明①。

当 $i=1$ 时，显然该节点为根节点，无双亲节点。当 $i>1$ 时，设序号为 i 的节点的双亲节点的序号为 m，如果序号为 i 的节点是其双亲节点的左孩子，根据②有 $i=2\times m$，即 $m=i/2$；如果序号为 i 的节点是其双亲节点的右孩子，根据③有 $i=2\times m+1$，即 $m=(i-1)/2=i/2-1/2$，综合这两种情况，可以得到，当 $i>1$ 时，其双亲节点的序号等于$\lfloor i/2 \rfloor$。证毕。

3. 二叉树的存储结构

二叉树的结构是非线性的，每一节点最多可有两个后继。二叉树有顺序存储结构和链式存储结构。

（1）顺序存储结构

顺序的存储结构是用一组连续的存储单元来存放二叉树的数据元素，如图 3.27 所示。

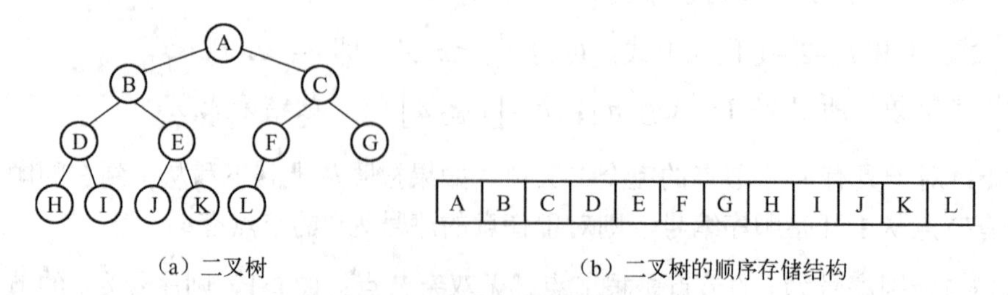

图 3.27 二叉树与顺序存储结构

用一维数组作存储结构，将二叉树中编号为 i 的节点存放在数组的第 i 个分量中。这样，可得节点 i 的左孩子节点的位置为 LChild(i)$=2\times i$；右孩子节点的位置为 RChild(i)$=2\times i+1$。

显然，这种存储方式对于一棵完全二叉树来说是非常方便的。因为此时该存储结构既不浪费空间，又可以根据公式计算出每一个节点的左、右孩子节点的位置。但是，对于一般的二叉树，必须按照完全二叉树的形式来存储，这就造成空间浪费。一种极端的情况如图 3.28 所示，从中可以看出，对于一个深度为 k 的二叉树，在最坏的情况下（每个节点只有右孩子节点）需要占用 2^k-1 个存储单元，而实际该二叉树只有 k 个节点，空间的浪费太大。这是顺序存储结构的一大缺点。

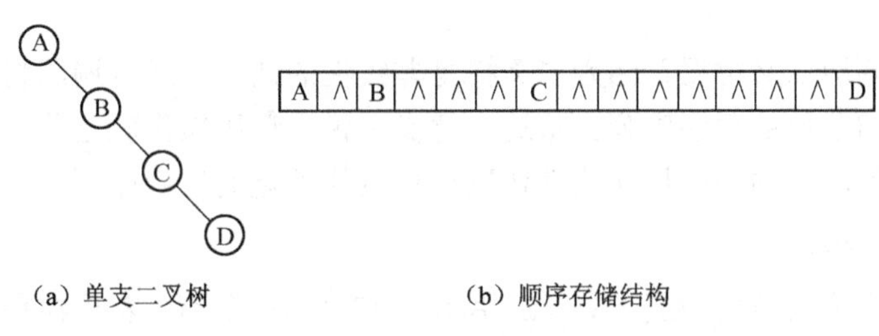

（a）单支二叉树　　（b）顺序存储结构

图 3.28　单支二叉树与其顺序存储结构

（2）链式存储结构

对于任意的二叉树来说，每个节点只有两个孩子节点，一个双亲节点。可以设计每个节点至少包括三个域：数据域、左孩子域和右孩子域，如图 3.29 所示。

其中，LChild 域指向该节点的左孩子节点，Data 域记录该节点的信息，RChild 域指向该节点的右孩子节点。

有时，为了便于找到父节点，可以增加一个 Parent 域，Parent 域指向该节点的父节点。该节点结构如图 3.30 所示。

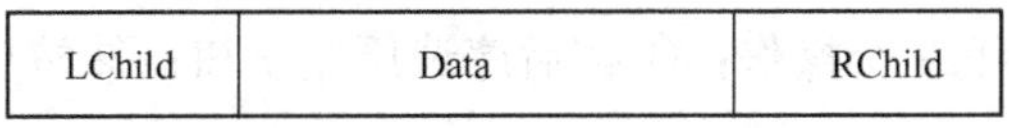

LChild	Data	RChild

图 3.29　链式存储结构下每个二叉树节点示意图

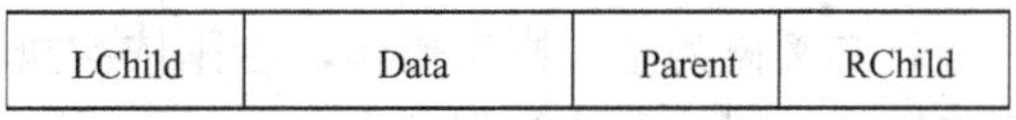

LChild	Data	Parent	RChild

图 3.30　具有 Parent 域的二叉树节点示意图

用第一种节点结构形成的二叉树的链式存储结构称为二叉链表，如图 3.31 所示；用第二种节点结构形成的二叉树的链式存储结构称为三叉链表。

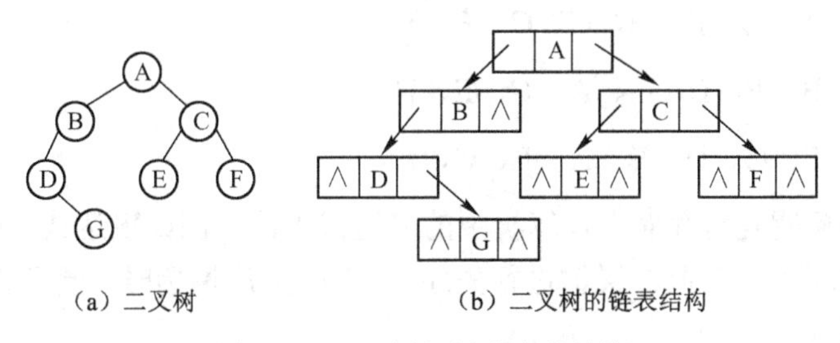

（a）二叉树　　（b）二叉树的链表结构

图 3.31　二叉树与链表存储结构

若一个二叉树含有 n 个节点，则它的二叉链表中必含有 $2n$ 个指针域，其中必有 $n+1$ 个空的链域。此结论证明如下：

证明：分支数目 $B=n-1$，即非空的链域有 $n-1$ 个，故空链域有 $2n-(n-1)=n+1$ 个。

不同的存储结构实现二叉树的操作也不同。如要找某个节点的父节点，在三叉链表中很容易实现；在二叉链表中则需从根指针出发一一查找。可见，在具体应用中，要根据二叉树的形态和要进行的操作来决定二叉树的存储结构。

4．二叉树的遍历

二叉树的遍历是指按一定规律对二叉树中的每个节点进行访问且仅访问一次。其中的访问可指计算二叉树中节点的数据信息，打印该节点的信息，也包括对节点进行任何其他操作。

为什么需要遍历二叉树呢？因为二叉树是非线性的结构，通过遍历将二叉树中的节点访问一遍，得到访问节点的顺序序列。从这个意义上说，遍历操作就是将二叉树中节点按一定规律线性化的操作，目的在于将非线性化结构变成线性化的访问序列。二叉树的遍历操作是二叉树中最基本的运算。

二叉树的基本组成结构如图3.31（a）所示，它是由根节点、左子树和右子树三个基本单元组成的，因此只要依次遍历这三部分，就遍历了整个二叉树。

（1）先序遍历（DLR）

若二叉树为空，则空操作，否则依次执行如下3个操作：①访问根节点；②按先序遍历左子树；③按先序遍历右子树。

（2）中序遍历（LDR）

若二叉树为空，则空操作，否则依次执行如下3个操作：①按中序遍历左子树；②访问根节点；③按中序遍历右子树。

（3）后序遍历（LRD）

若二叉树为空，则空操作，否则依次执行如下3个操作：①按后序遍历左子树；②按后序遍历右子树；③访问根节点。

显然，这种遍历是一个递归过程。

对于如图3.32所示的二叉树，其先序、中序、后序遍历的序列如下：

- 先序遍历：A、B、D、F、G、C、E、H。
- 中序遍历：B、F、D、G、A、C、E、H。
- 后序遍历：F、G、D、B、H、E、C、A。

最早提出遍历问题是对存储在计算机中的表达式求值。例如表达式$(a+b\times c)-d/e$，用二叉树表示如图3.33所示。当对此二叉树进行先序、中序、后序遍历时，便可获得表达式的前缀、中缀、后缀书写形式：

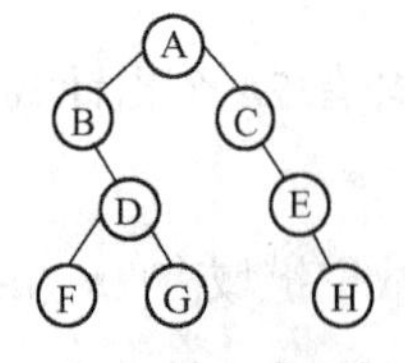

图3.32　二叉树

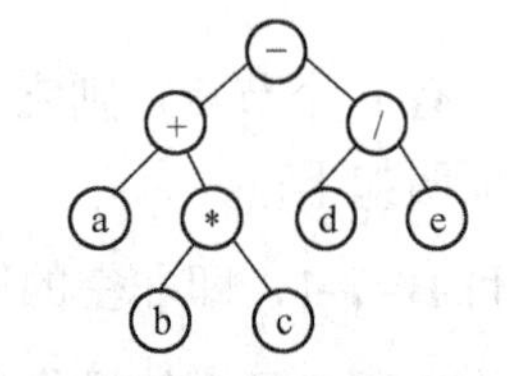

图3.33　表达式的二叉树

- 前缀：$-+a\times bc/de$
- 中缀：$a+b\times c-d/e$
- 后缀：$abc\times+de/-$

其中中缀形式是算术表达式的通常形式，只是没有括号。前缀表达式称为波兰表达式。算术表达式的后缀表达式被称作逆波兰表达式。在计算机内，使用后缀表达式易于求值。

习题 3

一、填空题

1. 在树形结构中，树根节点没有＿＿＿＿＿＿。

2. 栈顶的位置是随着＿＿＿＿＿＿操作而变化的。

3. 顺序存储方法是把逻辑上相邻的节点存储在物理位置＿＿＿＿＿＿的存储单元中。

4. 数据的逻辑结构有线性和＿＿＿＿＿＿两大类。

5. 在算法正确的前提下，评价一个算法的两个标准是＿＿＿＿＿＿。

6. 数据结构分为逻辑结构与储存结构，线性链表属于＿＿＿＿＿＿。

7. 在最坏情况下，冒泡排序的时间复杂度为＿＿＿＿＿＿。

8. 数据的基本单位是＿＿＿＿＿＿。

9. 算法的工作量大小和实现算法所需的存储单元多少分别称为算法的＿＿＿＿＿＿。

10. 长度为 n 的顺序存储在线性表中，当在任何位置上插上一个元素概率都相等时，插入一个元素所需移动元素的平均个数为＿＿＿＿＿＿。

11. 在一个容量为 15 的循环队列中，若头指针 front=6，尾指针 rear=9，则该循环队列中共有＿＿＿＿＿＿个元素。

12. 有序线性表能进行二分查找的前提是该线性表必须是＿＿＿＿＿＿存储的。

13. 用树形结构表示实体类型及实体间联系的数据模型称为＿＿＿＿＿＿。

14. 设一棵完全二叉树共有 700 个节点，则在该二叉树中有＿＿＿＿＿＿个叶子节点。

15. 设一棵二叉树的中序遍历结果为 DBEAFC，前序遍历结果为 ABDECF，则后序遍历结果为＿＿＿＿＿＿。

二、选择题

1. 用链表示线性表的优点是（　　）。

A. 便于随机存取　　B. 花费的存储空间较顺序储存少

C. 便于插入和删除操作　　D. 数据元素的物理顺序与逻辑顺序相同

2．在单链表中，增加头节点的目的是（　　）。

A．方便运算的实现　　B．使单链表至少有一个节点

C．标志表中首节点的位置　　D．说明单链表是线性表的链式存储实现

3．算法的时间复杂度是指（　　）。

A．执行算法程序所需要的时间　　B．算法程序的长度

C．算法执行过程中所需要的基本运算次数　　D．算法程序中的指令条数

4．算法的空间复杂度是指（　　）。

A．算法程序的长度　　B．算法程序中的指令条数

C．算法程序所占的存储空间　　D．算法执行过程中所需要的存储空间

5．下列叙述中正确的是（　　）。

A．线性表是线性结构　　B．栈与队列是非线性结构

C．线性链表是非线性结构　　D．二叉树是线性结构

6．数据的存储结构是指（　　）。

A．数据所占的存储空间量　　B．数据的逻辑结构在计算机中的表示

C．数据在计算机中的顺序存储方式　　D．存储在外存中的数据

7．下列关于队列的叙述中正确的是（　　）。

A．在队列中只能插入数据　　B．在队列中只能删除数据

C．队列是先进先出的线性表　　D．队列是先进后出的线性表

8．下列关于栈的叙述中正确的是（　　）。

A．在栈中只能插入数据　　B．在栈中只能删除数据

C．栈是先进先出的线性表　　D．栈是先进后出的线性表

9．若进栈的输入序列是A、B、C、D、E，并且在它们进栈的过程中可以进行出栈操作，则不可能出现的出栈序列是（　　）。

A．EDCBA　　B．DECBA　　C．DCEAB　　D．ABCDE

10．对长度为n的线性表进行顺序查找，在最坏情况下所需要的比较次数为（　　）。

A．$n+1$　　B．n　　C．$(n+1)/2$　　D．$n/2$

11．数据结构中，与所使用的计算机无关的是数据的（　　）。

A．存储结构　　B．物理结构　　C．逻辑结构　　D．物理和存储结构

12．一些重要的程序语言（如C语言和Pascal语言）允许过程的递归应用，而实现递归调用中的储存分配通常用（　　）。

A．栈　　B．堆　　C．数组　　D．链表

13．下列叙述中正确的是

A．算法就是程序

B．设计算法时只需要考虑数据结构的设计

C．设计算法时只需要考虑结果的可靠性

D．以上三种说法都不对

14．如果进栈序列号为 *e*1,*e*2,*e*3,*e*4，则可能的出栈序列是（　　）。

A．*e*3,*e*1,*e*4,*e*2　　B．*e*2,*e*4,*e*3,*e*1　　C．*e*3,*e*4,*e*1,*e*2　　D．任意顺序

15．下列关于栈叙述正确的是（　　）。

A．栈顶元素最先能被删除

B．栈顶元素最后才能被删除

C．栈底元素永远不能被删除

D．以上三种说法都不对

16．已知二叉树后序编历序列是 dabec，中续遍历序列是 debac，它的前序编历序列是（　　）。

A．acbed　　B．decab　　C．deabc　　D．cebda3

17．在深度为 5 的满二叉树中，叶子节点的个数为（　　）。

A．32　　B．31　　C．16　　D．15

18．设树 T 的度为 5，其中度为 1，2，3 的节点个数分别为 5，1，1。则 T 中的叶子节点数为（　　）。

A．8　　B．7　　C．6　　D．5

19．已知一棵树前序遍历和中序遍历分别为 ABDEGCFH 和 DBGEACHF，则该二叉树的后序遍历为（　　）。

A．GEDHFBCA　　B．DGEBHFCA　　C．ABCDEFGH　　D．ACBFEDHG

20．树是节点的集合，它的根节点数目是（　　）。

A．有且只有 1　　B．1 或多于 1　　C．0 或 1　　D．至少 2

三、简答题

1．什么是算法？算法具有的基本特点有哪些？

2．什么是数据结构？逻辑结构和物理结构各有什么特点？

3．什么是线性结构？线性表、栈和队列各有什么特点？

4．顺序存储和链式存储各有什么优缺点？

5．二叉树有哪些基本特性？

6．试说明二叉树的三种遍历顺序的特点。

7．简述顺序比较法的基本原理。

8．常见的排序方法有哪些？各有什么特点？

第 4 章

规模数据的有效管理

规模数据管理已深入各个经济部门并影响着现代企业经济活动，丰富的数据和先进的数据管理可以创造巨大的价值。在数据库技术之前，人们常通过程序处理数据，这种方法不仅速度慢，数据冗余大，而且程序设计和修改复杂。20 世纪 60 年代末期出现的数据库技术是规模数据管理中一项非常重要的技术，广泛用于规模数据的有效管理。

4.1 数据管理概述

4.1.1 数据管理面临的问题

作为一种普遍需求，数据管理致力于提高效率、降低成本、提升品质、增强生产能力。例如，通过分析直接从产品测试现场收集的数据能够帮助企业改进设计，还可以通过深入分析客户行为，对比大量的市场数据超越竞争对手。但是，数据管理面临着以下主要问题。

（1）人才短缺

数据的快速积累和发展，凸显的问题就是数据人才的缺失，特别是在统计方法和大数据上有深厚专业知识的管理员和分析员。

（2）数据存储的安全问题

企业过去的分散信息化建设形成了许多“信息孤岛”，影响了现有系统的继续运行和新系统的实施。只有加强资源整合，才能有效地消除“信息孤岛”，降低信息的管理难度，实现资源共享，降低运营成本。但资源整合带来的数据存储的安全问题也不能忽视。安全问题主要来自于两方面：① 数据整合必然带来个人信息被多个数据库共享，个人隐私面临着极大的风险；② 数据量的急剧增加和数据类型的多样化，导致数据恢复过程将相当复杂。

（3）高效、智能的存储和获取数据

数据在数据库的存取状态是输入比输出容易。大多数数据库管理系统用于高效的事务处理：一个大型数据库里主要以添加、更新为主，搜索和检索为辅。大量的数据被毫不费力地添加到一个数据库，随着数据量和各种类型数据的不断增加，数据的存储和访问速度成瓶颈。

（4）有效的管理数据

数据从产生、传播、存储、保护、归档到安全维护的各个环节都有可能产生错误。因此，必须重视数据管理与数据质量管理。

4.1.2　数据管理的发展

数据管理包括数据组织、分类、编码、存储、检索和维护。随着硬件、软件技术及计算机应用范围的发展，数据管理经历了 3 个阶段。

1．人工管理阶段

20 世纪 50 年代中期以前，计算机主要用于科学计算。计算机的软硬件均不完善，硬件方面只有卡片、纸带、磁带等，没有可以直接访问、直接存取的外部存取设备。软件方面还没有操作系统，也没有专门管理数据的软件，数据由程序自行携带，数据与程序不能独立，数据不能长期保存，如图 4.1 所示。

在人工管理阶段，程序员在程序中不仅要规定数据的逻辑结构，还要设计其物理结构，包括存储结构、存取方法、输入输出方式等。当数据的物理组织或存储设备改变时，用户程序就必须重新编制。由于数据的组织面向应用，不同的计算程序之间不能共享数据，使得不同的应用之间存在大量的重复数据。

该阶段的主要特点包括：

- 计算机中没有支持数据管理的软件。
- 数据组织面向应用，数据不能共享，数据重复。
- 在程序中要规定数据的逻辑结构和物理结构，数据与程序不独立。
- 数据处理方式——批处理。

2．文件系统阶段

20 世纪 50 年代中期到 60 年代中期，由于计算机大容量存储设备（如硬盘）的出现，推动了软件技术的发展，而操作系统的出现标志着数据管理步入一个新的阶段。在文件系统阶段，数据以文件为单位存储在外存，且由操作系统统一管理。

在这个阶段，程序与数据分开，有了程序文件与数据文件的区别。数据文件可以长期保存在外存上多次存取，进行诸如查询、修改、插入、删除等操作。文件的逻辑结构与物理结构脱钩，程序和数据分离，使数据与程序有了一定的独立性。用户的程序与数据可分别存放在外存储器上，各个应用程序可以共享一组数据，实现了以文件为单位的数据共享，如图 4.2 所示。

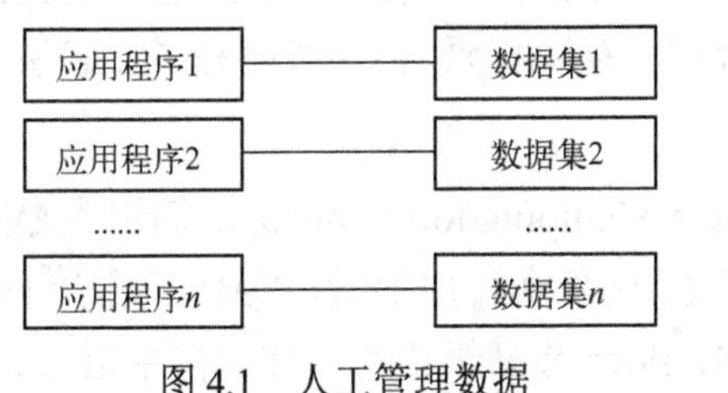

图 4.1　人工管理数据

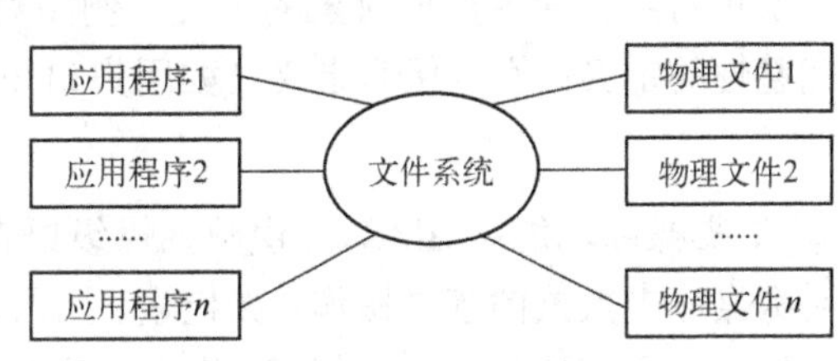

图 4.2　文件系统

在文件系统阶段，由于数据的组织仍然是面向程序，所以存在大量的数据冗余。而且数据的逻辑结构不能方便地修改和扩充，数据逻辑结构的微小改变都会影响到应用程序。由于文件之间互相独立，因而它们不能反映现实世界中事物之间的联系，操作系统不负责维护文件之间的联系信息。如果文件之间有内容上的联系，只能由应用程序去处理。

3．数据库系统阶段

60年代后，随着计算机在数据管理领域的普遍应用，人们对数据管理技术提出了更高的要求，要求以数据为中心组织数据，减少数据的冗余，提供更高的数据共享能力，同时要求程序和数据具有较高的独立性，以降低应用程序研制与维护的费用。数据库技术正是在这样一个应用需求的基础上发展起来的。

在数据库方式下，数据的结构设计成为信息系统的首要问题。数据库是通用化的相关数据集合，它不仅包括数据本身，而且包括数据之间的联系。为了让多种应用程序并发地使用数据库中具有最小冗余的共享数据，必须使数据与程序具有较高的独立性。则需要一个软件对数据实行专门管理，提供安全性和完整性等方面的统一控制，方便用户以交互命令或程序方式对数据库进行操作。为数据库的建立、使用和维护而配置的软件就是数据库管理系统DBMS，如图4.3所示。

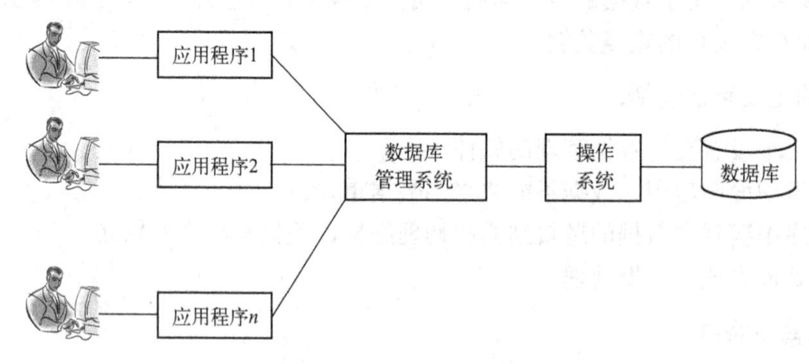

图4.3　数据库系统阶段

（1）DBMS的基本功能

数据库管理系统（Database Management System，简记为DBMS）是位于用户与操作系统之间的一层数据管理软件，是数据库系统的核心。它为用户或应用程序提供访问数据库的方法，包括数据库的建立、查询、更新以及各种数据控制。DBMS总是基于某种数据模型，常见的数据模型有层次型、网状型、关系型和面向对象型等。DBMS具有以下基本功能。

① 对象定义功能：DBMS通过提供数据定义语言（Data Definition Language，简记为DDL）实现对数据库中数据对象的定义，例如对外模式、模式和内模式加以描述和定义；数据库完整性的定义；安全保密定义（如用户口令、级别、存取权限）；存取路径（如索引）的定义。

② 数据操纵功能：DBMS提供数据操纵语言（Data Manipulation Language，简记为DML）实现对数据库中数据的基本操作，如检索、插入、修改、删除和排序等等。DML一般有两类：一类是嵌入主语言的DML，如嵌入到C++或PowerBuilder等高级语言（称为宿主语言）中。

另一类是非嵌入式语言（包括交互式命令语言和结构化语言），它的语法简单，可以独立使用，由单独的解释或编译系统来执行，所以一般称为自主型或自含型的 DML。

③ 数据库控制功能：DBMS 提供的数据控制语言（Data Control Language，简记为 DCL）保证数据库操作都在统一的管理下协同工作以确保事务处理的正常运行，保证数据库的正确性、安全性、有效性和多用户对数据的并发使用以及发生故障后的系统恢复等。如安全性检查、完整性约束条件的检查、数据库内部的如索引和数据字典的自动维护、缓冲区大小的设置等。

④ 数据组织、存储和管理：DBMS 要分类组织、存储和管理各种数据，包括数据字典、用户数据、存取路径等。要确定以何种文件结构和存取方式在存储级上组织数据，如何实现数据之间的联系。数据组织和存储的基本目标是提高存储空间利用率和方便存取，提供多种存取方法（如索引查找、Hash 查找、顺序查找等），提高存取效率。

⑤ 其他功能：包括 DBMS 的网络通信功能，一个 DBMS 与另一个 DBMS 或文件系统的数据转换功能；异构数据库之间的互访和互操作能力等。

（2）数据库中数据的组织

在实际的工作和学习中，为了保持和亲戚和朋友的联系，我们常常将他们的姓名、地址、电话等信息都记录在通讯录中，这样在查找时就非常方便。这个“通讯录”就是一个最简单的“数据库”，而每个人的姓名、地址、电话等信息就是这个数据库中的“数据”。

数据是事物特性的反映和描述，不仅包括狭义的数值数据，还包括文字、声音、图形等一切能被计算机接收并处理的符号。数据在空间上的传递称为通信（以信号方式传输），在时间上传递称为存储（以文件形式存取）。

为了便于管理，数据的组织一般可以分为四级：数据项、记录、文件和数据库，关系如图 4.4 所示。

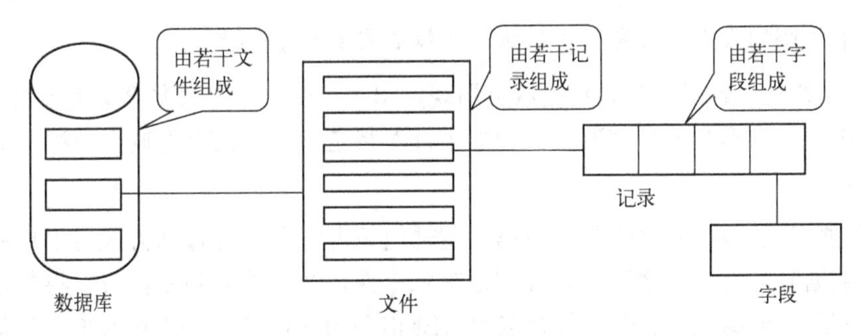

图 4.4　数据组织级别

① 数据项。数据项是可以定义数据的最小单位，也叫元素、基本项、字段等。数据项与现实世界实体的属性相对应。数据项有名、值、域三个特性。每个数据项都有一个名称，称为数据项名。数据项的值可以是数值、字母、字母数字、汉字等形式。数据项的取值范围称为域，域以外的任何值对该数据项都是无意义的。

② 记录。记录由若干相关联的数据项组成，是处理和存储信息的基本单位，是关于一个实体的数据总和。构成该记录的数据项表示实体的若干属性，记录有“型”和“值”的区别，“型”是同类记录的框架，它定义记录的组成；而“值”是记录反映实体的内容。为了唯一标

志每个记录，就必须有记录标志符（也叫关键字）。用于唯一标志记录的关键字称主关键字，其他标志记录的关键字称为辅关键字。

记录可以分为逻辑记录与物理记录，逻辑记录是文件中按信息在逻辑上的独立意义来划分的数据单位；物理记录是单个输入输出命令进行数据存取的基本单元。物理记录和逻辑记录之间的对应关系有一个物理记录对应一个逻辑记录；一个物理记录含有若干个逻辑记录；若干个物理记录存放一个逻辑记录几种情况。

③ 文件。文件是一给定类型的记录的全部具体值的集合，文件用文件名称标志。由于数据库文件可以看成是具有相同性质的记录的集合，因而数据库文件具有以下特性：

- 文件的记录格式相同，长度相等。
- 不同行是不同的记录，因而具有不同的内容。
- 不同列表示不同的字段，同一列中的数据的性质（属性）相同。
- 每一行各列的内容是不能分割的，但行的顺序和列的顺序不影响文件内容的表达。

④ 数据库。数据库是比文件更大的数据组织形式，数据库是具有特定联系的数据的集合，也可以看成是具有特定联系的多种类型的记录的集合。数据库的内部构造是文件的集合，这些文件之间存在某种联系，不能孤立存在。

数据库包括两层意思：

- 数据库是能够合理保管数据的“仓库”，用户在该“仓库”中存放要管理的事务数据，“数据”和“库”两个概念相结合成为数据库。
- 数据库包含数据管理的新方法和新技术，通过数据库可以方便的组织数据、维护数据、控制数据和利用数据。

（3）数据库的特点

相比较于传统的人工管理和文件技术，数据库具有很多特点。

① 数据结构化。数据库中的数据从全局观点出发，按一定的数据模型进行组织、描述和存储。其结构基于数据间的自然联系，数据不针对特定应用，而是面向全组织，具有整体的结构化特征。

② 数据独立性。数据独立性是指数据的逻辑组织方式和物理存储方式与用户的应用程序相对独立。数据独立性包括物理独立性和逻辑独立性。通过数据独立性可以将数据的定义和描述从应用程序中分离出来。数据的存取由DBMS管理，用户不必考虑存取路径等细节，从而减少了应用程序的维护和修改工作量。

数据的物理独立性是指当数据的物理存储改变时，应用程序不用改变。换言之，用户的应用程序与数据库中的数据是相互独立的。数据的逻辑独立性是指当数据的逻辑结构改变时，用户应用程序不用改变。也就是说，用户的应用程序与数据库的逻辑结构是相互独立的。

③ 数据低冗余。数据的冗余度是指数据重复的程度。数据库系统从整体角度描述数据，使数据不再是面向某一应用，而是面向整个系统。因此，数据可以被多个应用共享。这样不但可以节约存储空间、减少存取时间，而且可以避免数据之间的不相容性和不一致性。但仍然需要必要的冗余，必要的冗余可保持数据间的联系。

④ 统一的数据管理和控制。数据库对系统中的用户来说是共享资源。计算机的共享一般是并发的，即多个用户可以同时存取数据库中的数据，甚至可以同时存取数据库中同一个数据。因此，数据库管理系统必须提供数据的安全性保护，数据的完整性控制，数据库恢复以及并发控制等方面的数据控制保护功能。

- 数据的安全性是指保护数据以防止不合法的使用所造成的数据泄密和破坏，使每个用户只能按规定对某种数据以某些方式进行使用和处理。例如，可以使用身份鉴别、检查口令或其他手段来检查用户的合法性，只有合法用户才能进入数据库系统。
- 数据的完整性指数据的正确性、有效性和相容性。完整性检查可以保证数据库中的数据在输入和修改过程中始终符合原来的定义和规定，在有效的范围内或保证数据之间满足一定的关系。例如，月份是 1～12 之间的正整数，性别是“男”或“女”，成绩是大于等于 0 小于等于 100 的整数等。
- 数据库恢复机制，可及时发现故障和修复故障，从而防止数据被破坏。
- 当多个用户的并发进程同时存取、修改数据库时，可能会发生由于相互干扰而导致结果错误的情况，并使数据库完整性遭到破坏。因此，必须对多用户的并发操作加以控制和协调。

4.1.3　数据库系统

1．数据库系统的概念

数据库系统（Data Base System，简称 DBS）是一个实际可运行的存储、维护和管理数据的系统，是存储介质、处理对象和管理系统的集合体。它通常由硬件、软件、数据库和用户组成。

一个好的数据库系统满足以下基本要求：

① 能够保证数据的独立性。把数据的定义从程序中分离出去，数据的存取又由 DBMS 负责，这就简化了应用程序的编制，大大减少了应用程序的维护和修改。

② 冗余数据少，数据共享程度高。

③ 系统的用户接口简单，用户容易掌握，使用方便。

④ 能够确保系统运行可靠，出现故障时能迅速排除；能够保护数据不受非受权者访问或破坏；能够防止错误数据的产生，一旦产生也能及时发现。

⑤ 有重新组织数据的能力，能改变数据的存储结构或数据存储位置，以适应用户操作特性的变化，改善由于频繁插入、删除操作造成的数据组织零乱和性能变坏的状况。

⑥ 具有可修改性和可扩充性。

⑦ 能够充分描述数据间的内在联系。

2．数据库系统的组成

数据库系统（Database System，简记为 DBS）主要由硬件、软件、数据库和用户 4 部分构成，结构如图 4.5 所示。

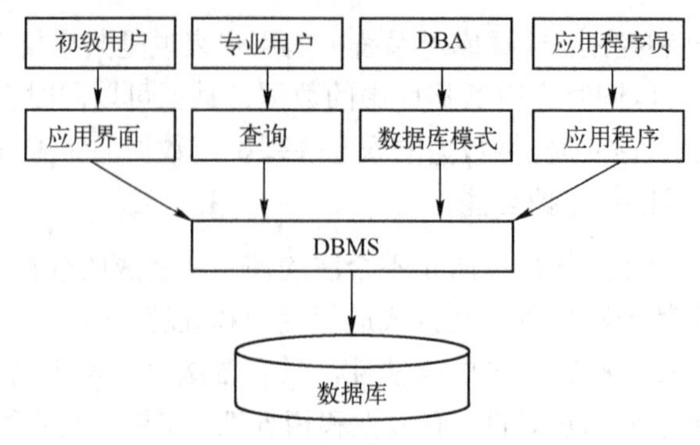

图 4.5 DBS 的基本构成

① 数据库。数据库是存储在一起的相互有联系的数据的集合。数据是按照数据模型所提供的形式框架存放在数据库中。

② 硬件。硬件是数据库赖以存在的物理设备，运行数据库系统的计算机需要有足够大的内存以存放系统软件，需要足够大容量的磁盘等联机直接存取设备存储数据库庞大的数据，需要足够的脱机存储介质（磁盘、光盘、磁带等）以存放数据库备份，需要较高的通道能力以提高数据传送速率，要求系统联网以实现数据共享。

③ 软件。数据库系统的软件包括：DBMS、支持 DBMS 的操作系统、与数据库接口的高级语言和编译系统，以及以 DBMS 为核心的应用开发工具。

DBMS（数据库管理系统）是为数据库存取、维护和管理而配置的软件，它是数据库系统的核心组成部分，DBMS 在操作系统支持下工作。除了 DBMS 之外，还要有数据库应用系统，数据库应用系统是为特定应用开发的数据库应用软件。例如，基于数据库的各种管理软件，诸如管理信息系统、决策支持系统和办公自动化等都属于数据库应用系统。

④ 用户。数据库系统中存在一组参与分析、设计、管理、维护和使用数据库的人员，他们在数据库系统的开发、维护和应用中起着重要的作用。分析、设计、管理和使用数据库系统的人员主要是：数据库管理员（DBA）、应用程序员、专业用户和初级用户。

3．数据访问过程

数据库操作的实现是一个复杂的过程，下面以某个应用程序从数据库中读取一条记录为例来说明数据库管理系统的工作过程，图 4.6 描述了访问数据库的主要过程。

一次数据的访问大概需要经过十步来完成，不同的 DBMS 具体的实现过程可能会有微小的差别，但其基本原理是相同的。

① 用户发出读取数据的请求，需要告诉 DBMS 要读取记录的关键字和模式。

② DBMS 收到请求，分析请求的外模式。

③ DBMS 调用模式，分析请求，根据外模式/模式映射关系决定读入那些模式的数据。

④ DBMS 根据模式/内模式映射关系将逻辑记录转换为物理记录。

⑤ DBMS 向操作系统发出读取数据的请求。

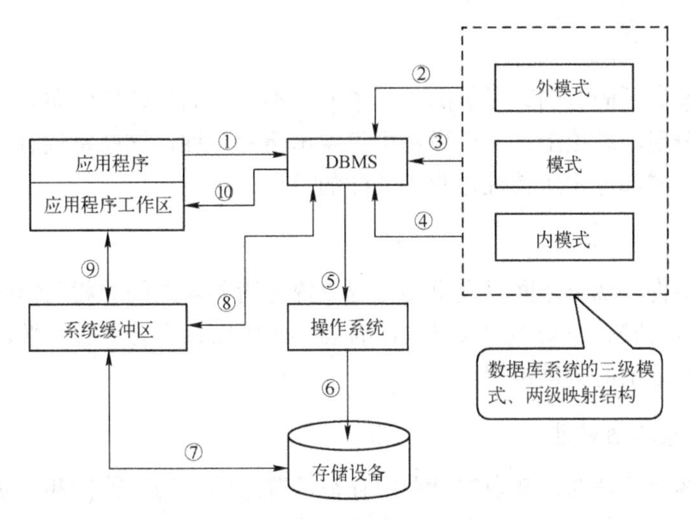

图 4.6 数据库操作的实现过程

⑥ 操作系统启动文件管理功能，对实际的物理存储设备启动读操作。

⑦ 操作系统将读取的数据传送到系统缓冲区，同时通知 DBMS 读取成功。

⑧ DBMS 根据模式和外模式的结构对缓冲区中的数据进行格式转换，转换为应用程序所需要的格式。

⑨ DBMS 将转换后的数据传送到应用程序对应的程序工作区中。

⑩ DBMS 向应用程序发出读取成功的消息。应用程序在收到消息后，便可对收到的信息进行下一步的处理。

4.2 数据表示

数据从现实世界到计算机数据库的抽象表示经历了三个阶段，即现实世界、概念世界、信息世界，如图 4.7 所示。

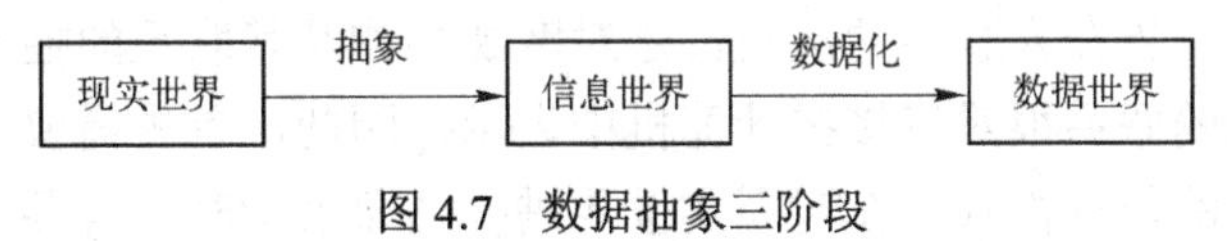

图 4.7 数据抽象三阶段

4.2.1 现实世界

现实世界里的客观事物之间既有区别，也有联系。这种区别和联系取决于事物本身的特性。在数据管理过程中，现实世界是我们所管理的对象的集合，是客观世界的一个子集。

1. 现实世界的基本术语

（1）事物

事物也称为对象，是我们所管理问题的基本组成单位，事物既包括真实存在的事物，也包括根据需要人为构造的事物。

（2）特性

特性是事物本身所固有的、必然的、基本的、不可分离的特殊性质。同时，特性又是事物某个方面质的表现。理论上，一个事物可表现出无穷特性，这些特性有本质特性和非本质特性的区别，其中的部分本质特性是我们关注的重点。

（3）关联

现实世界中事物、现象之间以及事物、现象内部诸要素之间的相互影响、相互作用、相互制约的关系就是关联。在众多的关联中，有些比较紧密，有些比较松散。这些比较松散的关联往往界定问题范围的关键位置。

2．界定和抽象的困难性

现实世界是客观存在的，在现实世界中存在着普遍的事物、特性和关联。而现实世界又存在于客观世界之中，其又和客观世界发生着普遍的联系。因此，对于现实世界的精确界定和抽象是非常困难的，主要原因有以下几点。

（1）交流困难

界定和抽象现实世界需要对现实世界的业务活动进行分析，明确在业务环境中软件系统的作用。但是，调查人员不是用户问题领域的专家，不熟悉用户的业务活动和业务环境。另外，用户不熟悉计算机应用的有关问题，不了解计算机能做什么，不能做什么。调查人员和用户双方互相不了解对方的工作，又缺乏共同语言，导致交流时存在着隔阂。

（2）现实世界和用户需求动态化

现实世界不是静止的，而是不断变化的。其中的某些事物，事物的某些特性，以及事物之间的关联都可能发生变化。另一方面，用户的需求是变化的。对于一个较为复杂的系统，用户很难精确完整地提出它的功能和性能要求。开始只能提出一个大概、模糊的功能，只有经过长时间的反复认识才逐步明确。这无疑给现实世界的抽象表示带来困难。

4.2.2 概念世界

概念世界是现实世界在人脑中的反映，是对客观事物及其联系的抽象。现实世界的客观事物以及客观事物间的联系很难直接在计算机中表示，因此，首先需要对其进行抽象表示，使其更接近于计算中的数据格式。在对现实世界进行抽象表示时，既要表示客观事物，还要表示事物之间的联系。

1．概念世界的基本术语

（1）实体

客观存在并可相互区别的事物在概念世界中抽象为实体。实体可以是具体的人、事、物的抽象，也可以是抽象的概念或联系。例如，一个学生、一门课、一个供应商、一个部门、一本书、一位读者等都是实体。

（2）属性

实体所具有的某一特性称为属性。一个实体可以由若干个属性来描述。例如，图书实体可以由编号、书名、出版社、出版日期、定价等属性组成。又如，学生实体可以由学号、姓名、性别、出生年份、系别、入学时间等属性组成，如（2014119120，王丽，女，1995，计算机系，2014），这些属性组合起来体现了一个学生的特征。

（3）主码

能唯一标志实体的属性或属性集称为主码。例如，学号是学生实体的主码，职工号是职工实体的主码。

（4）域

属性的取值范围称为该属性的域。例如，职工性别的域为（男，女），姓名的域为字母字符串集合，年龄的域为小于 150 的整数，职工号的域为 5 位数字组成的字符串等。

（5）实体型

具有相同属性的实体必然具有共同的特征和性质。用实体名及其属性名集合来抽象和描述同类实体，称为实体型。例如，学生（学号，姓名，性别，出生年份，系，入学时间）就是一个实体型。图书（编号、书名、出版社、出版日期、定价）也是一个实体型。

（6）实体集

同型实体的集合称为实体集。例如，全体学生就是一个实体集。图书馆的所有图书也是一个实体集。

（7）联系

在现实世界中，事物内部以及事物之间是有联系的，这些联系在信息世界中反映为实体内部的联系和实体之间的联系。实体内部的联系通常是组成实体的各属性之间的联系，两个实体集之间的联系可以分为如下 3 类。

① 一对一联系（1 : 1）。如果对于实体集 A 中的每一个实体，实体集 B 至多有一个实体与之联系，反之亦然，则称实体集 A 与实体集 B 具有一对一联系，记为 1 : 1。

例如，某宾馆只有单人间，每个客房都对应着一个房间号，一个房间号也唯一的对应这一间客房。所以，客房和房间号之间具有一对一联系。

又如，乘客和座位之间存在一对一联系，意味着一个乘客只能坐一个座位，而一个座位只能被一个乘客占有，如图 4.8 所示。

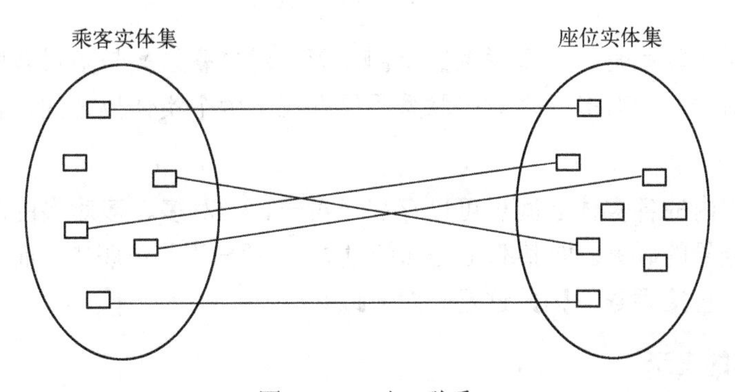

图 4.8 一对一联系

② 一对多联系（1∶n）。如果对于实体集A中的每一个实体，实体集B中有n个实体与之联系（$n\geq0$），反之，对于实体集B中的每一个实体，实体集A中至多有一个实体与之联系，则称实体集A与实体集B具有一对多联系，记为1∶n。

例如，一个部门中有若干名职工，而每个职工只能在一个部门工作，则部门与职工之间具有一对多联系。如图4.9所示。

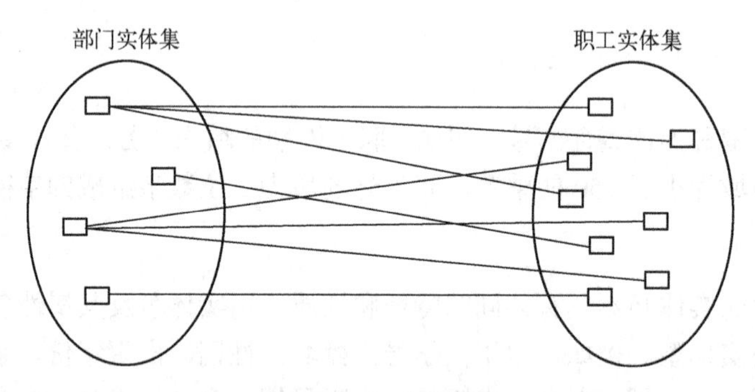

图4.9　一对多联系

③ 多对多联系（m∶n）。如果对于实体集A中的每一个实体，实体集B中有n个实体与之联系（$n\geq0$），反之，对于实体集B中的每一个实体，实体集A中也有m个实体与之联系（$m\geq0$），则称实体集A与实体集B具有多对多联系，记为m∶n。

例如，在选课系统中，一门课程同时有若干个学生选修，而一个学生可以同时选修多门课程，则课程与学生之间具有多对多联系。如图4.10所示。

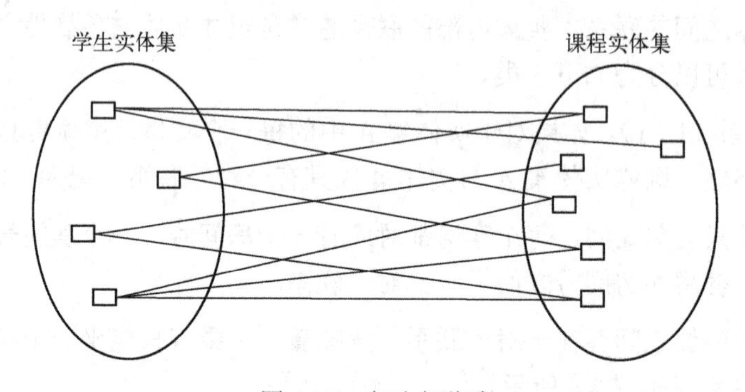

图4.10　多对多联系

实际上，一对一联系是一对多联系的特例，而一对多联系又是多对多联系的特例。实体集之间的这种一对一、一对多、多对多联系不仅存在于两个实体集之间，也存在于两个以上的实体集之间。

同一个实体集内的各实体之间也可以存在一对一、一对多、多对多的联系。职工实体集内部有领导与被领导的联系。即某职工为部门领导，“领导”若干职工，而一名职工仅被另外一个职工（领导）直接领导，因此这是一对多联系。

2．概念世界的表示

概念模型用于描述概念世界，与具体的DBMS无关。概念模型从用户的观点出发，将管理对象的客观事物及他们之间的联系，用容易为人所理解的语言或形式表述出来。概念模型应该能够准确、方便地表示概念世界，E-R 图（实体联系图）是对其进行描述的主要工具，图 4.11 描述了学生学习情况。

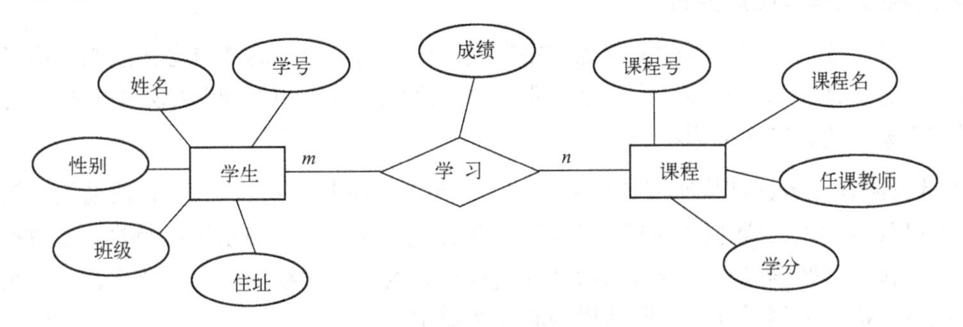

图 4.11　学生学习情况的 E-R 图

构成 E-R 图的基本要素是实体型、属性和联系。

① 实体型（Entity）：具有相同属性的实体，并且具有相同的特征和性质，用实体名及其属性名集合来抽象和刻画同类实体，在 E-R 图中用矩形表示。

② 属性（Attribute）：实体所具有的某一特性，一个实体可由若干个属性来刻画。在 E-R 图中用椭圆形表示。

③ 联系（Relationship）：联系反映实体内部或实体之间的关系，用菱形表示，菱形框内写明联系名，并用无向边分别与有关实体连接起来，同时在无向边旁标上联系的类型（1∶1，1∶n 或 m∶n）。

4.2.3　数据世界

1. 数据世界中的基本术语

数据世界是信息世界进一步数据化的结果，数据世界主要有以下基本术语。

① 数据项。数据项又称字段，是数据库数据中的最小逻辑单位，用来描述实体的属性。

② 记录。记录是数据项的集合，即一个记录是由若干个数据项组成，用来描述实体。

③ 文件。文件是一个具有文件名的一组同类记录的集合，用来描述实体集。

2. 数据世界的数据模型

数据世界的数据管理基于某种 DBMS，而对应 DBMS 总是按照特定的数据模型进行数据组织。数据模型是数据库的形式框架，用于描述一组数据的概念和定义，数据模型包含 2 个层面。

① 逻辑数据模型。逻辑数据模型是用户从数据库所看到的数据模型，是具体的 DBMS 所支持的数据模型，如网状数据模型、层次数据模型、关系数据模型等。逻辑数据模型既要面向用户，又要面向系统。在不引起概念混乱的情况下，一般将逻辑数据模型简称为数据模型。

② 物理数据模型。物理数据模型是描述数据在储存介质上的组织结构的数据模型，它不但与具体的 DBMS 有关，而且还与操作系统和硬件有关。每一种逻辑数据模型在实现时都有

其对应的物理数据模型。DBMS为了保证其独立性与可移植性，大部分物理数据模型的实现工作由系统自动完成，而设计者只设计索引、聚集等特殊结构。

3. 逻辑数据模型组成要素

一般地讲，任何一种数据模型都是严格定义的概念的集合。这些概念必须能够精确地描述系统的静态特性、动态特性和完整性约束条件。因此，数据模型通常都是由数据结构、数据操作和完整性约束三个要素组成。

① 数据结构。数据结构研究数据之间的组织形式（数据的逻辑结构）、数据的存储形式（数据的物理结构）以及数据对象的类型等。数据结构用于描述系统的静态特性。在数据库系统中，通常按照其数据结构的类型来命名数据模型。例如层次结构、网状结构、关系结构的数据模型分别命名为层次模型、网状模型和关系模型。

② 数据操作。数据操作是指对数据库中的各种对象（型）的实例（值）允许执行的操作的集合，包括操作及有关的操作规则。数据操作用于描述系统的动态特性。数据库主要有查询和更新（包括插入、删除、修改）两大类操作。数据模型必须定义这些操作的确切含义、操作符号、操作规则（如优先级）以及实现操作的语言。

③ 数据完整性约束。数据完整性约束是一组完整性规则的集合。完整性规则用于指明给定的数据模型中数据及其联系所具有的制约和储存规则，用以保证数据的正确、有效和相容。数据模型应该提供定义完整性约束的机制，以反映具体所涉及的数据必须遵守的特定的语义约束。例如，学生的“年龄”只能取值大于零的值；人员信息中的“性别”只能为“男”或“女”；学生选课信息中的“课程号”的值必须取自学校已经开设课程的课程号等。

4. 逻辑数据模型的基本类型

数据模型是数据库系统的核心和基础，各种DBMS软件都是基于某种数据模型的。通常按照数据模型的特点将传统数据库系统分成层次数据库、网状数据库和关系数据库三类。其中，层次模型和网状模型统称为非关系模型，非关系模型的数据库系统在20世纪70年代非常流行，到了20世纪80年代，关系模型的数据库系统以其独特的优点逐渐占据了主导地位，成为数据库系统的主流。

（1）层次数据模型

层次数据库系统采用层次模型作为数据的组织方式。用树型（层次）结构表示实体类型以及实体间的联系是层次模型的主要特征。层次模型如图4.12所示。

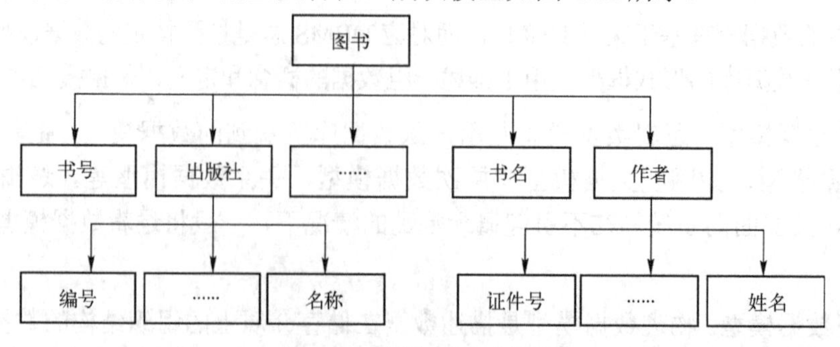

图4.12 层次模型示意图

在数据库中，满足以下两个条件的数据模型称为层次模型：

- 有且仅有一个节点无父节点，这个节点称为根节点。
- 其他节点有且仅有一个父节点。

根为第一层，根的子节点为第二层，根为其子节点的父节点，同一父节点的子节点称为兄弟节点，没有子节点的节点称为叶节点。其中，每一个节点都代表一个实体型，各实体型由上而下是 1∶*n* 的联系。

支持层次模型的 DBMS 称为层次数据库管理系统，在这种数据库系统中建立的数据库是层次数据库。层次数据模型支持的操作主要有：查询、插入、删除和更新。层次数据库系统的典型代表是 IBM 公司的推出的 IMS（Information Management Systems）数据库管理系统，这是 1968 年 IBM 公司推出的第一个大型的商用数据库管理系统，曾在 20 世纪 70 年代商业上广泛应用。目前，仍有某些特定用户在使用。

（2）网状数据模型

用网状结构表示实体类型及实体之间联系的数据模型称为网状模型。在网状模型中，一个子节点可以有多个父节点，在两个节点之间可以有一种或多种联系。记录之间联系是通过指针实现的，因此，数据的联系十分密切。网状模型的数据结构在物理上易于实现，效率较高，但编写应用程序较复杂，程序员必须熟悉数据库的逻辑结构。网状模型如图 4.13 所示。

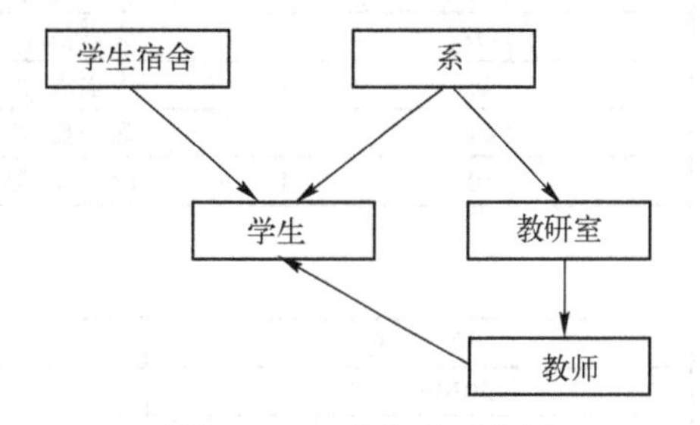

图 4.13　网状模型示意图

在数据库中，满足以下两个条件的数据模型称为网状模型。

- 允许一个以上的节点无父节点。
- 一个节点可以有一个以上的父节点。

由于在网状模型中子节点与父节点的联系不是唯一的，所以要为每个联系命名，并指出与该联系有关的父节点和子节点。网状模型的优点是可以表示复杂的数据结构，存取数据的效率比较高；缺点是结构复杂，每个问题都有其相对的特殊性，实现的算法难以规范化。

（3）关系数据模型

网状数据库和层次数据库已经很好地解决了数据的集中和共享问题，但是在数据独立性和抽象级别上仍有很大欠缺。用户在对这两种数据库进行存取时，仍然需要明确数据的存储结构，指出存取路径。而后来出现的关系数据库较好地解决了这些问题。关系数据库采用关系模型进行数据的组织。

关系模型是由若干个关系模式组成的集合。 关系模式相当于前面提到的记录类型，它的实例称为关系，每个关系实际上是一张二维表格。记录是表中的行，属性是表中的列。

图 4.11 对应的关系模式如表 4.1 所示。

表 4.1 关系模式

模 式 名	构 成
学生	(学号,姓名,性别,班级,住址)
成绩	(学号,课程号,成绩)
课程	(课程号,课程名,任课教师,学分)

表 4.1 对应的关系如表 4.2、表 4.3、表 4.4 所示。

表 4.2 学生关系

学 号	姓 名	性 别	班 级	住 址
2014001119	张瑜婷	女	新闻一班	2-503
2014001120	马云飞	男	新闻一班	7-306
2013001121	周婷婷	女	新闻一班	2-503
……	……	……	……	……

表 4.3 课程关系

课 程 号	课 程 名	任 课 教 师	学 分
1-01	大学英语	马丽	1
1-02	大学物理	张远	1
1-03	大学语文	周国	1
1-04	高等数学	韩军	2
1-05	计算机基础	王华	3

表 4.4 成绩关系

学 号	课 程 号	成 绩
2014001119	1-01	85
2014001119	1-03	90
2014001119	1-04	87
2013001120	1-01	80
2013001120	1-02	67
2013001120	1-04	79
2013001120	1-05	89
……	……	……

与其他数据模型相比，关系模型突出的优点如下：

① 关系模型提供单一的数据结构形式，具有高度的简明性和精确性。

② 关系模型的逻辑结构和操作完全独立于数据存储方式，具有高度的数据独立性。

③ 关系模型使数据库的研究建立在比较坚实的数学基础上。

④ 关系数据库语言与一阶谓词逻辑的固有内在联系，为以关系数据库为基础的推理系统和知识库系统的研究提供了方便。

4.3 关系数据库

关系数据库是当前使用最为普遍的数据库，其建立在关系模型基础上，借助于集合代数等数学概念和方法来处理数据库中的数据。现实世界中的各种实体以及实体之间的各种联系均可用关系模型来表示。关系模型是由埃德加·科德于 1970 年首先提出，是数据存储的传统标准。关系模型由关系数据结构、关系操作集合、关系完整性约束三部分组成。

4.3.1　基本概念

1．关系

在现实世界中，人们经常用表格形式表示数据信息。在关系模型中，数据的逻辑结构就是一张二维表。每一张二维表称为一个关系。表 4.5 给出的工资表就是一个关系。

表 4.5　工资表

编号	姓名	基本工资	工龄工资	扣除	实发工资
10101	张海云	2520.00	3532.00	545.00	5507.00
10102	周　成	2426.00	3524.00	530.50	5420.50
20103	马　琪	2388.00	3525.00	540.50	5373.50
20201	赵　洲	2388.00	3515.00	533.00	5370.00
30202	玉　涛	2476.00	3512.00	522.50	5466.50
30203	张　强	2698.00	3527.00	560.00	5665.00
40301	刘　山	2900.00	3400.00	550.00	5750.00
40301	金　峰	2850.00	3700.00	500.00	5050.00

并非任何一个二维表都是一个关系，只有具备以下特征的二维表才是一个关系。

① 表中没有组合的列，也就是说每一列都是不可再分的。

② 表中每一列的所有数据都属于同一种类型。

③ 表中各列都指定了一个不同的名字。

④ 表中没有数据完全相同的行。

⑤ 表中行之间位置的调换和列之间位置的调换不影响它们所表示的信息内容。

具有上述性质的二维表称为规范化的二维表。

2．元组与属性

表中的行称为元组。一行为一个元组，对应存储文件中的一个记录值。

表中的列称为属性，每一列有一个属性名。属性值相当于记录中的数据项或者字段值。

一般来说，一组属性值构成元组，若干元组构成关系。即：一个关系描述现实世界的对象集，关系中的一个元组描述现实世界中的一个具体对象，它的属性值则描述了这个对象的特性。

3．关键字

能够唯一地标志一个元组的属性或属性集称为候选关键字，在一个关系中可能有多个候选关键字，从中选择一个作为主关键字。主关键字在关系中用来作为插入、删除、检索元组的区分标志。如果一个关系中的某些属性或属性集不是该关系的关键字，但它们是另外一个关系的关键字，则称其为该关系的外关键字（简称外键）。

4.3.2 关系数据库的体系结构

关系数据库系统为了保证数据的逻辑独立性和物理独立性，在体系上采用三级模式和两级映射结构。数据库系统从内到外分为三个层次描述，分别称为存储模式、关系模式和关系子模式。两级映射是子模式/模式映射和模式/存储模式映射。

1. 三级模式

关系数据库系统的三级模式结构如图 4.14 所示。

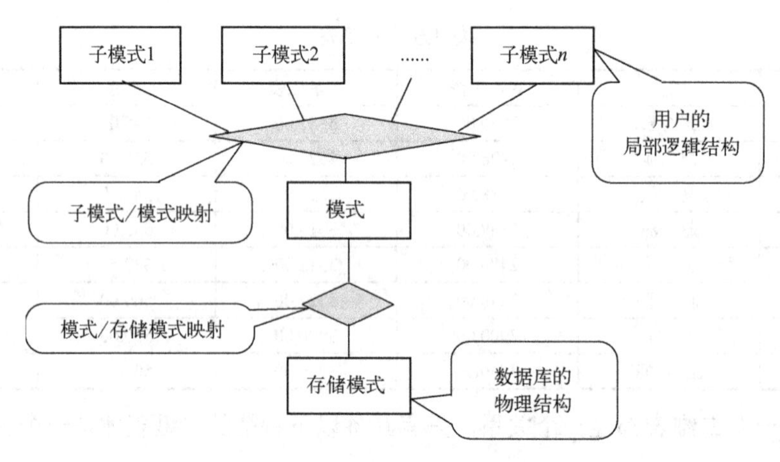

图 4.14 关系数据库的三级模式

（1）模式

模式描述了数据库的全局数据结构，一般由若干个有联系的关系模式组成（外键发生联系）。关系模式是对关系的描述，它包括模式名、组成该关系的各个属性名、值域名和模式的主键。具体的关系称为实例。

图 4.15 是一个教学模型的实体联系图。

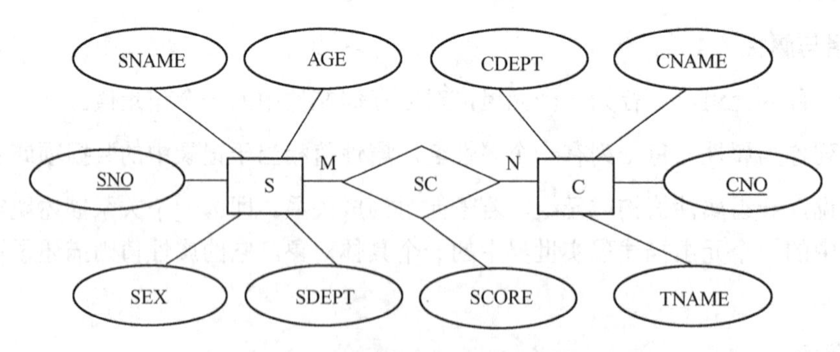

图 4.15 教学模型的实体联系图

实体型 S 的属性 SNO、SNAME、AGE、SEX、SDEPT 分别表示学生的学号、姓名、年龄、性别和学生所在系；实体型 C 的属性 CNO、CNAME、CDEPT、TNAME 分别表示课程号、课程名、课程所属系和任课教师。S 和 C 之间有 $m:n$ 的联系（一个学生可选多门课程，一门课程可以被多个学生选修），联系 SC 的属性成绩用 SCORE 表示。

转换成的模式如下：

关系模式 S(SNO,SNAME,SGE,SEX,SDEPT)

关系模式 C(CNO,CNANE,CDEPT,TNAME)

关系模式 SC(SNO,CNO,SCORE)

关系模式是用数据定义语言定义的。由于不涉及物理存储方面的描述，因此关系模式仅仅是对数据本身的特征的描述。

表 4.6、表 4.7、表 4.8 是对应的关系。

表 4.6　关系 S

SNO	SNAME	AGE	SEX	SDEPT
2014112001	卢雨轩	18	女	计算机
2014112009	江南	19	男	计算机
2014108093	韩晓云	18	女	新闻
2014102085	刘流	18	男	外语
2014102090	郑重	19	男	外语

表 4.7　关系 C

CNO	CNAME	CDEPT	TNAME
101	组成原理	计算机	张强
103	计算机网络	计算机	周明
201	新闻史	新闻	李莉
202	新闻写作	新闻	范梅
305	英语阅读	外语	杨丽华

表 4.8　关系 SC

SNO	CNO	SCORE
2014112001	101	85
2014112001	103	93
2014112009	101	82
2014112009	103	85
2014108093	201	92
2014108093	202	90
2014102085	305	83

（2）关系子模式

用户使用的数据往往是全局数据的一部分，所以用户所需数据的结构可用关系子模式实现。关系子模式是用户所需数据的结构的描述，其中包含这些数据来自哪些模式和应满足哪些条件。

例如，要用到成绩子模式 G(SNO,SNAME,CNO,SCORE)，子模式 G 对应的数据来源于表 S 和表 SC，构造时应满足它们的 SNO 值相等。子模式 G 的构造过程如图 4.16 所示。

子模式定义语言除了定义字模式外，还可以定义用户对数据进行操作的权限，例如是否允许读、修改等。由于关系子模式来源于多个关系模式，是否允许对子模式的数据进行插入和修改就要根据实际情况来决定。

（3）存储模式

存储模式描述了关系是如何在物理存储设备上存储的。关系存储时的基本组织方式是文件。由于关系模式有关键码，因此存储一个关系可以用散列方法或索引方法实现。此外，还可以对任意的属性集建立辅助索引。

G

SNO	SNAME	CNO	SCORE
2010112001	卢雨轩	101	78
2010112001	卢雨轩	103	93
2010112009	江南	101	82
2010112009	江南	103	85
2010108093	韩晓云	201	78
2010108093	韩晓云	202	90
2010102085	刘流	305	83

S

SNO	SNAME	AGE	SEX	SDEPT
2010112001	卢雨轩	18	女	计算机
2010112009	江南	19	男	计算机
2010108093	韩晓云	18	女	新闻
2010102085	刘流	18	男	外语
2010102090	郑重	19	男	外语

SC

SNO	CNO	SCORE
2010112001	101	78
2010112001	103	93
2010112009	101	82
2010112009	103	85
2010108093	201	78
2010108093	202	90
2010102085	305	83

图4.16 子模式G的定义

2. 两级映射

三级模式间存在两种映射：一种是子模式/模式映射，这种映射把用户数据与全局数据库联系起来；另一种映射是模式/存储模式映射，这种映射把全局数据库与物理数据库联系起来。数据库的三级模式和两级映射保证了数据库的逻辑数据独立性和物理数据独立性。

① 子模式/模式映射。子模式/模式映射实现了用户数据模式到全局数据模式间的相互转换。用户应用程序根据关系子模式进行数据操作，通过子模式/模式映射，定义和建立某个关系子模式与模式间的对应关系，将关系子模式与模式联系起来。当模式发生改变时，只要改变其映射，就可以使关系子模式保持不变，对应的应用程序也可保持不变，保证了数据与程序的逻辑独立性。

② 模式/存储模式映射。模式/存储模式映射实现了模式到存储模式间的相互转换。通过模式/存储模式映射，定义建立数据的逻辑结构（模式）与存储结构（存储模式）间的对应关系。当数据的存储结构发生变化时，只需改变模式/存储模式映射，就能保持模式不变，因此应用程序也可以保持不变，保证了数据与程序的物理独立性。

4.3.3 关系模型的完整性规则

关系模型提供了三类完整性规则：实体完整性规则、参照完整性规则、用户定义完整性规则。其中实体完整性规则和参照完整性规则是关系模型必须满足的完整性约束条件，称为关系完整性规则。

1. 实体完整性规则

实体完整性规则规定关系中元组的主键值不能为空。

在图 4.17 中给出学生表、课程表和成绩表中，学生表的主键是学号，课程表的主键是课程号，成绩表的主键是学号和课程号的组合，这三个主键的值在表中是唯一的、确定的。为了保证每一个实体有唯一的标志符，主键不能取空值。

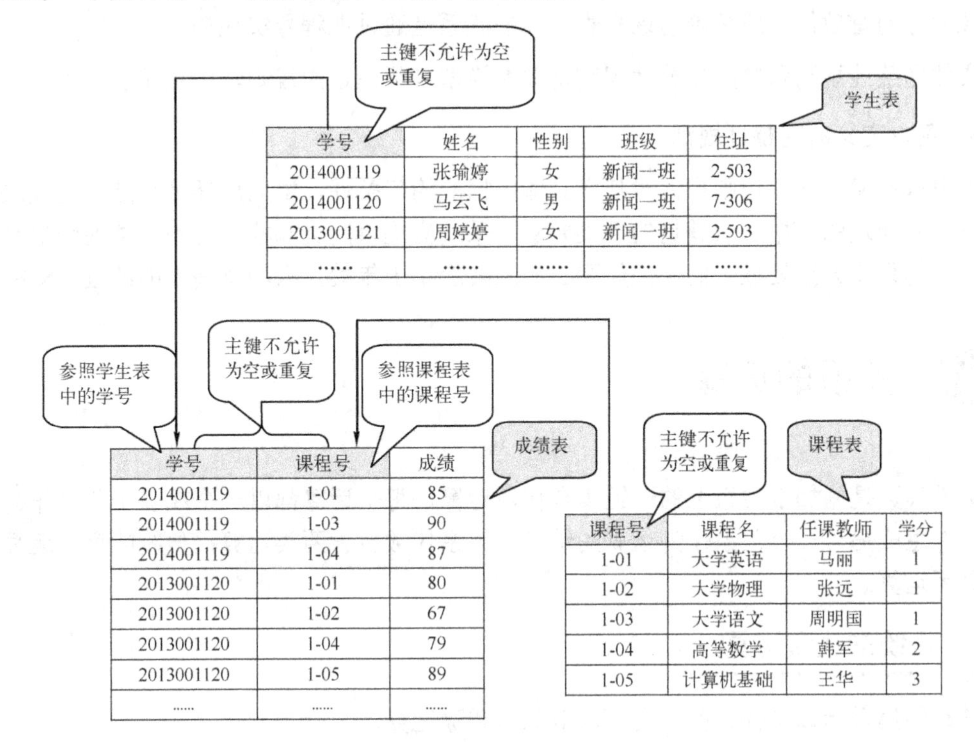

学号	姓名	性别	班级	住址
2014001119	张瑜婷	女	新闻一班	2-503
2014001120	马云飞	男	新闻一班	7-306
2013001121	周婷婷	女	新闻一班	2-503
……	……	……	……	……

学号	课程号	成绩
2014001119	1-01	85
2014001119	1-03	90
2014001119	1-04	87
2013001120	1-01	80
2013001120	1-02	67
2013001120	1-04	79
2013001120	1-05	89
……	……	……

课程号	课程名	任课教师	学分
1-01	大学英语	马丽	1
1-02	大学物理	张远	1
1-03	大学语文	周明国	1
1-04	高等数学	韩军	2
1-05	计算机基础	王华	3

图 4.17　实体完整性和参照完整性

2．参照完整性规则

参照完整性规则的形式定义如下：

如果属性集 K 是关系模式 R1 的主键，K 也是关系模式 R2 的外键，那么在 R2 的关系中，K 的取值只允许两种可能，或者为空值，或者等于 R1 关系中某个主键值。这条规则的实质是“不允许引用不存在的实体”。

对于参照完整性规则，有三点需要注意：

① 外键和相应的主键可以不同名，但要定义在相同值域上。

② 当 R1 和 R2 是同一个关系模式时，表示同一个关系中不同元组之间的联系。例如表示课程之间先修联系的模式 R(CNO，CNAME，PCNO)，其属性表示课程号、课程名、先修课程的课程号，R 的主键是 CNO，而 PCNO 就是一个外键，表示 PCNO 值一定要在关系中存在（某个 CNO 值）。

③ 外键值是否允许空，应视具体问题而定。若外键是模式主键中的成分时，则外键值不允许空，否则允许空。

在上述形式定义中，关系模式 R1 的关系称为“参照关系”、“主表”或者“父表”；关系模式 R2 的关系称为“依赖关系”、“副表”或者“子表”。

例如，图4.17中学生表和课程表为主表，成绩表为副表，学号是学生表的主键、成绩表的外键，课程号是课程表的主键、成绩表的外键。成绩表中的学号必须是学生表中学号的有效值，成绩表与学生表之间的联系是通过学号实现的。同样，成绩表中的课程号必须是课程表中课程号的有效值，成绩表与课程表之间的联系是通过课程号实现的。

实体完整性规则和参照完整性规则是关系模型必须满足的规则，由系统自动支持。

3. 用户定义的完整性规则

用户自定义完整性规则是针对某一具体数据的约束条件，由应用环境决定。它反映某一具体应用所涉及的数据必须满足的语义要求。系统应提供定义和检验这类完整性的机制，以便用统一的系统方法处理它们。例如职工的工龄应小于年龄，人的身高不能超过2.8米等。

4.4 关系的运算

关系代数是施加于关系上的一组集合代数运算，每个运算都以一个或多个关系作为运算对象，并生成另外一个关系作为运算的结果。关系代数包含两类运算：传统的集合运算、专门的关系运算。

4.4.1 传统的集合运算

传统的集合运算有并、差、交、笛卡儿积和除运算。

1. 并

设关系R和S具有相同的关系模式，R和S的并是由属于R或属于S的元组构成的集合，记为$R \cup S$。形式定义如下：

$$R \cup S = \{t \mid t \in R \vee t \in S\}$$

t是元组变量，R和S的元数相同。

2. 差

设关系R和S具有相同的关系模式，R和S的差是由属于R但不属于S的元组构成的集合，记为$R-S$。形式定义如下：

$$R - S = \{t \mid t \in R \wedge t \notin S\}$$

t是元组变量，R和S的元数相同。

3. 交

设关系R和S具有相同的关系模式，R和S的交是由属于R又属于S的元组构成的集合，记为$R \cap S$，形式定义如下：

$$R \cap S = \{t \mid t \in R \wedge t \in S\}$$

t是元组变量，R和S的元数相同。

4. 笛卡儿积

设关系 R 和关系 S 的元数分别为 r 和 s。R 和 S 的笛卡儿积是一个 $r+s$ 元的元组集合，每个元组的前 r 个分量（属性值）来自 R 的一个元组，后 s 个分量是 S 的一个元组，记为 $R \times S$。形式定义如下：

$$R \times S = \{t \mid t = < t^r, t^s > \wedge t^r \in R \wedge t^s \in S\}$$

其中，t^r、t^s 中 r、s 为上标，分别表示有 r 个分量和 s 个分量，若 R 有 n 个元组，S 有 m 个元组，则 $R \times S$ 有 $n \times m$ 个元组。

5. 除

设关系 R 和 S 的元数分别为 r 和 s（设 $r>s>0$），那么 $R \div S$ 是一个（$r-s$）的元组的集合。（$R \div S$）是满足下列条件的最大关系：其中每个元组 t 与 S 中每个元组 u 组成的新元组 $<t, u>$ 必在关系 R 中。形式定义如下：

$$R \div S = \pi 1, 2, \cdots, r - s(R) - \pi 1, 2, \cdots, r - s((\pi 1, 2, \cdots, r - s(R) \times S) - R)$$

例如，有 5 个关系 R、S、T、U 和 V，如图 4.18 所示。

R

A	B
a	d
b	a
c	d

S

A	B
d	a
b	a
d	c

T

C	D
b	b
c	d

U

A	B	C	D
a	b	c	d
a	b	e	f
c	a	c	d

V

C	D
c	d
e	f

图 4.18　基本关系

它们的并、差、笛卡儿积和除的运算结果如图 4.19 所示。

$R \cup S$

A	B
a	d
b	a
c	d
d	a
d	c

$R-S$

A	B
a	d
c	a

$R \times T$

A	B	C	D
a	d	b	b
a	d	c	d
b	a	b	b
b	a	c	d
c	d	b	b
c	d	c	d

$U \div V$

A	B
a	b

图 4.19　运算结果

4.4.2　专门的关系运算

专门的关系运算有选择、投影和连接运算。

1. 选择

从关系中找出满足给定条件的所有元组称为选择，条件是以逻辑表达式给出，该逻辑表达式的值为真的元组被选取。这是从行的角度进行的运算，即水平方向抽取元组。经过选择运算得到的结果可以形成新的关系，其关系模式不变，但其中元组的数目小于或等于原来的关系中元组的个数，它是原关系的一个子集。

关系 R 关于公式 F 的选择操作用 $\sigma_F(R)$ 表示，形式定义如下：

$$\sigma_F(R)=\{t \mid t\in R \wedge F(t)=\text{true}\}$$

σ 为选择运算符，$\sigma_F(R)$ 表示从 R 中挑选满足公式 F 为真的所有元组所构成的关系。

例如，$\sigma_{2>'3'}(R)$ 表示从 R 中挑选第 2 个分量值大于 3 的元组所构成的关系。书写时，为了与属性序号区别起见，常量用引号括起来，而属性序号或属性名直接书写。

2．投影

从关系中挑选若干属性组成新的关系称为投影。这是从列的角度进行的运算，相当于对关系进行垂直分解。经过投影运算可以得到一个新关系，其关系所包含的属性个数往往比原关系少，或者属性的排列顺序不同。如果新关系中包含重复元组，则要删除重复元组。

设关系 R 是 k 元关系，R 在其分量 $Ai1, \cdots, Aim(m\leqslant k, i1, \cdots, im$ 为 1 到 k 间的整数）上的投影用 $\pi_{i1,i2,\ldots,im}(R)$ 表示，它是一个 m 元元组集合，形式定义如下：

$$\pi_{i1,i2,\cdots,im}(R)=\{t \mid t=\langle t_{i1},t_{i2},\cdots t_{im}\rangle \wedge \langle t_1,\cdots t_k\rangle \in R\}$$

例如，$\pi_{3,1}(R)$ 表示关系 R 中取第 1、3 列组成新的关系，新关系中第 1 列为 R 的第 3 列，新关系的第 2 列为 R 的第 1 列。如果 R 的每列标上属性名，那么操作符 π 的下标处也可以用属性名表示。例如，关系 R(A, B, C)，那么 $\pi_{C,A}(R)$ 与 $\pi_{3,1}(R)$ 是等价的。

图 4.20 表示了关系 R、S 的投影和选择运算。

R

A	B	C
a	b	c
d	a	f
a	m	n

S

A	B	C
a	c	b
a	b	k
x	b	y
a	b	n
b	b	c

$\pi_{C,A}(R)$

C	A
c	a
f	d
n	a

$\sigma_{B='b'}(S)$

A	B	C
a	b	k
x	b	y
a	b	n
b	b	c

图 4.20　选择和投影运算

3．连接

连接也称为 θ 连接。它是从两个关系的笛卡尔积中选取属性间满足一定条件的元组。形式定义如下：

$$R \underset{A\theta B}{\bowtie} S=\{t_r t_s \mid t_r\in R \wedge t_s\in S \wedge t_r[A]\theta t_s[B]\}$$

其中 A 和 B 分别为 R 和 S 上度数相等且可比的属性组。θ 是比较运算符。连接运算从 R 和 S 的笛卡尔积中选取（R 关系）在 A 属性组上的值与（S 关系）在 B 属性组上值满足比较关系 θ 的元组。

连接运算中有两种最为重要也最为常用的连接，一种是等值连接，另一种是自然连接。θ 为“=”的连接运算称为等值连接。它是从关系 R 与 S 的广义笛卡尔积中选取 A，B 属性值相等的那些元组。

例如，图 4.21 表示了关系 R、S 的等值连接算结果。

R				S				$R\underset{[2]=[1]}{\bowtie}S$					
A	*B*	*C*		*A*	*B*	*C*		*R.A*	*R.B*	*R.C*	*S.A*	*S.B*	*S.C*
a	*b*	*c*		*b*	*c*	*b*		*a*	*b*	*c*	*b*	*c*	*b*
d	*c*	*f*		*a*	*a*	*k*		*a*	*b*	*c*	*b*	*a*	*y*
a	*b*	*n*		*b*	*a*	*y*		*a*	*b*	*c*	*b*	*b*	*c*
				a	*b*	*n*		*a*	*b*	*n*	*b*	*c*	*b*
				b	*b*	*c*		*a*	*b*	*n*	*b*	*a*	*y*
								a	*b*	*n*	*b*	*b*	*c*

图 4.21　等值连接运算

自然连接是除去重复属性的等值连接，它是连接运算的一个特例，是最常用的连接运算。形式定义如下：

$$R \bowtie = \pi_{il\cdots im}(\sigma_{R.A1=S.A1\wedge\cdots\wedge R.AK=S.AK}(R\times S))$$

其中 $i1, \cdots, im$ 为 R 和 S 的全部属性，但公共属性只出现一次。

两个关系 R 和 S 的自然连接操作具体计算过程如下：

① 计算 R×S；

② 设 R 和 S 的公共属性是 A1, …, AK，挑选 R×S 中满足 R.A1=S.A1, …, R.AK=S.AK 的那些元组；

③ 去掉 S.A1, …, S.AK 这些列。

例如，图 4.22 表示了关系 R、S 的自然连接算结果。

R				S				$R\bowtie S$			
A	*M*	*B*		*A*	*M*	*C*		*A*	*M*	*B*	*C*
a	*b*	*c*		*a*	*b*	*a*		*a*	*b*	*c*	*a*
d	*a*	*f*		*a*	*a*	*k*		*a*	*b*	*c*	*n*
a	*b*	*n*		*b*	*a*	*y*		*a*	*b*	*n*	*a*
				a	*b*	*n*		*a*	*b*	*n*	*n*
				b	*b*	*c*					

图 4.22　自然连接运算

由于关系数据库是建立在关系模型基础上的，而选择、投影、连接是作为关系的二维表的三个基本运算，因此，应很好理解、掌握这三种基本运算。

【例 4.1】 关系 R、S 如图 4.23 表所示，$R\div(\pi_{A1,A2}(\sigma_{1<3}(S)))$的结果为___d___。

关系 R			关系 S		
A1	A2	A3	A1	A2	A3
a	b	c	a	z	a
b	a	d	b	a	h
c	d	d	c	d	d
d	f	g	d	s	c

图 4.23　关系 R 和 S

分析：

① $\sigma_{1<3}(S)$的意思就是从关系 S 中选择第 1 列小于第 3 列的元组组成的关系表 $S1$，如图 4.24 所示。

② $\pi_{A1,A2}$ 的意思就是对表 $S1$ 进行投影，对 $A1$ 和 $A2$ 列投影出来得到关系 $S2$，结果如图 4.25 所示。

③ 接下来计算 $R÷S2$，首先，在 R 中找到 $A1$ 与 $A2$ 列和关系 $S2$ 完全一致的元组，如图 4.26 所示。

关系 S1

A1	A2	A3
b	a	h
c	d	d

图 4.24 $\sigma_{1<3}(S)$的运算结果

关系 S2

A1	A2
b	a
c	d

图 4.25 $\pi_{A1,A2}(S1)$的运算结果

关系 R

A1	A2	A3
a	b	c
b	a	d
c	d	d
d	f	g

图 4.26 查找元组

若存在，说明 R 关系内存在 $A1$、$A2$ 列元组与关系 $S2$ 的所有元组相同，此时关键是看 R 关系中其他列在这两行元组的值是否相同。只有相同时，除法的结果就为这个值，不相同，则除法的结果为空。

所以：$R÷X2 = \{d\}$

【例 4.2】 设教学数据库中有 3 个关系：学生关系 S(SNO，SNAME，AGE，SEX)；学习关系 SC(SNO，CNO，GRADE)；课程关系 C(CNO，CNAME，TEACHER)，使用关系代数表达式完成查询。

① 检索学习课程号为 C2 的学生学号与姓名。

分析：

由于这个查询涉及两个关系 S 和 SC，因此先对这两个关系进行自然连接，再执行选择投影操作。

所以关系代数表达式可写成：$\pi_{SNO,\ SNAME}(\sigma_{CNO='C2'}(S \bowtie SC))$

此查询也可等价地写成：$\pi_{SNO,\ SNAME}(S) \bowtie (\pi_{SNO}(\sigma_{CNO='C2'}(SC)))$

这个表达式中自然连接的右分量为“学了 C2 课的学生学号的集合”。这个表达式比前一个表达式优化，执行起来要省时间，省空间。

② 检索不学 C2 课的学生姓名与年龄。

分析：

要完成功能就要使用差运算，差运算的左分量为“全体学生的姓名和年龄”，右分量为“学了 C2 课的学生姓名与年龄”。

所以关系代数表达式可写成：$\pi_{SNAME,AGE}(S)-\pi_{SNAME,AGE}(\sigma_{CNO='C2'}(S \bowtie SC))$

③ 检索所学课程包含 S3 所学课程的学生学号。

分析：

学生 S3 可能学多门课程，所以要用到除法操作来表达此查询语句。学生选课情况可用操作 πSNO, CNO(SC)表示；所学课程包含学生 S3 所学课程的学生学号，可以用除法操作求得。

所以关系代数表达式可写成：$\pi_{SNO,CNO}(SC) \div \pi_{CNO}(\sigma_{SNO='S3'}(SC))$

④ 检索学习全部课程的学生姓名。

分析：

完成该功能的过程比较复杂，可以分步完成，编写这个查询语句的关系代数过程如下：

学生选课情况可用 $\pi_{SNO,CNO}(SC)$表示；全部课程可用 $\pi_{CNO}(C)$表示；学了全部课程的学生学号可用除法操作表示。

操作结果为学号 SNO 的集合，该集合中每个学生的 SNO 与 C 中任一门课程号 CNO 配在一起都在 $\pi_{SNO,CNO}$（SC）中出现，所以结果中每个学生都学了全部的课程。

所以关系代数表达式可写成：$\pi_{SNO,CNO}(SC) \div \pi_{CNO}(C)$

根据 SNO 求学生姓名 SNAME，可以用自然连接和投影操作组合而成。

所以关系代数表达式可写成：$\pi_{SNAME}(S \bowtie (\pi_{SNO,CNO}(SC) \div \pi_{CNO}(C)))$

这就是完成要求的关系代数表达式。

4.5 知识扩展

从 20 世纪 60 年代末开始，数据库系统已从第一代的层次数据库、网状数据库，第二代的关系数据库系统，发展到第三代以面向对象模型为主要特征的数据库系统。随着用户应用需求的提高、硬件技术和互联网技术的发展，促进了数据库技术与网络通信技术、人工智能技术、面向对象程序设计技术、并行计算技术等相互渗透，互相结合，形成了数据库新技术。

4.5.1 多媒体数据库

多媒体是多种媒体形式的有机集成，如数字、字符、文本、图形、图像、声音、视频等。其中数字、字符等称为单一媒体数据，文本、图形、图像、声音、视频等称为复合媒体数据（多种单一媒体数据的结合），复合媒体数据具有数据量大、处理复杂等特点。多媒体数据库系统（MDBS）是结合数据库技术和多媒体技术，能够有效实现对多媒体数据进行存储、管理和操纵等功能的数据库系统。较于传统的数据库，多媒体数据库具有以下特征。

① 与传统数据库的差异大。多媒体数据库虽然在理论和技术上对传统数据库有很多继承，但其处理的数据对象、数据类型、数据结构、应用对象、处理方式都与传统数据库有较大差异，因此不能简单认为多媒体数据库只是对传统数据库的一种简单扩充或者试图用传统技术来处理多媒体数据。

② 处理对象的复杂性。多媒体数据库存储和处理的是现实世界中的复杂对象，不仅要处理包括数字、字符等单一媒体数据，还要处理文本、图形、图像、音频、视频等复合媒体数据。

③ 媒体间的独立性。多媒体数据库面临的数据有单一媒体数据和复合媒体数据。多媒体数据库从实用性的要求出发，强调多媒体数据库的用户可最大限度地忽略各媒体间差异，从而实现对多媒体数据的管理和操作。

4.5.2 数据仓库

数据仓库（Data Warehouse，DW）是指为了满足中高层管理人员预测和决策分析的需要，在传统数据库的基础上产生能够满足预测和决策分析需要的数据环境。数据仓库是面向主题的、整合的、稳定的，并且时变地收集数据以支持管理决策的一种数据结构形式。

1. 数据仓库的含义

数据仓库的概念包含以下4方面的含义。

① 数据仓库是面向主题的。与传统数据库面向应用进行数据组织的特点相对应，数据仓库中的数据是面向主题进行组织的。主题是一个抽象的概念，对企业信息系统中的数据在较高层次上进行抽象综合归类并进行分析利用。在逻辑意义上，它是相应企业中某一宏观分析领域所涉及的分析对象。

② 数据仓库是集成的。数据仓库的数据主要用于分析，其数据的最大特点在于它不局限于某个具体的操作数据，而是对细节数据的归纳和整理。数据仓库中的综合数据不能从原有数据库系统中直接得到，而需从其中抽取。因此，数据在进入数据仓库之前，必须进行加工与集成，处理原始数据中的所有歧义和矛盾，如单位不统一、字段的同名异义、异名同义等，将原始数据结构进行从面向应用到面向主题的转变。这是数据仓库建设中最关键、最复杂的一步。

③ 数据仓库是稳定的。数据仓库数据反映的是一段相当长的时间内历史数据的内容，是不同时间内数据快照（来自数据库的一个表或表的子集的最新拷贝）的集合，以及基于这些快照进行统计、综合和重组的导出数据，而不是联机处理的数据，不进行实时更新。

④ 数据仓库随时间变化。数据仓库的数据稳定性是针对应用来说的，即用户进行分析处理时不能进行数据更新操作。但并不是说，在数据从集成输入到数据仓库中开始到最终被删除的整个数据生存周期之中所有数据都永久不变。

2. 基本前端工具

当前的数据仓库系统中，直接面向用户的部分前端工具主要有两类：联机分析处理（OLAP）的分析查询型工具和数据挖掘（DM）的挖掘型工具。

OLAP的显著特征是能提供数据的多维概念视图，使最终用户从多角度、多侧面、多层次地考察数据库中的数据，从而深入地理解包含在数据库中的信息和内涵，多维数据分析是决策的主要内容。目前，OLAP工具可分为两大类：基于多维数据库的MOLAP和基于关系数据库的ROLAP。MOLAP利用专有的多维数据库存储OLAP分析所需的数据，数据以多维方式存储并以多维视图方式显示。ROLAP则利用关系表模拟多维数据，将分析的结果经多维处理转化为多维视图展示给用户。

数据挖掘（Data Mining，DM）也称为数据库中的知识发现，是指从大量数据中挖掘出隐含的、先前未知的、对决策有潜在作用的知识和规则的过程。它主要以人工智能、机器学习、统计学等技术为基础，高度自动化地分析企业原有数据，作出归纳性推理，从中挖掘出潜在的模式，预测客户行为，帮助企业决策者调整市场策略，减少风险，实现科学决策。

习题 4

一、选择题

1．数据库管理系统是（　　）。

A．操作系统的一部分　　B．在操作系统支撑下的系统软件

C．一种编译系统　　D．一种操作系统

2．下列叙述中错误的是　（　　）。

A．在数据库系统中，数据的物理结构必须与逻辑结构一致

B．数据库技术的根本目标是要解决数据的共享问题

C．数据库设计是指在已有数据库管理系统的基础上建立数据库

D．数据库系统需要操作系统的支持

3．在关系理论中，把二维表表头中的栏目称为（　　）。

A．数据项　　B．元组　　C．结构名　　D．属性名

4．ER 模型属于（　　）。

A．概念模型　　B．层次模型　　C．网状模型　　D．关系模型

5．设有表示学生选课的三张表，学生 S（学号，姓名，性别，年龄，身份证号），课程 C（课号，课名），选课 SC（学号，课号，成绩），则表 SC 的关键字（键或码）为（　　）。

A．课号，成绩　　B．学号，成绩　　C．学号，课号　　D．学号，姓名，成绩

6．数据库系统中的数据模型通常由（　　）三部分组成。

A．数据结构、数据操作和完整性约束　　B．数据定义、数据操作和安全性约束

C．数据结构、数据管理和数据保护　　D．数据定义、数据管理和运行控制

7．数据库系统依靠（　　）支持了数据独立性。

A．具有封装机制　　B．模式分级、级间映射

C．定义完整性约束条件　　D．ddl 语言和 dml 语言互相独立

8．下列关于数据库系统特点的叙述中，正确的是（　　）。

A．各类用户程序均可随意地使用数据库中的各种数据

B．数据库系统中模式改变，则需将与其有关的子模式做相应改变，否则用户程序需改写

C．数据库系统的存储模式如有改变，模式无须改动

D．数据一致性是指数据库中数据类型的一致

9．下列叙述中正确的是（　　）。

A．为了建立一个关系，首先要构造数据的逻辑关系

B．表示关系的二维表中各元组的每一个分量还可以分成若干数据项

C．一个关系的属性名表称为关系模式

D．一个关系可以包括多个二维表

10．关系数据库管理系统实现的专门关系运算包括（　　）。

A．排序、索引和统计　　B．选择、投影和连接

C．关联、更新和排序　　D．选择、投影和更新

11．如果要改变一个关系中属性的排列顺序，应使用的关系运算是（　　）。

A．重建　　B．选取　　C．投影　　D．连接

12．关系 R 和 S 进行自然连接时，要求 R 和 S 含有一个或多个公共（　　）。

A．元组　　B．行　　C．记录　　D．属性

13．关系 R 和 S，$R\cap S$ 的运算等价于（　　）。

A．$S-(R-S)$　　B．$R-(R-S)$　　C．$(R-S)\cup S$　　D．$R\cup(R-S)$

14．关系代数表达式 $\sigma_{3<'4'}(S)$表示（　　）。

A．表示从 S 关系中挑选 3 的值小于第 4 个分量的元组

B．表示从 S 关系中挑选第 3 个分量值小于 4 的元组

C．表示从 S 关系中挑选第 3 个分量值小于第 4 个分量的元组

D．表示从 S 关系中挑选第 4 个分量值大于 3 的元组

15．在下列关系运算中，不改变关系表中的属性个数但能减少元组个数的是（　　）。

A．并　　B．交　　C．投影　　D．笛卡儿乘积

二、填空题

1．设有学生表 S（学号，姓名，班级）和学生选课表 SC（学号，课程号，成绩），为维护数据一致性，表 S 与 SC 之间应满足____________完整性约束。

2．____________是施加于关系上的一组集合代数运算，每个运算都以一个或多个关系作为运算对象，并生成另外一个关系作为运算的结果。

3．设一个集合 A={3，4，5，6，7}，集合 B={1，3，5，7，9}，则 A 和 B 的并集中包含有____________个元素，A 和 B 的交集中包含有____________个元素。

4．有一个学生选课的关系，其中学生的关系模式为：学生（学号，姓名，班级，年龄），课程的关系模式为：课程（课号，课程名，学时），其中两个关系模式的键分别是学号和课号，则关系模式选课可定义

为：选课（学号，__________，成绩）。

5．在数据库中，实体集之间的联系可以是一对一或一对多或多对多的，那么“学生”和“可选课程”的联系为__________。

三、简答题

1．什么是数据库？数据库具有哪些特点？

2．简述 DBMS 的功能。

3．说明数据库系统的组成。

4．数据管理的数据库系统阶段具有哪些特点？

5．什么是数据模型？数据模型的构成要素有哪些？

6．DBMS 支持的基本数据模型有哪些，他们各有哪些特点？

7．简单说明数据库系统的三级模式及其二级映射。

第5章

数据的共享与利用

随着信息时代的不断发展，不同部门、不同地区间的信息交流逐步增加，计算机网络技术的发展为信息传输提供了保障。当大量的空间数据出现在网络上，怎样才能有效地利用它们呢？简单地说，数据共享就是让在不同地方使用不同计算机、不同软件的用户能够读取数据并进行各种操作运算和分析。

计算机网络是随着社会对信息共享、信息传递的要求而发展起来的。现代人的生活、工作以及学习已经越来越离不开无处不在的网络世界，网络聊天、网上购物、网上银行、资料查找等无一不依赖于计算机网络。因此，我们应该对每天使用的网络有个全面了解。

本章将从认知计算机网络的角度，介绍计算机网络的概念、原理及主要应用，阐述信息社会中计算机网络技术如何为人们的学习、工作、交流和娱乐提供服务，探讨如何实现网络信息安全。

5.1 通信技术基础

5.1.1 通信系统的基本概念与原理

1. 通信系统的组成

所有的通信系统都包括一个发射器、一个接收器和传输介质（如图 5.1 所示）。发射器和接收器使兼容于传输介质的信息信号得以传输，其中可能涉及调制；而传输介质可能是双绞线、同轴电缆、光缆，或者是用于无线通信的无障碍空间。在所有情况下，信号都将被介质极大地削弱并叠加上噪声。噪声（而非衰减）通常决定着一种通信介质是否可靠。

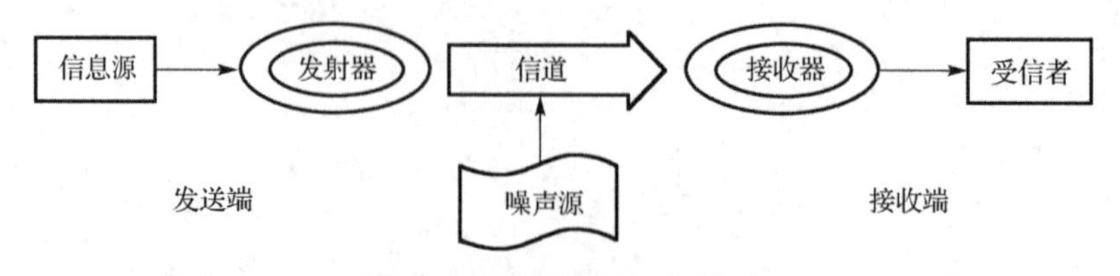

图 5.1 通信系统的一般模型

信息源（简称信源）：把各种消息转换成原始电信号，如麦克风。信源可分为模拟信源和数字信源。

发射器：产生适合于在信道中传输的信号。

信道：将来自发送设备的信号传送到接收端的物理介质。分为有线信道和无线信道两大类。

噪声源：集中表示分布于通信系统中各处的噪声。

接收器：从受到减损的接收信号中正确恢复出原始电信号。

受信者（信宿）：把原始电信号还原成相应的消息，如扬声器等。

2. 数据、信号、信道

（1）数据

数据是定义为有意义的实体，是表征事物的形式，如文字、声音和图像等。数据可分为模拟数据和数字数据两类。模拟数据是指在某个区间连续变化的物理量，如声音的大小和温度的变化等，而数字数据是指离散的不连续的量，如文本信息和整数。

（2）信号

信号是数据的电磁波形式或电子编码。信号在通信系统中可分为模拟信号和数字信号。其中，模拟信号是指一种连续变化的电信号，如图 5.2a 所示，如电话线上传送的按照话音强弱幅度连续变化的电波信号。数字信号是指一种离散变化的电信号，如图 5.2b 所示，如计算机产生的电信号就是“0”和“1”的电压脉冲序列串。

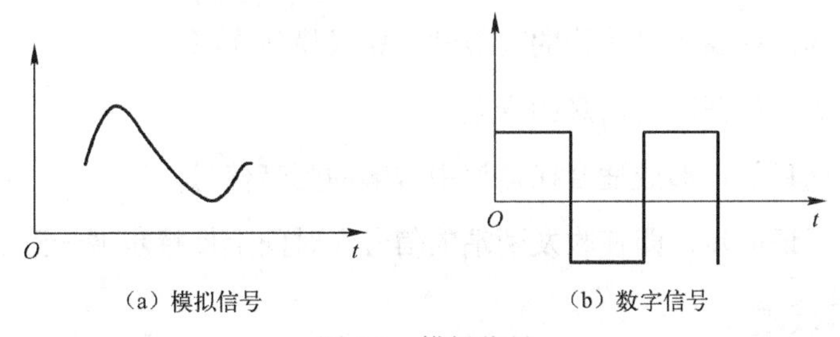

（a）模拟信号　　（b）数字信号

图 5.2　模拟信号

（3）信道

信道是用来表示向某一个方向传送信息的媒体。一般来说，一条通信线路至少包含两条信道，一条用于发送的信道和一条用于接收的信道。和信号的分类相似，信道也可分为适合传送模拟信号的模拟信道和适合传送数字信号的数字信道两大类。相应地把通信系统也分为模拟通信系统和数字通信系统。

3. 模拟通信与数字通信

（1）模拟通信系统模型

模拟通信系统是利用模拟信号来传递信息的通信系统，如图 5.3 所示。

已调信号：基带信号经过调制后转换成其频带适合信道传输的信号，也称频带信号。

调制器：将基带信号转变为频带信号的设备。

解调器：将频带信号转变为基带信号的设备。

模拟通信强调变换的线性特性，即已调参量与基带信号成比例。

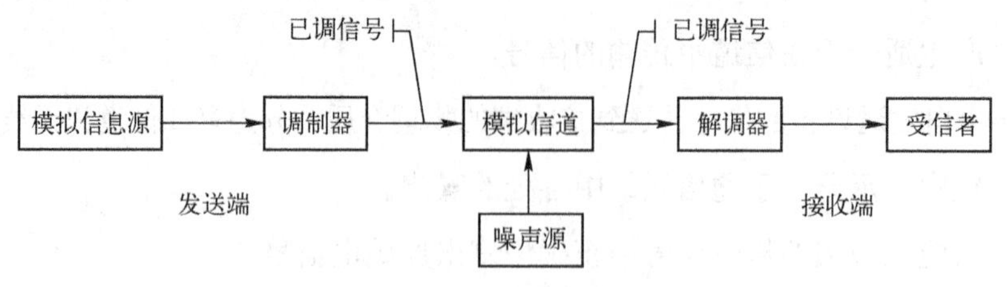

图 5.3 模拟通信系统模型

（2）数字通信系统模型

数字通信系统是利用数字信号来传递信息的通信系统，如图 5.4 所示。

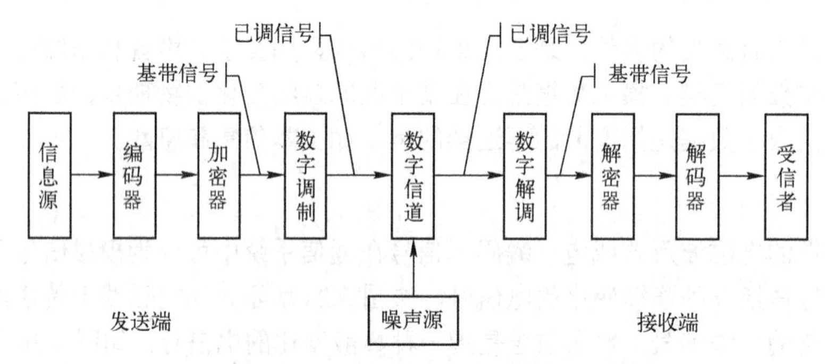

图 5.4 数字通信系统模型

编码与译码目的：提高信息传输的有效性，完成模/数转换。

加密与解密目的：保证所传信息的安全。

数字调制与解调目的：形成适合在信道中传输的基带信号。

数字通信需要保证同步，即使收发两端的信号在时间上保持步调一致。

5.1.2 数字通信技术

1. 数据传输方式

（1）并行与串行

① 并行传输。并行传输是指数据以成组的方式，在多条并行信道上同时进行传输。例如，采用 8 比特代码的字符，可以用 8 个信道并行传输，一次传送一个字符，如图 5.5 所示。并行传输适用于计算机和其他高速数据系统的近距离传输。

② 串行传输。串行传输是指数据流以串行方式，在一条信道上传输。一个字符的 8 个二进制代码，由高位到低位顺序排列，如图 5.6 所示，再接下一个字符的 8 位二进制码，这样串接起来形成串行数据流传输。串行传输只需要一条传输信道，传输速度慢于并行传输，但易于实现、费用低，是目前主要采用的一种传输方式。

（2）单工、半双工和全双工数据传输

根据数据电路的传输能力，数据通信可以有单工、半双工和全双工三种传输方式。

单工数据传输只支持数据在一个方向上传输，如图 5.7 所示，采集数据常用此方法。

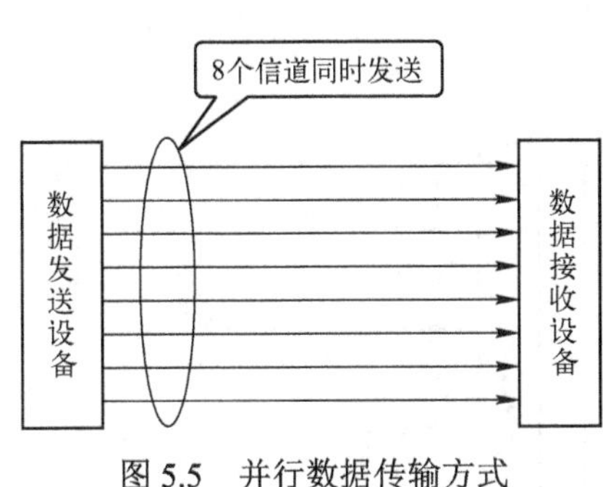

图 5.5　并行数据传输方式

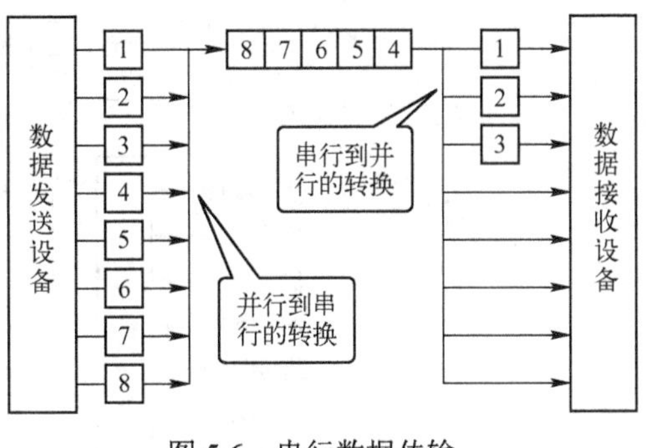

图 5.6　串行数据传输

半双工可以在两个方向上进行传输，但两个方向的传输不能同时进行，利用开关可实现在两个方向上交替传输数据信息，如图 5.8 所示，对讲机一般都按此方式进行信息交流。

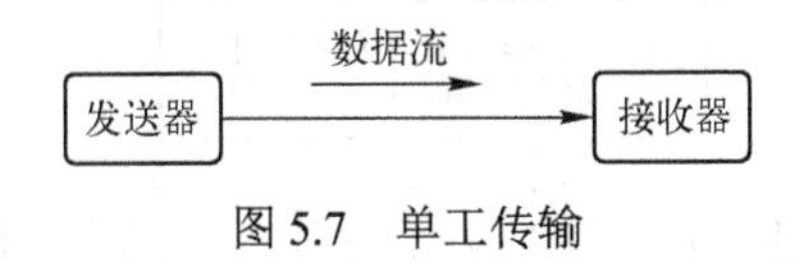

图 5.7　单工传输

全双工有两个信道，所以可以在两个方向上同时进行传输，如图 5.9 所示。

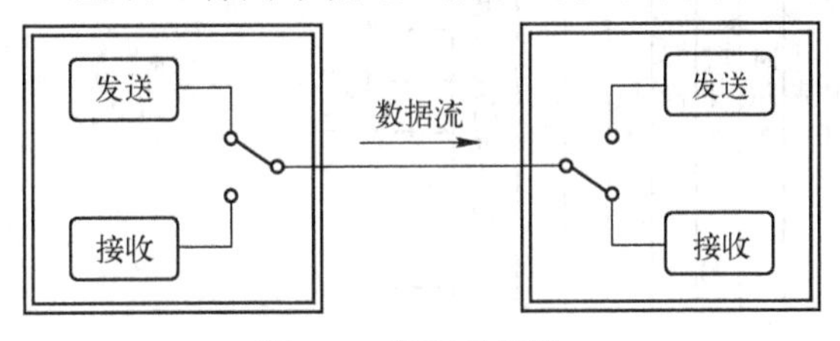

图 5.8　半双工传输

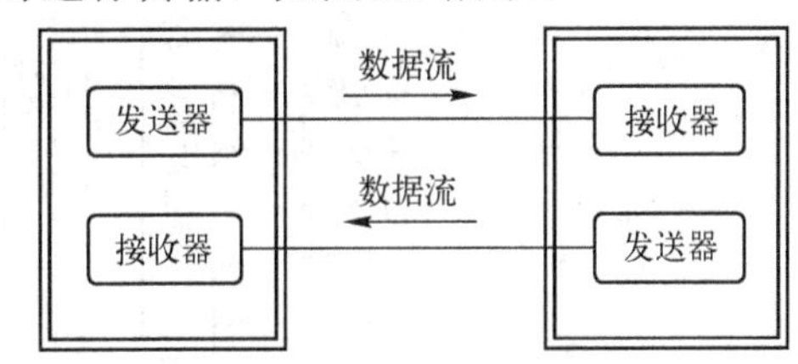

图 5.9　全双工传输

2. 多路复用

在数据通信系统或计算机网络系统中，传输介质的带宽或容量往往超过传输单一信号的需求，为了有效地利用通信线路，将一个信道同时传输多路信号，这就是多路复用。

多路复用技术就是在发送端将多路信号进行组合，然后在一条专用的物理信道上实现传输，接收端再将复合信号分离出来。多路复用技术主要分为频分多路复用和时分多路复用两大类。

① 频分多路复用。频分多路复用（FDM）是把每个要传输的信号以不同的载波频率进行调制，而且各个载波频率是完全独立的，即信号的带宽不会相互重叠，然后在传输介质上进行传输，这样在传输介质上就可以同时传输许多路信号，如图 5.10 所示。

② 时分多路复用。时分多路复用（TDM）是利用每个信号在时间上交叉，在一个传输通路上传输多个数字信号，这种交叉可以是位一级的，也可以是由字节组成的块或更大量的信息，如图 5.11 所示。

与频分多路复用类似，专门用于一个信号源的时间片序列被称为是一条通道时间片的一个周期（每个信号源一个），也称为一帧。时分多路复用既可传输数字信号，又能同时交叉传输模拟信号。另外，对于模拟信号，可将时分多路复用和频分多路复用结合起来使用，一个传输系统可以频分许多条通道，每条通道再用时分多路复用来细分。

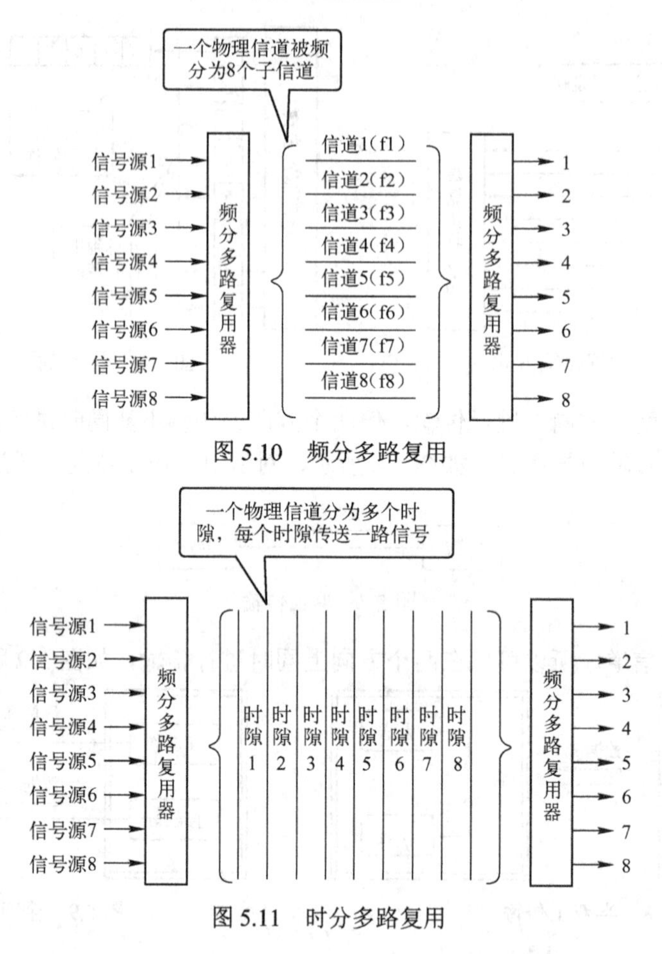

图 5.10　频分多路复用

图 5.11　时分多路复用

5.1.3　数据交换技术

数据交换经历了电路交换、报文交换、分组交换。

① 电路交换。电路交换是计算机终端之间通信时，一方发起呼叫，独占一条物理线路，当交换机完成接续，对方收到发起端的信号，双方即可进行通信，在整个通信过程中双方一直占用该电路，如图 5.12 所示，当 A 和 E 通话时，经过 4 个交换机，接成一个线路，通话期间整个电路被独占。传统的语音电话服务通过公共交换电话网 PSTN（而不是 IP 语音）实现电路交换过程。

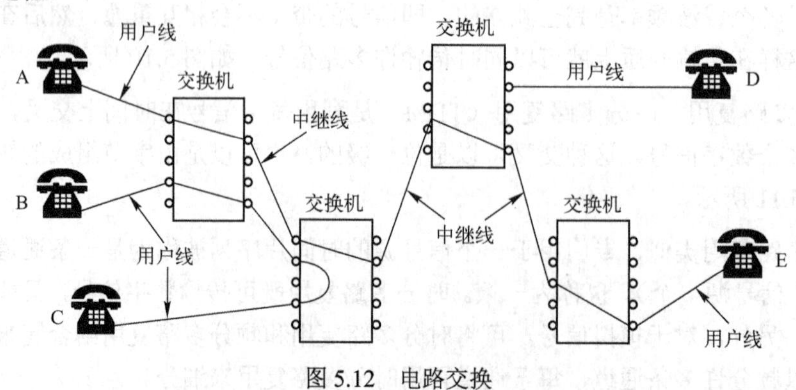

图 5.12　电路交换

电路交换会占用固定带宽，因而限制了在线路上的流量以及连接数量。这种方式实时性强，时延小，交换设备成本较低，但存在线路利用率低，不同类型终端用户之间不能通信等缺点。

② 报文交换。报文交换将用户的报文存储在交换机的存储器中。当所需要的输出电路空闲时，再将该报文发向接收交换机或终端，它以“存储——转发”方式在网内传输数据。报文交换的优点是中继电路利用率高，可以多个用户同时在一条线路上传送，可实现不同速率、不同规程的终端间互通。但以报文为单位进行存储转发，网络传输时延大，且占用大量的交换机内存和外存，不能满足对实时性要求高的用户。报文交换适用于传输的报文较短、实时性要求较低的用户之间的通信，如公用电报网。

③ 分组交换。分组交换是在“存储——转发”基础上发展起来的，也称包交换，是将用户传送的数据划分成一定的长度（分组）组，通过传输分组的方式传输信息的一种技术。每个分组标志后，在一条物理线路上采用动态复用的技术，同时传送多个数据分组。把来自用户发送端的数据暂存在交换机的存储器内，接着在网内转发。到达接收端，再去掉分组头将各数据字段按顺序重新装配成完整的报文。分组交换比电路交换的电路利用率高，比报文交换的传输时延小，交互性好。如图 5.13 所示，计算机 A 要向计算机 B 发送数据，该数据被分成 3 个分组，依次编号 1、2、3 送入网络，网络中有若干交换机 a～f。数据分组在网络中的交换机之间进行传输，每个分组可能经过的路径不一定完全相同，到达目的地的次序可能发生变化。比如 1 号分组可能经过 a、c、f 交换机，2 号分组可能经过 a、b、f 交换机，3 号分组可能经过 a、c、e、f 交换机，到达顺序可能是 3、2、1。到达目的地后，由计算机 B 将三个分组重新组合成原来的数据。

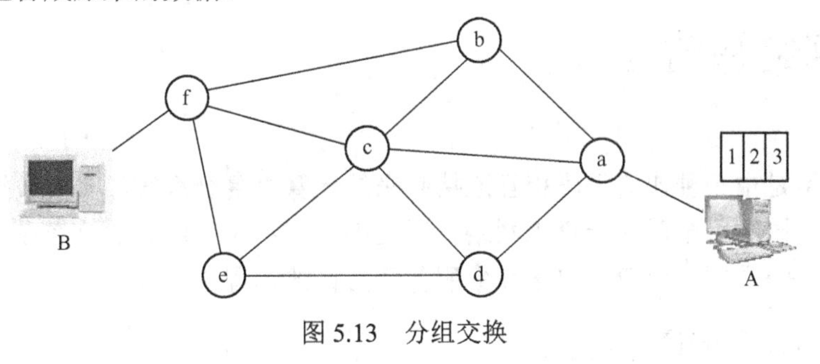

图 5.13　分组交换

5.1.4　主要评价技术指标

有效性和可靠性是评价通信系统的主要性能指标。其中主要的质量指标分为数据传输速率指标和数据传输质量指标。

- 有效性：指传输一定信息量时所占用的信道资源（频带宽度和时间间隔），或者说是传输的“速度”问题。
- 可靠性：指接收信息的准确程度，也就是传输的“质量”问题。

对于模拟通信系统，有效性用有效传输频带带宽来度量，可靠性用接收端最终输出信噪比来度量。而数字通信系统的有效性用传输速率和频带利用率来衡量。

① 数据传输速率。数据传输速率是指每秒能传输的比特数，又称比特率，单位是比特/秒（bit/s 和 bps）。例如，1000 bps 表示每秒钟传输 1000 比特（二进制位）。

人们常说的“倍速”数，就是说的数据传输速率。单倍数传输时，可以传输 150 kbps 数据；4 倍速传输时，可以传输 600 kbps 数据；40 倍速传输时，可以传输 6 Mbps 数据。

② 频带利用率。在比较不同通信系统的效率时，只看它们的数据传输速率是不够的，或者说，即使两个系统的数据传输速率相同，它们的效率也可能不同，所以还要看传输这样的数据所占的频带。通信系统占用的频带愈宽，传输数据的能力应该愈大。

频带利用率是数据传输速率与系统带宽之间的比值，它是单位时间内所能传输的信息速率，即单位带宽（1 赫兹）内的传输速率。

设 B 为信道的传输带宽，Rb 为信道的数据传输速率，则频带利用率（n）为：n=Rb/B，其单位为 bps/Hz（或为 Baud/Hz，即每赫兹的波特数）。

③ 频带宽度。频带宽度（带宽）是指允许传送的信号的最高频率与允许传送的信号的最低频率之间的频率范围，即最高频率减最低频率的值，用赫兹（Hz）表示。

④ 误码率。误码率是指在给定时间段内，错误位数与总传输位数之比。它通常被视为在大量传输位中出错的概率。例如，10^{-5} 的误码率表示每 10 万位传输出现一个位误差。“良好”误码率的定义取决于应用和技术，一般计算机网络要求误码率低于 10^{-9}。

⑤ 信噪比。信噪比（SNR）是指在规定的条件下，传输信道特定点上的有用功率与和它同时存在的噪声功率之比，即数据传输时受干扰的程度，通常以分贝表示。它与传输速率有关，信噪比大了会影响传输速率。

5.2 网络基础

计算机网络是由多种通信手段相互连接起来的计算机复合系统，实现数据通信和资源共享。因特网是范围涵盖全球的计算机网络，通过因特网不仅可以获取分布在全球的多种信息资源，还能够获得方便、快捷的电子商务服务及方便的远程协作。

5.2.1 计算机网络的产生与发展

（1）计算机网络的产生

早期的计算机是大型计算机，其包含很多个终端，不同终端之间可以共享主机资源，可以相互通信。但不同计算机之间相互独立，不能实现资源共享和数据通信，为了解决这个问题，美国国防部的高级研究计划局（ARPA）于 1968 年提出了一个计算机互连计划，并与 1969 建成世界上第一个计算机网络 ARPAnet。

ARPAnet 通过租用电话线路将分布在美国不同地区的 4 所大学的主机连成一个网络。作为 Internet 的早期骨干网，ARPAnet 试验并奠定了 Internet 存在和发展的基础。到了 1984 年，美国国家科学基金会（NSF）决定组建 NSFnet，NSFnet 通过 56 Kbps 的通信线路将美国 6 个超级计算机中心连接起来，实现资源共享。NSFnet 采取三级层次结构，整个网络由主干网、地区网和校园网组成。地区网一般由一批在地理上局限于某一地域、在管理上隶属于某一机构的用户的计算机互连而成。连接各地区网上主通信节点计算机的高速数据专线构成了NSFnet 的主干网。这样，当一个用户的计算机与某一地区相连以后，它除了可以使用任一超级计算中心的设施，可以同网上任一用户通信，还可以获得网络提供的大量信息和数据。这一成功使得 NSFnet 于 1990 年彻底取代了 ARPAnet 而成为 Internet 的主干网。

（2）计算机网络的发展

计算机网络从产生到现在，总体来说可以分成 4 个阶段。

① 远程终端阶段。该阶段是计算机网络发展的萌芽阶段。早期计算机系统主要为分时系统，远程终端计算机系统在分时计算机系统的基础上，通过调制解调器（Modem）和公用电话网（PSTN）向分布在不同地理位置上的许多远程终端用户提供共享资源服务。这虽然还不能算是真正的计算机网络系统，但它是计算机与通信系统结合的最初尝试。

② 计算机网络阶段。在远程终端计算机系统基础上，人们开始研究通过 PSTN 等已有的通信系统把计算机与计算机互连起来。于是以资源共享为主要目的的计算机网络便产生了，ARPAnet 是这一阶段的典型代表。网络中计算机之间具有数据交换的能力，提供了更大范围内计算机之间协同工作、分布式处理的能力。

③ 体系结构标准化阶段。计算机网络系统非常复杂，计算机之间相互通信涉及许多技术问题，为实现计算机网络通信，计算机网络采用分层策略解决网络技术问题。但是，不同的组织制定了不同的分层网络系统体系结构，它们的产品很难实现互连。为此，国际标准化组织 ISO 在 1984 年正式颁布了“开放系统互连基本参考模型 ISO/OSI”国际标准，使计算机网络体系结构实现了标准化。20 世纪 80 年代是计算机局域网和网络互连技术迅速发展的时期。局域网完全从硬件上实现了 ISO 的开放系统互连通信模式协议，局域网与局域网互连、局域网与各类主机互连及局域网与广域网互连的技术也日趋成熟。

④ 因特网阶段。进入 20 世纪 90 年代，计算机技术、通信技术及计算机网络技术得到了迅猛发展。特别是 1993 年美国宣布建立国家信息基础设施（NII）后，全世界许多国家纷纷制定和建立本国的 NII，极大地推动了计算机网络技术的发展，使计算机网络进入了一个崭新的阶段，即因特网阶段。目前，高速计算机互连网络已经形成，它已经成为人类最重要的、最大的知识宝库。

5.2.2 计算机网络的基本概念

（1）网络的概念

计算机网络是指将地理位置不同的具有独立功能的多台计算机及其外部设备，通过通信线路连接起来，在网络操作系统、网络管理软件及网络通信协议的管理和协调下，实现资源共享和信息传递的计算机系统。

从宏观角度看，计算机网络一般由资源子网和通信子网两部分构成。如图 5.14 所示。

① 资源子网。资源子网主要由网络中所有的主计算机、I/O 设备和终端、各种网络协议、网络软件和数据库等组成，负责全网的信息处理，为网络用户提供网络服务和资源共享功能等。

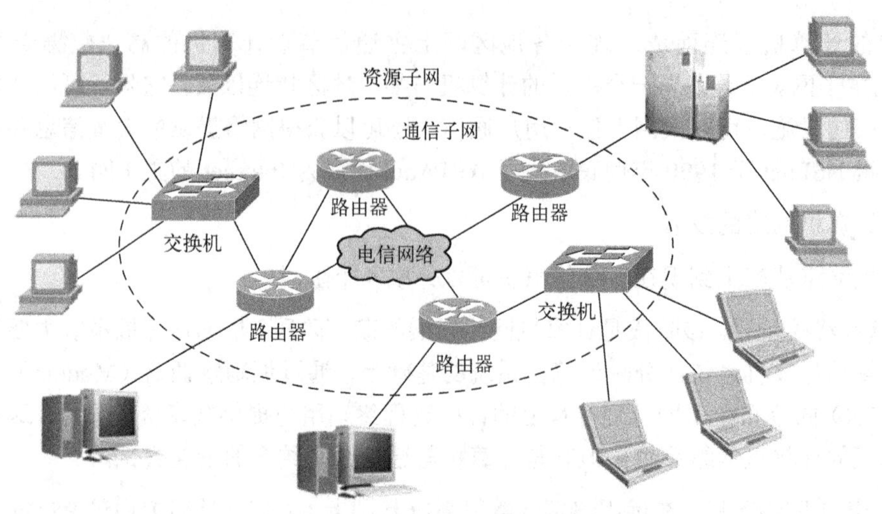

图5.14　计算机网络的构成

② 通信子网。通信子网主要由通信线路、网络连接设备（如网络接口设备、通信控制处理机、网桥、路由器、交换机、网关、调制解调器和卫星地面接收站等）、网络通信协议和通信控制软件等组成，主要负责全网的数据通信，为网络用户提供数据传输、转接、加工和转换等通信处理工作。

（2）基本特征

网络的定义从不同的方面描述了计算机网络的3个特征。

① 联网的目的在于资源共享。可共享的资源包括硬件、软件和数据。

② 互连的计算机应该是独立计算机。联网的计算机可以联网工作也可以单机工作。如果一台计算机带多台终端和打印机，这种系统通常被称为多用户系统，而不是计算机网络。由一台主控机和多台从控机构成的系统是主从式系统，也不是计算机网络。

③ 联网计算机遵守统一的协议。计算机网络是由许多具有信息交换和处理能力的节点互连而成。要使整个网络有条不紊地工作，就要求每个节点必须遵守一些事先约定好的有关数据格式及时序等内容的规则。这些为实现网络数据交换而建立的规则、约定或标准就称为网络协议。

5.2.3　计算机网络的基本组成

根据网络的概念，计算机网络一般由三部分组成：计算机、通信线路和设备、网络软件。

1. 计算机

联网计算机根据其作用和功能不同，可分为服务器和客户机两类。

服务器是整个网络系统的核心，它为网络用户提供服务并管理整个网络，在其上运行的操作系统是网络操作系统。随着局域网络功能的不断增强，根据服务器在网络中所承担的任务和所提供的功能不同，把服务器分为：文件服务器、邮件服务器、打印服务器和通信服务器等。

客户机又称工作站，客户机与服务器不同，服务器为网络上许多用户提供服务和共享资源。客户机是用户和网络的接口设备，用户通过它可以与网络交换信息、共享网络资源。现在的客户机都由具有一定处理能力的个人计算机机来承担。

2. 通信线路

通信线路也称传输介质，是数据信息在通信系统中传输的物理载体，是影响通信系统性能的重要因素。传输介质通常分为有线介质和无线介质。有线介质包括双绞线、同轴电缆和光纤等，而无线介质利用自由空间进行信号传播，包括卫星、红外线、激光、微波等。衡量传输介质性能时有几个重要的概念：带宽、衰减损耗、抗干扰性。带宽决定了信号在传输介质中的传输速率，衰减损耗决定了信号在传输介质中能够传输的最大距离，传输介质的抗干扰特性决定了传输系统的传输质量。

（1）有线传输

① 双绞线。双绞线是最常用的传输介质，可以传输模拟信号或数字信号。双绞线是由两根相同的绝缘导线相互缠绕而形成的一对信号线，一根是信号线；另一根是地线，两根线缠绕的目的是减小相互之间的信号干扰。如果把多对双绞线放在一根导管中，便形成了由多根双绞线组成的电缆。

局域网中的双绞线分为两类：屏蔽双绞线（STP）与非屏蔽双绞线（UTP），如图 5.15 所示。屏蔽双绞线由外部保护层、屏蔽层与多对双绞线组成；非屏蔽双绞线由外部保护层与多对双绞线组成。屏蔽双绞线对电磁干扰具有较强的抵抗能力，适用于网络流量较高的高速网络，而非屏蔽双绞线适用于网络流量较低的低速网络。

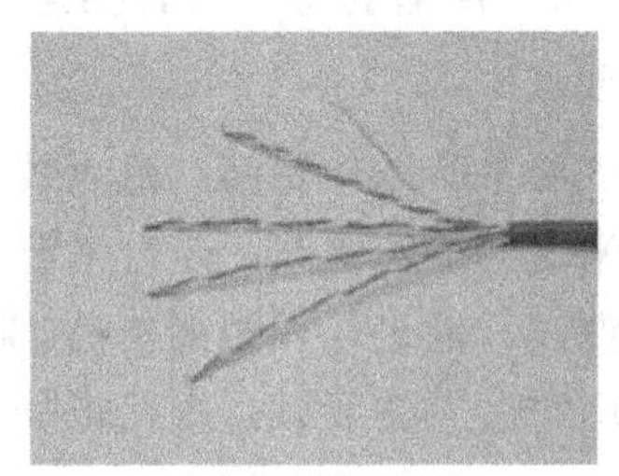

（a）非屏蔽双绞线

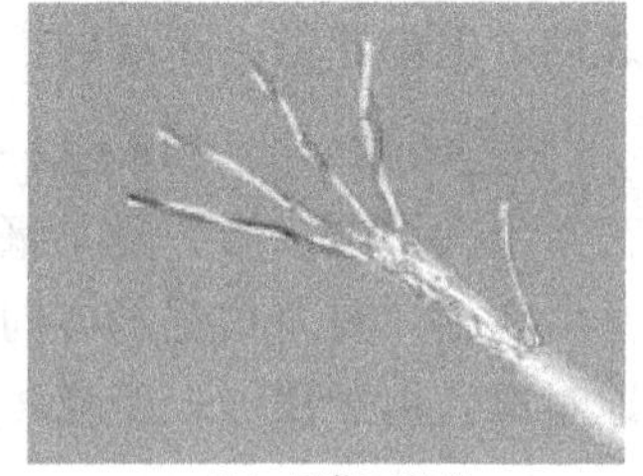

（b）屏蔽双绞线

图 5.15　双绞线

双绞线的衰减损耗较高，因此不适合远距离的数据传输。普通双绞线传输距离限定在 100 米之内，一般速率为 100 Mbps，高速可到 1 Gbps。

② 同轴电缆。同轴电缆由中心铜线、绝缘层、网状屏蔽层及塑料封套组成，如图 5.16 所示。按直径不同可分为粗缆和细缆，一般来说粗缆的损耗小，传输距离比较远，单根传输距离可达 500 米；细缆由于功率损耗比较大，传输距离比较短，单根传输距离为 185 米。

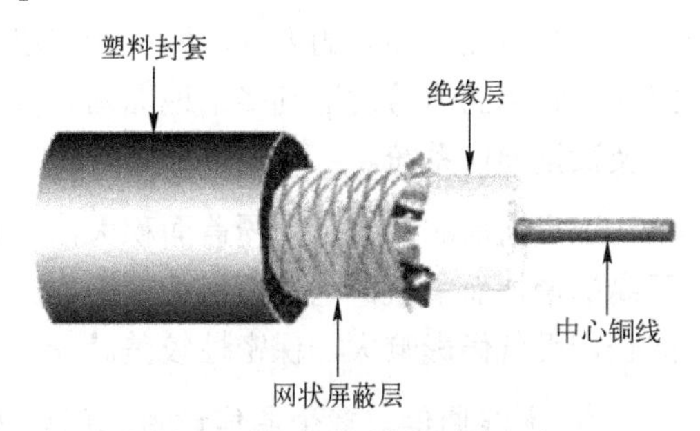

图 5.16　同轴电缆的结构示意

同轴电缆最大的特点是可以在相对长的无中继器的线路上支持高带宽通信，屏蔽性能好，抗干扰能力强，数据传输稳定。目前主要应用于有线电视网、长途电话系统及局域网之间的数据连接。其缺点是成本高，体积大，不能承受缠结、压力和严重的弯曲，而所有这些缺点正是双绞线能克服的。因此，现在的局域网环境中，同轴电缆基本已被双绞线所取代。

③ 光纤。光纤是光导纤维的简称，是一种利用光在玻璃或塑料制成的纤维中按照全反射原理进行信号传递的光传导工具。光纤由纤芯、包层、涂覆层和套塑四部分组成，如图5.17(a)所示。纤芯在中心是由高折射率的高纯度二氧化硅材料组成的，主要用于传送光信号。包层由掺有杂质的二氧化硅组成，其光折射率要比纤芯的折射率低，使光信号能在纤芯中产生全反射传输。涂覆层及套塑的主要作用是加强光纤的机械强度。

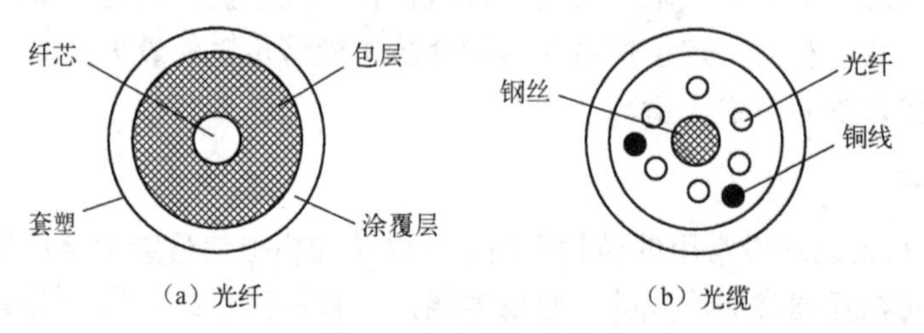

图5.17 光纤与光缆

在实际工程应用中，光纤要制作成光缆，光缆一般由多根纤芯绞制而成，纤芯数量可根据实际工程要求而绞制，如图5.17(b)所示。光缆要有足够的机械强度，所以在光缆中用多股钢丝来充当加固件。有时还在光缆中绞制一对或多对铜线，用于电信号传送或电源线之用。

（2）无线传输

无线通信是利用电磁波信号可以在自由空间中传播的特性进行信息交换的一种通信方式。主要包括微波通信、卫星通信、无线通信等。

① 微波通信。微波是指频率为300MHz～300GHz的电磁波，是无线电波中一个有限频带的简称，即波长在1米（不含1米）到1毫米之间的电磁波，是分米波、厘米波、毫米波的统称。微波沿着直线传播，具有很强的方向性，只能进行视距离传播。因此，发射天线和接收天线必须精确地对准。由于微波长距离传送时会发生衰减，因此每隔一段距离就需要一个中继站。

② 卫星通信。为了增加微波的传输距离，应提高微波收发器或中继站的高度。当将微波中继站放在人造卫星上时，便形成了卫星通信系统。

卫星通信可以分为两种方式：一种是点对点方式，通过卫星将地面上的两个点连接起来；另一种是多点对多点的方式，即一颗卫星接收几个地面站发来的数据信号，然后以广播的方式将所收到的信号发送到多个地面站。多点对多点方式主要应用于电视广播系统、远距离电话及数据通信系统。

卫星通信的优点是：覆盖面积大，可靠性高，信道容量大，传输距离远，传输成本不随距离的增加而增大，主要适用于远距离广域网络的传输。缺点是：卫星成本高，传播延迟时间长，受气候影响大，保密性较差。

③ 无线通信。多个通信设备之间以无线电波为介质遵照某种协议实现信息的交换。比较流行的有无线局域网、蓝牙技术、蜂窝移动通信技术等。无线局域网和蓝牙技术只能用

于较小范围（10～100 米）的数据通信。无线局域网主要采用 2.4 GHz 频段，目前应用广泛的无线局域网是 IEEE802.11b、IEEE802.11g、IEEE802.11a 标准。蓝牙是无线数据和语音传输的开放式标准，也使用 2.4 GHz 射频无线电，它将各种通信设备、计算机及其终端设备、各种数字数据系统及家用电器采用无线方式进接起来，从而实现各类设备之间随时随地进行通信，传输范围为 10 米左右，最大数据速率可达 721 Kbps。蓝牙技术的应用范围越来越广泛。

3. 网络设备

网络设备包括用于网内连接的网络适配器、调制解调器、集线器、交换机和网间连接的中继器、路由器、网桥、网关等。

（1）网络适配器

网络适配器（简称网卡）。用于实现联网计算机和网络电缆之间的物理连接，完成计算机信号格式和网络信号格式的转换。通常，网络适配器就是一块插件板，插在 PC 的扩展槽中并通过这条通道进行高速数据传输。在局域网中，每一台联网计算机都需要安装一块或多块网卡，通过网卡将计算机接入网络电缆系统。常见的网卡如图 5.18 所示。

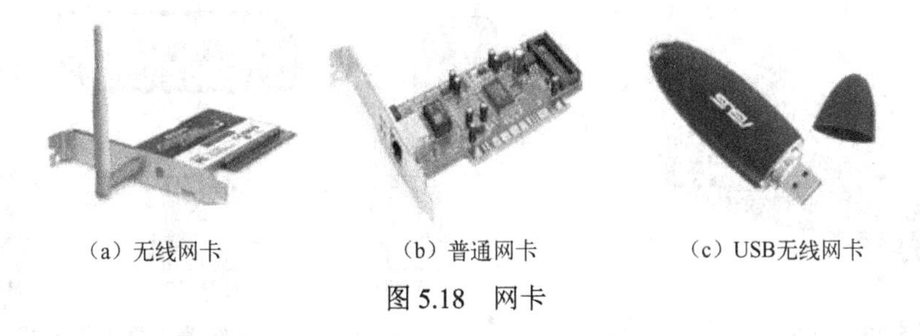

（a）无线网卡　（b）普通网卡　（c）USB无线网卡

图 5.18　网卡

（2）ADSL 调制解调器

ADSL 的一般接入方式如图 5.19 所示。计算机内的信息是数字信号，而电话线上传递的是模拟电信号。所以，当两台计算机要通过电话线进行数据传输时，就需要一个设备负责数据的数模转换。这个数模转换器就是 Modem。计算机在发送数据时，先由 Modem 把数字信号转换为相应的模拟信号，这个过程称为调制。经过调制的信号通过电话载波在电话线上传送，到达接收方后，要由接收方的 Modem 负责把模拟信号还原为数字信号，这个过程称为解调。

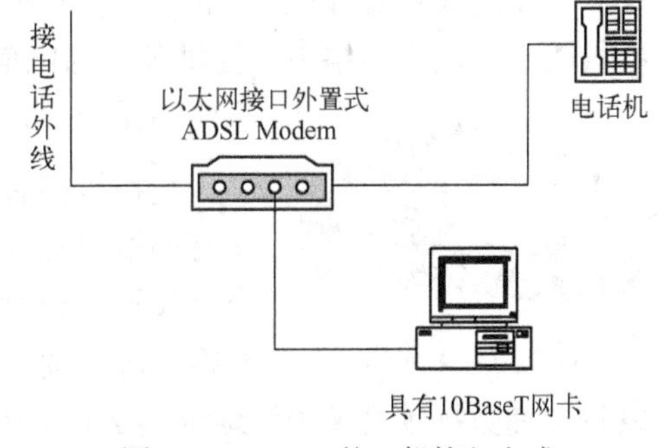

图 5.19　ADSL 的一般接入方式

ADSL Modem 是为非对称用户数字环路（ADSL）提供数据调制和数据解调的设备，其上有一个 RJ-11 电话线端口和一个或多个 RJ-45 网线端口，支持最高下行 8 Mbps 速率和最高上行 1 Mbps 速率，抗干扰能力强，适合普通家庭用户使用。某些型号的产品还带有路由功能和无线功能。ADSL 采用离散多音频（DMT）技术，将原先电话线路 0 Hz 到 1.1 MHz 频段以 5.3 kHz 为单位划分成 256 个子频带，其中，4 kHz 以下频段仍用于传送传统电话业务（POTS），20 kHz～138 kHz 频段用来传送上行信号，

138 kHz～1.1 MHz 频段用来传送下行信号。DMT 技术可根据线路的情况调整在每个信道上所调制的比特数，以便更充分地利用线路。

（3）集线器

集线器（Hub）属于局域网中的基础设备，如图 5.20 所示。集线器的主要功能是对接收到的信号进行再生整形放大，以扩大网络的传输距离，同时把所有节点集中在以它为中心的节点上。集线器对收到的数据采用广播方式发送，当同一局域网内的主机 A 给主机 B 传输数据时，集线器将收的数据帧以广播方式传输给和集线器相连的所有计算机，每一台计算机通过验证数据帧头的地址信息来确定是否接收，如图 5.21 所示。也就是说，以集线器为中心进行数据传送时，同一时刻网络上只能传输一组数据帧，如果发生冲突则要重试，这种方式就是共享网络带宽。随着网络技术的发展，在局域网中，集线器已被交换机代替，目前，集线器仅应用于一些小型网络中。

图 5.20　集线器

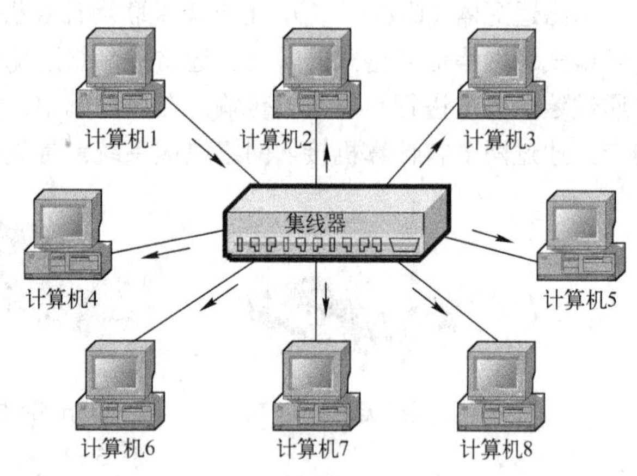

图 5.21　集线器广播工作方式

（4）交换机

交换机（Switch）是一种用于电信号转发的网络设备，如图 5.22 所示。它可以为接入交换机的任意两个网络节点提供独享的电信号通路。最常见的交换机是以太网交换机。在计算机网络系统中，交换概念的提出改进了共享工作模式。

图 5.22　交换机

交换机拥有一条很高带宽的背部总线和内部交换矩阵。交换机所有的端口都挂接在这条背部总线上，控制电路收到数据包以后，会查找地址映射表以确定目的计算机挂接在哪个端口上，通过内部交换矩阵迅速在数据帧的始发者和目标接收者之间建立临时的交换路径，使数据帧直接由源地址到达目的地址。

交换机的工作原理如图 5.23 所示，图中的交换机有 6 个端口，其中端口 1，4，5，6 分别连接节点 A，节点 B，节点 C 与节点 D。那么交换机的“端口号/MAC 地址映射表”就可以根据以上端口号与节点 MAC 地址的对应关系建立起来。如果节点 A 与节点 D 同时要发送数据，那么它们可以分别在数据帧的目的地址字段（DA）中添上该帧的目的地址。例如，节点 A 要向节点 C 发送帧，那么该帧的目的地址 DA=节点 C；节点 D 要向节点 B 发送帧，那么该帧的目的地址 DA=节点 B。当节点 A，节点 D 同时通过交换机传送帧时，交换机的交换控制中心根据“端口号/MAC 地址映射表”的对应关系找出帧的目的地址的输出端口号，那么它就可以为节点 A 到节点 C 建立端口 1 到端口 5 的连接，同时为节点 D 到节点 B 建立端口 6 到端口 4 的连接。这种端口之间的连接可以根据需要同时建立多条，也就是说可以在多个端口之间建立多个并发连接。

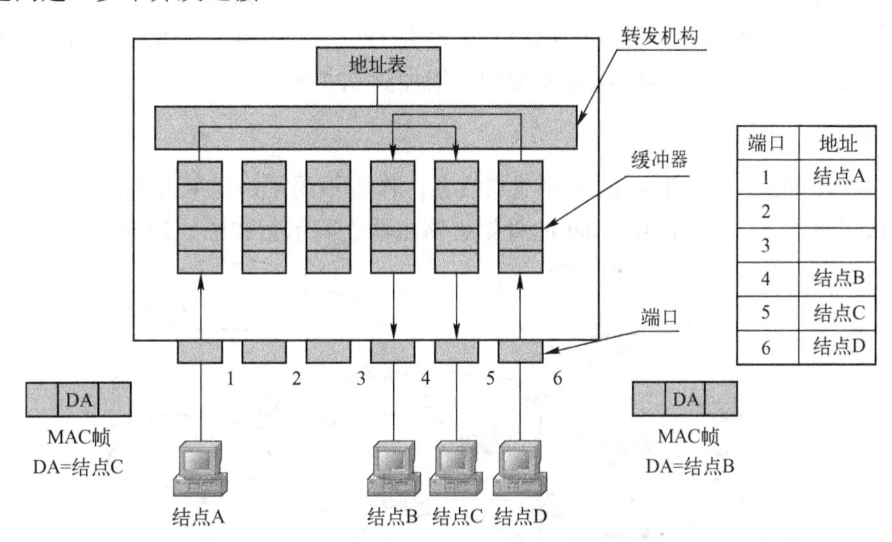

图 5.23　交换机的工作原理

目前，局域网交换机主要是针对以太网设计的。一般来说，局域网交换机主要有低交换传输延迟、高传输带宽、允许不同速率的端口共存、支持虚拟局域网服务等几个技术特点。交换机组网示意图如图 5.24 所示。

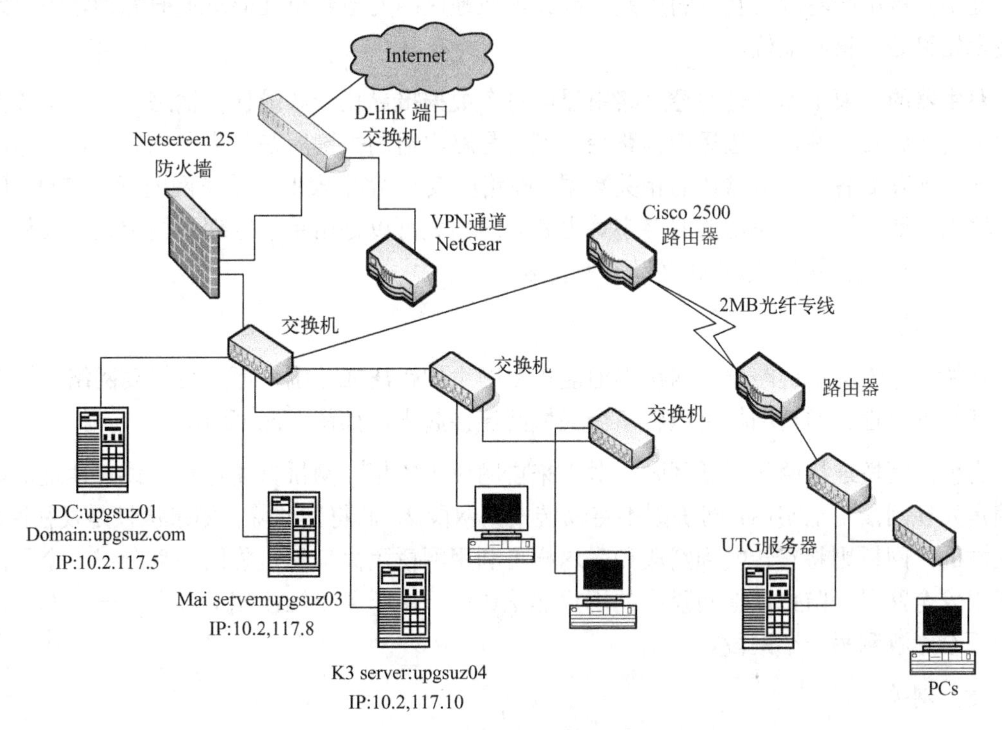

图 5.24　交换机组网示意图

（5）中继器

中继器（Repeater）是网络物理层上面的连接设备，用于完全相同的两类网络的互连。受传输线路噪声的影响，承载信息的数字信号或模拟信号只能传输有限的距离，中继器的功能是对接收信号进行再生和发送，从而增加信号的传输距离。如以太网常常利用中继器扩展总线的电缆长度，标准细缆以太网的每段长度最大185米，最多可有5段。因此，通过4个中继器将5段连接后，最大网络电缆长度则可增加到925米。

（6）路由器

路由器（Router）是互联网的主要节点设备，作为不同网络之间互相连接的枢纽，路由器系统构成了基于TCP/IP的Internet的骨架。路由器连网示意如图5.25所示。

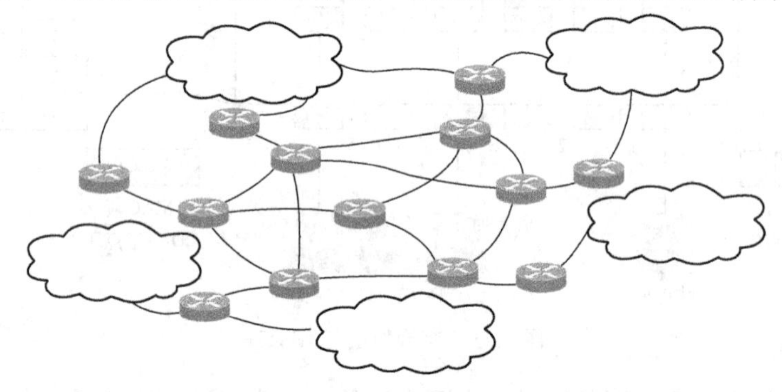

图5.25　路由器连网示意

路由器通过路由选择决定数据的转发，它的处理速度是网络通信的主要瓶颈之一，它的可靠性则直接影响着网络互连的质量。因此，在地区网乃至整个Internet研究领域中，路由器技术始终处于核心地位。

路由器的主要工作就是为经过路由器的每个数据报寻找一条最佳传输路径，并将该数据有效地传送到目的站点。选择最佳路径的策略是路由器的关键所在，为了完成这项工作，在路由器中保存着各种传输路径的相关数据（即路由表）。路由表保存着子网的标志信息、网上路由器的个数和下一个路由器的名字等内容。路由表可以是由系统管理员固定设置（静态路由表），也可以由系统动态修改（动态路由表）。

（7）网桥

网桥工作于数据链路层，网桥不但能扩展网络的距离或范围，而且可提高网络的性能、可靠性和安全性。通过网桥可以将多个局域网连接起来。如图5.26所示。

当使用网桥连接两段局域网时，对于来自网段1的帧，网桥首先检查其终点地址，如果该帧是发往网段1上某站，网桥则不将帧转发到网段2，而将其滤除；如果该帧是发往网段2上某站的，网桥则将它转发到网段2。这样可利用网桥隔离信息，将网络划分成多个网段，隔离出安全网段，防止其他网段内的用户非法访问。由于各个网段相对独立，一个网段出现故障不会影响到另一个网段。

（8）网关

网关（Gateway）又称网间连接器、协议转换器。网关在高层（传输层以上）实现网络互连，是最复杂的网络互连设备，用于两个高层协议不同的网络互连。网关既可以用于广域网互连，又可以用于局域网互连。在使用不同的通信协议、数据格式或语言，甚至体系结构完全不同的两种系统之间，网关是一个翻译器，网关对收到的信息要重新打包，以适应目的系统的需求。同时，网关也可以提供过滤和安全功能。大多数网关运行在应用层。

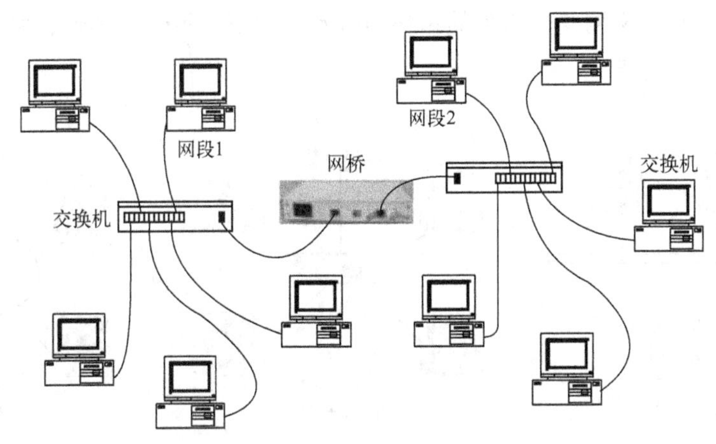

图 5.26 网桥连网示意图

4. 网络软件

网络软件在网络通信中扮演了极为重要的角色。网络软件可大致分为网络系统软件和网络应用软件。

（1）网络系统软件

网络系统软件控制和管理网络运行、提供网络通信和网络资源分配与共享功能，它为用户提供了访问网络和操作网络的友好界面。网络系统软件主要包括网络操作系统（NOS）和网络协议软件。

一个计算机网络拥有丰富的软、硬件资源和数据资源，为了能使网络用户共享网络资源、实现通信，需要对网络资源和用户通信过程进行有效管理，实现这一功能的软件系统称为网络操作系统。常见的网络操作系统有 Microsoft 公司的 Windows 7 和 Sun 公司的 UNIX 等。

网络中的计算机之间交换数据必须遵守一些事先约定好的规则。这些为网络数据交换而制定的关于信息顺序、信息格式和信息内容的规则、约定与标准被称为网络协议（Protocol）。目前常见的网络通信协议有：TCP/IP、SPX/IPX、OSI 和 IEEE802。其中 TCP/IP 是任何要连接到 Internet 上的计算机必须遵守的协议。

（2）网络应用软件

网络应用软件是指为某一个应用目的而开发的网络软件，网络应用软件既可用于管理和维护网络本身，又可用于某一个业务领域，如网络管理监控程序、网络安全软件、数字图书馆、Internet 信息服务、远程教学、远程医疗、视频点播等。网络应用的领域极为广泛，网络应用软件也极为丰富。

5.2.4 计算机网络的分类

1. 拓扑结构

为了描述网络中节点之间的连接关系，将节点抽象为点，将线路抽象为线，进而得到一个几何图形，称为该网络的拓扑结构。不同的网络拓扑结构对网络性能、系统可靠性和通信费用的影响不同。计算机网络中常见的拓扑结构有总线形、星形、环形、树形、网状等，如图5.27所示。

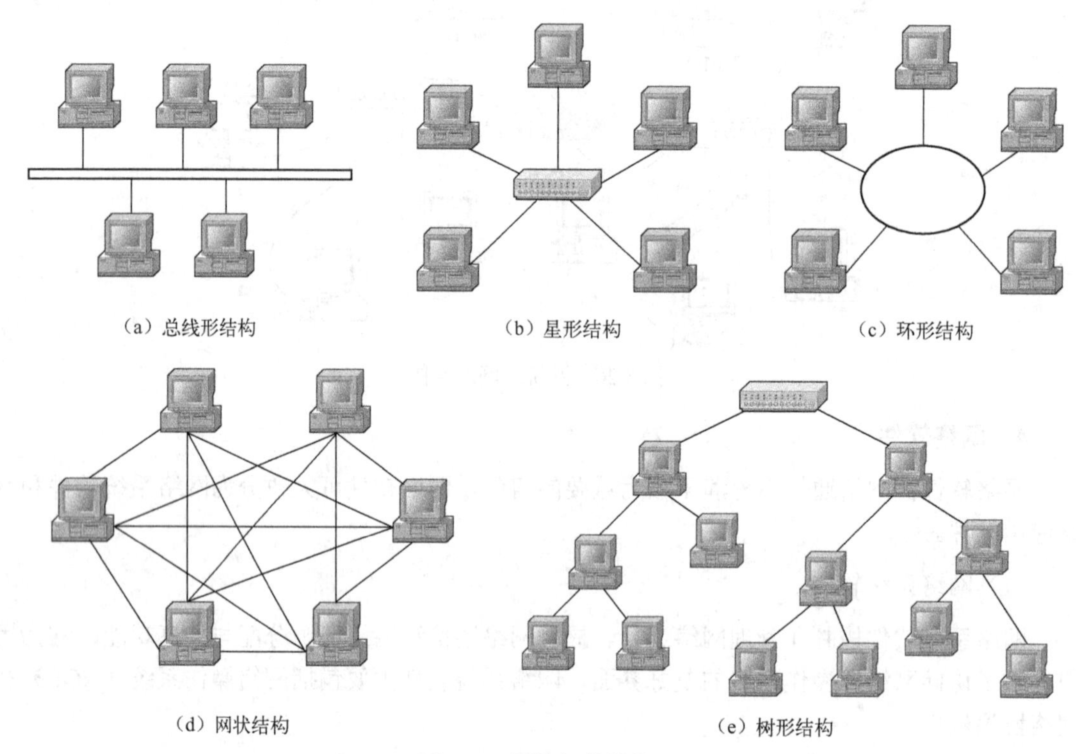

图5.27　网络拓扑结构

其中，总线形、环形、星形拓扑结构常用于局域网，网状拓扑结构常用于广域网。

（1）总线形拓扑结构

总线形拓扑通过一根传输线路将网络中所有节点连接起来，这根线路称为总线。网络中各节点都通过总线进行通信，在同一时刻只能允许一对节点占用总线通信。

（2）星形拓扑结构

星形拓扑中各节点都与中心节点连接，呈辐射状排列在中心节点周围。网络中任意两个节点的通信都要通过中心节点转接。单个节点的故障不会影响到网络的其他部分，但中心节点的故障会导致整个网络的瘫痪。

（3）环形拓扑结构

环形拓扑中各节点首尾相连形成一个闭合的环，环中的数据沿环单向逐站传输。环形拓扑中的任意一个节点或一条传输介质出现故障都将导致整个网络的故障。

（4）树形拓扑结构

树形拓扑由星形拓扑演变而来，其结构图看上去像一棵倒立的树。树形网络是分层结构，具有根节点和分支节点，适用于分级管理和控制系统。

（5）网状结构

网状结构的每一个节点都有多条路径与网络相连，如果一条线路出故障，通过路由选择可找到替换线路，网络仍然能正常工作。这种结构可靠性强，但网络控制和路由选择较复杂，广域网采用的是网状拓扑结构。

2．基本分类

虽然网络类型的划分标准各种各样，但是根据地理范围划分是一种大家都认可的通用网络划分标准。按这种标准可以把网络类分为局域网、城域网和广域网三种。不过要说明的一点是，网络划分并没有严格意义上地理范围的区分，只是一个定性的概念。

局域网（LAN）是最常见、应用最广的一种网络。局域网覆盖的地区范围较小，所涉及的地理距离上一般来说可以是几米至 10 千米以内。这种网络的特点是：连接范围窄、用户数少、配置容易、连接速率高。目前局域网最快的速率是 10 Gbps。IEEE 的 802 标准委员会定义了多种主要的 LAN：以太网（Ethernet）、令牌环网（Token Ring）、光纤分布式接口网络（FDDI）、异步传输模式网（ATM）及最新的无线局域网（WLAN）。其中使用最广泛的是以太网。

城域网（MAN）是在一个城市范围内所建立的计算机通信网。这种网络的连接距离在几十千米左右，它采用的是 IEEE802.6 标准。MAN 的一个重要用途是用做骨干网，MAN 以 IP 技术和 ATM 技术为基础，以光纤作为传输媒介，将位于不同地点的主机、数据库及 LAN 等连接起来，实现集数据、语音、视频服务于一体多媒体数据通信。满足城市范围内政府机构、金融保险、大中小学校、公司企业等单位对高速率、高质量数据通信业务日益旺盛的需求。

广域网（WAN）也称远程网，所覆盖的范围比城域网更广，可从几百千米到几千千米，用于不同城市之间的 LAN 或 MAN 互连。因为距离较远，信息衰减比较严重，所以 WAN 一般要租用专线，通过 IMP（接口信息处理）协议和线路连接起来，构成网状结构。因为连接的用户多，总出口带宽有限，所以用户的终端连接速率一般较低，通常为 9.6 Kbps～45 Mbps，如邮电部的 CHINANET、CHINAPAC 和 CHINADDN 等。

5.3 局域网技术

局域网广泛应用于学校、企业、机关、商场等机构，为这些机构的信息技术应用和资源共享提供了良好的服务平台。局域网的典型拓扑结构有总线形、星形、环形。

5.3.1 以太网

（1）传统以太网

以太网是 20 世纪 70 年代由 Xerox 公司创建并由 Xerox、Intel 和 DEC 公司联合开发的基带局域网规范。网络拓扑结构为总线形，使用同轴电缆作为传输介质，采用带有冲突检测的载波多路访问机制（CSMA/CD）控制共享介质的访问，数据传输速率为10 Mbps。如今以太网更多的是指各种采用CSMA/CD技术的局域网，用到的最多的拓扑结构是以双绞线为传输介质，以集线器为中央节点的星形拓扑结构。

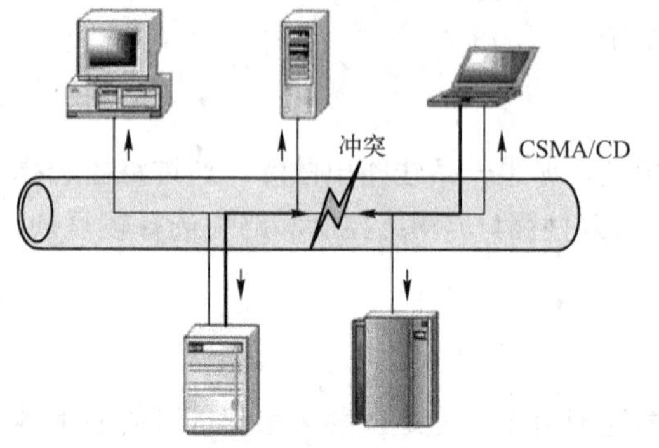

图5.28　以太网的工作方式

以太网网络中多个节点（计算机节点或设备节点）共享一条传输链路时，需要通过CSMA/CD机制实现介质访问控制，这种机制的工作方式如图5.28所示。

CSMA/CD的控制过程包含四个阶段：侦听、发送、检测、冲突处理。

① 侦听。通过专门的检测机构，在站点准备发送前先侦听总线上是否有数据正在传送（线路是否忙）。若“忙”则等待一段时间后再继续尝试；若“闲”，则决定如何发送。

② 发送。当确定要发送后，通过发送机构向总线发送数据。

③ 检测。数据发送后，也可能发生数据冲突。因此，主机发送数据的同时继续检测信道以确定所发出的数据是否与其他数据发生冲突。即边发送，边检测，以判断是否冲突。

④ 冲突处理。若发送后没有冲突头，则表明本次发送成功，当确认发生冲突后，进入冲突处理程序。有以下两种冲突情况。

- 侦听中发现线路忙：则等待一个延时后再次侦听，若仍然忙，则继续延迟等待，一直到可以发送为止。每次延时的时间不一致，由退避算法确定延时值。
- 发送过程中发现数据碰撞：先发送阻塞信息，强化冲突，再进行侦听工作，以待下次重新发送。

对于CSMA/CD而言，管理简单、维护方便，适合于通信负荷小的环境。当通信负荷增大时，冲突发生的概率也增大，网络效率急剧下降。

（2）交换式以太网

在传统以太网中，采用集线器作为中央节点，但集线器不能作为大规模局域网的选择方案。交换式局域网的核心设备是局域网交换机，交换机可以在多个端口之间建立多个并发连接，解决了共享介质的互斥访问问题。这种将主机直接与交换机端口连接的以太网称为交换式以太网，主机连接在以太网交换机的各个端口上，主机之间不再发生冲突，也不需要CSMA/CD来控制链路的争用。

以太网交换机比传统的集线器提供的带宽更大，从根本上改变了局域网共享介质的结构，大大提高了局域网的性能。

5.3.2　无线局域网

无线局域网采用无线通信技术代替传统的电缆，实现家庭、办公室、大楼内部及园区内部的数据传输。

（1）常见协议

WLAN 采用的主要技术为 802.11 标准，覆盖范围从几十米到上百米，速率最高只能达到 2Mbps。由于它在速率和传输距离上都不能满足人们的需要，因此，IEEE 小组于 1999 年又相继推出了 802.11b 和 802.11a 两个新标准。

IEEE 802.11b 是所有无线局域网标准中最著名，也是普及最广的标准，其载波的频率为 2.4 GHz，传输速率为 11 Mbps。IEEE 802.11b 的后继标准是 IEEE 802.11g，其传输速率为 54 Mbps，支持更长的数据传输距离。

802.11a 标准工作在 5 GHz 频带，传输速率可达 54 Mbps，可提供 25 Mbps 的无线 ATM 接口和 10 Mbps 的以太网无线帧结构接口，支持语音、数据、图像业务。

（2）常见结构

无线局域网有两种拓扑结构，基础网络模式和自组网络模式结构。

① 基础网络模式由无线网卡、无线接入点（AP）、计算机和有关设备组成，一个典型的无线局域网如图 5.29 所示。AP 是数据发送和接收设备，称为接入点。通常，一个 AP 能够在几十至上百米的范围内连接多个无线用户。

② 自组网络模式的局域网不需要借助接入设备，网络中的无线终端通过相邻节点与网络中的其他终端实现数据通信，侧重于网络内部构成自主网络的节点之间进行数据交换。

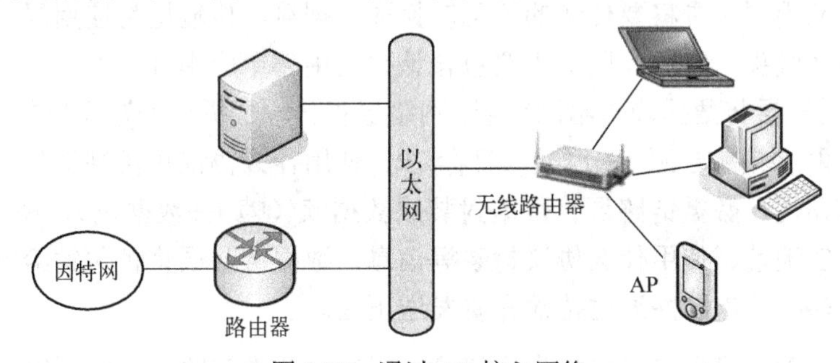

图 5.29　通过 AP 接入网络

5.4 因特网技术

任何网络只有与其他网络相互连接，才能使不同网络上的用户相互通信，以实现更大范围的资源共享和信息交流。通过相关设备，将全世界范围内的计算机网络互连起来形成一个范围涵盖全球的大网，这就是因特网。

5.4.1 基本概念

1. 因特网体系结构

因特网的核心协议是 TCP/IP 协议，也是实现全球性网络互连的基础。TCP/IP 协议采用分层化的体系结构，共分为 5 个层次，分别是物理层、数据链路层、网络层、传输层、应用层，每一层都有相应的数据传输单位和不同的协议。因特网体系结构如图 5.30 所示。

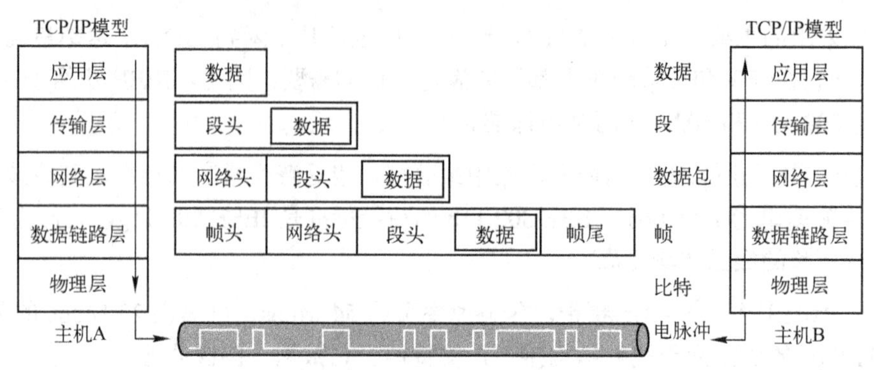

图 5.30　因特网体系结构

TCP/IP 协议的名称的来源于因特网层次模型中的两个重要协议：工作于传输层的 TCP 协议（Transmission Control Protocol）和工作于网络层的 IP 协议（Internet Protocol）。网络层的功能是在不同网络之间以统一的数据分组格式（IP 数据报）传递数据信息和控制信息，从而实现网络互连。传输层的主要功能是对网络中传输的数据分组提供必要的传输质量保障。应用层可以实现多种网络应用，如 Web 服务、文件传输、电子邮件服务等。

因特网数据传输的基本过程如下。

发送端 A：应用层负责将要传递的信息转换成数据流，传输层将应用层提供的数据流分段，称为数据段（段头+数据），段头主要包含该数据由哪个应用程序发出、使用什么协议传输等控制信息。传输层将数据段传给网络层。网络层将传输层提供的数据段封装成数据包（网络头+数据段），网络头包含源 IP 地址、目标 IP、使用什么协议等控制信息，网络层将数据包传输给数据链路层。数据链路层将数据封装成数据帧（帧头+数据包），帧头包含源 MAC 地址、目标 MAC 地址、使用什么协议封装等信息，数据链路层将帧传输给物理层形成比特流，并将比特流转换成电脉冲通过传输介质发送出去。

接收端 B：物理层将电信号转变为比特流，提交给数据链路层，数据链路层读取该帧的帧头信息，如果是发给自己的，就去掉帧头，并交给网络层处理；如果不是发给自己的，则丢弃该帧。网络层读取数据包头的信息，检查目标地址，如果是自己的，去掉数据包头交给传输层处理；如果不是，则丢弃该包。传输层根据段头中的端口号传输给应用层某个应用程序。应用层读取数据段报文头信息，决定是否做数据转换、加密等，最后 B 端获得了 A 端发送的信息。

（1）网络层协议

网络层的主要协议是 IP 协议，它是建造大规模异构网络的关键协议，各种不同的物理网络（如各种局域网和广域网）通过 IP 协议能够互连起来。因特网上的所有节点（主机和路由器）都必须运行 IP 协议。为了能够统一不同网络技术数据传输所用的数据分组格式，因特网采用统一 IP 分组（称为 IP 数据报）在网络之间进行数据传输，通常情况下这些数据分组并不是直接从源节点传输到目的节点的，而是穿过由因特网路由器连接的不同的网络和链路。

IP 协议工作过程如图 5.31 所示。

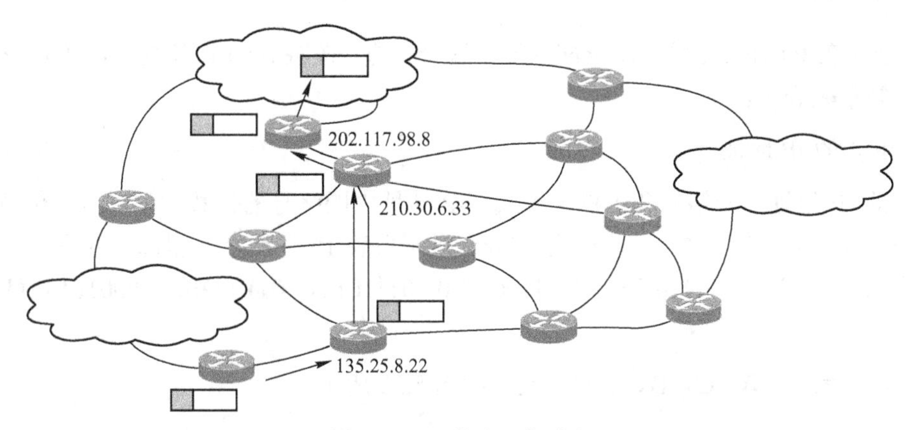

图 5.31　IP 协议工作过程

IP 协议以 IP 数据报的分组形式从发送端穿过不同的物理网络，经路由器选路和转发最终到达目的端。例如，源主机发送一个到达目的主机的 IP 数据包，IP 协议查路由表，找到下一个地址应该发往路由器 135.25.8.22（路由器 1），IP 协议将 IP 数据包转发到路由器 1，路由器 1 收到 IP 数据包，提取 IP 包中的目的地址的网络号，在路由表中查找目的网络应该发往路由器 210.30.6.33（路由器 2），IP 协议将 IP 数据包转发到路由器 2，路由器 2 收到 IP 数据包，提取 IP 包中的目的地址的网络号，在路由表中查找目的网络应该发往路由器 202.117.98.8（路由器 3），IP 协议将 IP 数据包转发到路由器 3，路由器 3 收到 IP 数据包后将数据包转发到目的主机。

（2）传输层协议

IP 数据报在传输过程中可能出现分组丢失、传输差错等错误。要保证网络中数据传送的正确，应该设置另一种协议，这个协议应该准确地将从网络中接收的数据递交给不同的应用程序，并能够在必要时为网络应用提供可靠的数据传输服务质量，这就是工作于传输层的 TCP 协议和 UDP 协议（用户数据报协议）。这两种协议的区别在于 TCP 对所接收的 IP 数据报通过差错校验、确认重传及流量控制等控制机制实现端系统之间可靠的数据传输；而 UDP 并不能为端系统提供这种可靠的数据传输服务，其唯一的功能就是在接收端将从网络中接收到的数据交付到不同的网络应用中，提供一种最基本的服务。

（3）应用层协议

应用层的协议提供不同的服务，常见的有以下几个。

① DNS 协议。DNS 用来将域名映射成 IP 地址。

② SMTP 与 POP3 协议。SMTP 与 POP3 用来收发邮件。

③ HTTP 协议。HTTP 用于传输浏览器使用的普通文本、超文本、音频和视频等数据。

④ TELNET 协议。TELNET 用于把本地的计算机仿真成远程系统的终端使用远程计算机。

⑤ FTP 协议。FTP 用于网上计算机间的双向文件传输。

2. IP 地址

因特网中的主机之间要正确地传送信息，每个主机就必须有唯一的区分标志。IP 地址就是给每个连接在 Internet 上的主机分配的一个区分标志。按照 IPv4 协议规定，每个 IP 地址用 32 位二进制数来表示。

（1）IPv4 的 IP 地址

32 位的 IP 地址由网络号和主机号组成。IP 地址中网络号的位数、主机号的位数取决于 IP 地址的类别。为了便于书写，经常用点分十进制数表示 IP 地址。即每 8 位写成一个十进制数，中间用“.”作为分隔符，如 11001010 01110101 01100010 00001010 可以写成 202.117.98.10。

IP 地址分为 A、B、C、D、E 共 5 类，如图 5.32 所示。

图 5.32　IP 地址的构成及类别

① A 类 IP 地址。一个 A 类 IP 地址以 0 开头，后面跟 7 位网络号，最后是 24 位主机号。如果用点分十进制数表示，A 类 IP 地址就由 1 字节的网络地址和 3 字节主机地址组成。A 类网络地址适用于大规模网络，全世界 A 类网只有 126 个（全 0、全 1 不分），每个网络所能容纳的计算机数为 16 777 214 台（2^{24}-2 台，全 0、全 1 不分）。

② B 类 IP 地址。一个 B 类 IP 地址以 10 开头，后面跟 14 位网络号，最后是 16 位主机号。如果用点分十进制数表示，B 类 IP 地址就由 2 字节的网络地址和 2 字节主机地址组成的。B 类网络地址适用于中等规模的网络，每个网络所能容纳的计算机数为 65 534 台（2^{16}-2 台，全 0、全 1 不分）。

③ C 类 IP 地址。一个 C 类 IP 地址以 110 开头，后面跟 21 位网络号，最后是 8 位主机号。如果用点分十进制数表示，C 类 IP 地址就由 3 字节的网络地址和 1 字节主机地址组成的。C 类网络地址数量较多，适用于小规模的局域网络，每个网络最多只能包含 254 台计算机（2^{8}-2 台，全 0、全 1 不分）。

④ D 类 IP 地址。D 类 IP 地址以 1110 开始，它是一个专门保留的地址。它并不指向特定的网络，目前这一类地址被用在多点广播中。多点广播地址用来一次寻址一组计算机，它标志共享同一协议的一组计算机。

⑤ E 类 IP 地址。E 类 IP 地址以 11110 开始，保留用于将来和实验使用。

（2）子网掩码

子网掩码又叫网络掩码，子网掩码不能单独存在，它必须结合 IP 地址一起使用。子网掩码只有一个作用，就是表明一个 IP 地址中哪些位是网络号，哪些位是主机号。子网掩码的长度是 32 位，左边是网络位，用二进制数 1 表示，1 的数目等于网络位的长度；右边是主机位，用二进制数 0 表示，0 的数目等于主机位的长度。A 类地址的默认子网掩码为 255.0.0.0；B 类地址的默认子网掩码为 255.255.0.0；C 类地址的默认子网掩码为：255.255.255.0。

例如，某公司申请到了一个 B 类网的 IP 地址分发权，网络号为 10001010 00001010，意味着该网拥有的主机数为 $2^{16}-2$=65 534 台，其主机号可以从 00000000 00000001 编到 11111111 11111110，这些主机都使用同一个网络号，这样的网络难以管理。因特网采用将一个网络划分成若干子网的技术解决这个问题，基本思想是把具有这个网络号的 IP 地址划分成若干个子网，每个子网具有相同的网络号和不同的子网号。例如，可以将 65534 个主机号按前 8 位是否相同分成 256 个子网，则每个子网中含有 254 个主机号。假定现在从子网号为 10100000 的子网中获得了一个主机号 00001010，则对应的 IP 地址为：10001010 00001010 10100000 00001010，用点分十进制数表示为 138.10.160.10，如果将该 IP 地址传给 IP 协议，IP 协议若按默认方式理解，将认为该 IP 地址的主机号为 16 位，和实际不符，这时就需要告诉 IP 协议划分了子网，需要设置子网掩码：255.255.255.0。

例如，有一 IP 地址为 202.158.96.238，对应的子网掩码为 255.255.255.240。由子网掩可知，网络号为 28 位，是 202.158.96.224，主机号为 4 位，是 14。

（3）特殊的 IP 地址

在总数大约为 40 多亿个可用 IP 地址里，还有一些常见的有特殊意义地址。

① 0.0.0.0：表示的是这样一个集合：所有不清楚的主机和目的网络。这里的“不清楚”是指在本机的路由表里没有特定条目指明如何到达。如果在网络设置中设置了默认网关，那么 Windows 系统会自动产生一个目的地址为 0.0.0.0 的默认路由。

② 255.255.255.255：限制广播地址。对本机来说，这个地址指本网段内的所有主机。这个地址不能被路由器转发。

③ 127.0.0.1：本机地址，主要用于测试。在 Windows 系统中，这个地址有一个别名“Localhost”。

④ 224.0.0.1：组播地址，从 224.0.0.0 到 239.255.255.255 都是这样的地址。224.0.0.1 特指所有主机，224.0.0.2 特指所有路由器。这样的地址多用于一些特定的程序以及多媒体程序，如果主机开启了 IRDP（Internet 路由发现协议，使用组播功能）功能，那么主机路由表中应该有这样一条路由。

⑤ 10.x.x.x，172.16.x.x～172.31.x.x，192.168.x.x：私有地址，这些地址被大量用于企业内部网络中。一些宽带路由器经常使用 192.168.1.1 作为默认地址。使用私有地址的私有网络在接入 Internet 时，要使用地址翻译将私有地址翻译成公用合法地址。在 Internet 上，这类地址是不能出现的。

（4）IP 地址的申请与分配

所有的 IP 地址都由国际组织 NIC（Network Information Center）负责统一分配，目前全世界共有三个这样的网络信息中心。ENIC 负责欧洲地区，APNIC 负责亚太地区，InterNIC

负责美国及其他地区。我国申请 IP 地址要通过 APNIC，APNIC 的总部设在澳大利亚布里斯班。申请时要考虑申请哪一类 IP 地址，然后向国内的代理机构提出申请。

3．域名系统

通过 TCP/IP 协议进行数据通信的主机或网络设备都要拥有一个 IP 地址，但 IP 地址不便记忆。为了便于使用，常常赋予某些主机（特别是提供服务的服务器）能够体现其特征和含义的名称，即主机的域名。

（1）域的层次结构

域名系统（Domain Name System，DNS）提供一种分布式的层次结构，位于顶层的域名称为顶级域名，顶级域名有两种划分方法：按地理区域划分和按组织结构划分。域名层次结构如图 5.33 所示。

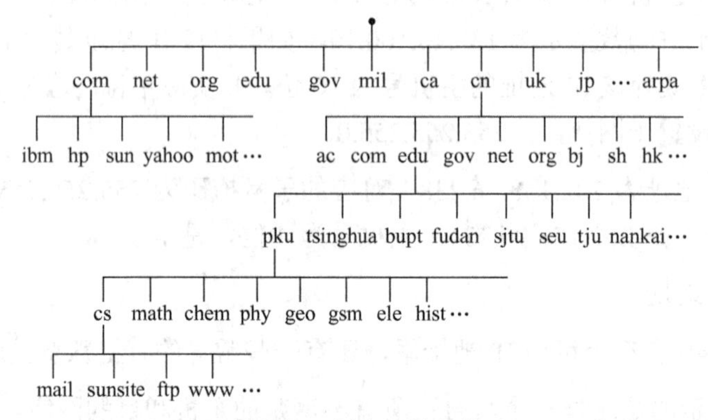

图 5.33　域名层次结构

地理域是为国家或地区设置的，如中国是 cn，美国是 us，日本是 jp 等。机构类域定义了不同的机构分类，主要包括 com（商业组织）、edu（教育机构）、gov（政府机构）、ac（学术机构）等。顶级域名下又定义了二级域名，如中国的顶级域名 cn 下又设立了 com、net、org、gov、edu 等组织结构类二级域名，以及按照各个行政区域划分的地理域名如 bj（北京）、sh（上海）等。采用同样的思想可以继续定义三级或四级域名。域名的层次结构可以看成一个树形结构，一个完整的域名中，由树叶到树根的路径点用“.”分割，如 www.nwu.edu.cn 就是一个完整的域名。

（2）域名解析

网络数据传送时需要 IP 地址进行路由选择，域名无法识别，因此必须有一种翻译机制，能将用户要访问的服务器的域名翻译成对应的 IP 地址。为此因特网提供了域名系统（DNS），DNS 的主要任务是为客户提供域名解析服务。

域名服务系统将整个因特网的域名分成许多可以独立管理的子域，每个子域由自己的域名服务器负责管理。这就意味着域名服务器维护其管辖子域的所有主机域名与 IP 地址的映射信息，并且负责向整个因特网用户提供包含在该子域中的域名解析服务。基于这种思想，因特网 DNS 有许多分布在全世界不同地理区域、由不同管理机构负责管理的域名服务器。全球共有十几台根域名服务器，其中大部分位于北美洲，这些根域名服务器的 IP 地址向所有因特网用户公开，是实现整个域名解析服务的基础。

例如，图 5.34 所示的 DNS 服务器的分层中，管辖所有顶级域名 com、edu、gov、cn、uk 等的域名服务器也被称为顶级域名服务器；顶层域名服务器下面还可以连接多层域名服务器，如顶级 cn 域名服务器又可以提供在它的分支下面的“com.cn”、“edu.cn”等域名服务器的地址。同样，在 com 顶级域名服务器之下的“yahoo.com”域名服务器，也可以作为该公司的域名服务器，提供其公司内部的不同部门所使用的域名服务器。

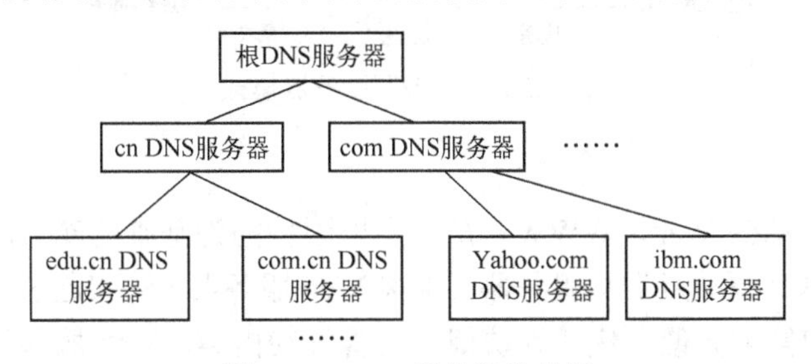

图 5.34　DNS 服务器的分层

域名解析的过程如图 5.35 所示，当客户以域名方式提出 Web 服务请求后，首先要向 DNS 请求域名解析服务，得到所请求的 Web 服务器的 IP 地址之后，才能向该 Web 服务器提出 Web 请求。

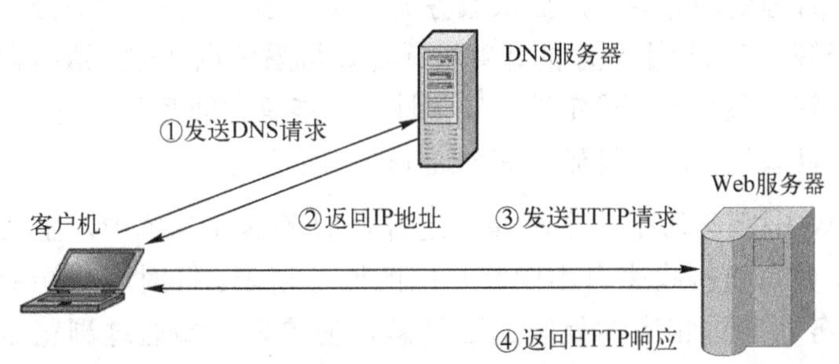

图 5.35　域名解析的过程

（3）域名的授权机制

顶级域名由因特网名字与编号分配机构直接管理和控制，负责注册和审批新的顶级域名及委托并授权其下一级管理机构控制管理顶级以下的域名。该组织还负责根和顶级域名服务器的日常维护工作。中国互联网信息中心（China Internet Network Information Center，CNNIC）作为中国的国家顶级域名 cn 的注册管理机构，负责 cn 域名根服务器和顶级服务器的日常维护和运行，以及管理并审批 cn 域下的域名使用权。因特网始于美国，DNS 服务系统最早在美国国内开始向公共网络用户服务，当然也是美国的组织结构最早向 ICANN 申请域名注册，当 ICANN 意识到需要使用地域标记来扩展越来越多的域名需求时，许多美国的机构已经注册并使用了这些不需要地域标记的域名，因此，大部分美国的企业和组织所使用的域名并不需要加上代表美国的地域标记“us”。

5.4.2　因特网基本服务

因特网采用客户机/服务器（Client /Server）应用模式，其工作过程如图 5.36 所示。通常情况下，一个客户机启动与某个服务器的对话。服务器通常是等待客户机请求的一个自动程序。客户机通常是作为某个用户请求或类似于用户的某个程序提出的请求而运行的。协议是客户机请求服务器和服务器如何应答请求的各种方法的定义。

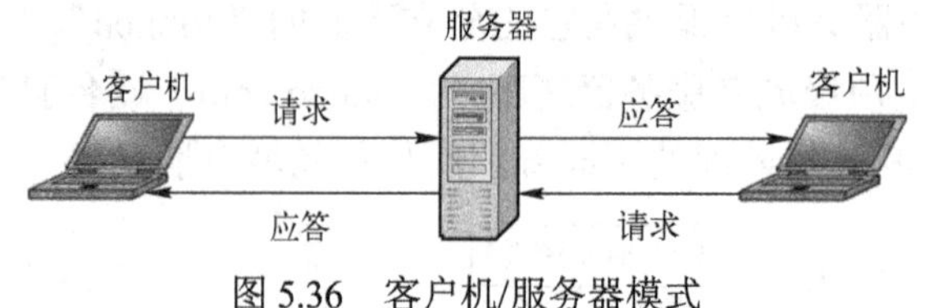

图 5.36 客户机/服务器模式

1. WWW 服务

万维网（World Wide Web，WWW）是一个以因特网为基础的庞大的信息网络，它将因特网上提供各种信息资源的万维网服务器（也称 Web 服务器）连接起来，使得所有连接在因特网上的计算机用户能够方便、快捷地访问自己喜好的内容。Web 服务的组成部分包括：提供 Web 信息服务的 Web 服务器、从 Web 服务器获取各种 Web 信息的浏览器、定义服务器和浏览器之间交换数据信息规范的 HTTP 协议及 Web 服务器所提供的网页文件。

（1）Web 服务器与浏览器

服务器指一个管理资源并为用户提供服务的程序，通常分为文件服务器、数据库服务器和应用程序服务器等。运行以上程序的计算机或计算机系统也被称为服务器，相对于普通 PC 来说，服务器（计算机系统）在稳定性、安全性、性能等方面都要求更高。因此，其 CPU、芯片组、内存、磁盘系统、网络等硬件和普通 PC 有所不同。

这里所说的 Web 服务器是一个程序，运行在服务器计算机中，主要任务是管理和存储各种信息资源，并负责接收来自不同客户端的服务请求。针对客户端所提出各种信息服务请求，Web 服务器通过相应的处理返回信息，使得客户端通过浏览器能够看到相应的结果。

Web 客户端可以通过各种 Web 浏览器程序实现，浏览器是可以显示 Web 服务器或文件系统的 HTML 文件内容，并让用户与这些文件交互。浏览器的主要任务是接收用户计算机的 Web 请求，并将这个请求发送给相应的 Web 服务器，当接收到 Web 服务器返回的 Web 信息时，负责显示这些信息。大部分浏览器本身除了支持 HTML 之外，还支持 JPEG、PNG、GIF 等图像格式，并且能够扩展支持众多的插件。常用的 Web 浏览器有 Microsoft Internet Explorer、Netscape Navigator 和 Firefox 等。

（2）URL

浏览器中的服务请求通过在浏览器的地址栏定位一个统一资源定位（Uniform Resource Locator，URL）链接提出。统一资源定位符是用于完整地描述 Internet 上网页和其他资源的地址的一种标志方法。Internet 上的每一个网页都具有一个唯一的名称标志，通常称之为 URL 地址，简单地说，URL 就是 Web 地址，俗称网址。

URL 由三部分组成：协议类型、主机名和路径及文件名，基本格式如下：

协议类型://主机名/路径及文件名

例如：http://www.nwu.edu.cn/index.html。

协议指所使用的传输协议，最常用的是 HTTP 协议，它也是目前 WWW 中应用最广的协议，还可以指定的协议有 FTP、GOPHER、TELNET、FILE 等。

主机名是指存放资源的服务器的域名或 IP 地址。有时，在主机名前可以包含连接到服务器所需的用户名和密码。

路径是由零个或多个“/”符号隔开的字符串，用来表示主机上的一个目录或文件地址。文件名则是所要访问的资源的名字。

（3）超文本传输协议

万维网的另一个重要组成部分是超文本传输协议（HTTP），定义了 Web 服务器和浏览器之间信息交换的格式规范。运行在不同操作系统上的客户浏览器程序和 Web 服务器程序通过 HTTP 协议实现彼此之间的信息交流和理解。HTTP 协议是一种非常简单而直观的网络应用协议，主要定义了两种报文格式：一种是 HTTP 请求报文，定义了浏览器向 Web 服务器请求 Web 服务时所使用的报文格式；另一种是 HTTP 响应报文，定义了 Web 服务器将相应的信息文件返回给用户浏览器所使用的报文格式。

（4）Web 网页

网页是构成网站的基本元素，是承载各种网站应用的平台。Web 网页采用超文本标记语言 HTML 格式书写，由多个对象构成，如 HTML 文件、JPG 图像、GIF 图像、Java 程序、语音片段等。不同网页之间通过超链接发生联系。网页有多种分类，通常可分为静态网页和动态网页。静态网页的文件扩展名多为.htm 或.html，动态网页的文件扩展名多为.php 或.asp。

静态网页由标准的 HTML（超文本标记语言）构成，不需要通过服务器或用户浏览器运算或处理生成。这就意味着用户对一个静态网页发出访问请求后，服务器只是简单地将该文件传输到客户端。所以，静态页面多通过网站设计软件来进行设计和更改，相对比较滞后。动态网页是在用户请求 Web 服务的同时由两种方式及时产生：一种方式是由 Web 服务器解读来自用户的 Web 服务请求，并通过运行相应的处理程序，生成相应的 HTML 响应文档，并返回给用户；另一种方式是服务器将生成动态 HTML 网页的任务留给用户浏览器，在响应给用户的 HTML 文档中嵌入应用程序，由用户端浏览器解释并运行这部分程序以生成相应的动态页面。

静态网页是网站建设的基础，静态网页和动态网页之间并不矛盾，各有特点。网站采用动态网页还是静态网页主要取决于网站的功能需求和网站内容的多少，如果网站功能比较简单，内容更新量不是很大，采用纯静态网页的方式会更简单，反之则要采用动态网页技术来实现。在同一个网站上，动态网页内容和静态网页内容同时存在也是很常见的事情。

2. 电子邮件服务

电子邮件（E-mail）也是因特网最常用的服务之一，利用 E-mail 可以传输各种格式的文本信息及图像、声音、视频等多种信息。

（1）E-mail 系统的构成

E-mail 服务采用客户机/服务器的工作模式，一个电子邮件系统包含三部分：用户主机、邮件服务器和电子邮件协议。

用户主机运行用户代理UA，通过它来撰写信件、处理来信（使用SMTP协议将用户的邮件传送到它的邮件服务器，用POP协议从邮件服务器读取邮件到用户的主机）、显示来信。

邮件服务器运行传送代理MTA，邮件服务器设有邮件缓存和用户邮箱。主要作用：一是接收本地用户发送的邮件，并存于邮件缓存中待发，由MTA定期扫描发送；二是接收发给本地用户的邮件，并将邮件存放在收信人的邮箱中。

（2）邮件地址

很多站点提供免费的电子邮箱，只要能访问这些站点的免费电子邮箱服务网页，用户就可以免费建立并使用自己的电子邮箱。每个电子邮箱都有唯一的地址，电子邮箱的地址格式如下：

收信人用户名@邮箱所在的主机域名

例如：zhang8808@126.com表示用户zhang8808在主机名为“126.com”的邮件服务器上申请了邮箱。

（3）邮件的收发

发送与接收电子邮件有两种方式：基于Web方式的邮件访问协议和客户端软件方式。基于Web方式的邮件访问协议，如126，用户使用超文本传输协议HTTP访问电子邮件服务器的邮箱，在该电子邮件系统网址上输入用户的用户名和密码，进入用户的电子邮件信箱，然后处理用户的电子邮件。这种方式使用方便，但速度比较慢。客户端软件方是指用户通过一些安装在个人计算机上的支持电子邮件基本协议的软件使用和管理电子邮件。这些软件（如Microsoft Outlook和Foxmail）往往融合了先进、全面的电子邮件功能，利用这些客户端软件可以进行远程电子邮件操作，还可以同时处理多个账号的电子邮件，而且速度比较快。

邮件的收发过程如图5.37所示。

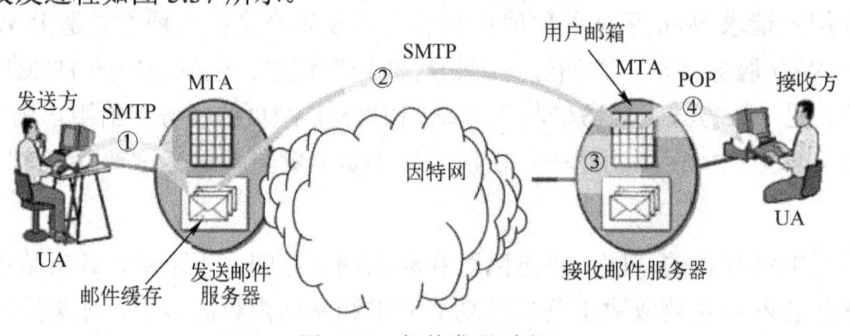

图5.37　邮件发送过程

① 发送主机调用UA撰写邮件，并通过SMTP将客户的邮件交付发送邮件服务器，发送邮件服务器将其用户的邮件存储于邮件缓存，等待发送。

② 发送邮件服务器每隔一段时间对邮件缓存进行扫描，如果发现有待发邮件就通过SMTP发向接收邮件服务器。

③ 接收邮件服务器接收到邮件后，将它们放入收信人的邮箱中，等待收信随时读取。

④ 接收用户主机通过POP协议从接收方服务器上检索邮件，下载邮件后可以阅读、处理邮件。

3. 文件传输服务

（1）FTP 工作模式

与大多数 Internet 服务一样，FTP 也是一个客户机/服务器系统。用户通过一个支持 FTP 协议的客户机程序连接到远程主机上的 FTP 服务器程序。用户通过客户机程序向服务器程序发出命令，服务器程序执行用户所发出的命令，并将执行的结果返回客户机。FTP 主要用于下载共享软件。在 FTP 的使用当中，用户经常遇到两个概念：下载（Download）和上传（Upload）。下载文件就是从远程主机复制文件至自己的计算机上；上传文件就是将文件从自己的计算机中复制至远程主机上。

用户在访问 FTP 服务器之前必须登录，登录时需要用户给出其在 FTP 服务器上的合法账号和口令。但很多用户没有获得合法账号和口令，这就限制了共享资源的使用。所以，许多 FTP 服务器支持匿名 FTP 服务，匿名 FTP 服务不再验证用户的合法性，为了安全，大多数匿名 FTP 服务器只准下载、不准上传。

（2）FTP 客户程序

需要进行远程文件传输的计算机必须安装和运行 FTP 客户程序。常见的 FTP 客户程序有三种类型：FTP 命令行、浏览器和下载软件。

① FTP 命令行。在安装 Windows 操作系统时，通常都安装了 TCP/IP 协议，其中就包含了 FTP 命令。但是该程序是字符界面而不是图形界面，必须以命令提示符的方式进行操作。FTP 命令是因特网用户使用最频繁的命令之一，无论在 DOS 还在 UNIX 操作系统下使用 FTP 都会遇到大量的 FTP 内部命令。熟悉并灵活应用 FTP 的内部命令，可以收到事半功倍之效。但其命令众多，格式复杂，对于普通用户来说，比较难掌握。所以，一般用户在下载文件时常通过浏览器或专门的下载软件来实现。

② 浏览器。启动 FTP 客户程序的另一途径是使用浏览器，用户只需在地址栏中输入如下格式的 URL 地址：

FTP:// [用户名:口令@]ftp 服务器域名:[端口号]

即可登录对应的 FTP 服务器。同样，在命令行下也可以用上述方法连接，通过 put 命令和 get 命令达到上传和下载的目的，通过 ls 命令列出目录。除了上述方法外，还可以在命令行下输入 ftp 并回车，然后输入 open 来建立一个连接。

通过浏览器启动 FTP 的方法尽管可以使用，但是速度较慢，还会因将密码暴露在浏览器中而不安全。

③ 下载软件。为了实现高效文件传输，用户可以使用专门的文件传输程序，这些程序不但简单易用，而且支持断点续传。所谓断点续传，是指在下载或上传时，将下载或上传任务（一个文件或一个压缩包）划分为几个部分，每一个部分采用一个线程进行上传或下载，如果碰到网络故障而终止，等到故障消除后可以继续上传或下载余下的部分，而没有必要从头开始，可以节省时间，提高速度。迅雷、快车、BitComet、优酷、百度视频、新浪视频、腾讯视频等都支持断点续传。

4. 远程登录服务

远程登录是指用户使用 Telnet 命令，使自己的计算机暂时成为远程主机的一个仿真终端的过程。仿真终端只负责把用户输入的每个字符传递给主机，主机进行处理后，再将结果传回并显示在屏幕上。Telnet 是进行远程登录的标准协议和主要方式，它为用户提供了在本地计算机上完成远程主机工作的能力。

使用 Telnet 协议进行远程登录时需要满足以下条件：在本地计算机上必须装有包含 Telnet 协议的客户程序，必须知道远程主机的 IP 地址或域名，必须有合法的用户名和口令。

Telnet 远程登录服务分为以下 4 个阶段：

① 本地计算机和远程主机建立连接，该过程实际上是建立一个 TCP 连接；

② 将本地终端上输入的用户名和口令及以后输入的任何命令或字符以网络虚拟终端（NVT）格式传送到远程主机；

③ 将传回的 NVT 格式的数据转化为本地所接受的格式送回本地终端，包括输入命令回显和命令执行结果；

④ 最后，本地终端对远程主机撤销连接，该过程实际上是撤销一个 TCP 连接。

5.4.3 因特网信息检索

因特网信息检索又称因特网信息查询或检索，是指通过因特网，借助网络检索工具，根据信息需求，在按一定方式组织和存储起来的因特网信息集合中查找出有关信息的过程。网络检索工具通常称为检索引擎，著名的检索工具有百度、Google 等。用户以关键词、词组或自然语言构成检索表达式，提出检索要求，检索引擎代替用户在数据库中进行检索，并将检索结果提供给用户。它一般支持布尔检索、词组检索、截词检索、字段检索等功能，下面以百度为例说明检索引擎的使用。

1. 基本检索

（1）逻辑“与”操作

无须用明文的“+”来表示逻辑“与”操作，只用空格就可以了。

例如，以“西北大学 图书馆”为关键字就可以查出同时包含“西北大学”和“图书馆”两个关键字的全部文档。

注意：文章中检索语法外面的引号仅起引用作用，不能带入检索栏内。

（2）逻辑“非”操作

用英文字符“-”表示逻辑“非”操作。例如，“西北大学-图书馆”（正确），“西北大学-图书馆”（错误）。

注意：前一个关键词和减号之间必须有空格，否则，减号会被当成连字符处理，而失去减号语法功能。

（3）并行搜索

使用“A|B”来搜索“或者包含词语 A，或者包含词语 B”的网页。

例如：您要查询“图片”或“写真”相关资料，无须分两次查询，只要输入“图片|写真”搜索即可。百度会提供跟“|”前后任何字词相关的资料，并把最相关的网页排在前列。

（4）精确匹配：双引号和书名号

例如，搜索秦岭的山水，如果不加双引号，搜索结果效果不是很好，但加上双引号后，“秦岭的山水”，获得的结果就全是符合要求的了。

加上书名号后，《大秦帝国》检索结果就都是关于电影方面的了。

2．高级检索

（1）site：检索指定网站的文件

site 对检索的网站进行限制，它表示检索结果局限于某个具体网站或某个域名，从而大大缩小检索范围，提高检索效率。

例：查找英国高校图书馆网页信息（限定国家）。

检索表达式：university. library site:uk

例：查找中国教育网有关信息（限定领域）。

检索表达式：图书馆 site:edu.cn

（2）filetype：检索制定类型的文件

filetype 检索主要用于查询某一类文件（往往带有同一扩展名）。

可检索的文件类型包括：Adobe Portable Document Format（PDF）、Adobe PostScript（PS）、Microsoft Excel（XLS）、Microsoft PowerPoint（PPT）、Microsoft Word（DOC）、Rich Text Format（RTF）等 12 种文件类型。其中最重要的文档检索是 PDF 检索。

例如，查找关于生物的生殖发育方面的教学课件。

检索表达式：生物 生殖 发育 filetype:ppt

例如，查找关于遗传算法应用的 PDF 格式论文。

检索表达式：遗传算法 filetype:pdf

例如，查找 DOC 格式查新报告样本。

检索表达式：查新报告 filetype:doc

（3）inurl：检索的关键字包含在 URL 链接中

inurl:语法返回的网页链接中包含第一个关键字，后面的关键字则出现在链接中或网页文档中。有很多网站把某一类具有相同属性的资源名称显示在目录名称或网页名称中，如“mp3”、“photo”等。于是，就可以用 inurl:语法找到这些相关资源链接，然后用第二个关键词确定是否有某项具体资料，如检索表达式“inurl:mp3 那英”。

（4）Intitle：检索的关键词包含在网页的标题之中

“intitle”的标准搜索语法是“关键字 intitle:关键字”。

其实“intitle”后面跟的词也算是关键字之一，不过一般我们可以将多个关键字中最重要的词放在这里，如果想找圆明园的历史，那么由于“圆明园”这个字非常关键，所以选择“圆明园历史”为关键字，不如选“历史 intitle:圆明园”效果好。

5.5 网络安全

网络安全涉及计算机科学技术、网络技术、通信技术、密码技术、信息安全技术等多个学科。从本质上讲，网络安全就是网络上的信息安全。

5.5.1 网络安全的含义与特征

随着计算机技术的迅速发展，系统的连接能力也在不断提高。与此同时，基于网络连接的安全问题也日益突出。

（1）网络安全的含义

网络安全是指网络系统的硬件、软件及系统中的数据受到保护，不因偶然或恶意的原因而遭受到破坏、更改、泄露，系统连续、可靠、正常地运行，网络服务不中断。从广义来说，凡是涉及网络上信息的保密性、完整性、可用性和可控性的相关技术和理论都是网络安全的研究领域。

（2）基本特征

网络安全具有以下4方面的特征。

① 保密性：信息不泄露给非授权用户、实体或过程。

② 完整性：数据未经授权不能进行改变，即信息在存储或传输过程中保持不被修改、不被破坏和丢失。

③ 可用性：在任意时刻满足合法用户的合法需求。

④ 可控性：对信息的传播及内容具有控制能力。

5.5.2 基本网络安全技术

网络安全技术致力于解决如何有效进行介入控制，以及如何保证数据传输的安全性，主要包括数据加密技术、数字签名技术、认证技术等。

1. 数据加密技术

数据加密是指将原始的信息进行重新编码，将原始信息称为明文，经过加密的数据称为密文。密文即便在传输中被第三方获取，也很难从得到的密文破译出原始的信息，接收端通过解密得到原始数据信息。加密技术不仅能保障数据信息在公共网络传输过程中的安全性，同时也是实现用户身份鉴别和数据完整性保障等安全机制的基础。

加密技术包括两个元素：算法和密钥。算法是将普通的文本（或可以理解的信息）与一串数字（密钥）运算，产生不可理解的密文的步骤。在安全保密中，可通过适当的密钥加密技术和管理机制来保证网络的信息通信安全。加密技术的基本原理如图5.38所示。

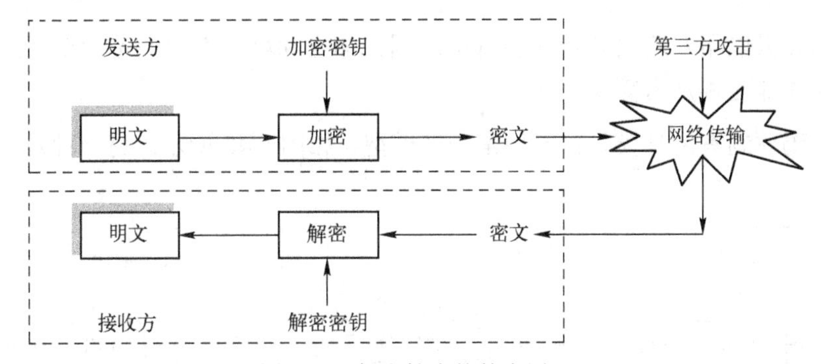

图 5.38　加密技术的基本原理

根据加密和解密的密钥是否相同，加密算法可分为对称密码体制和非对称密码体制。

（1）对称加密

对称加密采用了对称密码编码技术，它的特点是文件加密和解密使用相同的密钥。除了数据加密标准算法（DES）外，另一个常见的对称密钥加密系统是国际数据加密算法（IDEA），它比 DES 的加密性好，而且对计算机功能要求也不高。IDEA 加密标准由 PGP（Pretty Good Privacy）系统使用。对称加密又称常规加密，其基本原理如图 5.39 所示。

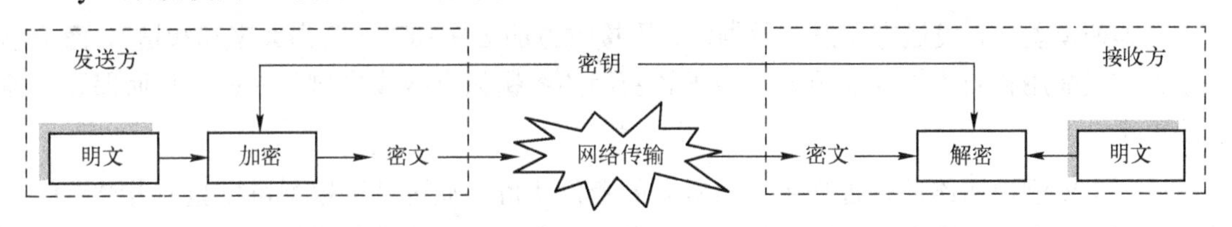

图 5.39　对称加密的基本原理

① 明文：作为算法输入的原始信息。

② 加密算法：加密算法可以对明文进行多种置换和转换。

③ 共享的密钥：共享的密钥也是算法的输入。算法实际进行的置换和转换由密钥决定。

④ 密文：作为输出的混合信息，由明文和密钥决定，对于给定的信息来讲，两种不同的密钥会产生两种不同的密文。

⑤ 解密算法：是加密算法的逆向算法。它以密文和同样的密钥作为输入，并生成原始明文。

对称加密速度快，适合于大量数据的加密传输。但是，对称加密必须首先解决对称密钥的发送问题，而且对加密有两个安全要求：

① 需要强大的加密算法；

② 发送方和接收方必须使用安全的方式来获得密钥的副本，必须保证密钥的安全。如果有人发现了密钥，并知道了算法，则使用此密钥的所有通信便都是可读取的。

（2）非对称加密

与对称加密算法不同，非对称加密算法需要两个密钥：公钥和私钥。两个密钥成对出现，互不可推导。如果用公钥对数据进行加密，只能用对应的私钥才能解密。如果用私钥对数据进行加密，那么只能用对应的公钥才能解密。因为加密和解密使用的是两个不同的密钥，所以这种算法叫做非对称加密算法。

非对称密码体制有两种模型：一种是加密模型，如图5.40所示；另一种是认证模型，如图5.41所示。

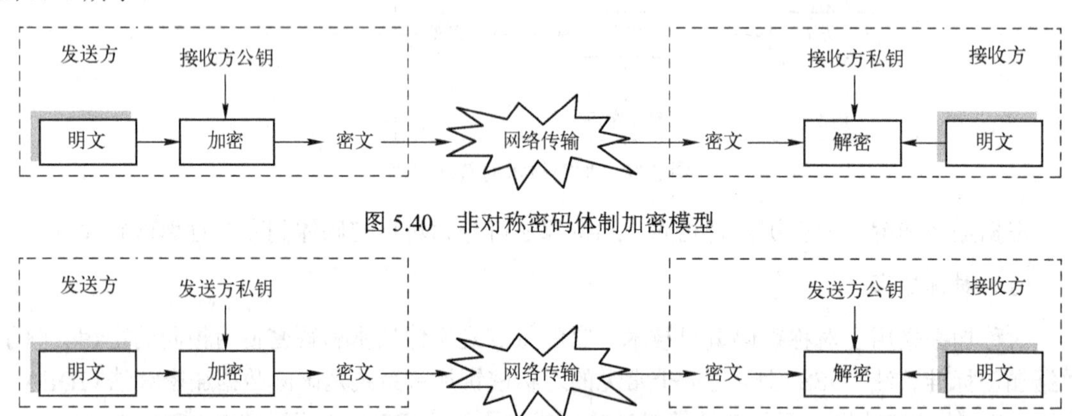

图5.40 非对称密码体制加密模型

图5.41 非对称密码体制认证模型

在加密模型中，发送方在发送数据时，用接收方的公钥加密（公钥大家都知道），而信息在接收方只能用接收方的私钥解密，由于解密用的密钥只有接收方自己知道，从而保证了信息的机密性。

认证主要解决网络通信过程中通信双方的身份认可。通过认证模型可以验证发送者的身份、保证发送者不可否认。在认证模型中，发送者必须用自己的私钥加密，而解密者则必须用发送者的公钥解密，也就是说，任何一个人，只要能用发送者的公钥解密，就能证明信息是谁发送的。

2. 认证技术

所谓认证，是指证实被认证对象是否属实和是否有效的一个过程。其基本思想是通过验证被认证对象的属性来确认被认证对象是否真实有效。认证常常被用于通信双方相互确认身份，以保证通信的安全。一般可以分为两种：消息认证和身份认证，消息认证用于保证信息的完整性；身份认证用于鉴别用户身份。

（1）消息认证

消息认证就是一定的接收者能够检查收到的消息是否真实的方法。消息认证又称为完整性校验，它在银行业称为消息认证，在OSI安全模式中称为封装。消息认证的内容主要包括：

① 证实消息的信源和信宿。

② 消息内容是否受到偶然或有意的篡改。

③ 消息的序号和时间性是否正确。

消息认证实际上是对消息本身产生一个冗余的消息认证码，它对于要保护的信息来说是唯一的，因此可以有效地保护消息的完整性，以及实现发送方消息的不可抵赖和不能伪造。

消息认证技术可以防止数据的伪造和被篡改，以及证实消息来源的有效性。消息认证的工作机制如图 5.42 所示。

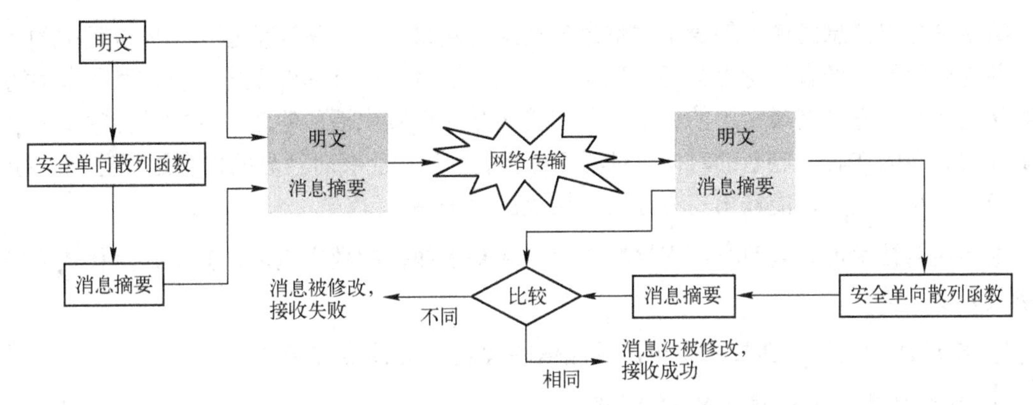

图 5.42　消息认证的工作机制

其中，安全单向散列函数具有以下基本特性：

① 一致性：相同的输入一定产生相同的输出。

② 单向性：只能由明文产生消息摘要，而不能由消息摘要推出明文。

③ 唯一性：不同的明文产生的消息摘要不同。

④ 易于实现高速计算。

（2）身份认证技术

身份认证是指计算机及网络系统确认操作者身份的过程。身份认证技术的发展，经历了从软件认证到硬件认证、从静态认证到动态认证的过程。常见的身份认证技术包括以下几类。

① 口令认证。传统的认证技术主要采用基于口令的认证。当被认证对象要求访问提供服务的系统时，认证方要求被认证对象提交口令，认证方收到口令后，将其与系统中存储的用户口令进行比较，以确认被认证对象是否为合法访问者。基于口令的认证实现简单，不需要额外的硬件设备，但易被猜测。

② 一次口令机制。一次口令机制采用动态口令技术，是一种让用户的密码按照时间或使用次数不断动态变化，且每个密码只使用一次的技术。它采用一种称之为动态令牌的专用硬件来产生密码，因为只有合法用户才持有该硬件，所以只要密码验证通过就可以认为该用户的身份是可靠的。用户每次使用的密码都不相同，即使黑客截获了一次密码，也无法利用这个密码来仿冒。

③ 生物特征认证。生物特征认证是指采用每个人独一无二的生物特征来验证用户身份的技术，常见的有指纹识别、虹膜识别等。从理论上说，生物特征认证是最可靠的身份认证方式，因为它直接使用人的物理特征来表示每一个人的数字身份。

3. 数字签名技术

网络通信中，希望能有效防止通信双方的欺骗和抵赖行为。简单的报文鉴别技术只能使通信免受来自第三方的攻击，无法防止通信双方之间的互相攻击。例如，Y 伪造一个消息，声称是从 X 收到的；或者 X 向 Z 发了消息，但 X 否认发过该消息。为此，需要有一种新的技术来解决这种问题，数字签名技术为此提供了一种解决方案。

数字签名将信息发送人的身份与信息传送结合起来，可以保证信息在传输过程中的完整性，并提供信息发送者的身份认证，以防止信息发送者抵赖行为的发生，目前利用非对称加密算法进行数字签名是最常用的方法。数字签名是对现实生活中笔迹签名的功能模拟，能够用来证实签名的作者和签名的时间。对消息进行签名时，能够对消息的内容进行鉴别。同时，签名应具有法律效力，能被第三方证实，用以解决争端。

数字签名技术可分为两类：直接数字签名和基于仲裁的数字签名。其中，直接数字签名方案具有以下特点：

① 实现比较简单，在技术上仅涉及通信的源点 X 和终点 Y 双方。

② 终点 Y 需要了解源点 X 的公开密钥。

③ 源点 X 可以使用其私钥对整个消息报文进行加密来生成数字签名。

④ 更好的方法是使用发送方私钥对消息报文的散列码进行加密来形成数字签名。

直接数字签名的基本过程是：数据源发送方通过散列函数对原文产生一个消息摘要，用自己的私钥对消息摘要进行加密处理，产生数字签名，数字签名与原文一起传送给接收者。签名过程如图 5.43 所示。

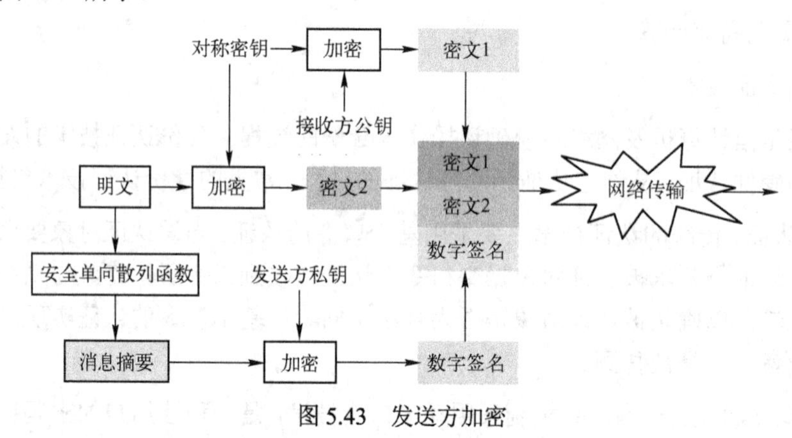

图 5.43　发送方加密

接收者使用发送方的公钥解密数字签名得到消息摘要，若能解密，则证明信息不是伪造的，实现了发送者认证。然后用散列函数对收到的原文产生一个摘要信息，与解密的摘要信息对比，如果相同，则说明收到的信息是完整的，在传输过程中没有被修改，否则说明信息被修改过，因此数字签名能够验证信息的完整性。接收方解密过程如图 5.44 所示。

数字签名技术是网络中确认身份的重要技术，完全可以代替现实中的亲笔签字，在技术和法律上有保证。在数字签名应用中，发送者的公钥可以很方便地得到，但他的私钥则需要严格保密。利用数字签名技术可以实现数据的完整性，但由于文件内容太大，加密和解密速度慢，目前主要采用消息摘要技术，通过消息摘要技术可以将较大的报文生成较短的、长度固定的消息摘要，然后仅对消息摘要进行数字签名，而接收方对接收的报文进行处理产生消息摘要，与经过签名的消息摘要比较，便可以确定数据在传输中的完整性。

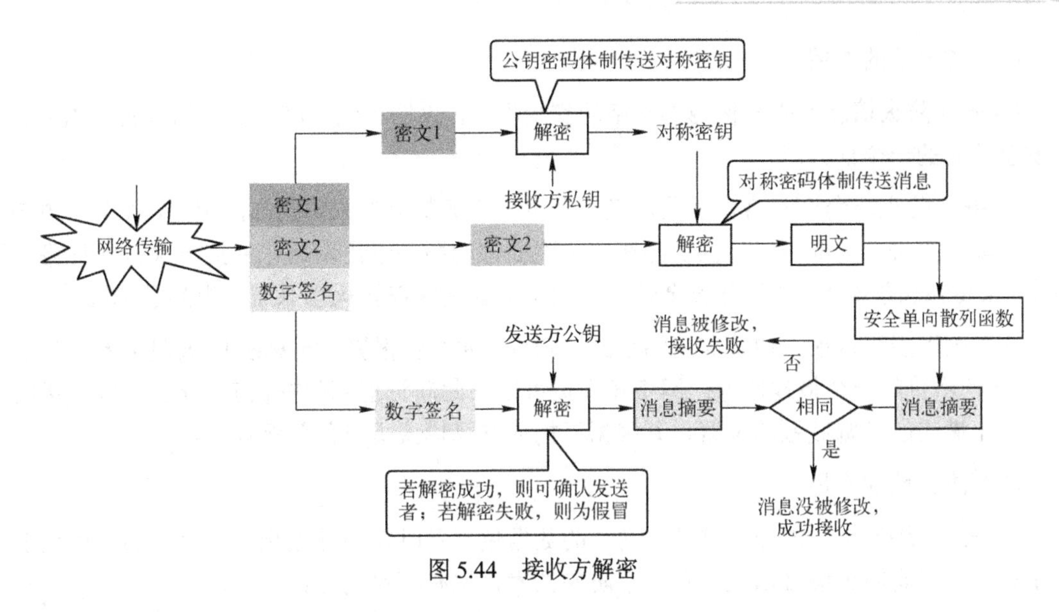

图5.44 接收方解密

4. 防火墙技术

防火墙是在网络之间执行安全控制策略的系统，用于保证本地网络资源的安全，通常是包含软件部分和硬件部分的一个系统或多个系统的组合。设置防火墙的目的是保护内部网络资源不被外部非授权用户使用，防止内部网络受到外部非法用户的攻击。

（1）防火墙的一般形式

防火墙通过检查所有进出内部网络数据包的合法性，判断是否会对网络安全构成威胁，为内部网络建立安全边界。一般而言，防火墙系统有两种基本形式：包过滤路由器和应用级网关。最简单的防火墙由一个包过滤路由器组成，而复杂的防火墙系统由包过滤路由器和应用级网关组合而成。在实际应用中，由于组合方式有多种，防火墙系统的结构也有多种形式。防火墙一般形式如图5.45所示。

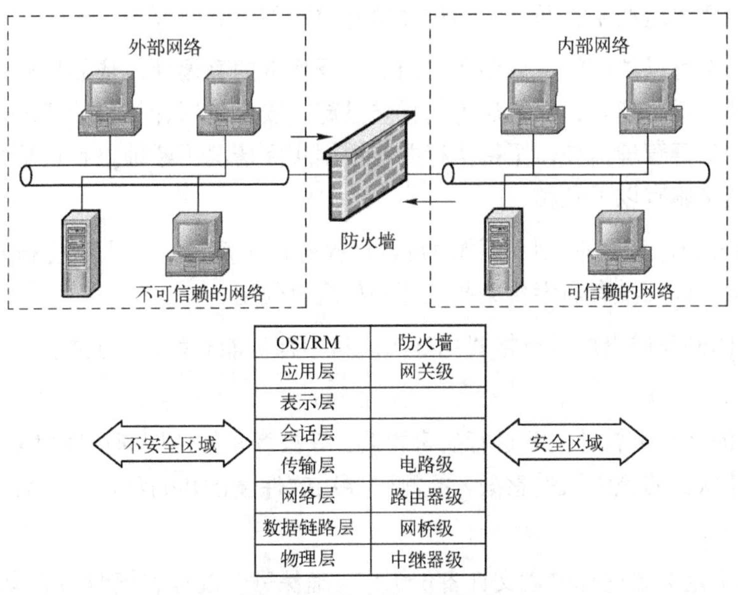

OSI/RM	防火墙
应用层	网关级
表示层	
会话层	
传输层	电路级
网络层	路由器级
数据链路层	网桥级
物理层	中继器级

图5.45 防火墙一般形式

（2）防火墙的作用

Internet防火墙能增强机构内部网络的安全性。防火墙不仅是网络安全的设备的组合，更是安全策略的一个部分。

Internet防火墙允许网络管理员定义一个中心“扼制点”来防止非法用户，如防止黑客、网络破坏者等进入内部网络，禁止存在安全脆弱性的服务进出网络，并抗击来自各种路线的攻击。Internet防火墙能够简化安全管理，网络的安全性在防火墙系统上得到了加固。

在防火墙上可以很方便地监视网络的安全性，并产生报警。Internet防火墙是审计和记录Internet使用量的一个最佳地方。网络管理员可以在此向管理部门提供Internet连接的费用情况，查出潜在的带宽瓶颈的位置，并根据机构的核算模式提供部门级计费。

（3）防火墙的不足

对于防火墙而言，能通过监控所通过的数据包来及时发现并阻止外部对内部网络系统的攻击行为。但是防火墙技术是一种静态防御技术，也有不足之处：

① 防火墙无法理解数据内容，不能提供数据安全。

② 防火墙无法阻止来自内部的威胁。

③ 防火墙无法阻止绕过防火墙的攻击。

④ 防火墙无法防止病毒感染程序或文件的传输。

5．病毒防治技术

计算机病毒是一种人为蓄意制造的、以破坏为目的的程序。它寄生于其他应用程序或系统的可执行部分，通过部分修改或移动其他的程序，将自身复制加入其中或占据原程序的部分并隐藏起来，在条件适当时发作，对计算机系统起破坏作用。计算机病毒具有寄生性、传染性、潜伏性、破坏性和可触发性的特点。计算机病毒之所以称之为病毒是因为其具有传染性的本质，其传播渠道通常有两种：通过存储介质和网络。

计算机病毒是可以防范的，只要在思想上有反病毒的警惕性，依靠反病毒技术和管理措施，病毒就不能广泛传播。计算机病毒的预防措施是安全使用计算机的要求，所以，需要制定一套严格的防病毒管理措施，坚持执行并能根据实际情况不断地进行调整和监督。计算机病毒的常见预防措施有以下几种。

① 对新购置的计算机系统用检测病毒软件检查已知病毒，用人工检测方法检查未知病毒，并经过实验，证实没有病毒传染和破坏迹象后再使用。

② 新购置的硬盘或出厂时已格式化好的软盘中都可能有病毒。对硬盘可以进行检测或进行低级格式化。

③ 新购置的计算机软件也要进行病毒检测。有些著名软件厂商在发售软件时，软件已被病毒感染或存储软件的磁盘已受感染。检测时要用软件查已知病毒，也要用人工检测和实际实验的方法检测。

④ 定期与不定期地进行磁盘文件备份工作，确保每一过程和细节的准确、可靠。万一系

统崩溃，能最大限度地恢复系统原样，减少可能的损失。重要的数据应当时进行备份，当然，备份前要保证没有病毒。

⑤ 确认工作用计算机或家用计算机设置了使用权限及专人使用的保护机制，禁止来历不明的人和软件进入系统。

⑥ 在引入和使用新的系统和应用软件之前，使用最新、最好的反毒软件检测。

⑦ 选择使用公认质量最好、升级服务最及时、对新病毒响应和跟踪最迅速有效的反病毒产品，定期维护和检测计算机系统。

⑧ 仔细研究所使用的反病毒软件的各项功能，不同模块各担负什么样的职责，都有哪些应用组合，不同的运行命令行（或选项设置）参数具有怎样不同的查杀效果等，最大限度地发挥反病毒工具的作用。另外，需要注意的是，不同厂家的不同产品肯定有各自的强项和长处，建议用户使用不止一种反病毒产品。通常，使用一种以上具有互补特点的反病毒工具往往会收到事半功倍的效果。

⑨ 及时升级反病毒产品。每天都会有新的病毒产生，反病毒产品必须适应病毒的发展，不断升级，才能为系统提供真正安全的环境。

5.6 知识扩展

5.6.1 IPv6 技术

目前使用的第二代互联网 IPv4 技术，核心技术属于美国。它的最大问题是网络地址资源有限，从理论上讲，编址可以拥有 1600 多万个网络、40 多亿台主机。但采用 A、B、C 三类编址方式后，可用的网络地址和主机地址的数目急剧减少，目前，IP 地址已经枯竭。中国截至 2010 年 6 月 IPv4 地址数量仅有 2.5 亿左右，已不能满足 4.2 亿网民的需求。地址不足，严重地制约了我国及其他国家互联网的发展。

在这样的环境下，IPv6 应运而生。IPv6 地址长度为 128 位，仅从数字上来说，IPv6 所拥有的地址容量理论上最多可达 2^{128}，是 IPv4 的 2^{96} 倍。这不但解决了传统网络地址数量有限的问题，同时也为除计算机外的其他设备接入互联网提供了基础。

1. IPv6 编址

从 IPv4 到 IPv6，最显著的变化就是网络地址的长度。IPv6 地址有 128 位，一般采用 32 个十六进制数表示。IPv6 地址由两个逻辑部分组成：64 位的网络前缀和 64 位的主机地址，主机地址通常根据物理地址自动生成。

例如，2F01:00b0:80A3:0803:1310:802E:0070:7044 就是一个合法的 IPv6 地址。

2. IPv6 的优势

与 IPv4 相比，IPv6 具有以下几个优势。

① IPv6 具有更大的地址空间。

② IPv6 使用更小的路由表。IPv6 的地址分配一开始就遵循聚类的原则，这使得路由器能在路由表中用一条记录表示一片子网，大大减小了路由器中路由表的长度，提高了路由器转发数据包的速度。

③ IPv6 增加了增强的组播支持及对流的支持，这使得多媒体应用有了更好的支持。

④ IPv6 加入了对自动配置的支持，使得网络的管理更加方便和快捷。

⑤ IPv6 具有更高的安全性，在 IPv6 网络中，用户可以对网络层的数据进行加密并对 IP 报文进行校验，极大地增强了网络的安全性。

5.6.2 对等网络

目前因特网提供两种基本网络应用服务模式，客户机/服务器模式和对等网络服务（Peer-to-Peer，P2P）模式。随着网络用户的不断增加，对等网的应用也在逐渐增加。目前比较流行的基于对等网络的应用主要包括：文件共享、存储共享、即时通信、基于 P2P 技术的网络电视等。

对等网是一种分布式服务模式，P2P 的基本特点是整个网络不存在明显的中心服务器，网络中的资源和服务分散在所有的用户节点上，每个用户节点既是网络服务提供者，是网络服务的使用者。网络应用中的信息传输和服务实现直接在用户节点之间进行，无须中间环节和服务器的介入，如媒体播放 PPLive、QQ 及迅雷旋风、Skype 等都采用了 P2P 模式。

典型的对等网应用是 P2P 文件共享系统，如图 5.46 所示，连接在因特网上的用户计算机 A～E 形成某种应用层互连结构，构成一个对等网络文件共享系统，无须借助中心服务器，A 可以向 C 请求资源，也可以向 B 请求资源；B 向 D 请求资源，也向 E 请求资源。基于这种节点之间的连通，每个节点可以向其他节点传播它对某种文件资源的查询消息，当这个查询消息传输到拥有该资源的节点时，请求资源的用户主机可以直接从拥有该资源的用户主机上下载这个文件资源。

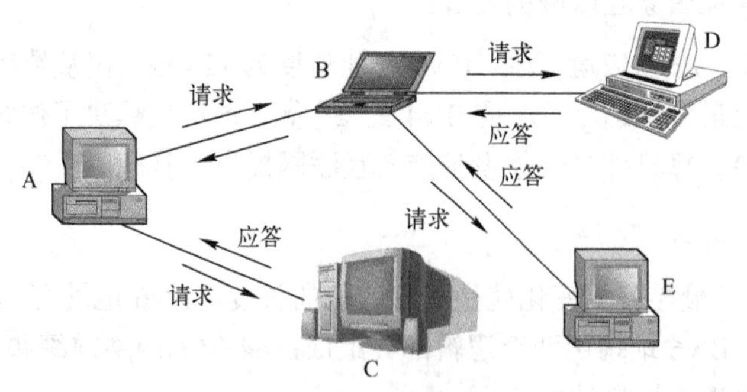

图 5.46　P2P 对等网

P2P 使得网络上的沟通变得容易、更直接地共享和交互，而不是像过去那样连接到服务器去浏览与下载。传统方式下载依赖服务器，随着下载用户数量的增加，服务器的负担越来越重。而对等网络中，文件的传递可以在网络上的各个客户计算机中进行，下载的速度快、稳定性高。例如，“迅雷”就是支持对等网络技术的下载工具，迅雷能够将网络上存在的服务器和计算机资源进行有效整合，构成独特的迅雷网络。迅雷网络可以对服务器资源进行均衡，有效降低了服务器负载，各种数据文件能够以最快速度进行传递。

5.6.3　代理服务器

1. 代理服务器的概念

代理服务器（Proxy Server）是网上提供转接功能的服务器，其功能就是代理网络用户去取得网络信息。例如，要想访问目的网站 D，由于某种原因不能访问到网站 D（或者不想直接访问该网站），此时就可以使用代理服务器。在实际访问某个网站的时候，在浏览器的地址栏内输入要访问的网站，浏览器会自动先访问代理服务器，然后代理服务器会自动转接到目标网站。

而且，大部分代理服务器都具有缓冲功能，它有很大的存储空间，不断将新取得数据储存到本机的存储器上，如果浏览器所请求的数据在它本机的存储器上已经存在而且是最新的，那么就不重新从 Web 服务器取数据，而直接将存储器上的数据传送给用户的浏览器，这样就能显著提高浏览速度。

2. 检索代理服务器

代理服务器的存在一般是不公开的，要得到代理服务器，一般有如下几个途径：

① 代理服务器的管理员公开或秘密传播。

② 网友在聊天室或 BBS 热情提供。

③ 自己检索。

④ 从专门提供代理服务器地址的站点获得。

使用代理服务器有两点需要注意的问题：一是除了一小部分代理服务器是网络服务商开设外，大部分是新建网络服务器设置的疏漏；二是虽然目的主机一般只能得到你使用的代理服务器 IP，似乎有效地遮掩了你的行程，但是，网络服务商开通的专业级代理服务器一般都有路由和流程记录，可以轻易通过调用历史记录来查清使用代理服务器地址的来路。

3. 在 IE 等浏览器中使用 HTTP 代理服务器

IE 5.0 以上版本中设置代理：

① 选择菜单栏“工具”→下的“Internet 选项”命令；

② 打开“连接在”选项卡，单击“局域网设置”按钮；

③ 然后选中“为 LAN 使用代理服务器”复选框；

④ 在“地址”和“端口栏”文本框中输入代理服务器的 IP 地址和端口号，如图 5.47 所示。

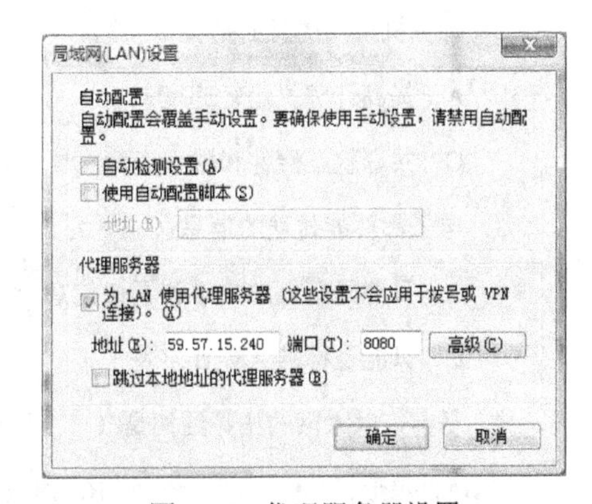

图 5.47　代理服务器设置

习题 5

一、填空题

1．计算机网络一般由三部分组成：组网计算机、__________、网络软件。

2．组网计算机根据其作用和功能不同，可分为__________和客户机两类。

3．__________是一种利用光在玻璃或塑料制成的纤维中的全反射原理而制成的光传导工具。

4．__________用于实现连网计算机和网络电缆之间的物理连接。

5．__________是互联网的主要节点设备，通过路由选择决定数据的转发。

6．计算机网络按网络的作用范围可分为__________、__________和__________三种，英文缩写分别为__________、__________和__________。

7．计算机网络中常用的三种有线通信介质是__________、__________、__________。

8．__________从根本上改变了局域网共享介质的结构，大大提升了局域网的性能。

9．数字通信系统是利用__________信号来传递信息的通信系统。

10．WWW 上的每一个网页都有一个独立的地址，这些地址称为__________。

11．信号是数据的电磁或电子编码。信号在通信系统中可分为__________和__________。

12．密码体制可分为__________和__________两种类型。

13．在网络环境中，通常使用__________来模拟日常生活中的亲笔签名。

14．信号能量与噪声能量之比叫__________。

二、选择题

1．最先出现的计算机网络是（　　）。

A．ARPAnet　　B．Ethernet　　C．BITNET　　D．Internet

2．计算机组网的目的是（　　）。

A．提高计算机运行速度　　B．连接多台计算机

C．共享软、硬件和数据资源　　D．实现分布处理

3．电子邮件能传送的信息（　　）。

A．只能是压缩的文字和图像信息　　B．只能是文本格式的文件

C．只能是标准 ASCII 字符　　D．可以是文字、声音和图形图像信息

4．目前，以太网的拓扑结构是（　　）结构。

A．星形　　B．总线形　　C．环形　　D．网状

5．IP 地址是（　　）。

A．接入 Internet 的计算机地址编号　　B．Internet 中网络资源的地理位置

C．Internet 中的子网地址　　D．接入 Internet 的局域网编号

6．网络中各个节点相互连接的形式叫做网络的（　　）。

A．拓扑结构　　B．协议　　C．分层结构　　D．分组结构

7．TCP/IP 是一组（　　）。

A．局域网技术　　B．广域技术

C．支持同一种计算机（网络）互连的通信协议　　D．支持异种计算机（网络）互连的通信协议

8．下列四项中，合法的 IP 地址是（　　）。

A．210.45.233　　B．202.38.64.4　　C．101.3.305.77　　D．115.123.20.256

9．局域网传输介质一般采用（　　）。

A．光纤　　B．双绞线　　C．电话线　　D．普通电线

10．网络协议是（　　）。

A．用户使用网络资源时必须遵守的规定　　B．网络计算机之间进行通信的规则

C．网络操作系统　　D．编写通信软件的程序设计语言

11．域名是（　　）。

A．IP 地址的 ASCII 码表示形式

B．按接入 Internet 的局域网所规定的名称

C．按接入 Internet 的局域网的大小所规定的名称

D．按分层的方法为 Internet 中的计算机所取的直观的名字

12．某公司申请到一个 C 类网络，由于有地理位置上的考虑，必须划分成 5 个子网，子网掩码要设为（　　）。

A．255.255.255.224　　B．255.255.255.192　　C．255.255.255.254　　D．255.225.255.248

13．在 IP 地址方案中，159.226.181.1 是一个（　　）。

A．A 类地址　　B．B 类地址　　C．C 类地址　　D．D 类地址

14．“www.nwu.edu.cn”是 Internet 中主机的（　　）。

A．硬件编码　　B．密码　　C．软件编码　　D．域名

15．为了防御网络监听，最常用的方法是（　　）。

A．采用物理传输　　B．信息加密　　C．无线网　　D．使用专线传输

16．防火墙是一种（　　）网络安全措施。

A．被动的　　B．主动的

C．能够防止内部犯罪的　　D．能够解决所有问题的

17．防止他人对传输的文件进行破坏需要（　　）。

A．数字签字及验证　　B．对文件进行加密　　C．身份认证　　D．时间戳

18．以下关于数字签名的说法正确的是（　　）。

A．数字签名是在所传输的数据后附加上一段和传输数据毫无关系的数字信息

B．数字签名能够解决数据的加密传输，即安全传输问题

C．数字签名一般采用对称加密机制

D．数字签名能够解决篡改、伪造等安全性问题

19．模拟信号是指一种（　　）变化的电信号。

A．离散　　B．交叉　　C．连续　　D．不定

三、简答题

1．什么是计算机网络？计算机网络由哪几部分组成？

2．什么是网络的拓扑结构？常用网络的拓扑结构有几种？

3．什么是模拟信号？什么是数字信号？什么是数字通信？什么是模拟通信？

4．请举一个例子说明信息、数据与信号之间的关系。

5．简述邮件的收发过程以及所要遵守的协议。

6．什么是分组交换?

7．简述对称加密算法加密和解密的基本原理。

8．计算机病毒有哪些特点？如何在预防病毒？

第6章

云计算基础

云计算实现了资源和计算能力的分布式共享，能够很好地应对互联网数据量的高速增长。云计算的一个核心理念就是通过不断提高“云”的处理能力，进而减少用户终端的处理负担，最终使用户终端简化成一个能按需享受“云”强大计算处理能力的单纯输入输出设备。

6.1 云计算简介

6.1.1 云计算与云

1. 云计算的概念

云计算通过虚拟化技术将共享资源整合形成庞大的计算与存储网络，用户只需要一台接入网络的终端就能够以低廉的价格获得所需的资源和服务而无须考虑其来源。

云计算的直接起源是亚马逊产品和 Google-IBM 分布式计算项目。这两个项目直接使用到了“Cloud Computing”这个概念。从本质上讲，云计算是网格计算、分布式计算、并行计算、效用计算、网络存储、虚拟化、负载均衡等传统计算机技术和网络技术发展融合的产物。它旨在通过网络把多个成本相对较低的计算实体整合成一个具有强大计算能力的网络系统，并借助一些先进的商业模式把强大的计算能力分布到终端用户手中。图 6.1 描述了云计算平台的拓扑结构。

云计算能将大量用网络连接的计算资源统一管理和调度，通过不断提高“云”的处理能力，减少用户终端的处理负担，并为用户提供按需享受的计算处理能力。另一方面，云计算能通过千万台互连的计算机和服务器进行大量数据运算，为搜索引擎、金融行业建模、医药模拟等应用提供超级计算能力。

2. 云的概念

所谓云是指以云计算、网络以及虚拟化为核心技术，通过一系列的软件和硬件实现“按需服务”的一种计算机技术。

3. 云计算与云的区别

云和云计算可从以下几个方面区分。

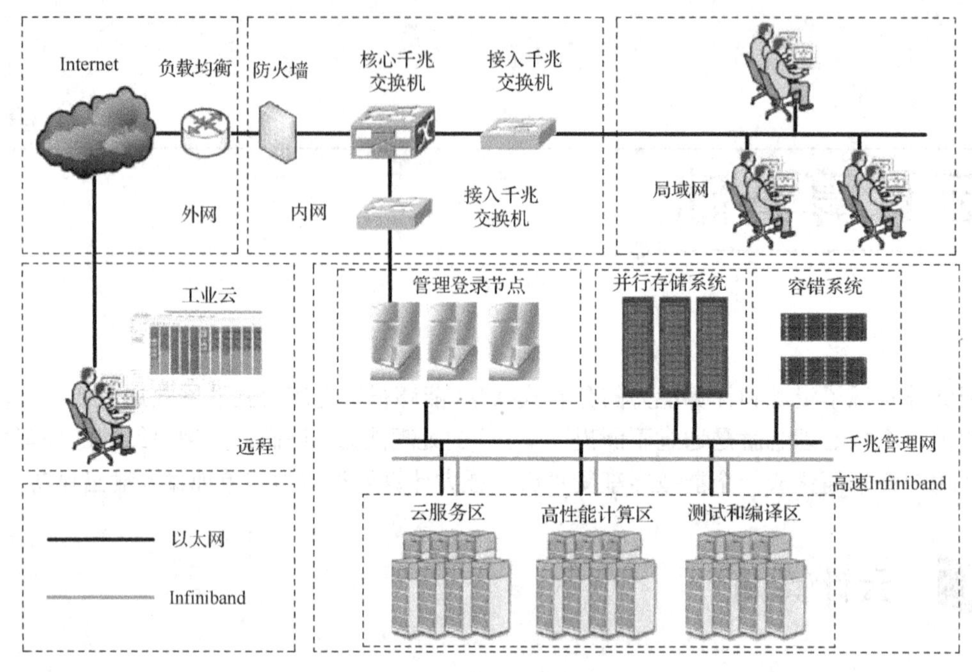

图 6.1　云计算平台拓扑结构

（1）任务不同

云是一些可以自我维护和管理的虚拟计算资源，通常为一些大型服务器集群，包括计算服务器、存储服务器、宽带资源等，同时也包括应用端或网络终端的硬件以及接入服务。

云计算侧重将所有的计算资源集中起来，并由软件实现自动管理，无须人为参与。应用提供者无须为烦琐的细节而烦恼，能够更加专注于自己的业务，有利于创新和降低成本。

（2）内涵不同

云是一种新型的 IT 技术，包括了一系列的软件和硬件。

云计算是将大量用网络连接的计算资源统一管理和调度，构成一个计算资源池向用户提供按需服务的一种服务体系。

（3）目的不同

云的目的是更好地整合和利用网络资源，向高效节能方向发展。

云计算的目的是整合 IT 资源，更好地服务大众。

4．云计算产生的原因

云计算虽不是一个全新的概念，但是它却是一项颠覆性的技术，是未来计算的发展方向。云计算产生的主要原因如下。

（1）满足硬件、基础设施的发展建设需求

高速发展的网络连接，芯片和磁盘驱动器产品性能的大幅提升，拥有成百上千台计算机的数据中心具备了快速为大量用户处理复杂问题的能力。同时，虚拟化技术日趋成熟为云计算的产生提供了基础。

（2）适应海量数据的处理需求

互联网上的信息量呈爆炸状态，各公司对数据处理能力的要求日益提高。效率、能耗、管理成本以及人员、设备投入的矛盾日渐突出。另一方面，如何对互联网上的海量资源进行有效的计算、分配也成为一个重要的问题。

（3）网络发展的必然结果

Web 2.0 的兴起，让网络迎来了一个新的发展。MySpace、优酷等网站的访问量已经远远超过传统门户网站。用户数量多、参与程度高是这些网站的特点。因此，如何有效地为海量用户群体提供方便、快捷的服务，成为这些网站不得不解决的问题。

6.1.2　云计算的特点与不足

云计算是一种基于互联网的超级计算模式。它将计算任务分布在大量计算机构成的资源池上，各种应用系统能够根据需要获取计算能力、存储空间和软件服务。云计算实质上是通过互联网访问应用和服务，而这些应用或者服务通常不运行在自己的服务器上，而是由第三方提供。它的目标就是把一切都拿到网络上，云就是网络，网络就是“计算机”。云计算依靠强大的计算能力使得成千上万的终端用户不用担心所使用的计算技术和接入的方式，依然能够享受云服务提供的计算能力实施多种应用。

1. 云计算的特点

云计算的新颖之处在于它几乎可以提供无限的廉价存储和计算能力。从用户角度来看，云计算有其独特的吸引力。

（1）方便的网络接入

在任何时间、任何地点，不需要复杂的软硬件设施，通过简单的可接入网络设备，如手机就可接入云，使用已有资源或者购买所需的服务。

（2）资源的共享

计算和存储资源集中在云端，根据用户需求进行分配。通过多租户模式服务多个消费者。在物理上，资源以分布式的共享方式存在，但最终在逻辑上以单一整体的形式呈现给用户，实现云上资源可重用，形成资源池。

（3）超大规模

“云”具有相当的规模，Google 云计算已经拥有 100 多万台服务器，Amazon、IBM、微软等公司提供的“云”均拥有几十万台服务器。企业私有云一般拥有上千台服务器。“云”能赋予用户前所未有的计算能力。

（4）虚拟化

云计算支持用户在任意位置、使用各种终端获取应用服务。所请求的资源来自“云”，而不是固定的有形实体。应用程序在“云”中何处运行，用户无须了解、也不用担心应用程序运行的具体位置。用户只需要一台笔记本电脑或者一个手机，就可以通过网络服务实现需要的一切，甚至包括超级计算这样的任务。

（5）高可靠性

“云”使用了数据多副本容错、计算节点同构可互换等措施来保障服务的高可靠性，使用云计算比使用本地计算机可靠。

（6）通用性

云计算不针对特定的应用，在“云”的支撑下可以构造出千变万化的应用，同一个“云”可以同时支撑不同的应用运行。

（7）高可扩展性

“云”的规模可以动态伸缩，随时满足应用和用户规模增长的需要。

（8）按需服务

“云”是一个庞大的资源池，用户可以按需购买，避免资源浪费。

（9）价格廉价

由于“云”的特殊容错机制，可以采用廉价的节点来构成云，“云”的自动化集中式管理使大量企业无须负担日益高昂的数据中心管理成本。“云”的通用性使资源的利用率较传统系统有大幅提升，因此用户可以充分享受“云”的低成本优势。

2. 云计算的不足

（1）数据安全与隐私

云计算基础架构具有多租户的特性，厂商们通常无法保证A公司的数据与B公司的数据实现物理分隔。另外，考虑到大规模扩展性方面的要求，数据物理位置可能得不到保证。如果用户需要遵守业务交易及相关数据方面的国家或国际法规，用户可能会觉得不放心。

（2）数据访问和存储模型

无论是亚马逊的S3和SimpleDB服务，还是微软Azure的数据服务，其提供的存储模型都需要适应不同的使用场景。因而，它们可能偏向采用基于二进制大对象的简单存储模型或简单的层次模型。虽然这带来了显著的灵活性，却给应用逻辑解释不同数据元素之间的关系增加了负担。许多依赖关系数据库结构的事务型应用程序就不适合这种数据存储模型。

（3）缺乏标准

大多数厂商都定义了基于标准的机制来访问及使用其服务。不过，云计算环境开发服务方面的标准才刚刚兴起，而且可移植性差。比如，使用谷歌AppEngine开发应用程序的方式就与在微软Azure或Force.com上开发应用程序的方式截然不同。使用某厂商的编程模型开发的应用程序要移植到另一家厂商的平台上并非易事。不过，现在出现了像“开放云计算联盟”之类的组织，它们鼓励在云计算环境采用基于开源的软件开发。另外，它们还在考虑制订可以协同工作的标准。

（4）故障处理

考虑到云计算应用程序具有大规模、分布式的特性，当出现故障时，故障类型的判定、故障位置的确定将是很麻烦的事情。因此，开发应用程序时要把处理故障当成正常执行流程，而不是例外情况来处理。

（5）经济模型

按需付费的模型具有某些优势，但如果使用量一直很高，这种模式的经济性就不再存在。特别是事务密集型应用如果要使用云计算，厂商就要考虑对付费实行最高限额。

（6）离线世界

云的实现是以网络为基础的，脱离了网络，云计算将变得无能为力。这也是云计算需要解决的问题。因此，对于云计算而言，用户端的使用方式仍需要研究和改进。

6.2 云计算的基本类型

根据目前主流云计算服务商提供的服务，一般将云计算分为基础设施即服务、平台即服务和软件即服务三大类型，如图 6.2 所示。

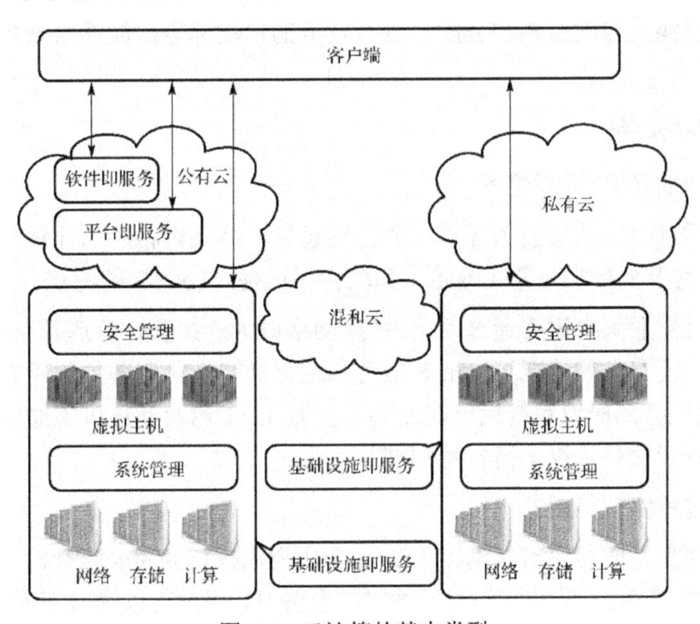

图 6.2　云计算的基本类型

6.2.1 基础设施即服务（IaaS）

基础设施即服务（Infrastructure as a Service，IaaS）通过因特网传输计算机基础设施服务（例如虚拟服务器，存储设备等）。提供给用户的服务是对所有计算基础设施的利用，包括 CPU、内存、存储、网络和其他基本的计算资源，用户能够部署和运行任意软件，包括操作系统和应用程序。用户不需要管理或控制任何云计算基础设施，但可以控制操作系统的选择、存储空间以及部署应用，也有可能获得有限制的网络组件（例如路由器、防火墙、负载均衡器等）的控制。

IaaS类型的云服务产品主要有Amazon's EC2，Go Grid's Cloud Servers和Joyent。

1. IaaS的技术特征

（1）拆分技术

拆分技术能将一台物理设备划分为多台独立的虚拟设备，各个虚拟设备之间可进行有效的资源隔离和数据隔离。由于多个虚拟设备共享一台物理设备的物理资源，能够充分复用物理设备的计算资源，提高资源利用率。

（2）合并技术

合并技术能将多个物理设备资源形成对用户透明的统一资源池，并能按照用户需求生成和分配不同性能配置的虚拟设备，提高资源分配的效率和精确性。

（3）弹性技术

IaaS具有良好的可扩展性和可靠性，一方面能够弹性地进行扩容，另一方面能够为用户按需提供资源，并能够对资源配置进行适时修改和变更。

（4）智能技术

IaaS能实现资源的自动监控和分配，进行业务的自动部署，能够将设备资源和用户需求更紧密的集合。

2. IaaS的业务特征

（1）用户获得的是IT资源服务

用户能够租赁具有完整功能的计算机和存储设备，并获得相关的计算资源和存储资源服务。这是IaaS区别于平台即服务（PaaS）和软件即服务（SaaS）的特点。

IaaS获取和使用服务都需要通过网络进行，网络成为连接云计算运营商和使用者的纽带。同时，在云服务广泛存在的情况下，IaaS服务的运营商也会是服务的使用者，这不单单是指支撑IaaS运营商服务的应用系统运行在云端，同时IaaS运营商还可能通过网络获取其他合作伙伴提供的各种云服务，以丰富自身的产品目录。

（2）用户通过网络获得服务

资源服务和用户之间的纽带是网络，当IaaS作为内部资源整合优化时，用户可以通过企业Intranet获得弹性资源。当IaaS作为一种对外业务时，用户可以通过互联网获得资源服务。

（3）用户能够自助服务

用户通过Web页面等网络访问方式，能够自助定制所需的资源类型和配置、资源使用的时间和访问方式，能够在线支付费用，能够实时查询资源使用情况和计费信息。

（4）按需计费

IaaS能够按照用户对资源的使用情况提供多种灵活的计费方式。

- 能够按照使用时长进行收费，如按月租和按小时收费。
- 能按照使用的资源类型和数量进行收费，如按照存储空间大小、CPU处理能力进行收费。

不论是公有云还是私有云，服务的使用者和运营商之间都会对服务的质量和内容有一个约定（SLA），为保证约定的达成，运营商需要对提供的服务进行度量和评价，以便对所提供的服务进行调度、改进与计费。所以，IaaS 服务应该是可计量的，所有资源的使用都能被监管和计量，并以此作为运营商的收费依据。

3. IaaS 的资源层次

IaaS 的资源类型可分为 3 个层次。

（1）资源层

资源层是 IaaS 提供服务的物理基础，主要包括计算资源、存储资源和网络资源，以及必要的电力资源、IP 资源等。这一层主要通过规模采购和资源复用的模式来获得利润，利润不高。

（2）产品层

产品层是 IaaS 的核心，IaaS 运营商根据客户的各种不同需求，在资源层的基础上开发出各种各样的产品。比如存储产品、消息产品、内容分发网络（CDN）产品、监控产品。而每一种产品又会根据场景和需求的不同，进行针对性的改造优化，形成特定类型的产品。产品层是不同 IaaS 竞争力体现之处，是 IaaS 利润的主要来源。像国内的阿里云就提供了云主机和负载均衡、云监控等产品。Ucloud 提供了块设备存储的 UDisk、云数据库的 UDB 等产品。

（3）服务层

服务层在产品层之上，IaaS 运营商还会根据用户的需求提供更多的增值服务，比如为用户提供数据快递服务、安全服务等。这部分从商业角度看利润不高，但却是用户使用 IaaS 的重要条件。

4. IaaS 的技术难点

随着云计算的快速发展，各大公司都在积极支持开源软件的发展，涌现出了一大批开源云计算平台。但由于 IaaS 的技术复杂度很高，目前还没有很成熟的成功案例。

（1）虚拟化问题

从基础上看，IaaS 要实现多租户、弹性且稳定可靠和安全的服务，必须进行资源的池化管理，也就是把资源通过虚拟化技术形成资源池，然后根据用户的需求弹性分配，同时确保安全和隔离。资源主要包括计算、存储和网络，因此虚拟化就包括计算的虚拟化、存储的虚拟化和网络的虚拟化。

（2）大规模的调度管理

在虚拟化管理之上，是大规模的调度管理。如何快速找到满足用户需求的合适的资源，如何根据监测数据动态调整资源，如何动态迁移业务，以及如何防止“雪崩”都是需要解决的问题。几十台机器规模上，这些问题可能很容易解决。如果是 1000 台机器，这是一个问题，如果是 10000 台以上的机器，那就是个挑战。而云计算，要实现解决规模化的能力，就必须解决大规模调度问题。

（3）性能和安全问题

性能和安全问题同样也是 IaaS 的挑战，如何确保一个用户的高需求不影响其他用户，如何防范一个租户入侵其他租户，如何防止一个用户被攻击而其他用户不受影响，这都是需要认真解决的问题。

6.2.2 平台即服务（PaaS）

1. PaaS 的概念

平台即服务（Platform as a Service，PaaS）是指将研发的软件平台作为一种服务，以 SaaS 的模式提交给用户。平台通常包括操作系统、编程语言的运行环境、数据库和 Web 服务器。用户或者企业基于 PaaS 平台可以快速开发自己所需要的应用和产品。同时，PaaS 平台开发的应用能更好地搭建基于 SOA 架构的企业应用。

PaaS 作为一个完整的开发服务，提供了从开发工具、中间件，到数据库软件等开发者构建应用程序所需开发平台的所有功能。用户不需且不能管理和控制底层的基础设施，只能控制自己部署的应用。

PaaS 类型的云服务产品有主要有 Google's App Engine, Microsoft's Azure, Amazon Web Services 和 Force.com。

PaaS 能将现有各种业务能力进行整合，具体可以归类为应用服务器、业务能力接入、业务引擎和业务开放平台。PaaS 向下根据业务能力需要测算基础服务能力，通过 IaaS 提供的 API 调用硬件资源，向上提供业务调度中心服务，实时监控平台的各种资源，并将这些资源通过 API 开放给 SaaS 用户。

2. PaaS 的特点

PaaS 主要有三个特点。

① PaaS 提供的是一个基础平台，而不是某种应用。在传统的观念中，平台是向外提供服务的基础。一般来说，平台作为应用系统部署的基础，由应用服务提供商搭建和维护。而在 PaaS 模式中，由专门的平台服务提供商搭建和运营该平台，并将该平台以服务的方式提供给应用系统运营商。

② PaaS 运营商提供基础平台的技术支持服务。PaaS 运营商所需提供的服务，不仅仅是单纯的基础平台，而且包括针对该平台的技术支持服务，甚至包括针对该平台而进行的应用系统开发、优化等服务。PaaS 运营商了解他们所运营的基础平台，所以由 PaaS 运营商所提出的对应用系统优化和改进的建议非常重要。在应用系统的开发过程中，PaaS 运营商的技术咨询和支持团队的介入也是保证应用系统在以后运营中得以长期、稳定运行的重要因素。

③ PaaS 运营商提供服务的基础是强大而稳定的基础运营平台，以及专业的技术支持队伍。

PaaS 这种“平台级”服务能够保证支撑 SaaS 或其他软件服务提供商的各种应用系统的长时间、稳定运行。PaaS 的实质是将互联网的资源服务化为可编程接口，为第三方开发者提供有商业价值的资源和服务平台。有了 PaaS 平台的支撑，云计算的开发者就获得了大量可编程元素（这些可编程元素有具体的业务逻辑），这就为开发带来了极大的方便，不但可以提高开发效率，还能节约开发成本。有了 PaaS 平台的支持，Web 应用的开发变得更加敏捷。

6.2.3 软件即服务（SaaS）

软件即服务（Software as a Service，SaaS）是一种通过 Internet 提供软件的模式，用户无须购买软件，而是向提供商租用基于 Web 的软件来管理企业经营活动。云提供商在云端安装和运行应用软件，云用户通过云客户端使用软件。在 SaaS 模式中，云用户不能管理应用软件运行的基础设施和平台，只能做有限的应用程序设置。

Saas 类型的云服务产品有主要有 Yahoo 邮箱，Google Apps，Saleforec.com，WebEx 和 Microsoft Office Live。

SaaS 的服务模式类似于传统 ASP（Application Service Provider Model）模式，服务商提供软件，基础设施以及工作人员为客户提供个性化的 IT 解决方案。两者的共同点都是为终端用户免去烦琐的安装过程，提供一站式的服务。不同的是，在 ASP 模式下，IT 基础设施和应用是专属于用户的。而在 SaaS 模式下，用户之间的应用和 IT 基础设施则是相互共享的。

1. SaaS 的两大类型

SaaS 企业管理软件分成两大阵营：平台型 SaaS 和傻瓜式 SaaS。

（1）平台型 SaaS

平台型 SaaS 是把传统企业管理软件的强大功能通过 SaaS 模式交付给客户，该类型的平台有强大的自定制功能。一般而言，因为平台型 SaaS 具有强大的自定制功能而更能满足企业的应用。当然，并非所有 SaaS 厂商的产品都具有自定制功能，所以企业在选择产品时要先考察清楚。

（2）傻瓜式 SaaS

傻瓜式 SaaS 提供固定功能和模块，简单易懂，但无法升级和不能自定义在线应用，用户按月付费。傻瓜式 SaaS 的功能是固定的，在某个阶段能适应企业的发展，一旦企业有了新的发展，只能“二次购买”所需服务。

平台型 SaaS 和傻瓜式 SaaS 的共同点是都能租赁使用。但是无论是平台型 SaaS 或傻瓜式 SaaS，SaaS 服务提供商都必须有自己的知识产权，所以企业在选择 SaaS 产品时应当了解服务商是否有自己的知识产权。

2. SaaS 的优缺点

对企业来说，SaaS 的优点表现在以下几个方面。

① 技术方面。SaaS 是简单的部署，不需要购买任何硬件，企业无须配备 IT 方面的专业技术人员，同时又能得到最新的技术应用，满足企业对信息管理的需求。

② 投资方面。企业只以相对低廉的“月费”方式投资，不用一次性投资，不占用过多的营运资金，从而缓解企业资金不足的压力。同时，也不用考虑折旧问题，并能及时获得最新硬件平台及最佳解决方案。

③ 维护和管理方面。由于企业采取租用的方式来进行业务管理，不需要专门的维护和管理人员，能缓解企业在人力、财力上的压力，使其能够集中资金有效地运营核心业务。

Saas 的缺点主要有以下几点。

① 安全性方面。大型企业不情愿使用 SaaS 是因为安全问题，他们要保护他们的核心数据，不希望这些核心数据由第三方来负责。

② 标准化方面。SaaS 解决方案缺乏标准化。这个行业刚刚兴起，没有明确的标准及法规，每一家公司都可以设计一个解决方案。

6.2.4 三种类型的关系

1. 云计算同传统 IT 服务模式的区别

云计算同传统 IT 服务模式的区别如表 6.1 所示。

表 6.1 云计算同传统 IT 服务模式的区别

云计算	服务内容	服务对象	使用模式	和传统 IT 的区别	典型系统
IaaS	IT 基础设施	需要硬件资源的用户	上传数据、程序和环境配置	相比于传统的服务器、存储设备： ① 无限和按需获得资源； ② 初始投资小； ③ 按需付费。	Amazon's EC2； Go Grid's Cloud Servers； Joyent
PaaS	提供应用程序开发环境	系统开发者	上传数据、程序	相比于传统的数据库、中间件、Web 服务器和其他软件： ① 无限和按需获得资源； ② 初始投资小； ③ 按需付费； ④ 兼容性好； ⑤ 集成全生命周期开发环境。	Google's App Engine； Microsoft's Azure； Amazon Web services； Force.com
SaaS	提供基于互联网的应用服务	企业和个人用户	上传数据	相比于传统的 ASP 模式： ① 无限和按需获得资源； ② 初始投资小； ③ 按需付费； ④ 兼容性好，灵活性强； ⑤ 稳定可靠； ⑥ 共享的应用和基础设施。	Google Apps； Saleforec.com； WebEx； Microsoft Office Live

2. 三种模式的关系

虽然云计算具有三种服务模式，但在使用过程中并不需要严格地对其进行区分。“底层”的基础服务和“高层”的平台与软件服务之间的界限并不绝对。

随着技术的发展，三种模式的服务在使用过程中并不是相互独立的。

① 底层（IaaS）的云服务商提供最基本的 IT 架构服务，SaaS 层和 PaaS 层的用户可以是 IaaS 云服务商的用户，也可是最终端用户的云服务提供者。

② PaaS 层的用户同样也可能是 SaaS 层用户的云服务提供者。从 IaaS 到 PaaS 再到 SaaS，不同层的用户之间互相支持，同时扮演多重角色。并且，企业根据不同的使用目的同时采用云计算三层服务的情况也很常见。

6.3 主流云计算技术介绍

6.3.1 常见的云解决方案

当前各大云计算厂商采用各自的云计算方案，常见的有 Google 云计算技术、Amazon 云计算技术、微软云计算技术、开源云计算系统 Hadoop 以及应用虚拟化等。

1. Google 云计算技术

Google 公司采用由若干个相互独立又紧密结合在一起的系统组成云计算基础架构。主要包括 4 个系统：建立在集群之上的文件系统（Google File System），针对 Google 应用程序特点提出的 Map/Reduce 分布式计算系统，分布式锁服务系统（Chubby）以及大规模分布式数据库系统（BigTable）。

Google 的云可以看成利用虚拟化实现的云计算基础架构（硬件架构）加上基于云的文件系统和数据库以及相应的开发应用环境，用户通过浏览器就可以使用分布在云上的 Google DOCS 等应用。

2. Amazon 的 AWS 服务

AWS（Amazon Web Service）是一组服务，它们允许通过程序访问 Amazon 的计算基础设施。这些服务包括存储、计算、消息传递和数据集，具体服务见表 6.2。

表 6.2　AWS 的基本服务

基本服务	说　明
存储 Amazon Simple Storage Service (S3)	所有应用程序都需要存储文件、文档，供用户下载或备份。可以把应用程序需要的任何东西存储在其中，从而实现可伸缩、可靠、高可用、低成本的存储
计算 Amazon Elastic Compute Cloud (EC2)	能够根据需要扩展或收缩计算资源，非常方便地提供新的服务器实例
消息传递 Amazon Simple Queue Service (SQS)	提供不受限制的可靠的消息传递，可以使用它消除应用程序组件之间的耦合
数据集 Amazon SimpleDB (SDB)	提供可伸缩、包含索引且无须维护的数据集存储以及处理和查询功能

AWS 提供基于云的基础架构，并提供基于 SOAP 的 Web Service 接口，在这之上建立基于云的 Web 2.0 服务，对最终用户来说，只需浏览器就可以使用。

3. 开源的 Hadoop

Hadoop 是 Apache 软件基金会研发的开放源码并行运算编程工具和分布式文件系统，与 Map/Reduce 和 Google 文件系统类似，是用于在大型集群廉价硬件设备上运行应用程序的框架，能提供高效、高容错性、稳定的分布式运行接口和存储。基于 Hadoop 的云计算环境能提供云计算能力和云存储能力的在线服务，最终用户可以通过浏览器使用这些服务。

4. 微软的 Windows Azure

微软 Windows Azure 是构建在微软数据中心基础上能够提供云计算的一个应用程序平

台，包含云操作系统、基于Web的关系数据库（SQL Azure）和基于.NET的开发环境。开发环境与Visual Studio集成，开发人员能使用集成开发环境来开发与部署要挂载在Azure上的应用程序。微软Windows Azure结构如图6.3所示。

图6.3 微软云平台

微软倡导的云计算是“云+端计算”，终端是操作系统加上桌面软件的方式。基于Windows Azure的云存储和Web Service接口建立的在线服务，对于最终用户来说是桌面软件的形态，使用的终端主要是PC、平板电脑等，要依赖微软的操作系统，软件的计算仍旧依赖终端的处理能力。

5. 基于应用虚拟化的云计算

基于应用虚拟化的云计算通过应用虚拟化架构把表示层做成应用虚拟化引擎。该引擎可以放在计算系统的操作系统和应用层之间，隔绝重要应用，这是应用虚拟化技术的核心思想。应用虚拟化在后端服务与终端之间增加一层虚拟层，应用运行在虚拟层，而将应用运行的屏幕界面推送到终端上显示，即“应用交付”的概念。

通过应用虚拟化技术，用户可以通过远程访问程序，就好像它们在最终用户的本地计算机上运行一样，这些程序称为虚拟化程序。虚拟化程序与客户端的桌面集成在一起，而不是在服务器的桌面中向用户显示。虚拟化程序在自己的可调整大小的窗口中运行，可以在多个显示器之间拖动，并且在任务栏中有自己的条目。用户在同一个服务器上运行多个虚拟化程序时，虚拟化程序将共享同一个远程会话。

通过应用虚拟化技术，原来在企业客户计算机上运行的程序，用虚拟化服务器（云侧）代替，而运行时的屏幕显示将传送给远程的终端，这种方式具有如下效果。

① 原有的应用和新部署的应用都可以通过云端发布，实现数据的集中存储和应用的集中管控，终端本身不需要安装任何客户端，从而大大降低了终端的维护要求。

② 由于数据交互限制在高速安全的云端，因此对于突发性的数据传输峰值也限制在高速内网中解决，而终端与云端传输的屏幕变化则是稳定且经过压缩的，因此终端与应用虚拟化服务器之间的带宽要求低。如此的安全性和低带宽要求，使基于应用虚拟化技术可以解决企业对安全性和移动化的要求，用户可以随时随地、安全稳定快捷地使用业务系统。

③ 使用应用虚拟化技术，终端的角色就是一个输入输出设备。对终端的性能要求不高，只要为各种终端实现同样的接收显示功能，那么各种各样的应用都可以通过这种方式使用，从而不再需要进行终端适配开发的工作。

④ 应用虚拟化技术可以将传统的、海量的已经被用户接受的应用发布给用户，不需要对传统软件进行改造就可以直接使用，而且也不需要使用类似 Google 的技术进行新的软件开发。

基于应用虚拟化的云计算技术，能按需提供服务，运行、存储都在云端，可以通过应用虚拟化实现 SaaS 云平台。2009 年，Amazon EC2 已经与应用虚拟化产品的主要厂商 Citrix 合作推出商用云平台 Citrix C3 Lab。由于对终端的计算能力要求很低，用户可以使用上网本甚至手机，按照使用传统软件的方式使用基于云的服务。

6.3.2 基本云计算的技术对比

表 6.3 简要描述了常见云技术的技术比较。

表 6.3 常见云技术的技术比较

厂家	技术特性	核心技术	企业服务	开发语言	开源情况
微软	整合其所用软件及数据服务	大型应用软件开发技术	Azure 平台	.NET	不开源
Google	存储及运算扩充能力	并行分散技术； MapReduce 技术； BigTable 技术； GFS 技术	GoogleAppEngine； 应用代管服务	PythonJava	不开源
IBM	整合其所有硬件及软件	网格技术；分布式存储	虚拟资源池提供；企业云计算整合		不开源
Oracle	软硬件弹性平台	Oracle 的数据存储技术； Sun 的开源技术	EC2 上的数据库；OraclVM； SunxVM		部分开源
Amazon	弹性虚拟平台	虚拟化技术 Xen	EC2；S3；SimpleDB；SQS		开源
Saleforce	弹性可定制商务软件	平台整合技术	Force.com	Java, APEX	不开源
EMC	信息存储技术以及虚拟化技术	Vmware 的虚拟化技术	Atoms 云存储系统；私有云解决方案		不开源
阿里巴巴	弹性可定制商务软件	平台整合技术	软件互联平台；云电子商务平台		不开源
中国移动	丰富宽带资源	底层集群部署技术； 资源池虚拟技术	BigCloud		不开源

6.3.3 Google 的云计算技术构架分析

日常使用的 GoogleSearch，GoogleEarth，GoogleMap，GoogleGmail，GoogleDoc 等业务都是 Google 基于云计算平台提供的。从 Google 的整体的技术构架来看，Google 计算系统依然是边进行科学研究，边进行商业部署，依靠系统冗余和良好的软件构架实现庞大系统的低成本运作。Google 在应对互联网海量数据处理的压力下，充分借鉴大量开源代码以及其他研究机构和专家的思路，构架自己的有创新性的计算平台。

1. Google 的整体技术构架

大型的并行计算，超大规模的 IDC 快速部署，通过系统构架来使廉价 PC 服务器具有超过大型机的稳定性都已经成为了互联网时代，IT 企业获得核心竞争力发展的基石。

Google 最大的优势在于它能建造出能承受极高负载的高性价比的高性能系统。因此 Google 认为自己与竞争对手，如亚马逊网站（Amazon）、电子港湾（eBay）、微软（Microsoft）

和雅虎（Yahoo）等公司相比，具有更大的成本优势。其IT系统运营成本约为其他互联网公司的60%左右。同时，Google已经开发出了一整套专用于支持大规模并行系统编程的定制软件库，所以，Google程序员的效率比其他Web公司同行们高出50%～100%。Google云计算技术架构如图6.6所示。

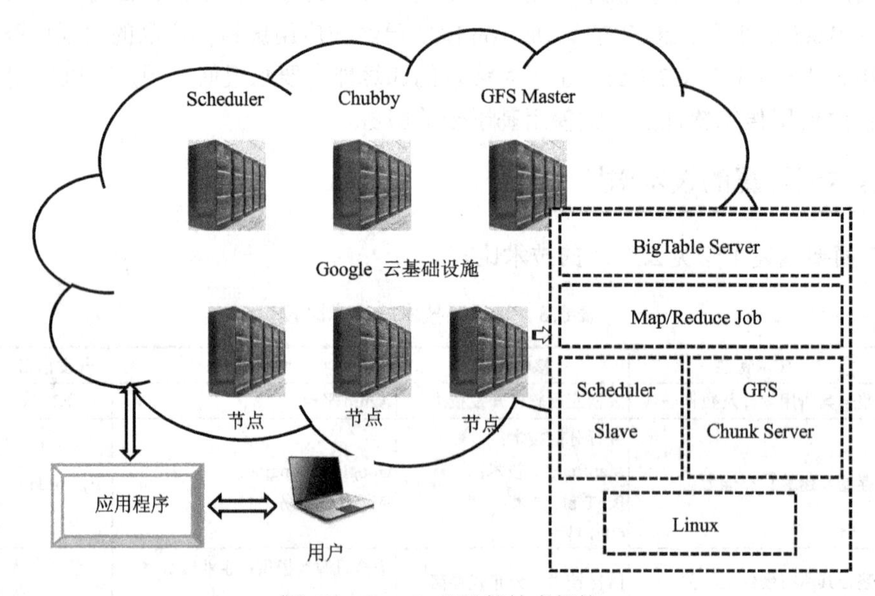

图6.6 Google云计算技术架构

从整体来看，Google的计算平台包括了如下的几个方面。

（1）网络系统

网络系统包括外部网络（ExteriorNetwork）和内部网络（InteriorNetwork），这里的外部网络并不是指运营商自己的骨干网，而是指在Google计算服务器中心以外，由Google自己搭建的基于不同地区/国家，不同应用之间的负载平衡的数据交换网络。内部网络是指连接各个Google自建的数据中心之间的网络系统。

（2）硬件系统

硬件系统包括单个服务器，以及整合了多服务器机架和存放、连接各个服务器机架的数据中心（IDC）。

（3）软件系统

软件系统包括每个服务器上面的安装Red Hat Linux，以及Google计算底层软件系统（文件系统GFS、并行计算处理算法Map/Reduce、并行数据库BigTable，并行锁服务ChubbyLock，计算消息队列GWQ）等。

（4）Google内部使用的软件开发工具

如Python、Java、C++等。

（5）Google自己开发的应用软件

如GoogleSearch、GoogleGmail、GoogleEarth等。

2. Google 各层次技术介绍

（1）Google 外部网络系统

当一个互联网用户输入 www.google.com 的时候，这个 URL 请求就会被发到 GoogleDNS 解析服务器，Google 的 DNS 服务器会根据用户的 IP 地址来判断用户请求是来自哪个国家、哪个地区。根据不同用户的 IP 地址信息，解析到不同的 Google 的数据中心。

然后，用户请求进入第一道防火墙，这级防火墙主要是根据不同端口来判断应用，过滤相应的流量。如果仅仅接受浏览器应用的访问，一般只会开放 80 端口 http 和 443 端口 https（通过 SSL 加密）。放弃来自互联网上的非 IPv4/v6 非 80/443 端口的请求，避免遭受互联网上大量的 DOS 攻击。

Google 使用思杰科技的 NetScaler 应用交换机实现 Web 应用的优化。NetScaler 使用高级优化技术（如动态缓存时），可以大大提升 Web Http 性能，同时有效降低后端 Web 应用服务器的处理和连接压力。同时，Google 使用反向代理技术，屏蔽内部服务器差异。反向代理技术是指以代理服务器来接收 Internet 上的连接请求，然后将请求转发给内部网络上的服务器，并将从服务器得到的结果返回给 Internet 上请求连接的客户端，此时代理服务器对外就表现为一个服务器。

（2）Google 内部网络架构

Google 已经建设了跨国的光纤网络，连接跨地区、跨国家的高速光纤网络。内部网络采用 IPv6 协议。在每个服务器机架内部，服务器之间的连接网络是 100M 以太网，服务器机架之间的连接网络是 1000M 以太网。

在每个服务器机架内，通过 IP 虚拟服务器（IP Virtual Server，IPVS）的方式实现传输层负载平衡，这个就是所谓四层 LAN 交换。IPVS 使一个服务器机架中的众多服务成为基于 Linux 内核的虚拟服务器。这就像在若干服务器前安装一个负载均衡的服务器一样，当收到 TCP/UDP 的请求时，使某个服务器可以使用一个单一的 IP 地址来对外提供相关的服务支撑。

（3）Google 的大规模 IDC 部署

海量信息的存储、处理需要大量的服务器，为了满足不断增长的计算需求，Google 很早就进行了全球的数据中心布局。数据中心的选择面临电力供应，大量服务器运行后的降温排热和足够的网络带宽支持等关键问题。所以 Google 在数据中心布局的时候，是根据互联网骨干带宽和电力网的核心节点部署的。

目前，Google 已在全球运行了 38 个大型的 IDC 中心，超过 300 多个 GFSII 服务器集，超过 80 万台计算机。目前 Google 在中国的北京和香港建设了 IDC 中心。Google 设计了创新的集装箱服务器，数据中心以货柜为单位，标准的谷歌模块化集装箱装有 30 个机架，1160 台服务器，每台服务器的功耗是 250kW。这种标准的集装箱式服务器部署和安装策略可以使得 Google 能快速地部署一个超大型的数据中心，从而大大降低对于机房基建的需求。

（4）Google 自己设计 PC 服务器刀片

Google 公司的核心技术之一就是 Google 所拥有的 80 万台服务器都是自己设计的，Google 的硬件设计人员直接和芯片厂商，以及主板厂商协作工作。从 2009 年开始，Google 开始大量使用2U的低成本解决方案，每个服务器刀片自带12V的电池来保证在短期没有外部电源的时候可以保持服务器刀片正常运行，自带电池的方式，要比传统的UPS的方式效率更高。

（5）Google服务器使用的操作系统

Google服务器使用的操作系统是基于Red Hat Linux 2.6内核的修改版。该版本修改了GNUC函数库和远程过程调用（RPC），开发了自己的Ipvs，修改了文件系统，形成了自己的GFSII，修改了Linux内核和相关的子系统，使其支持IPv6。同时，采用Python作为主要的脚本语言。

（6）Google云计算的文件系统GFS/GFSII

Google文件系统（Google File System，GFS）是Google设计的由大量安装有Linux操作系统的普通PC构成的分布式文件系统。整个集群系统由一台Master（通常有几台备份）和若干台Chunk Server构成。

GFS中文件备份成固定大小的Chunk，分别存储在不同的Chunk Server上，每个Chunk有多份拷贝，也存储在不同的Chunk Server上。Master负责维护GFS中的Metadata，即文件名及其Chunk信息。客户端先从Master上得到文件的Metadata，根据要读取的数据在文件中的位置与相应的Chunk Server通信，获取文件数据。GFS为Google云计算提供海量存储，并且与Chubby、Map/Reduce以及BigTable等技术紧密结合，处于所有核心技术的底层。

在实际中，GFS块存储服务器上的存储空间以64MB为单位分成很多的存储块，由主服务器来进行存储内容的调度和分配。每份数据都是一式三份，将同样的数据分布存储在不同的服务器集中，以保证数据的安全性和吞吐率。当需要存储文件、数据的时候，应用程序将需求发给主服务器，主服务器根据所管理的块存储服务器的情况，将需要存储的内容进行分配（使用哪些块存储服务器，哪些地址空间），然后由GFS接口将文件和数据直接存储到相应的块存储服务器当中。

块存储服务器要定时通过心跳信号的方式告知主服务器自己的目前状况，一旦心跳信号出现问题，主服务器会自动将有问题的块存储服务器的相关内容进行复制，以保证数据的安全性。在块存储服务器中，数据经过压缩然后存储，压缩采用BMDiff和Zippy算法。BMDiff使用最长公共子序列进行压缩，压缩速度为100MB/s，解压缩速度约为1000MB/s。

（7）Google并行计算构架Map/Reduce

Google设计并实现了一套大规模数据处理的编程规范Map/Reduce系统。这样，非分布式专业的程序编写人员在不用顾虑集群可靠性、可扩展性等问题的基础上也能够为大规模的集群编写应用程序。这样，应用程序编写人员只需要将精力放在应用程序本身，而关于集群的处理问题则交由平台来处理。

Map/Reduce通过“Map（映射）”和“Reduce（化简）”这样两个简单的概念来参加运算，用户只需要提供自己的Map函数以及Reduce函数就可以在集群上进行大规模的分布式数据处理。Google的文本索引方法（即搜索引擎的核心部分）已经通过Map/Reduce的方法进行了改写，获得了更加清晰的程序架构。

与传统的分布式程序设计相比，Map/Reduce 封装了并行处理、容错处理、本地化计算、负载均衡等细节。同时，还提供了一个简单而强大的接口，通过这个接口可以把计算自动地并发和分布执行，从而使编程变得非常容易。不仅如此，通过 Map/Reduce 还可以由普通 PC 构成巨大集群来达到极高的性能。另外，Map/Reduce 也具有较好的通用性，大量的不同问题都可以简单地通过 Map/Reduce 来解决。

① 映射和化简。简单来说，一个映射函数就是对一些独立元素组成的概念上的列表（例如，一个测试成绩的列表）的每一个元素进行指定的操作（比如，有人发现成绩列表中所有学生的成绩都被高估了一分，他可以定义一个“减一”的映射函数，用来修正这个错误）。事实上，每个元素都是被独立操作的，但原始列表没有被更改，因为这里创建了一个新的列表来保存新的答案。也就是说，Map 操作是可以高度并行的，这对高性能要求的应用以及并行计算领域的需求非常有用。

化简操作指的是对一个列表的元素进行适当的合并（例如，有人想知道班级的平均分，他可以定义一个化简函数，通过让列表中的元素跟自己的相邻的元素相加的方式把列表减半，如此递归运算直到列表只剩下一个元素，然后用这个元素除以人数，就得到了平均分）。虽然化简函数不如映射函数那么并行，但是因为化简总是有一个简单的答案，大规模的运算相对独立，所以化简函数在高度并行环境下也很有用。

② 分布和可靠性。Map/Reduce 通过把数据集分发给网络上的每个节点实现可靠性，每个节点会周期性地把完成的工作和状态的更新报告回来。如果一个节点保持沉默超过一个预设的时间，主节点（类同 Google File System 中的主服务器）将把这个节点标记为死亡状态，并把分配给这个节点的数据发到别的节点。

每个操作使用命名文件的原子操作以确保不会发生并行线程间的冲突。当文件被改名时，系统可能会把他们复制到任务名以外的另一个名字上去。由于化简操作的并行能力较差，主节点会尽量把化简操作调度在一个节点上，或者调度到离需要操作数据尽可能近的节点上。

在 Google 中，Map/Reduce 应用非常广泛，包括分布 grep、分布排序、Web 连接图反转、每台机器的词矢量、Web 访问日志分析、反向索引构建、文档聚类、机器学习、基于统计的机器翻译等。值得注意的是，Map/Reduce 会生成大量的临时文件，为了提高效率，它利用 Google 文件系统来管理和访问这些临时文件。

（8）Google 并行计算数据库

BigTable 是 Google 开发的基于 GFS 和 Chubby 的分布式存储系统。Google 的很多数据，包括 Web 索引、卫星图像数据等在内的海量结构化和半结构化数据都存储在 BigTable 中。从实现上来看，BigTable 并没有什么全新的技术，但是如何选择合适的技术并将这些技术高效地结合在一起恰恰是最大的难点。Google 的工程师通过研究以及大量实践实现了相关技术的选择及融合。

BigTable 在很多方面和数据库类似，但它并不是真正意义上的数据库。BigTable 建立在 GFS，Scheduler，Lock Service 和 Map/Reduce 之上。每个 Table 都是一个多维的稀疏图 sparsemap。Table 由行和列组成，表中的数据通过一个行关键字（Row Key）、一个列关键字（Column Key）

以及一个时间戳（Time Stamp）进行索引。BigTable 对存储在其中的数据不做任何解析，一律看作字符串，具体数据结构的实现需要用户自行处理。

在不同的时间对同一个存储单元（cell）有多份拷贝，这样就可以记录数据的变动情况。

BigTable 的存储逻辑可以表示为：（row：string，column：string，time：int64）→string。BigTable 数据的存储格式如图 6.7 所示。

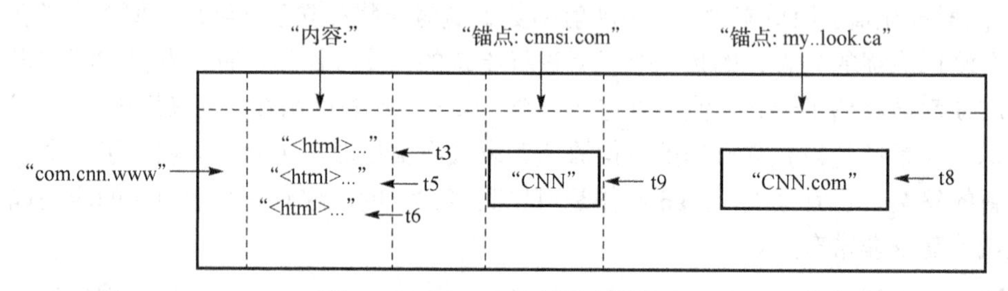

图 6.7　BigTable 数据的存储格式

为了管理较大的 Table，可以把 Table 按行分割，这些分割后的数据统称为 Tablets。每个 Tablets 大概有 100～200MB，每个机器存储 100 个 Tablets。底层的架构是 GFS，由于 GFS 是一种分布式的文件系统，采用 Tablets 的机制后，可以获得很好的负载均衡。比如：可以把经常响应的表移动到其他空闲机器上，然后快速重建。Tablets 在系统中的存储方式是不可修改的 immutable 的 SSTables，一台机器一个日志文件。BigTable 中最重要的选择是将数据存储分为两部分，主体部分是不可变的，以 SSTable 的格式存储在 GFS 中，最近的更新则存储在内存（称为 memtable）中。读操作需要根据 SSTable 和 memtable 来综合决定要读取的数据的值。

Google 的 BigTable 不支持事务，只保证对单条记录的原子性。BigTable 的开发者通过调研后发现只要保证对单条记录更新的原子性就可以了。这样，为了支持事务所要考虑的串行化、事务的回滚、死锁检测（一般认为，分布式环境中的死锁检测是不可能的，一般都用超时解决）等复杂问题都可不予考虑，系统实现进一步简化。

（9）Google 并行锁服务 Chubbylock

Chubby 是 Google 设计的提供粗粒度锁服务的一个文件系统，它基于松耦合分布式系统，解决了分布的一致性问题。通过使用 Chubby 的锁服务，用户可以确保数据操作过程中的一致性。需要注意的是，这种锁只是一种建议性锁（Advisory Lock），而不是强制性锁（Mandatory Lock），如此选择的目的是使系统具有更大的灵活性。

GFS 使用 Chubby 来选取一个 GFS 主服务器，BigTable 使用 Chubby 指定一个主服务器并发现、控制与其相关的子表服务器。除了最常用的锁服务之外，Chubby 还可以作为一个稳定的存储系统存储包括元数据在内的小数据。同时 Google 内部还使用 Chubby 进行名字服务（Name Server）。

Chubby 被划分成两个部分：客户端和服务器端，客户端和服务器端之间通过远程过程调用（RPC）来连接。在客户端，每个客户应用程序都有一个 Chubby 程序库（Chubby Library），客户端的所有应用都是通过调用这个库中的相关函数来完成的。服务器一端称为 Chubby 单元，一般是由五个称为副本（Replica）的服务器组成，这五个副本在配置上完全一致，并且在系统刚开始时处于对等地位。这些副本通过 Quorum 机制选举产生一个主服务器（Master），并保证在一定的时间内有且仅有一个主服务器，这个时间就称为主服务器租约期（Master Lease）。如果某个服务器被连续推举为主服务器的话，这个租约期就会不断地被更新。租续期内所有的客户请求都由主服务器来处理。客户端如果需要确定主服务器的位置，可以向 DNS 发送一个主服务器定位请求，非主服务器的副本将对该请求做出回应，通过这种方式客户端能够快速、准确地对主服务器做出定位。Chubby 的基本架构如图 6.8 所示。

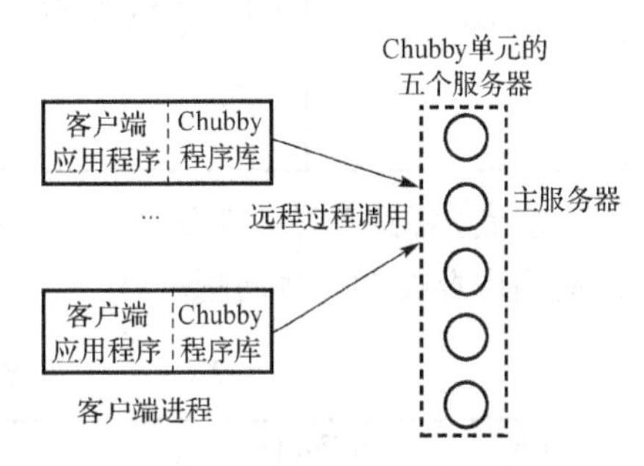

图 6.8 Chubby 的基本架构

（10）Google 消息序列处理系统 Google Work Queue

GWQ（Google Work Queue）系统负责将 Map/Reduce 的工作任务安排给各个计算单位（Cell/Cluster）。消息队列处理系统可以同时管理数万台服务器。可以通过 API 接口和命令行调动 GWQ 来进行工作。

（11）Google 的开发工具

除了传统的 C++和 Java，Google 开始大量使用 Python。Python 是一种面向对象、直译式计算机程序设计语言，也是一种功能强大而完善的通用型语言，已经具有十多年的发展历史，成熟且稳定。这种语言具有非常简捷而清晰的语法特点，适合完成各种高层任务，几乎可以在所有的操作系统中运行。

在 Google 内部，很多项目使用 C++编写性能要求极高的部分，然后用 Python 调用相应的模块。

6.4 云终端现状及发展趋势

6.4.1 云终端的现状

微软公司倡导的云计算是“云+端计算”，终端是由操作系统加上桌面软件构成的，计算能力仍旧依赖终端的处理能力。而其他云计算技术倡导的是运行、计算、存储都在云端，充分利用服务器资源，对于终端性能要求很低，可以说是“超瘦”终端，只需要一台能上网的设备，用户通过互联网就能实现处理文档、存储资料。因此，在这里把能使用云应用的设备都叫云终端，而不局限于仅能运行云应用的终端。

根据各种云计算技术的定位以及相关商用产品已发布的白皮书，结合实际测试结果，常见云计算相应的云终端见表 6.4。

PC、笔记本电脑的技术日益成熟，性能提高较快，目前对于类型 1、类型 2 的两类云计算技术应用的使用也足够。

表 6.4 常见的云终端

分类	特点	云计算技术	终端
类型 1：云+端	云存储，端计算	Windows Azure	PC、笔记本电脑
类型 2：纯云	运行、技术、存储都在云侧	Google 云计算技术 Hadoop Amazon 云计算技术 AWS 基于应用虚拟化的云计算	PC、笔记本电脑 网络终端机（网络计算机） 上网本，UMPC（Ultra Mobile PC） MID（Mobile Internet Device） 离子平台（家庭媒体中心） 智能手机

表 6.5 描述了除了笔记本电脑、PC 外，支持第 2 种类型的云计算应用的终端的现状以及在应用中存在的一些问题。

表 6.5 非 PC 类云终端的特点

终端	市场定位	特点	市场产品	存在问题
网络终端机	使用常规系统的行业客户，如教育、呼叫中心、政府机构、证券金融等	外形小巧； 操作系统固化； 接口（声音、麦克风、多个 USB 接口，以太网口，VGA）； 能耗低；低价位	属低端产品，国外知名厂家不是很热衷，国内几个厂家已推出产品，如清华同方、龙芯等	应用范围比较局限
上网本，UMPC	个人客户	精致小巧，便携； 性能相对笔记本电脑较低； 接口（声音、麦克风、多个 USB 接口，以太网口，支持 WLAN，VGA）； 能耗较低	国内外厂商都有相应产品	续航能力差，便携性不足
MID	个人客户	介于上网本与手机之间的网络终端设备，外形更为小巧，便携，能耗低	国内外厂商都有相应产品，Intel 正在大力倡导	续航能力较差，接口较少，便携性不足
离子平台	家庭客户； 家庭媒体中心	采用 Intel Atom 处理器（目前有部分产品采用 Intel 的迅驰 CPU）的基础上，加上 NVIDIA 自家的 GeForce 9400M（代号 MCP79）芯片组组合而成的迷你电脑； 接口（声音、麦克风、读卡器、多个 USB 接口、VGA、外接 SATA、HDMI）； 支持高清媒体播放，适合外接电视，利用家庭电视进行网络冲浪和使用云应用等； 能耗低	国内外厂商都有相应产品	非固化操作系统，网上冲浪和安装一些常规软件仍会带来一定的安全性风险和维护要求，对家庭客户有点不便
智能手机	个人客户	Windows Mobile、Android 手机、黑莓、iPhone、Linux 手机等； 随身携带，支持手机网络，随时使用	国内外厂商都有相应产品	屏幕普遍小，输入不便，带来使用上的不便

6.4.2 云终端发展趋势

微软等公司提出的“云+端计算”，对终端是有计算能力要求的，应用软件运行在终端上，软件需要的计算资源越高，对终端的要求也就越高。存储方面可以存储在本地，然后同步到网络上。因此，这一类终端的发展应该跟随当前 PC 的发展方向，仍旧是处理能力、存储能力、3D 显示能力各方面都会继续发展，并且随着操作系统和软件的升级不断提高。

由于云平台的存在，软件可以免安装，在这种情况下，这一类云终端可以朝着便携性发展，类似笔记本电脑。面向的客户群更多的是个人客户和需要进行大量图形处理与占用计算资源大的企业客户。

对于纯云环境下的云终端，它的基本要求就是有稳定的网络连接和基本的计算能力，必须适应不同用户群和云计算发展的要求。

1．企业用户

适应绿色 IT 与节能降耗，降低成本，以及差旅对便携性的要求。网络终端机可以适应大部分使用常规应用的企业，为了适应企业差旅的要求，仍需往提高便携性方向发展，解决使用上的局限性问题。

2．个人用户

上网本，UMPC（Ultra Mobile PC）、MID（Mobile Internet Device）等设备仍存在续航能力差、便携性不足的问题，它的发展应该朝着便携，以及方便易用的人机界面方面发展。便携性涵盖了节电、优化电源管理、快速启动、支持 4G 网络、小尺寸、免升级、免维护、安全可靠的方向发展。

智能手机存在着屏幕小，输入不便的问题，很难作为大规模使用云应用的终端，需要往稍大屏幕、外接屏幕、创新输入模式的方向发展。

考虑到个人用户的应用场景，设备还应该能够支持用户对音乐、视频播放等的需求。随着视频技术的发展，要适应用户的需求，终端设备应该能够支持高清视频的播放，但是由于屏幕大小限制，自带屏幕只能够支持半高清视频，但外接到大屏幕显示器和电视上时，应该能够支持全高清视频的播放。另外，外接到大屏幕时，用户也应该能够通过外接输入设备（如无线键盘鼠标）使用。

3．家庭客户

离子平台以家庭的电视作为显示器，作为小尺寸的固定终端，具备一定的数据处理能力，可以播放高清电影。通过这样的终端，用户可以看电视、看网络电影、玩游戏，也可以使用云平台上的软件进行移动办公。离子平台目前仍存在着对操作系统的维护要求和安全风险，考虑到家庭客户的应用场景，需要固化操作系统并家电化。

云计算是未来的趋势，而最终把云计算的便利性带给用户的还是终端设备，因此云终端也必须能够适应和满足云计算的要求与用户不同的应用场景需求。

云计算带来了 4C 融合，即计算（Computer）、通信（Communication）、消费电子（Consumer electronics）、内容（Content）之间的融合；而 4C 的融合也带动了终端的融合，意味着各种便携网络设备、PC、手机、家电之间的界限越来越模糊。可以想象，手机发展到一定程度，既可以通话、上网、控制家电，当外接屏幕和输入设备时，就可以当成一台办公电脑，而且内容方面可以和所有的终端共享。具有强大便携、移动和娱乐性与利用云计算进行办公的能力的云终端产品将会成为市场的主流。

习题 6

一、填空题

1. 云计算是网格计算、分布式计算、并行计算等传统计算机技术和__________发展融合的产物。

2. 云是指以云计算和网络以及虚拟化为核心技术，通过一系列的软件和硬件实现__________的一种计算机技术。

3. 根据目前主流云计算服务商和服务商提供的服务，一般将云计算分为基础设施即服务、平台即服务和__________三大类型。

4. 基础设施即服务提供给用户的服务是对所有__________的利用。

5. 平台即服务是指将__________作为一种服务提交给用户。平台通常包括操作系统、编程语言的运行环境、数据库和 Web 服务器等。

6. 软件即服务是一种通过 Internet 提供软件的模式，用户无须购买软件，而是向提供商__________来管理企业经营活动。

7. AWS 提供基于云的基础架构，并提供基于 SOAP 的__________接口，对最终用户来说，只需浏览器就可以使用。

8. Hadoop 是 Apache 软件基金会研发的__________和分布式文件系统，用于在大型集群的廉价硬件设备上提供高效、高容错性、稳定的分布式运行接口和存储。

9. 微软倡导的云计算是“云+端计算”，终端是__________的方式。

10. 用户能够租赁具有__________，并获得相关的计算资源和存储资源服务，这是 IaaS 区别于 PaaS 和 SaaS 的特点。

二、选择题

1. 云计算是对（ ）技术的发展与运用。

A. 并行计算　B. 网格计算　C. 分布式计算　D. 三个选项都是

2. 从研究现状上看，下面不属于云计算特点的是（ ）。

A. 超大规模　B. 虚拟化　C. 私有化　D. 高可靠性

3. 与网络计算相比，不属于云计算特征的是（ ）。

A. 资源高度共享　B. 适合紧耦合科学计算　C. 支持虚拟机　D. 适用于商业领域

4. 微软推出的云计算操作系统是（ ）。

A. Google App Engine　B. 蓝云　C. Azure　D. EC2

5. 将平台作为服务的云计算服务类型是（ ）。

A. IaaS　B. PaaS　C. SaaS　D. 三个选项都不是

6．将基础设施作为服务的云计算服务类型是（　　）。

A．IaaS　　B．PaaS　　C．SaaS　　D．三个选项都不是

7．IaaS 计算实现机制中，系统管理模块的核心功能是（　　）。

A．负载均衡　　B．监视节点的运行状态　　C．应用 API　　D．节点环境配置

8．下列不属于 Google 云计算平台技术架构的是（　　）。

A．并行数据处理 Map/Reduce　　B．分布式锁 Chubby

C．结构化数据表 BigTable　　D．弹性云计算 EC2

9．与开源云计算系统 Hadoop HDFS 相对应的商用云计算软件系统是（　　）。

A．Google GFS　　B．Google Map/Reduce　　C．Google BigTable　　D．Google Chubby

10．Google 文件系统（GFS）分块默认的块大小是（　　）。

A．32MB　　B．64MB　　C．128MB　　D．16MB

11. Google 提出的用于处理海量数据的并行编程模式和大规模数据集的并行运算的软件架构是（　　）。

A．GFS　　B．Map/Reduce　　C．Chubby　　D．BitTable

12．下面关于 Map/Reduce 模型中 Map 函数与 Reduce 函数的描述正确的是（　　）。

A．一个 Map 函数就是对一部分原始数据进行指定的操作

B．一个 Map 操作就是对每个 Reduce 所产生的一部分中间结果进行合并操作

C．Map 与 Map 之间不是相互独立的

D．Reduce 与 Reduce 之间不是相互独立的

13．Google APP Engine 目前支持编程语言（　　）。

A．Python 语言　　B．SQL 语言　　C．汇编语言　　D．Pascal 语言

三、简答题

1．简述云和云计算的区别。

2．云计算的常见类型有哪些？它们之间有什么关系？

3．ISSA 具有哪些技术特征？

4．云计算和传统的 IT 服务有哪些不同之处？

5．说明云终端的基本类型及其发展趋势。

第 7 章

大数据处理基础

大数据在以云计算为代表的技术创新基础上将原本很难收集和使用的数据利用起来，通过不断创新，为人类创造更多的价值。可以说，大数据是互联网发展到一定阶段的必然结果。

7.1 大数据的基本概念及特征

7.1.1 大数据的含义

大数据是指所涉及的资料量规模巨大，无法透过目前主流软件工具，在合理时间内达到获取、管理、处理、并整理成为有助于企业经营决策的信息。大数据最早用来描述为更新网络搜索索引，需要同时进行批量处理或分析的大量数据集。随着谷歌 Map/Reduce 和 Google File System（GFS）的发布，大数据不仅用来描述大量的数据，还涵盖了处理数据的速度。

大数据可分成大数据技术、大数据工程、大数据科学和大数据应用等领域。目前人们谈论最多的是大数据技术和大数据应用，工程和科学问题尚未被重视。大数据工程指大数据的规划、建设、运营、管理的系统工程。大数据科学关注大数据网络发展和运营过程中发现和验证大数据的规律及其与自然和社会活动之间的关系。

7.1.2 大数据的特征

从大数据的特征来看，数据源增加、传感器的分辨率提高，使得大数据的体量大。数据源增加、数据通信的吞吐量提高、数据生成设备的计算能力提高，使得大数据的速度快。移动设备、社交媒体、视频、聊天、基因组学研究和各种传感器使得大数据的类型较多。

关于大数据的特征，可以用很多词语来表示。比较有代表性的为“4V”模型。包括数量（Volume）、速度（Velocity）、种类（Variety）和价值性（Value）。

1．规模性（Volume）

规模性指的是数据的量以及其规模的完整性。数据的存储从 TB 扩大到 ZB，数据加工处理技术的提高，网络宽带的成倍增加，以及社交网络技术的迅速发展，使得数据产生量和存储量成倍增长。从某种程度讲，数据数量级的大小并不重要，重要的是数据要具有完整性。

2. 高速性（Velocity）

高速性主要表现为数据流和大数据的移动性。现实中则体现在对数据的实时性需求。随着移动网络的发展，人们对数据的实时应用需求更加普遍，比如通过手持终端设备关注天气、交通、物流等信息。

高速性要求具有时间敏感性和决策性的分析，即要求能在第一时间抓住重要事件发生的信息。比如，当有大量的数据输入时（需要排除一些无用的数据）或者需要马上做出决定的情况。例如：一天之内需要审查 100 万起潜在的贸易欺诈案件；需要分析 10 亿条日实时呼叫的详细记录，以预测客户的流失率。

3. 多样性（Variety）

多样性指数据的来源有多种途径（关系型和非关系型数据）。这也意味着要在海量、种类繁多的数据间发现其内在关联。互联网时代，各种设备通过网络连成了一个整体。进入以互动为特征的 Web 2.0 时代，个人计算机用户不仅可以通过网络获取信息，还成为了信息的制造者和传播者。

在这个阶段，不仅数据量开始爆炸式增长，数据种类也变得繁多。除了简单的文本分析外，还可以对传感器数据、音频、视频、日志文件、点击量以及其他任何可用的信息进行处理。例如，在客户数据库中不仅要关注客户名称和地址，还包括客户的职业、兴趣爱好、社会关系等。利用大数据多样性的原则就是：保留一切需要的，有用的信息，舍弃那些不需要的，发现那些有关联的数据，加以收集、分析、加工，使得其变为可用的信息。

4. 价值性（Value）

价值性体现大数据运用的稀缺性、不确定性和多样性。从某种程度上说，大数据是数据分析的前沿技术。简而言之，大数据技术就是从各种各样类型的数据中，快速获得有价值信息的能力。

7.1.3　大数据的价值

如果把大数据比作一种产业，那么，这种产业实现盈利的关键在于提高对数据的加工能力，通过加工实现数据的增值。基于大数据形成决策的模式已经为不少的企业带来了效益。从大数据的价值链条来分析，有以下几种大数据模式。

① 拥有大数据，但是没有利用好。比较典型的是金融机构、电信行业、政府机构等。

② 没有数据，但是知道如何帮助有数据的人利用它。比较典型的是 IT 咨询和服务企业，比如，埃森哲、IBM、Oracle 等。

③ 既有数据，又有大数据思维。比较典型的是 Google，Amazon，Mastercard 等公司。

未来在大数据领域最具有价值的是拥有大数据思维的人，这种人可以将大数据的潜在价值转化为实际利益。在各行各业，探求数据价值取决于把握数据的人，关键是人的数据思维。与其说是大数据创造了价值，不如说是大数据思维触发了新的价值增长点。

1．当前的价值

拥有大数据处理能力，即善于聚合信息并有效利用数据，将会带来层出不穷的创新，从某种意义上说大数据处理能力代表着一种生产力。

（1）大数据将带来IT的技术革命

为解决日益增长的海量数据、数据多样性、数据处理时效性等问题，一定会在存储器、数据仓库、系统架构、人工智能、数据挖掘分析以及信息通信等方面不断涌现突破性技术。

（2）大数据将在各行各业引发创新模式

随着大数据的发展，行业渐进融合，以前认为不相关的行业，通过大数据技术有了相通的渠道。大数据将会产生新的生产模式、商业模式、管理模式，这些新模式对经济社会发展带来深刻影响。

（3）大数据将给生活带来深刻的变化

大数据技术进步将惠及日常生活的方方面面。家里有智能管家提升生活质量；外出购物时，商家会根据消费习惯将购物信息通过无线互联网推送给消费者；外出就餐，车载语音助手会帮助消费者挑选餐厅并实时报告周边情况和停车状况。

（4）大数据将提升电子政务和政府社会治理的效率

大数据的包容性将打通政府各部门间、政府与市民间的信息边界，信息孤岛现象大幅消减，数据共享成为可能，政府各机构协同办公效率将显著提高。同时，大数据将极大地提升政府的社会治理能力和公共服务能力。从根本上说，大数据能够通过改进政府机构和整个政府的决策，使政府机构工作效率明显提高。另一方面，政府部门利用各种渠道的数据，将显著改进政府的各项关键政策和工作。

2．未来的价值

未来大数据的应用无处不在，而当物联网发展到达一定规模时，借助条形码、二维码、RFID等技术能够唯一标识产品，传感器、可穿戴设备、智能感知、视频采集、增强现实等技术可实现实时的信息采集和分析，这些数据能够有效地支撑智慧城市、智慧交通、智慧能源、智慧医疗、智慧环保。

未来的大数据除了更好地解决社会问题、商业营销问题、科学技术问题，还有一个可预见的趋势是以人为本的大数据方针。大部分的数据都与人类有关，要通过大数据解决人的问题。

例如，建立个人的数据中心，将每个人的日常生活习惯、身体体征、社会网络、知识能力、爱好性情、疾病嗜好、情绪波动等除了思维外的一切都存储下来，这些数据可以被充分地利用；医疗机构将实时地监测用户身体健康状况；教育机构可更有针对性地制定用户喜欢的教育培训计划；服务行业为用户提供及时健康的符合用户生活习惯的食物和其他服务；社交网络能为用户提供合适的交友对象，并为志同道合的人群组织各种聚会活动；政府能在用户的心理健康出现问题时有效地干预；金融机构能帮助用户进行有效的理财管理，为用户的资金提供更有效的使用建议和规划；道路交通、汽车租赁及运输行业可以为用户提供更合适的出行线路和路途服务安排等。

3. 大数据的隐私问题

用户隐私问题一直是大数据应用难以绕开的一个问题。目前，中国并没有专门的法律法规来界定用户隐私，处理相关问题时多采用其他相关法规条例来解释。但随着民众隐私意识的日益增强，合法、合规地获取数据、分析数据和应用数据是进行大数据分析时必须遵循的原则。

例如，现在有一种职业叫“删帖人”，专门负责帮人到各大网站删帖、删评论。其实这些人就是通过黑客技术侵入各大网站，破获管理员的密码然后进行手工定向删除。还有一种职业叫“人肉专家”，他们负责从互联网上找到一个与他们根本无任何关系的用户的任意信息。也就是说，如果有人想找到你，只要具备两个条件之一（一是你上过网，留下过痕迹；二是你的亲朋好友或认识你的人上过网，留下过你的痕迹），人肉专家就可以找到你，可能还知道你现在正在哪个餐厅和谁一起共进晚餐。

现在，很多互联网企业为了继续得到用户的信任，采取了很多办法来保护用户的隐私，比如 Google 承诺仅保留用户的 9 个月搜索记录，浏览器厂商提供无痕上网模式，社交网站拒绝公共搜索引擎的爬虫进入，并将提供出去的数据全部采取匿名方式处理等。

7.1.4 大数据的技术基础

1. 云技术

大数据常和云计算联系到一起，可以说没有大数据的信息积淀，则云计算的计算能力再强大，也难以找到用武之地；没有云计算的处理能力，则大数据的信息积淀再丰富，也无法实现其价值。

如果将云计算与大数据进行一些比较，最明显的区分在两个方面。

① 在概念上两者有所不同。云计算改变了 IT，而大数据则改变了业务。然而大数据必须有云作为基础架构，才能得以顺畅运营。

② 大数据和云计算的目标受众不同。云计算是 CIO 等关心的技术层，是一个进阶的 IT 解决方案。而大数据是 CEO 关注的、是业务层的产品，而大数据的决策者是业务层。

2. 分布式处理技术

分布式处理系统可以将不同地点的或具有不同功能的或拥有不同数据的多台计算机用通信网络连接起来，在控制系统的统一管理控制下，协调地完成信息处理任务。

3. 存储技术

大数据可以抽象地分为大数据存储和大数据分析，大数据存储的目的是支撑大数据分析。大数据存储致力于研发可以扩展至 PB 甚至 EB 级别的数据存储平台；大数据分析关注在最短时间内处理大量不同类型的数据集。成本的不断下降也造就了大数据的可存储性。

例如，Google 大约管理着超过 50 万台服务器和 100 万块硬盘，而且 Google 还在不断地扩大计算能力和存储能力，其中很多的扩展都是基于在廉价服务器和普通存储硬盘基础上进行的，这大大降低了服务成本，因此可以将更多的资金投入到技术的研发当中。

以 Amazon 举例，Amazon S3 是一种面向 Internet 的存储服务。该服务旨在让开发人员能更轻松地进行网络规模计算。Amazon S3 提供一个简明的 Web 服务界面，用户可通过它随时在 Web 上的任何位置存储和检索任意大小的数据。此服务让所有开发人员都能访问同一个具备高扩展性、可靠性、安全性和快速价廉的基础设施，Amazon 用它来运行其全球的网站网络。S3 卓有成效，存储对象已达到万亿级别，而且性能表现良好。

4．感知技术

大数据的采集和感知技术的发展是紧密联系的。以传感器技术、指纹识别技术、RFID 技术、坐标定位技术等为基础的感知技术提升同样是物联网发展的基石。全世界的工业设备、汽车、电表上有着无数的数码传感器，随时测量和传递着有关位置、运动、震动、温度、湿度乃至空气中化学物质的变化，都会产生海量的数据信息。

随着智能手机的普及，新的感知技术在不断创新，例如地理位置信息被广泛地应用，新型手机可通过呼气直接检测燃烧脂肪量，用于手机的嗅觉传感器可以监测空气污染以及危险化学药品，微软公司正在研发可感知用户当前心情的智能手机技术，谷歌眼镜 InSight 可通过衣着进行人物识别。

7.2 大数据分析技术

7.2.1 大数据分析的基本要求

1．大数据分析的数据类型

大数据要分析的数据类型主要有四大类。

（1）交易数据

大数据平台能够获取时间跨度更大、更海量的结构化交易数据，这样就可以对更广泛的交易数据类型进行分析，不仅仅包括 POS 或电子商务购物数据，还包括行为交易数据，例如 Web 服务器记录的互联网点击量数据日志。

（2）人为数据

人为的非结构数据广泛存在于电子邮件、文档、图片、音频、视频，以及通过博客、维基百科，尤其是社交媒体产生的数据流。这些数据为使用文本分析功能进行分析提供了丰富的数据源泉和支撑。

（3）移动数据

智能手机等移动设备上的 App 应用能够追踪和沟通无数事件，包含了从 App 内的交易数据（如搜索产品的记录事件）到个人信息资料或状态报告事件（如地点变更即报告一个新的地理编码）等海量信息。

（4）机器和传感器数据

机器和传感器数据包括功能设备创建或生成的数据，例如智能电表、智能温度控制器、工厂机器和连接互联网的家用电器。这些设备可以与互联网络中的其他节点通信，还可以自动向服务器传输数据，这样就可以对数据进行分析。

机器和传感器数据在物联网中广泛应用，来自物联网的数据可以用于构建分析模型，连续监测预测性行为（如当传感器值表示有问题时进行识别），提供规定的指令（如技术人员在真正出问题之前提示检查设备的信息）。

2．大数据分析的 5 个方面

（1）可视化分析

使用大数据分析结果的人不仅有大数据分析专家，同时还有普通用户。他们二者对于大数据分析最基本的要求就是可视化分析，因为可视化分析能够直观地呈现大数据特点，易于为用户所接受。

（2）数据挖掘

大数据分析的理论核心就是数据挖掘，各种数据挖掘算法基于不同的数据类型和格式，科学地呈现数据本身具备的特点，深入数据内部，挖掘出公认的价值。

（3）预测性分析能力

大数据分析最重要的应用领域之一就是预测性分析，从大数据中挖掘出特点，通过建立科学的预测模型，之后便可以通过模型代入新的数据，从而预测未来。

（4）语义引擎

大数据分析广泛应用于网络数据挖掘，可从用户的搜索关键词、标签关键词或其他输入语义，分析、判断用户需求，从而实现更好的用户体验和广告匹配。

（5）数据质量和数据管理

大数据分析离不开数据质量和数据管理，高质量的数据和有效的数据管理，无论是在学术研究还是在商业应用领域，都能够保证分析结果的真实性和价值性。

7.2.2　大数据处理分析工具

大数据分析可以帮助企业更好地适应变化，并做出更明智的决策。

1．常见分析工具

（1）Hadoop

Hadoop 是一个能够对大量数据进行分布式处理的软件框架。Hadoop 以一种可靠、高效、可伸缩的方式对大数据进行可靠处理，它假设计算元素和存储会失败，因此会维护多个工作数据副本，确保能够针对失败的节点重新分布处理。

Hadoop 依赖于社区服务器，成本比较低，是一个能够让用户轻松架构和使用的分布式计算平台。用户可以轻松地在 Hadoop 上开发和运行处理海量数据的应用程序。它主要有以下几个优点。

① 高可靠性。Hadoop 按位存储和处理数据的能力值得人们信赖。

② 高扩展性。Hadoop 在可用的计算机集簇间分配数据并完成计算任务，这些集簇可以方便地扩展到数以千计的节点中。

③ 高效性。Hadoop 通过并行处理加快处理速度，同时还能够在节点之间动态地移动数据，并保证各个节点的动态平衡，因此处理速度非常快。

④ 高容错性。Hadoop 能够自动保存数据的多个副本，并且能够自动将失败的任务重新分配。

⑤ 易用性。Hadoop 带有用 Java 语言编写的框架，因此运行在 Linux 平台上是非常理想的。Hadoop 上的应用程序也可以使用其他语言编写，比如 C++。

（2）HPCC

HPCC 是高性能计算与通信（High Performance Computing and Communications）的缩写。HPCC 是美国实施信息高速公路而实施的计划，该计划的主要目标要达到：开发可扩展的计算系统及相关软件，以支持太位级网络传输性能，开发千兆比特网络技术，扩展研究和教育机构及网络连接能力。HPCC 的架构如图 7.1 所示。

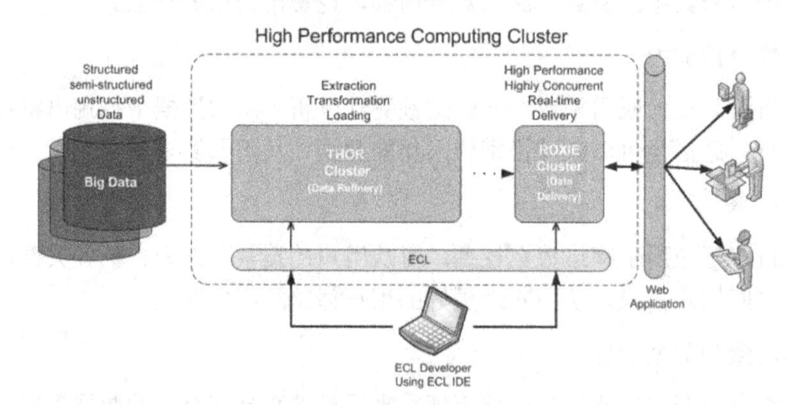

图 7.1 HPCC 的架构

HPCC 主要由五部分组成。

① 高性能计算机系统（HPCS）。内容包括计算机系统的研究、系统设计工具、先进的典型系统及原有系统的评价等。

② 先进软件技术与算法（ASTA）。包括解决问题的软件支撑、新算法设计、软件分支与工具、高性能计算研究中心等。

③ 国家科研与教育网格（NREN）。内容有中接站及 10 亿位级传输的研究与开发。

④ 基本研究与人类资源（BRHR）。内容有基础研究、培训、教育及课程教材。

⑤ 信息基础结构技术和应用（IITA ）。目的在于保证美国在先进信息技术开发方面的领先地位。

（3）RapidMiner

RapidMiner 是世界领先的数据挖掘解决方案，其数据挖掘任务涉及范围广泛，包括各种数据处理技术，能简化数据挖掘过程的设计和评价。

RapidMiner 具有以下功能和特点：

- 免费提供数据挖掘技术和库；
- 100%用 Java 代码（可运行在操作系统）；
- 数据挖掘过程简单、强大和直观；
- 内部 XML 结构保证了用标准化的格式来表示交换数据挖掘过程；
- 可以用简单脚本语言自动进行大规模进程；
- 多层次的数据视图，确保有效和透明的数据；
- 图形用户界面的互动原型；
- 命令行（批处理模式）自动大规模应用；
- 提供 Java API 应用编程接口；
- 简单的插件和推广机制；
- 强大的可视化引擎，高维数据的可视化建模工具；
- 400 多个数据挖掘运营商支持。

耶鲁大学已成功地将其应用在许多不同的领域，包括文本挖掘、多媒体挖掘、功能设计、数据流挖掘、集成开发的方法和分布式数据挖掘等。

（4）Pentaho BI 平台

Pentaho BI 平台是一个以流程为中心的、面向解决方案的框架。其目的在于将一系列企业级 BI 产品、开源软件、API 等组件集成起来，方便商务智能应用的开发。它的出现，可以把一系列面向商务智能的独立产品（如 Jfree、Quartz 等）集成在一起，构成复杂、完整的商务智能解决方案。

Pentaho BI 平台的核心架构以流程为中心，因为其中枢控制器是一个工作流引擎。工作流引擎使用流程定义来定义在 BI 平台上执行的商业智能流程。流程可以很容易地被定制，也可以添加新的流程。BI 平台包含组件和报表，用以分析这些流程的性能。

目前，Pentaho 的主要组成元素包括报表生成、分析、数据挖掘和工作流管理等。这些组件通过 J2EE、WebService、SOAP、HTTP、Java、JavaScript、Portals 等技术集成到 Pentaho 平台。Pentaho 的发行，主要以 Pentaho SDK 的形式进行。

Pentaho SDK 共包含五个部分：Pentaho 平台、Pentaho 示例数据库、可独立运行的 Pentaho 平台、Pentaho 解决方案示例和一个预先配制好的 Pentaho 网络服务器。

① Pentaho 平台。Pentaho 平台囊括了 Pentaho 平台源代码的主体。

② Pentaho 数据库。Pentaho 数据库为 Pentaho 平台的正常运行提供数据服务，包括配置信息、Solution 相关的信息等，对于 Pentaho 平台来说它不是必须的，通过配置可以用其他数据库服务取代。

③ 可独立运行的 Pentaho 平台。可独立运行的 Pentaho 平台是 Pentaho 平台的独立运行模式的示例，它演示了如何使 Pentaho 平台在没有应用服务器支持情况下独立运行。

④ Pentaho 解决方案示例。Pentaho 解决方案示例是一个 Eclipse 工程，用来演示如何为 Pentaho 平台开发相关的商业智能解决方案。

⑤ Pentaho BI 服务器。Pentaho BI 平台构建在服务器、引擎和组件的基础上。这些基础提供了系统的 J2EE 服务器、Portal、工作流、规则引擎、图表、协作、内容管理、数据集成、分析和建模功能。这些组件的大部分是基于标准的，可使用其他产品替换。

2. Hadoop 简介

Hadoop 的雏形开始于 2002 年的 Apache 的 Nutch，Nutch 是一个开源的 Java 语言实现的搜索引擎。它提供了运行搜索引擎所需的全部工具，包括全文搜索和 Web 爬虫。Hadoop 的核心是 HDFS 和 Map/Reduce，同时 Hadoop 旗下有很多基于 HDFS 和 Map/Reduce 的经典子项目，比如 HBase、Hive 等。

通常情况下，Hadoop 应用于分布式环境。就像 Linux 一样，厂商集成和测试 Apache Hadoop 系统的组件，并添加自己的工具和管理功能。总的来说，Hadoop 适合应用于大数据存储和大数据分析，适合从几千台到几万台的服务器集群运行，支持 PB 级的存储容量。Hadoop 典型应用有：搜索、日志处理、推荐系统、数据分析、视频图像分析、数据保存等。但 Hadoop 的使用范围远小于 SQL 或 Python 之类的脚本语言。

（1）HDFS

HDFS（Hadoop Distributed File System，Hadoop 分布式文件系统），它是一个高容错性系统，适合部署在廉价的机器上。HDFS 能提供高数据访问的吞吐量，适合那些有着超大数据集（large data set）的应用程序。HDFS 的设计有如下特点。

① 大数据文件。非常适合于 TB 级别的大文件或者一堆大数据文件的存储。

② 文件分块存储。HDFS 会将一个完整的大文件平均分块存储到不同计算机上，它的意义在于读取文件时可以同时从多个主机读取不同区块的文件，多主机读取比单主机读取效率更高。

③ 流式数据访问。一次写入多次读写，这种模式与传统文件不同，它不支持动态改变文件内容，而是要求文件一次写入就不做变化，要变化也只能在文件末添加内容。

④ 支持廉价硬件。HDFS 可以应用在普通 PC 上，这种机制能够让一些公司用几十台廉价计算机就可以撑起一个大数据集群。

⑤ 防止硬件故障。HDFS 认为所有计算机都可能会出现问题，为了防止某个主机失效而无法读取该主机的块文件，它将同一个文件块副本分配到其他某几个主机上，如果其中一台主机失效，可以迅速通过另一块副本替换文件。

HDFS 的关键元素有以下几个。

① Block。将一个文件进行分块，通常是 64MB。

② NameNode。NameNode 保存整个文件系统的目录信息、文件信息及分块信息。最初，由一台主机专门保存，如果这台主机出错，NameNode 就会失效。后来，在 Hadoop2.*版本以后，支持 activity-standy 模式，即主 NameNode 失效，启动备用主机运行 NameNode。

③ DataNode。DataNode 分布在廉价的计算机上，用于存储 Block 块文件。

HDFS 的文件存储如图 7.2 所示。

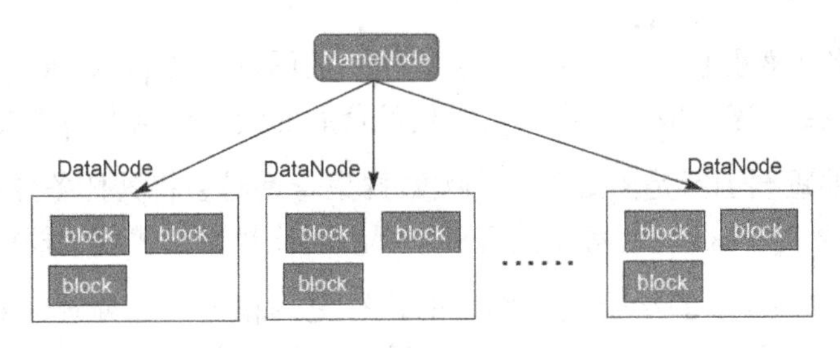

图 7.2　HDFS 的文件存储

（2）Map/Reduce

Map/Reduce 是一套从海量数据源提取分析元素，最后返回结果集的编程模型。将文件分布式存储到硬盘是第一步，而从海量数据中提取分析所需要的内容就是 Map/Reduce 任务。

下面以一个计算海量数据最大值为例：一个银行有上亿储户，银行希望找到存储金额最高的金额是多少，按照传统的计算方式，会编写以下代码。

```
Java 代码
Longmoneys[]
Longmax=0L;
for(inti=0;i<moneys.length;i++){
if(moneys[i]>max){
max=moneys[i];
}
}
```

如果计算的数组长度少的话，这样实现是不会有问题的，但是面对海量数据的时候就会有问题。

如果采用 Map/Reduce，则会这样做：首先，数字是分布存储在不同块中的，以某几个块为一个 Map，计算出 Map 中最大的值；然后将每个 Map 中的最大值做 Reduce 操作，Reduce 再取最大值给用户，过程如图 7.3 所示。

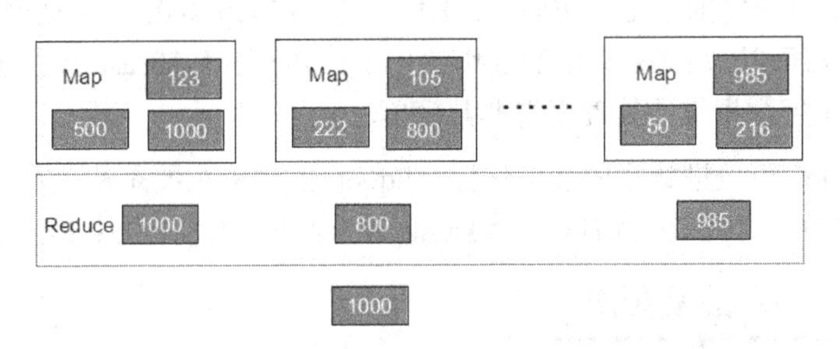

图 7.3　Map/Reduce 工作过程示意

也就是说，Map/Reduce 的基本原理可概括为：将大的数据分成小块逐个分析，最后再将提取出来的数据汇总分析，最终获得想要的内容。当然如何进行分块，如何做 Reduce 操作，这个过程是非常复杂的，Hadoop 已经提供了数据分析的实现，用户只需要编写简单的需求命令即可获得想要的数据。

Google 的网络搜索引擎在得益于算法发挥作用的同时，Map/Reduce 在后台发挥了极大的作用。Map/Reduce 框架已成为当今大数据处理背后的最具影响力的“发动机”。

Map/Reduce 的重要创新是当处理一个大数据集查询时会将其任务分解并运行在多个节点中处理。将这种技术与 Linux 服务器结合可获得性价比极高的替代大规模计算阵列的方法。

HDFS 与 Map/Reduce 的结合使得系统的运行更为稳健。在处理大数据的过程中，当 Hadoop 集群中的服务器出现错误时，整个计算过程并不会终止。同时 HFDS 可保障在整个集群中发生故障错误时的数据冗余。当计算完成时，将结果写入 HFDS 的一个节点之中，HDFS 对存储的数据格式并无苛刻的要求，数据可以是非结构化或其他类别。开发人员编写代码的责任是使数据有意义，Hadoop、Map/Reduce 的编程过程可以利用 Java APIs 进行，并可手动加载数据文件到 HDFS 之中。

（3）Pig 和 Hive

对于开发人员，直接使用 Java APIs 可能容易出错，同时也限制了 Java 程序员在 Hadoop 上编程的灵活性。于是 Hadoop 提供了两个解决方案：Pig 和 Hive，使得 Hadoop 编程变得更加容易。

① Pig 是一种编程语言。Pig 简化了 Hadoop 常见的工作任务，可加载数据、表达转换数据以及存储最终结果。Pig 内置的操作使得半结构化数据变得有意义（如日志文件）。同时 Pig 可扩展使用 Java 中添加的自定义数据类型并支持数据转换。Pig 赋予开发人员更多的灵活性，并允许开发简洁的脚本用于转换数据流以便嵌入到较大的应用程序中。

② Hive 扮演数据仓库的角色。Hive 可以在 HDFS 中添加数据的结构，并允许使用类似于 SQL 语法进行数据查询。与 Pig 一样，Hive 的核心功能是可扩展的。Hive 适合于数据仓库的任务，主要用于静态的结构以及需要经常分析的工作。

（4）改善数据访问：HBase、Sqoop 以及 Flume

Hadoop 的核心还是一套批处理系统，数据加载进 HDFS、处理然后检索。HBase 作为面向列的数据库运行在 HDFS 之上。HBase 以 Google BigTable 为蓝本，目标就是快速在主机内数十亿行数据中定位所需的数据并访问它。HBase 利用 Map/Reduce 来处理内部的海量数据。同时 Hive 和 Pig 都可以与 HBase 组合使用，Hive 和 Pig 还为 HBase 提供了高层语言支持，使得在 HBase 上进行数据统计处理变得非常简单。

Sqoop 和 Flume 可改进数据的互操作性。Sqoop 的功能主要是从关系数据库导入数据到 Hadoop，并可直接导入到 HFDS 或 Hive。而 Flume 设计旨在直接将流数据或日志数据导入 HDFS。

7.2.3 大数据热门职业及要求

随着大数据应用的不断深入，与大数据相关的工作也成为热门职业，给人才发展带来了机会。数据科学家、数据工程师、数据分析师已经成为大数据行业最热门的职位。

1. 数据科学家

数据科学家是指能采用科学方法、运用数据挖掘工具对复杂多量的数字、符号、文字、网址、音频或视频等信息进行数字化重现与认识，并能寻找新的数据的工程师或专家。

（1）数据科学家的工作职责

数据科学家倾向于用探索数据的方式来看待周围的世界。把大量散乱的数据变成结构化的可供分析的数据，还要找出丰富的数据源，整合其他可能不完整的数据源，并整理成结果数据集。随着新数据不断流入，数据科学家需要帮助决策者实现从临时数据分析到持续数据交互分析的转变，从而影响产品、流程和决策。

（2）数据科学家需要掌握的基本技能

① 计算机科学。一般来说，数据科学家要求具备编程能力、具备计算机科学相关的专业背景。简单来说，就是具备处理大数据所必需的 Hadoop 等大规模并行处理技术与机器学习相关的技能。

② 数学、统计、数据挖掘等。除了数学、统计方面的素养之外，还需要具备使用 SPSS、SAS 等主流统计分析软件的技能。其中，面向统计分析的开源编程语言及其运行环境也是需要掌握的基本技能，此类软件不仅在于其包含了丰富的统计分析库，而且具备将结果进行可视化的高品质图表生成功能，并可以通过简单的命令来运行。此外，其还具备称为 CRAN（the Comprehensive R Archive Network）的包扩展机制，通过导入扩展包就可以使用标准状态下所不支持的函数和数据集。

③ 数据可视化。信息质量很大程度上依赖于其表达方式。对数据中所包含的意义进行分析，开发 Web 原型，使用外部 API 将图表、地图、Dashboard 等其他服务统一起来，使分析结果可视化，这也是数据科学家必须掌握的技能之一。

（3）如何成为数据科学家

① 拥有良好的行业背景。各个公司对数据科学家的定义各不相同，当前还没有统一的定义。但在一般情况下，一个数据科学家必须具备软件工程师与统计学家的技能，并且具有丰富的行业背景知识。

② 数学和统计技能。一个好的数据科学家必须能够理解数据所蕴含的信息。做到这一点，必须有扎实的基本线性代数知识，以及对算法和统计技能的理解。在某些特定场合可能还需要高等数学知识。

③ 了解机器学习的概念。机器学习和大数据有着千丝万缕的联系。机器学习使用人工智能算法将数据转化为价值，并且无须显式编程。

④ 掌握程序设计。数据科学家必须知道如何调整代码，以便告诉计算机如何分析数据。从开放源码的 Python 语言开始学习是一个不错的选择。

⑤ 了解数据库、数据池及分布式存储。数据存储在数据库、数据池或整个分布式网络中。如何建设这些数据的存储库取决于如何访问、使用，并分析这些数据。如果建设数据存储时没有整体架构或者超前规划，那么后续升级将非常麻烦。

⑥ 学习数据修改和数据清洗技术。数据修改是将原始数据修改为另一种更容易访问和分析的格式。数据清理有助于消除重复和“坏”数据。两者都是数据科学家工具箱中的必备工具。

⑦ 了解良好的数据可视化基本知识。不必成为一个平面设计师，但需要深谙如何创建数据报告，便于外行的人可以理解。

⑧ 掌握更多的工具。扩大数据科学工具箱有助于提高工作效率，包括 Hadoop、R 语言和 Spark 等。

2. 数据工程师

数据工程师的核心价值在于他们借由清晰数据创建数据管道的能力。充分了解文件系统，分布式计算与数据库，以及灵活运用基本数据模型是成为一位优秀数据工程师必须拥有的必要技能。

（1）数据工程师的工作职责

分析历史、预测未来、优化选择，是大数据工程师最重要的三大任务。通过这三个工作方向，他们可以帮助企业做出更好的商业决策。

① 分析历史。大数据工程一个很重要的工作，通过分析数据来找出过去事件的特征，其作用可以帮助企业更好地认识消费者。通过分析用户以往的行为轨迹，就能够了解这个用户，并预测用户的行为。比如，腾讯的数据团队正在搭建一个数据仓库，把公司所有网络平台上数量庞大、不规整的数据信息进行梳理，总结出可供查询的特征，来支持公司各类业务对数据的需求，包括广告投放、游戏开发、社交网络等。

② 预测未来。通过引入关键因素，大数据工程师可以预测未来的消费趋势。在阿里巴巴的营销平台上，工程师正试图通过引入气象数据来帮助卖家做生意。比如预判今年夏天不热，很可能某些产品就没有去年畅销，像空调、电扇、背心、游泳衣等产品都可能会受其影响。通过分析气象数据和销售数据之间的关系，找到与之相关的品类，就可以警示卖家周转库存。

③ 优化选择。根据不同企业的业务性质，大数据工程师可以通过数据分析来达到不同的目的。以腾讯为例，能反映大数据工程师工作的最简单直接的例子就是选项测试，即帮助产品经理在多个备选方案中做出选择。在过去，决策者只能依据经验进行判断，如今大数据工程师可以通过大范围的实时测试（比如，在社交网络产品的例子中，让一半用户看到 A 界面，另一半使用 B 界面），观察统计一段时间内的点击率和转化率，以此帮助市场部做出最终选择。

（2）数据工程师需要掌握的技能

① 数学及统计学相关的背景。对于大数据工程师的要求都是希望是统计学和数学背景的硕士或博士学历。只有具备一定的理论知识，才能理解模型、复用模型甚至创新模型，来解决实际问题。

② 计算机编码能力。实际开发能力和大规模的数据处理能力是作为大数据工程师的必备要素。因为许多数据的价值来自于挖掘的过程。例如，人们在社交网络上所产生的许多记录都是非结构化的数据，如何从这些毫无头绪的文字、语音、图像甚至视频中获取有意义的信息，就需要大数据工程师亲自挖掘。即使在某些团队中，大数据工程师的职责以商业分析为主，但也要熟悉计算机处理大数据的方式。

③ 对特定应用领域或行业的知识。大数据工程师这个角色很重要的一点就是不能脱离市场，因为大数据只有和特定领域的应用结合起来才能产生价值。所以，在某个或多个垂直行业的经历对于之后成为大数据工程师有很大帮助。

3. 数据分析师

数据分析师是指不同行业中，专门从事行业数据搜集、整理、分析，并依据数据做出行业研究、评估和预测的专业人员。他们知道如何提出正确的问题，非常善于数据分析、数据可视化和数据呈现。

（1）数据分析师的工作职责

互联网本身具有数字化和互动性的特征，这种属性特征给数据搜集、整理、研究带来了革命性的突破。与传统的数据分析师相比，互联网时代的数据分析师面临的不是数据匮乏，而是数据过剩。因此，互联网时代的数据分析师必须学会借助技术手段进行高效的数据处理。更为重要的是，互联网时代的数据分析师要不断在数据研究的方法论方面进行创新和突破。例如，在新闻出版行业，无论在任何时代，媒体运营者能否准确、详细和及时地了解受众状况和变化趋势，都是媒体成败的关键。

（2）数据分析师需要掌握的技能

① 懂业务。从事数据分析工作的前提就是需要懂业务，即熟悉行业知识、公司业务及流程，最好有自己独到的见解，若脱离行业认知和公司业务背景，分析的结果往往没有太大的使用价值。

② 懂管理。一方面是搭建数据分析框架的要求，比如确定分析思路就需要用到营销、管理等理论知识来指导，如果不熟悉管理理论，就很难搭建数据分析的框架，后续的数据分析也很难进行。另一方面还需针对数据分析结论提出有指导意义的分析建议。

③ 懂分析。数据分析师需要掌握数据分析基本原理与一些有效的数据分析方法，并能灵活运用到实践工作中，以便有效地开展数据分析。

基本的分析方法有：对比分析法、分组分析法、交叉分析法、结构分析法、漏斗图分析法、综合评价分析法、因素分析法、矩阵关联分析法等。

高级的分析方法有：相关分析法、回归分析法、聚类分析法、判别分析法、主成分分析法、因子分析法、对应分析法、时间序列等。

④ 懂工具。懂工具是指掌握数据分析相关的常用工具。数据分析方法是理论，而数据分析工具就是实现数据分析方法理论的工具，面对越来越庞大的数据，必须依靠强大的数据分析工具完成数据分析工作。

⑤ 懂设计。懂设计是指运用图表来有效表达数据分析师的分析观点，使分析结果一目了然。图表的设计，如图形的选择、版式的设计、颜色的搭配等，都需要掌握一定的设计原则。

7.3 常见的大数据应用

7.3.1 互联网的大数据

互联网上的数据每两年便将翻一番，据预测，到 2020 年全球将总共拥有 35ZB 的数据量。

随着 Web 2.0 时代的发展，人们似乎都习惯了将自己的生活通过网络进行数据化，方便分享以及记录并回忆。

1. 互联网大数据的基本类型

互联网大数据的典型代表性数据包括几类。

（1）用户行为数据

主要用于精准广告投放、内容推荐、行为习惯和喜好分析、产品优化等。

（2）用户消费数据

主要用于精准营销、信用记录分析、活动促销、理财等。

（3）用户地理位置数据

主要用于 O2O 推广、商家推荐、交友推荐等。

（4）互联网金融数据

主要用于 P2P 贷款、小额贷款、支付、信用、供应链金融等。

（5）用户社交数据

主要用于趋势分析、流行元素分析、受欢迎程度分析、舆论监控分析、社会问题分析等。

2. 国内 IT 企业的大数据

互联网上的大数据很难清晰地界定分类界限。

（1）百度公司

搜索引擎在大数据时代面临的挑战有：更多的“暗网”数据；更多的 Web 化但是没有结构化的数据；更多的 Web 化、结构化但是封闭的数据。

以百度的大数据为例，百度拥有两种类型的大数据：用户搜索表的需求数据；爬虫和从阿拉丁资讯公司获取的公共 Web 数据。百度围绕数据而生，通过语义分析对搜索需求的精准理解，进而从海量数据中找准结果，最后精准地搜索引擎关键字广告提效，实质上就是一个数据的获取、组织、分析和挖掘的过程。

（2）阿里巴巴公司

阿里巴巴拥有全面的交易数据和信用数据。这两种数据更容易被挖掘出商业价值。除此之外，阿里巴巴还通过投资等方式掌握了部分社交数据、移动数据，如微博数据和高德地图数据。

（3）腾讯公司

腾讯拥有用户关系数据和基于此产生的社交数据。这些数据可以分析人们的生活和行为，从里面挖掘出政治、社会、文化、商业、健康等领域的信息，甚至预测未来。

3. 美国 IT 企业的大数据

在信息技术更为发达的美国，除了行业知名的类似 Google，Facebook 公司外，也涌现了很多大数据类型的公司，它们专门经营数据产品。

（1）Metamarkets 公司

Metamarkets 公司对 Twitter 数据、支付数据、签到数据和一些与互联网相关的问题进行了分析，为客户提供了很好的数据分析支持。

（2）Tableau 公司

Tableau 公司的精力主要集中于将海量数据以可视化的方式展现出来。Tableau 为数字媒体提供了一个新的展示数据的方式。他们提供了一个免费工具，任何人在没有编程知识背景的情况下都能制造出数据专用图表。这个软件还能对数据进行分析，并提供有价值的建议。

（3）ParAccel 公司

ParAccel 公司向美国执法机构提供了数据分析，比如对 15000 个有犯罪前科的人进行跟踪，从而向执法机构提供了参考性较高的犯罪预测。

（4）QlikTech 公司

QlikTech 公司旗下的 Qlikview 软件是一个商业智能领域的自主服务工具，能够应用于科学研究和艺术等领域。为了帮助开发者对这些数据进行分析，QlikTech 提供了对原始数据进行可视化处理等功能的工具。

（5）GoodData 公司

GoodData 公司希望帮助客户从数据中挖掘财富。这家创业公司主要面向商业用户和 IT 企业高管，提供数据存储、性能报告、数据分析等工具。

（6）TellApart 公司

TellApart 公司和电商公司进行合作，他们会根据用户的浏览行为等数据进行分析，通过锁定潜在买家方式提高电商企业的收入。

（7）DataSift 公司

DataSift 公司主要收集并分析社交网络媒体上的数据，并帮助品牌公司掌握突发新闻的舆论点，并制定有针对性的营销方案。这家公司还和 Twitter 公司有合作协议，使得自己变成了行业中为数不多可以分析早期 Twitter 数据的创业公司。

7.3.2　政府的大数据

在现代社会，一个国家拥有数据的规模、活性及解释运用的能力将成为综合国力的重要组成部分。未来，对数据的占有和控制甚至将成为陆权、海权、空权之外的另一种国家核心资产。

在国内，政府各个部门都掌握构成社会基础的原始数据。比如，气象数据、金融数据、信用数据、电力数据、煤气数据、自来水数据、道路交通数据、客运数据、安全刑事案件数据、住房数据、海关数据、出入境数据、旅游数据、医疗数据、教育数据、环保数据等。这些数据在每个政府部门里面看起来是单一的、静态的。但是，如果政府可以将这些数据关联起来，并对这些数据进行有效的关联分析和统一管理，这些数据必定将获得新生，其价值是无法估量的。

具体来说，现在城市都在进行智能和智慧改造，比如，智能电网、智慧交通、智慧医疗、智慧环保、智慧城市，这些都依托于对大数据的分析，可以说大数据是智慧城市的基础。

大数据为智慧城市的各个领域提供了决策支持。在城市规划方面，通过对城市地理、气象等自然信息和经济、社会、文化、人口等人文社会信息的挖掘，可以为城市规划者提供决策，强化城市管理服务的科学性和前瞻性。在交通管理方面，通过对道路交通信息的实时挖掘，能有效缓解交通拥堵，并快速响应突发状况，为城市交通的良性运转提供科学的决策依据。在舆情监控方面，通过网络关键词搜索及语义智能分析，能提高舆情分析的及时性、全面性，全面掌握社情民意，提高公共服务能力，应对网络突发的公共事件，打击违法犯罪。在安防与防灾领域，通过大数据的挖掘，可以及时发现人为或自然灾害、恐怖事件，提高应急处理能力和安全防范能力。

7.3.3 企业的大数据

在理想的世界中，大数据是巨大的杠杆，可以改变公司的影响力，带来竞争差异、节省资本、增加利润、提供增值服务、将潜在客户转化为客户、增加吸引力、打败竞争对手、开拓用户群并创造市场。

对于企业的大数据，还有一种预测：随着数据逐渐成为企业的一种资产，数据产业会向传统企业的供应链模式发展，最终形成数据供应链。这里有两个明显的现象。

① 外部数据的重要性日益超过内部数据。在互联网时代，单一企业的内部数据与整个互联网数据比较起来只是沧海一粟。

② 能提供包括数据供应、数据整合与加工、数据应用等多环节服务的公司会有明显的综合竞争优势。

对于提供大数据服务的企业来说，他们等待的是合作机会，然而，一直做企业服务的巨头优势将不在。从IT产业的发展来看，第一代IT巨头大多是ToB的，例如IBM、Microsoft、Oracle、SAP、HP这类传统IT企业；第二代IT巨头大多是ToC的，例如Yahoo、Google、Amazon、Facebook这类互联网企业。在当前这个大数据时代，这两类公司已经开始直接竞争。例如，Amazon已经开始提供云模式的数据仓库服务，直接抢占IBM、Oracle的市场。这个现象出现的本质原因是：在互联网巨头的带动下，传统IT巨头的客户普遍开始从事电子商务业务，正是由于客户进入了互联网，他们必须将云技术、大数据等互联网最具有优势的技术通过封装打造成自己的产品再提供给企业。

以IBM举例，上一个十年，他们抛弃了PC业务，成功转向了软件和服务业务，而这次将远离服务与咨询，更多地专注于因大数据分析软件而带来的全新业务增长点。IBM积极地提出了“大数据平台”架构。该平台的四大核心能力包括Hadoop系统、流计算（Stream Computing）、数据仓库（Data Warehouse）和信息整合与治理（Information Integration and Governance）。

另外一家亟待通过云和大数据战略而复苏的巨头公司HP也推出了自己的产品：HAVEn，一个可以自由扩展伸缩的大数据解决方案。这个解决方案由HP Autonomy、HP Vertica、HP ArcSight和惠普运营管理（HP OperationsManagement）四大技术平台组成。还支持Hadoop

这样通用的技术。HAVEn 不是一个软件平台，而是一个生态环境。四大平台组成部分满足不同的应用场景需要，Autonomy 解决音视频识别的重要解决方案；Vertica 解决数据处理的速度和效率的方案；ArcSight 解决机器的记录信息处理，帮助企业获得更高安全级别的管理；运营管理解决的不仅仅是外部数据的处理，而是包括了 IT 基础设施产生的数据。

7.3.4　个人的大数据

个人的大数据这个概念很少有人提及，简单来说，就是与个人相关联的各种有价值数据信息被有效采集后，可由本人授权提供给第三方进行处理和使用，并获得第三方提供的数据服务。

未来，每个用户都可以在互联网上注册个人的数据中心，以存储个人的大数据信息。用户可确定哪些个人数据可被采集，并通过可穿戴设备或植入芯片等感知技术来采集捕获个人的大数据，比如，牙齿监控数据、心率数据、体温数据、视力数据、记忆能力、地理位置信息、社会关系数据、运动数据、饮食数据、购物数据等。用户可以将其中的牙齿监测数据授权给某一个牙科诊所使用，由他们监控和使用这些数据，进而为用户制定有效的牙齿防治和维护计划；也可以将个人的运动数据授权给某运动健身机构，由他们监测自己的身体运动机能，并有针对性地制定和调整个人运动计划；还可以将个人的消费数据授权给金融理财机构，由他们制定合理的理财计划并对收益进行预测。当然，其中有一部分个人数据是无须个人授权即可提供给国家相关部门进行实时监控的，比如罪案预防监控中心可以实时地监控本地区每个人的情绪和心理状态，以预防自杀和犯罪的发生。

以个人为中心的大数据有如下特性。

① 数据仅留存在个人中心，其他第三方机构只能被授权使用（数据有一定的使用期限），且必须接受“用后即焚”的监管。

② 采集个人数据应该明确分类，除了国家立法明确要求接受监控的数据外，其他类型数据都由用户自己决定是否被采集。

③ 数据的使用将只能由用户进行授权，数据中心可帮助监控个人数据的整个生命周期。

展望过于美好，也许实现个人数据中心将遥遥无期，也许这还不是解决个人数据隐私的最好方法，也许业界对大数据的无限渴求会阻止数据个人中心的实现，但是随着数据越来越多，在缺乏监管之后，必然会有一场激烈的博弈：到底是数据重要还是隐私重要；是以商业为中心还是以个人为中心，这些都需要去探索和尝试。

习题 7

一、填空题

1. 大数据指的是所涉及的资料量____________，无法透过目前主流软件工具，在合理时间内整理成为有助于企业经营决策的信息。

2．描述大数据的特征比较有代表性的即为“4V”模型，包括____________。

3．大数据可分成大数据技术、大数据工程、大数据科学和大数据应用等领域。目前人们谈论最多的是____________。

4．大数据要分析的数据类型主要有交易数据、人为数据、移动数据以及____________。

5．大数据分析的5个方面包括可视化分析、数据挖掘、预测性分析能力、语义引擎以及____________。

6．Hadoop依赖于____________，成本比较低，是一个能够让用户轻松架构和使用的分布式计算平台。用户可以轻松地在Hadoop上开发和运行处理海量数据的应用程序。

7．耶鲁大学已成功地将____________应用在许多不同的领域，包括文本挖掘、多媒体挖掘、功能设计、数据流挖掘、集成开发的方法和分布式数据挖掘。

8．Pentaho BI平台是一个以____________为中心的，面向解决方案的框架。它可以把一系列面向商务智能的独立产品集成在一起。

9．随着大数据应用的不断深入，数据科学家、数据工程师、____________已经成为大数据行业热门的职位。

10．____________能采用科学方法、运用数据挖掘工具对复杂多量的信息进行数字化重现与认识，并能寻找新的数据。

11．____________的核心价值在于他们借由清晰数据创建数据管道的能力。

12．____________知道如何提出正确的问题，非常善于数据分析、数据可视化和数据呈现。

二、选择题

1．MapReduce的Map函数产生很多的（　　）。

A．key　　B．value　　C．<key,value>　　D．Hash

2．Google收集的信息不包括（　　）。

A．日志信息　　B．位置信息　　C．你的家庭成员　　D．Cookie和匿名标识符

3．大数据的取舍与（　　）不相关。

A．易于提取　　B．家庭信息　　C．数字化　　D．廉价的存储器

4．大数据所涉及的资料量规模巨大到无法透过目前主流软件工具，在合理时间内（　　）成能帮助企业经营决策更积极目的的信息。

A．收集　　B．整理　　C．规划　　D．聚集

5．大数据的价值是通过数据共享、（　　）后获取最大的数据价值。

A．算法共享　　B．共享应用　　C．数据交换　　D．交叉复用

6．社交网络记录用户群体的（　　），通过深入挖掘这些数据来了解用户。

A．地址　　B．行为　　C．情绪　　D．来源

7．IBM大数据平台和应用程序框架，（　　）以经济高效的方式分析PB级的结构化和非结构化信息

A．流计算　　B．Hadoop　　C．数据仓库　　D．语境搜索

8．个性化推荐系统是建立在海量数据挖掘基础上的一种高级商务智能平台，以帮助（　　）为其顾客购物提供完全个性化的决策支持和信息服务。

A．公司　　B．各单位　　C．跨国企业　　D．电子商务网站

9．当前大数据技术的基础是由（　　）首先提出的。

A．微软　　B．百度　　C．谷歌　　D．阿里巴巴

10．大数据的起源是（　　）。

A．金融　　B．电信　　C．互联网　　D．公共管理

11．根据不同的业务需求来建立数据模型，抽取最有意义的向量，决定选取哪种方法的数据分析角色人员是（　　）。

A．数据管理人员　　B．数据分析员　　C．研究科学家　　D．软件开发工程师

12．（　　）反映数据的精细化程度，越细化的数据，价值越高。

A．规模　　B．形式　　C．关联度　　D．颗粒度

13．智能健康手环的应用开发，体现了（　　）的数据采集技术的应用。

A．统计报表　　B．网络爬虫　　C．API 接口　　D．传感器

14．智慧城市的构建，不包含（　　）。

A．数字城市　　B．物联网　　C．联网监控　　D．云计算

15．大数据的最显著特征是（　　）。

A．数据规模大　　B．数据类型多样　　C．数据处理速度快　　D．数据价值密度高

16．美国海军军官莫里通过对前人航海日志的分析，绘制了新的航海路线图，标明了大风与洋流可能发生的地点。这体现了大数据分析理念中的（　　）。

A．在数据基础上倾向于全体数据而不是抽样数据

B．在分析方法上更注重相关分析而不是因果分析

C．在分析效果上更追究效率而不是绝对精确

D．在数据规模上强调相对数据而不是绝对数据

17．下列关于舍恩伯格对大数据特点的说法中，错误的是（　　）。

A．数据规模大　　B．数据类型多样　　C．数据处理速度快　　D．数据价值密度高

18．当前社会中，最为突出的大数据环境是（　　）。

A．互联网　　B．物联网　　C．综合国力　　D．自然资源

19．下列关于网络用户行为的说法中，错误的是（　　）。

A．网络公司能够捕捉到用户在其网站上的所有行为

B．用户离散的交互痕迹能够为企业提升服务质量提供参考

C．数字轨迹用完即自动删除

D．用户的隐私安全很难得以规范保护

20．大数据时代，数据使用的关键是（　　）。

A．数据收集　　B．数据存储　　C．数据分析　　D．数据再利用

21．下列论据中，能够支撑“大数据无所不能”的观点的是（　　）。

A．互联网金融打破了传统的观念和行为　　B．大数据存在泡沫

C．大数据具有非常高的成本　　D．个人隐私泄露与信息安全担忧

22．数据仓库的最终目的是（　　）。

A．收集业务需求　　B．建立数据仓库逻辑模型

C．开发数据仓库的应用分析　　D．为用户和业务部门提供决策支持

三、简答题

1．简述大数据的基本特征。

2．简述大数据的应用价值。

3．在使用大数据时，应注意哪些隐私问题？

4．简述云技术、分布式处理技术、存储技术以及感知技术在大数据处理中的作用。

5．大数据分析包括哪几个方面？

6．常见的大数据分析工具有哪些？

7．大数据孕育的新热门职业有哪些？从事这些职业应具备哪些基本素质？

第 8 章

Windows 7 管理计算机

Windows 操作系统是微软（Microsoft）公司专为微型计算机的管理而推出的操作系统，它以简单的图形用户界面、良好的兼容性和强大的功能而深受用户的青睐。目前，在微型计算机中安装的操作系统大多都是 Windows 系统。

本章主要介绍 Windows 7 的基本操作、文件管理和系统设置三方面内容。

8.1 Windows 7 基本操作

Windows 7 是一个单用户多任务操作系统，采用图形用户界面，提供了多种窗口（最常用的是资源管理器窗口和对话框窗口），利用鼠标和键盘通过窗口完成文件、文件夹、存储器等操作及系统的设置等。

8.1.1 Windows 7 简介

1. Windows 7 的启动

当在计算机上安装了 Windows 7 操作系统之后，每次启动计算机都会自动引导该系统，当屏幕上出现 Windows 7 的桌面时，表示系统启动成功。但是在启动的过程中，会在屏幕上显示登录到该 Windows 7 系统的用户名列表供用户选择，当选择一个用户后，还必须输入密码，若正确才可进入 Windows 7 系统。

2. Windows 7 的退出

Windows 7 是一个多任务的操作系统，有时前台运行某一程序的同时，后台也运行几个程序。在这种情况下，如果因为前台程序已经完成而关掉电源，后台程序的数据和运行结果就会丢失。另外，由于 Windows 7 运行的多任务特性，在运行时可能需要占用大量磁盘空间保存临时数据，这些临时性数据文件在正常退出时将自动删除，以免浪费磁盘空间资源。如果非正常退出，将使 Windows 7 不会自动处理这些工作，从而导致磁盘空间的浪费。因此，应正常退出 Windows 7 系统。

退出之前，用户应关闭所有执行的程序和文档窗口。如果用户不关闭，系统将强制结束有关程序的运行。

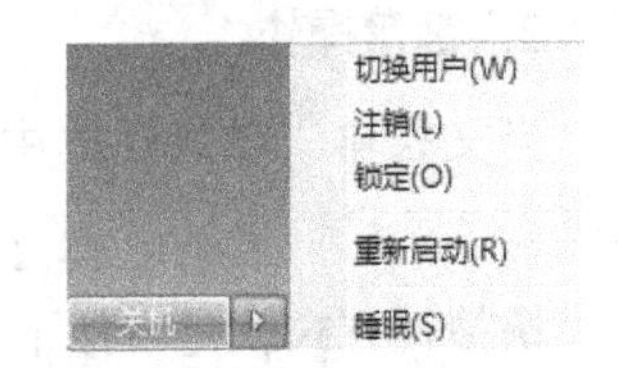

图 8.1 Windows 7 退出选项菜单

打开“开始”菜单可以看到右侧有如图 8.1 所示的“关

机”命令项，单击可以直接关机。

Windows 7为用户提供不同的退出方式，在“关机”命令的右边有一个向右的三角，单击可以显示其他的退出方式选项（见图8.1）。

① 切换用户：不关闭当前用户所打开的程序，直接切换到另一个用户。

② 注销：关闭当前用户打开的所有程序，使当前用户退出，并允许其他用户登录进入。

③ 锁定：进入锁定计算机状态，不关机，也不退出系统，并显示登录页面，只有重新登录才能使用。

④ 睡眠：首先将内存中的数据保存到硬盘中，同时切断除了内存外其他设备的供电。在恢复时，如果没有切断电源，那么系统会从内存中直接恢复，只需要几秒钟；如果在睡眠期间切断过电源，因为硬盘中还保存有内存的状态镜像，因此还可以从硬盘上恢复，虽然速度要稍微慢一些，但不用担心数据丢失。

8.1.2 鼠标和键盘基本操作

1. 鼠标基本操作

鼠标器是计算机的输入设备，它的左、右两个按键（称为左键和右键）及其移动可以配合起来使用，以完成特定的操作。Windows 7支持的基本鼠标操作方式有以下几种。

① 指向：将光标移到某一对象上，一般用于激活对象或显示工具提示信息。

② 单击：包括单击左键（通常称为单击）和单击右键（也称右击），前者用于选择某个对象、按钮等，后者则往往会弹出对象的快捷菜单或帮助提示。本书中除非特别指明单击右键，用到的“单击”都是指单击左键。

③ 双击：快速连击鼠标左键两次（连续两次单击），用于启动程序或打开窗口。

④ 拖动：按住鼠标左键并移动鼠标，到另一个地方释放左键。常用于滚动条操作、标尺滑动操作或复制对象、移动对象的操作中。

⑤ 鼠标滚轮：拨动滚轮可使窗口内容向前或向后移动。向下按一下滚轮，随着“嗒”的一声，原来的光标箭头已经变成了一个上下左右四个箭头的图形（注：如果显示的内容在窗口中只出现纵向滚动条，那么只有上下两个箭头）。这时，移动鼠标滚轮，箭头一起跟着移动。当箭头移出图形边缘时，就只有一个箭头，而原来的四个箭头已经变为灰色，即这是基点。移动鼠标，内容跟着移动，滚动条同时也做相应的移动。当箭头距离基点图形越远，网页内容滚动的速度越快。如果想慢慢地浏览内容，那么，只要将箭头移出到图形的边缘就可以了，这时，内容便慢慢向上或向下移动。再次按一下滚轮则取消移动。

2. 键盘操作

当文档窗口或对话框中出现闪烁着的插入标记（光标）时，就可以直接通过键盘输入文字。

快捷键方式就是在按下控制键的同时按下某个字母键，来启动相应的程序。如用 Alt+F 组合键打开窗口菜单栏中的“文件”菜单。

在菜单操作中，可以通过键盘上的箭头键来改变菜单选项，按回车键来选取相应的选项。

而常用的复制、剪切和粘贴命令都有对应的快捷键，它们分别是 Ctrl+C、Ctrl+X 和 Ctrl+V 组合键。

3. 触摸控制

Windows 7 系统支持多点触摸控制。运用 Windows 7 内建的触摸功能，用两只手指就能旋转、卷页和放大内容，但要使用这样的触摸功能，必须购买支持此技术的触摸屏幕。

8.1.3 Windows 7 界面及操作

Windows 7 提供了一个友好的用户操作界面，主要有桌面、窗口、对话框、消息框、任务栏、开始菜单等。同时，Windows 7 的操作方式是：先选中、后操作，即先选择要操作的对象，然后选择具体的操作命令。

1. 桌面

桌面是 Windows 提供给用户进行操作的台面，相当于日常工作中使用的办公桌的桌面，用户的操作都是在桌面内进行的。桌面可以放一些经常使用的应用程序、文件和工具，这样用户就能快速、方便地启动和使用它们。

2. 图标

图标代表一个对象，可以是一个文档、一个应用程序等。

（1）图标类型

Windows 7 针对不同的对象使用不同的图标，可分为文件图标、文件夹图标和快捷方式图标三大类。

① 文件图标。文件图标是使用最多的一种图标。Windows 7 中，存储在计算机中的任何一个文件、文档、应用程序等都使用这一类图标表示，并且根据文件类型的不同用不同的图案显示。通过文件图标可以直接启动该应用程序或打开该文档。

② 文件夹图标。文件夹图标是表示文件系统结构的一种提示，通过它可以进行文件的有关操作，如查看计算机内的文件。

③ 快捷方式图标。这种图标的左下角带有弧形箭头，它是系统中某个对象的快捷访问方式。它与文件图标的区别是：删除文件图标就是删除文件，而删除快捷方式图标并不删除文件，只是将该快捷访问方式删除。

（2）桌面图标的调整

① 添加新对象（图标）。可以从其他文件夹窗口中通过鼠标拖动的办法拖来一个新的对象，也可以通过右击桌面空白处并在弹出的快捷菜单中选择“新建”级联菜单中的某项命令来创建新对象。

② 删除桌面上的对象（图标）。Windows 7 提供了以下 4 种删除选中的对象的基本方法。

a．右击想要删除的对象，从弹出的快捷菜单中选择“删除”命令。

b．选择删除的对象，按 Del 键。

c．拖动对象放入“回收站”图标内。

d．选择想要删除的对象，按 Shift + Del 组合键（注：该方法直接删除对象，而不放入回收站）。

③ 图标显示大小的调整。Windows 7 提供大图标、中等图标和小图标 3 种图标显示模式，通过右击桌面空白处，在弹出的快捷菜单中选择“查看”级联菜单中的某项显示模式命令（如图 8.2 所示）即可实现。

④ 排列桌面上的图标对象（图标）。可以用鼠标把图标对象拖放到桌面上的任意地方；也可以右击桌面的空白处，在弹出的快捷菜单中选择“排列方式”级联菜单（如图 8.3 所示）中的按“名称”、“大小”、“项目类型”或“修改日期”4 项中的某项实现排序。另外，可以通过选择“查看”级联菜单中的“将图标与网格对齐”命令（使选项前面有“√”符号，如图 8.2 所示），使所有图标自动对齐。同时如果选中“自动排列图标”命令，即该选项前面有“√”符号，这种情况下，用户在桌面上拖动任意图标时，该图标都将会自动排列整齐。

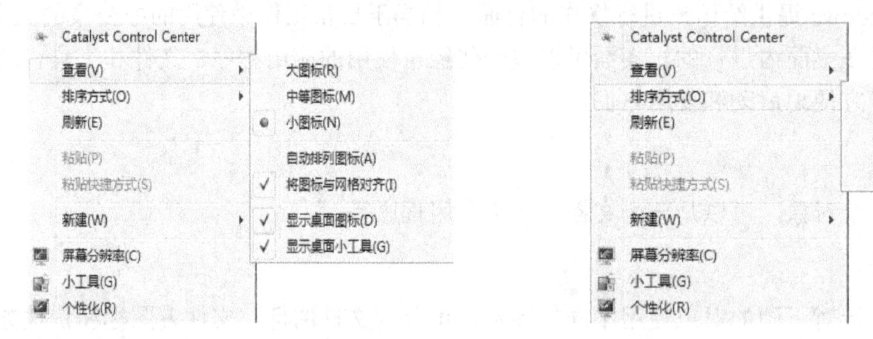

图 8.2　桌面快捷菜单“查看”项的级联菜单　　图 8.3　桌面快捷菜单“排序方式”项的级联菜单

3．任务栏

任务栏通常处于屏幕的下方，如图 8.4 所示。

图 8.4　Windows 7 任务栏

任务栏：取消了原来的快速启动栏。同时取消了此前 Windows 各版本中，在任务栏中显示运行的应用程序名称和小图标的做法，取而代之的是没有标签的图标，类似于原来在快速启动工具栏中的图标，用户可以拖放图标进行定制，并可以在文件和应用程序之间快速切换。右击程序图标将显示最近的文件和关键功能。

任务栏中也不再仅仅显示正在运行的应用程序，也可以包括设备图标。例如，如果将数码相机与 PC 相连，任务栏中将会显示数码相机图标，单击该图标就可以拔掉外置的设备。

Windows 7 可以让用户设置应用程序图标是否要显示在任务栏中的停靠栏（任务栏右下角），或者将图标轻松地在提醒领域及左边的任务栏中互相拖放。用户可以设置，以减少过多的提醒、警告或者弹出窗口。

任务栏包括“地址”、“链接”、“Tablet PC 输入面板”、“桌面”和“语言栏”子栏等。通常这些子栏并不全显示在任务栏上，用户根据需要选择了的栏才显示。具体操作方法：右击任务栏的空白处，弹出快捷菜单，指向快捷菜单中的“工具栏”项，在“工具栏”的级联菜单中选择，如图 8.5 所示。

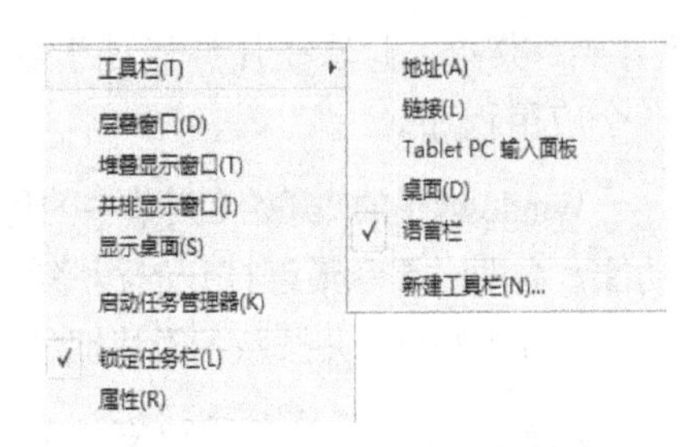

图 8.5　Windows 7 任务栏快捷菜单

任务栏的最右边有一个“显示桌面”按钮，单击可以使桌面上所有打开的窗口透明，以方便浏览桌面，再次单击该按钮，可还原打开的窗口显示。

4. 窗口

窗口是与完成某种任务的一个程序相联系的，是运行的程序与人交换信息的界面。

（1）窗口类型及结构

窗口主要有资源管理器窗口、应用程序窗口和文档窗口三类。其中，资源管理器窗口主要是显示整个计算机中的文件夹结构及内容；应用程序启动后就都会在桌面上提供一个应用程序窗口界面与用户进行交互，该窗口提供的进行操作的全部命令（主要以菜单方式提供）；当通过应用程序建立一个对象时（如图像），就会建立一个文档窗口，一般文档窗口没有菜单栏、工具栏等，只有标题栏，所以它不能独立存在，只能隶属于某个应用程序窗口。

窗口主要由标题栏、菜单栏、工具栏、状态栏和滚动条组成。

（2）窗口操作

窗口基本操作包括移动窗口，改变窗口大小，滚动窗口内容，最大化、最小化、还原和关闭窗口，窗口的切换，排列窗口和复制窗口。

5. 对话框

在 Windows 7 或其他应用程序窗口中，当选择某些命令时，会弹出一个对话框。对话框是一种简单的窗口，通过它可以实现程序和用户的信息交流。

为了获得用户信息，运行的程序会弹出对话框向用户提问，用户可以通过回答问题来完成对话，Windows 7 也使用对话框显示附加信息和警告，或解释没有完成操作的原因。也可以通过对话框对 Windows 7 或应用程序进行设置。

对话框中主要包含选项卡、文本框、数值框、列表框、下拉列表框、单选按钮、复选按钮、滑标、命令按钮、帮助按钮等对象。通过这些对象实现程序和用户的信息交流。

8.1.4　Windows 7 菜单

Windows 操作系统的功能和操作基本上体现在菜单中，只有正确使用菜单才能用好计算机。Windows 7 提供 4 种类型的菜单，它们分别是“开始”菜单、菜单栏菜单、快捷菜单和控制菜单。

1. “开始”菜单

Windows 7 的“开始”菜单具有透明化效果，功能设置也得到了增强。单击屏幕左下角任务栏上的“开始”按钮，在屏幕上会出现“开始”菜单。也可以通过 Ctrl＋Esc 组合键打开

“开始”菜单，此法在任务栏处于隐藏状态的情况下用较为方便。通过“开始”菜单可以启动一个应用程序。

Windows 7 的“开始”菜单中的程序列表也一改以往缺乏灵活性的排列方式，菜单具有“记忆”功能，会即时显示最近打开的程序或项目。菜单也增强了“最近访问的文件”功能，将该功能与各程序分类整合，并按照各类快捷程序进行分类显示，方便用户查看和使用的“最近访问的文件”。

注意：若在菜单中某项右侧有向右的三角形箭头时，则鼠标指针指向该选项时会自动打开其级联菜单，即最近打开的文件列表。将鼠标指针停留在“开始”菜单中的“所有程序”选项上或单击，会打开其他其应用程序菜单项。

Windows 7 开始菜单还给出了一个附加程序的区域。对于经常使用的应用程序，可右击这些应用程序图标，在弹出的菜单中选择“附到「开始」菜单”，即可在开始菜单中“附加程序部分”显示该程序的快捷方式。若要在开始菜单中移除某程序时，可右击该程序图标，在右键菜单中选择“从「开始」菜单解锁”即可。

2. 菜单栏

Windows 7 系统的每一个应用程序窗口几乎都有菜单栏，其中包含“文件”、“编辑”及“帮助”等菜单项。菜单栏命令只作用于本窗口中的对象，对窗口外的对象无效。

菜单栏命令的操作方法是：先选择窗口中的对象，然后再选择一个相应的菜单命令。注意，有时系统有默认对象，此时直接选择菜单命令就会对默认对象执行其操作。如果没有选择对象，则菜单命令是虚的，即不执行所选择的命令。

3. 快捷菜单

当右击一个对象时，Windows 7 系统就弹出作用于该对象的快捷菜单。快捷菜单命令只作用于右击的对象，对其他对象无效。注意：右击对象不同，其快捷菜单命令也不同。

4. 控制菜单

单击 Windows 7 窗口标题栏最左边处或右击标题栏空白处，可以打开控制菜单。控制菜单命令主要提供对窗口进行还原、移动、大小、最小化、最大化和关闭窗口操作的命令，其中移动窗口要用键盘的上、下、左、右方向键操作。

5. 工具栏

Windows 7 应用程序窗口和文件夹窗口可以根据具体情况添加某种工具栏（如 QQ 工具栏）。工具栏提供了一种方便、快捷地选择常用的操作命令形式，当鼠标指针停留在工具栏某个按钮上时，会在旁边显示该按钮的功能提示，单击就可选中并执行该命令。

8.2 文件管理

Windows 7 操作系统将用户的数据以文件的形式存储在外存储器中进行管理，同时给用户提供“按名存取”的访问方法。因此，必须正确掌握文件的概念、命名规则、文件夹结构和存取路径等相关内容，才能以正确的方法进行文件的管理。

8.2.1 Windows 文件系统概述

1. 文件和文件夹的概念

文件是有名称的一组相关信息集合，任何程序和数据都是以文件的形式存放在计算机的外存储器（如磁盘）上的，并且每一个文件都有自己的名字，叫文件名。文件名是存取文件的依据，对于一个文件来讲，它的属性包括文件的名字、大小、创建或修改时间等。

外存储器存放着大量的不同类型的文件，为了便于管理，Windows 系统将外存储器组织成一种树形文件夹结构，这样就可以把文件按某一种类型或相关性存放在不同的“文件夹”里。这就像在日常工作中把不同类型的文件资料用不同的文件夹来分类整理和保存一样。在文件夹里除了可以包含文件外，还可以包含文件夹，包含的文件夹称为“子文件夹”。

2. 文件和文件夹的命名

（1）命名规则

Windows 7 使用长文件名，最长可达 256 个字符，其中可以包含空格、分隔符“.”等，具体文件名的命名规则如下。

① 文件和文件夹的名字最多可使用 256 个字符。

② 文件和文件夹的名字中除开头以外的任何地方都可以有空格，但不能有下列符号：

? \ / * “ < > | :

③ Windows 7 保留用户指定名字的大小写格式，但不能利用大小写区分文件名。例如：Myfile.doc 和 MYFILE.DOC 被认为是同一个文件名。

④ 文件名中可以有多个分隔符，但最后一个分隔符后的字符串用于指定文件的类型。例如：nwu.computer.file1.docx，表示文件名是“nwu.computer.file1”，而 docx 则表示该文件是一个 Word 2007 类型的文件。

⑤ 汉字可以是文件名的一部分，且每一个汉字占两个字符。

（2）文件查找中的通配符

文件操作过程中有时希望对一组文件执行同样的命令，这时可以使用通配符“*”或“?”来表示该组文件。

若在查找时文件名中含有“?”，则表示该位置可以代表任何一个合法字符。也就是说，该操作对象是在当前路径所指的文件夹下除“?”所在位置之外其他字符均要相同的所有文件。

若在文件名中含有“*”，则表示该位置及其后的所有位置上可以是任何合法字符，包括没有字符。也就是说，该操作对象是在“*”前具有相同字符的所有文件。例如，A*.*表示访问所有文件名以 A 开始的文件，*.BAS 表示所有扩展名为 BAS 的文件，*.*表示所有的文件。

3. 文件和文件夹的属性

在 Windows 7 环境下，文件和文件夹都有其自身特有的信息，包括文件的类型、在存储器中的位置、所占空间的大小、修改时间和创建时间，以及文件在存储器中存在的方式等，这些信息统称为文件的属性。

一般，文件在存储器中存在的方式有只读、存档、隐藏等属性。右击文件或文件夹图标，在弹出的快捷菜单中选择“属性”命令，弹出“属性”对话框，从中可以改变一个文件的属性。其中的只读是指文件只允许读、不允许写；隐藏是指将文件隐藏起来，这样在一般的文件操作中就不显示这些隐藏起来的文件信息。

4. 文件夹的树形结构

（1）文件夹结构

Windows 7 采用了多级层次的文件夹结构，如图 8.6 所示。对于同一个外存储器来讲，它的最高一级只有一个文件夹（称为根文件夹）。根文件夹的名称是系统规定的，统一用“\”表示。根文件夹内可以存放文件，也可以建立子文件夹（下级文件夹）。子文件夹的名称是由用户按命名规则指定的。子文件夹下又可以存放文件和再建立子文件夹。这就像是一棵倒置的树，根文件夹是树的根，各子文件夹是树的枝杈，而文件则是树的叶子，叶子上是不能再长出枝杈来的，所以把这种多级层次文件夹结构称为树形文件夹结构。

（2）访问文件的语法规则

访问一个文件时，必须告诉 Windows 系统三个要素：文件所在的驱动器、文件在树形文件夹结构中的位置（路径）和文件的名字。

① 驱动器。Windows 的驱动器用一个字母后跟一个冒号表示。例如，A:为 A 盘的代表符，C:为 C 盘的代表符，D:为 D 盘的代表符等。

② 路径。文件在树形文件夹中的位置可以用从根文件夹出发、至到达该文件所在的子文件夹之间依次经过的一连串用反斜线隔开的文件夹名的序列描述，这个序列称为路径。如果文件名包括在内，该文件名和最后一个文件夹名之间也用反斜线隔开。

例如，要访问图 8.6 所示的 s01.doc 文件，则可用图 8.7 所示的方法描述。

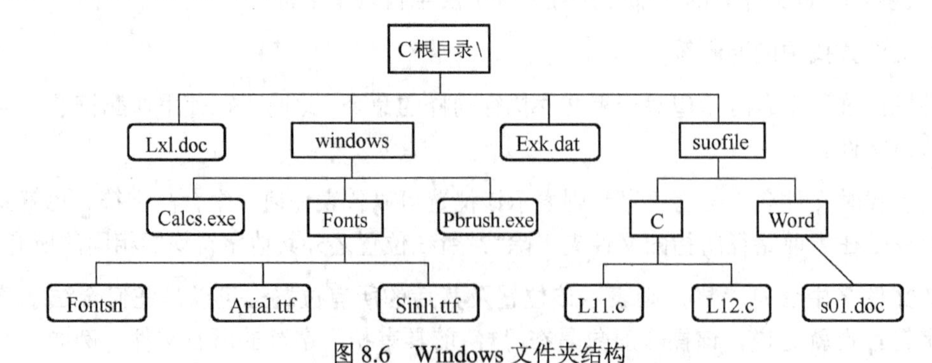

图 8.6 Windows 文件夹结构

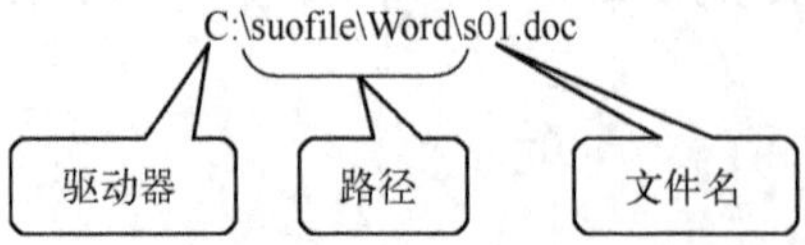

C:\suofile\Word\s01.doc

驱动器　路径　文件名

图 8.7 访问 s01.doc 文件的语法描述

路径有绝对路径和相对路径两种表示方法。绝对路径就是上面的描述方法，即从根文件夹起到文件所在的文件夹为止的写法。相对路径是指从当前文件夹起到文件所在的文件夹为止的写法。当前文件夹指的是系统正在使用的文件夹。例如，假设当前文件夹是图 8.6 所示 suofile 文件夹，要访问 L12.c 文件，则可用“C:\suofile\ C\L12.c”绝对路径描述方法，也可以用“C\L12.c”相对路径描述方法。

注意：在 Windows 系统中，由于使用鼠标操作，所以上述规则通常是通过三个操作完成的，即先在窗口中选择驱动器；然后在列表中选择文件夹及子文件夹；最后选择文件或输入文件名。如果熟练掌握访问文件的语法规则描述，那么可直接在地址栏中输入路径来访问文件。

8.2.2　文档与应用程序关联

关联是指将某种类型的文件同某个应用程序通过文件扩展名联系起来，以便在打开任何具有此类扩展名的文件时，自动启动该应用程序。通常在安装新的应用软件时，应用软件自动建立与某些文档之间的关联。例如，安装 Word 2007 应用程序时，就会将“.docx”文档与 Word 2007 应用程序建立关联，当双击此类文档（.docx）时，Windows 系统就会先启动 Word 2007 应用程序，再打开该文档。

如果一个文档没有与任何应用程序相关联，则双击该文档，就会弹出一个请求用户选择打开该文档的“打开方式”对话框，如图 8.8 所示，用户可以从中选择一个能对文档进行处理的应用程序，之后 Windows 系统就启动该应用程序，然后打开该文档。如果选中图 8.8 所示对话框中的“始终使用选择的程序打开这种文件”复选框，就建立了该类文档与所选应用程序的关联。

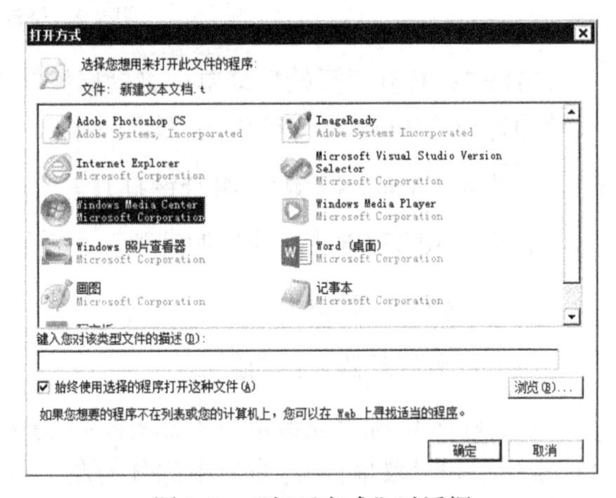

图 8.8　“打开方式”对话框

“打开方式”对话框也可以通过以下操作打开：右击一个文件在弹出的快捷菜单中选择“打开方式”命令项，并在级联菜单中选“选择默认程序”项。这种方法使用户可以重新定义一个文件关联的应用程序。

8.2.3　通过资源管理器管理文件

Windows 7 提供的资源管理器是一个管理文件和文件夹的重要工具，它清晰地显示出整个计算机中的文件夹结构及内容，如图 8.9 所示。使用它能够方便地进行文件打开、复制、移动、删除或重新组织等操作。

1. 资源管理器的启动

方法 1：单击任务栏紧靠“开始”按钮的“Windows 资源管理器”图标。注：如果已有打开的资源管理器窗口，则不会打开新的“Windows 资源管理器”窗口，而是显示已经打开的“Windows 资源管理器”窗口（如果有多个，还要求选择其中的一个）。

方法 2：右击“开始”按钮，从弹出的菜单中选择“打开 Windows 资源管理器”命令。

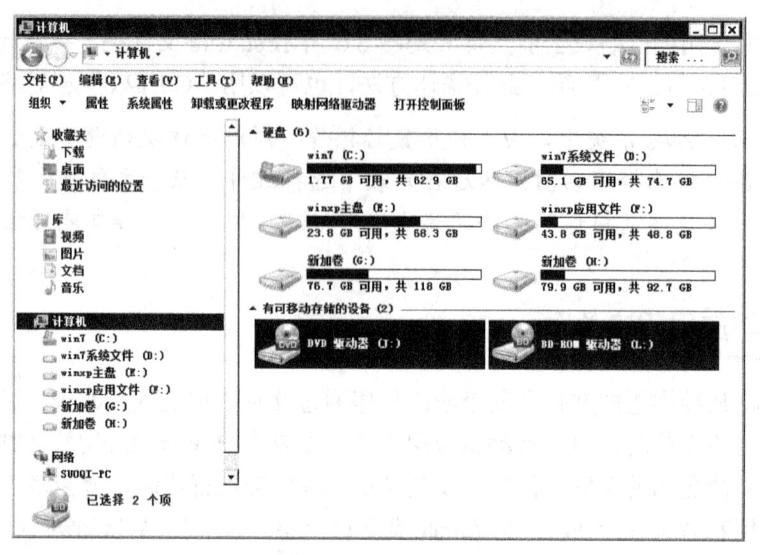

图 8.9　资源管理器窗口

方法 3：打开“开始”菜单，将鼠标指针指向“所有程序”→“附件”，在“附件”级联菜单中选择“Windows 资源管理器”命令。

方法 4：Windows 键+E 组合键打开。

无论使用哪种方法启动资源管理器，都会打开 Windows 资源管理器窗口，如图 8.9 所示。

2. 资源管理器操作

（1）资源管理器窗口的组成

Windows 资源管理器窗口（见图 8.9）分为上、中和下三个部分。窗口上部有“地址栏”、“搜索栏”和“菜单栏”；窗口中部分为左、右两个区域，即导航栏区（左边区域）和文件夹区（右边区域），用鼠标拖动左、右区域中间的分隔条，可以调整左、右区域的大小。导航栏区显示计算机资源的结构组织，整个资源被统一划分为收藏夹、库、家庭网组、计算机和网络五大类。右边文件夹区中显示的是导航栏中选定对象所包含的内容。窗口下部是状态栏，用于显示某选定对象的一些属性。

① 收藏夹。主要是最近使用的资源记录，其中有一个“最近访问的位置”项，选择后可以查看到最近打开过的文件和系统功能，如果需要再次使用其中的某一个，则只需选定即可。

② 网络。可以直接在此快速组织和访问网络资源。

③ 库。把各种资源归类并显示在所属的库文件中，使管理和使用变得更加轻松。文件库可以将需要的文件和文件夹统统集中到一起，就如同网页收藏夹一样，只要单击库中的链接，就能快速打开添加到库中的文件夹，而不管它们在本地计算机或局域网当中的任何位置。另外，它们都会随着原始文件夹的变化而自动更新，并且可以以同名的形式存在于文件库中。

④ 计算机。是本地计算机外部存储器上存储的文件和文件夹列表，是文件和文件夹存储的实际位置显示。

库与计算机的区别：计算机中的文件夹保存的文件或者子文件夹，都是存储在同一个地方的，而在库中存储的文件则可以来自于“五湖四海”，如可以来自于用户计算机上的关联文件或者来自于移动磁盘上的文件。这个差异虽然比较细小，但确是“计算机”与“库”之间的最本质的差异。

（2）基本操作

① 导航栏使用。资源管理器窗口的导航栏提供选择资源的菜单列表项，单击某一项，则其包含的内容会在右边的文件夹窗口中显示。

在导航栏中，菜单列表项中可能包含子项。用户可展开列表项，显示子项，也可以折叠列表项，不显示子项。为了能够清楚地知道某个列表项中是否含有子项，在导航栏中用图标进行标记。菜单列表项前面含有向右的实心三角“▶”时，表示该列表项中含有子项，可以单击“▶”展开；列表项前面含有向右下的实心三角夹“◢”时，表示该列表项已被展开，可以单击“◢”折叠。

② 地址栏使用。Windows 7 资源管理器窗口中的地址栏具备简单高效的导航功能，用户可以在当前的子文件夹中，通过地址栏浏览选择上一级的其他资源进行浏览。

③ 选择文件和文件夹。要选择文件和文件夹，首先要确定该文件或文件夹所在的驱动器或文件（或文件夹）所在的文件夹。即在导航栏中，从上到下一层一层地单击所在驱动器和文件夹，然后在文件夹窗口中选择所需的文件或文件夹。在资源管理器窗口的导航栏中选定了一个文件夹之后，在文件夹窗口中会显示出该文件夹下包含的所有子文件夹和文件，在其中选定所要确定的文件和文件夹。导航栏确定的是文件和文件夹的路径，文件夹窗口中显示的是被选定文件夹的内容。

文件夹内容的显示模式有“超大图标”、“大图标”、“中等图标”、“小图标”、“列表”、“详细信息”、“平铺”和“内容”八种形式。

对文件夹窗口中文件和文件夹的选取有以下几种方法。

- 选定单个文件夹或文件：单击所要选定的文件或文件夹。
- 选择多个连续的文件或文件夹：单击所要选定的第一个文件或文件夹，然后用鼠标指针指向最后一个文件或文件夹，按住 Shift 键并单击。
- 选定多个不连续的文件或文件夹。按住 Ctrl 键不放，然后逐个单击要选取的文件或文件夹。
- 全部选定文件或文件夹：选择“编辑”菜单中的“全部选定”命令，则选定资源管理器右窗格中的所有文件或文件夹（或用快捷键 Ctrl+A）。

3. 文件和文件夹管理

（1）复制文件或文件夹

鼠标拖动法：源文件或文件夹图标和目标文件夹图标都要出现在桌面上，选定要复制的文件或文件夹，按住 Ctrl 键不放，用鼠标将选定文件或文件夹拖动到目标盘或目标文件夹中，如果在不同的驱动器上复制，只要用鼠标拖动文件或文件夹即可，不必使用 Ctrl 键。

命令操作法：在文件夹窗口中用单击选定要复制的文件夹或文件，选择“编辑”菜单中的“复制”命令，这时已将文件或文件夹复制到剪贴板中；然后打开目标盘或目标文件夹，选择“编辑”菜单中的“粘贴”命令。关于“复制”和“粘贴”命令也可直接使用快捷按键命令。即操作步骤为：选择→Ctrl+C（复制）→确定目标→Ctrl+V（粘贴）。

（2）移动文件或文件夹

用鼠标拖动法：源文件（或文件夹）和目标文件夹都要出现在桌面上，选定要移动的文件（或文件夹），按住 Shift 键，用鼠标将选定的文件或文件夹拖动到目标盘或文件夹中。如果是同一驱动器上移动非程序文件（或文件夹），只需用鼠标直接拖动文件或文件夹，不必使用 Shift 键。注意：在同一驱动器上拖拉程序文件是建立该文件的快捷方式，而不是移动文件。

用命令操作法：同复制文件的方法。只需将选择“Ctrl+C（复制）”命令改为选择“Ctrl+X（剪切）”命令即可。即选择→Ctrl+X（剪切）→确定目标→Ctrl+V（粘贴）的操作步骤。

（3）删除文件或文件夹

选定要删除的文件或文件夹，余下的步骤与删除图标的方法相同。如果想恢复刚刚被删除的文件，则选择“编辑”菜单中的“撤销”命令。

注意：删除的文件或文件夹留在“回收站”中并没有节约磁盘空间。因为文件或文件夹并没有真正从磁盘中删除。若删除的是 U 盘和移动盘上的文件和文件夹，将直接删除，不会放入“回收站”。

（4）查找文件或文件夹

当用户创建的文件或文件夹太多时，如果想查找某个文件或某一类型文件，而又不知道文件存放位置，可以通过 Windows 7 提供的搜索栏来查找文件或文件夹。首先在导航栏选定搜索目标，如“计算机”或某个驱动器或某个文件夹，然后在搜索栏中输入内容（检索条件），Windows 7 即刻开始检索并将结果在文件夹窗口中显示出来。

（5）存储器格式化

使用外存储器前需要进行格式化。如果要格式化的存储器中有信息，则格式化会删除原有的信息。操作方法：右击要格式化的存储器，在弹出的快捷菜单上选择“格式化”命令，在弹出的“格式化”对话框中进行相应的格式设置，单击“确定”按钮即可。

（6）创建新的文件夹

选定要新建文件夹所在的文件夹（即新建文件夹的父文件夹）并打开；用鼠标指针指向“文件”菜单中的“新建”命令，在级联菜单中选择“文件夹”命令（或右击文件夹窗口空白处，在弹出的快捷菜单中选择“新建”命令级联菜单中“文件夹”命令），文件夹窗口中出现带临时名称的文件夹，输入新文件夹的名称后，按 Enter 键或单击其他任何地方。

8.2.4 剪贴板的使用

剪贴板是 Windows 操作系统中一个非常实用的工具，它是一个在 Windows 程序和文件之间用于传递信息的临时存储区。剪贴板不但可以存储正文，还可以存储图像、声音等其他信息。通过它可以把多个文件的正文、图像、声音粘贴在一起，形成一个图文并茂、有声有色的文件。

剪贴板的使用步骤是：先将对象复制或剪切到剪贴板这个临时存储区，然后将插入点定位到需要放置对象的目标位置，再使用粘贴命令将剪贴板中信息传递到目标位置中。

在 Windows 中，可以把整个屏幕或某个活动窗口作为图像复制到剪贴板上。

① 复制整个屏幕：按下 Print Screen 键。

② 复制窗口、对话框：先将窗口选择为活动窗口，然后按 Alt + Print Screen 组合键。

8.3 系统设置

计算机是由硬件和软件构成的一个系统，操作系统是对这个系统进行管理的系统程序，在使用的过程中，用户往往需要对其硬件和软件进行重新配置，以适应自己相应程序的运行，提高运行效率。Windows 7 提供“控制面板”功能，用户通过它可以方便地重新设置系统。

8.3.1 控制面板简介

Windows 7 在控制面板里提供了许多应用程序，这些程序主要用于完成对计算机系统的软、硬件的设置和管理。其启动的方式是“开始”→“控制面板”，即可打开“控制面板”。

Windows 7 的控制面板集中了计算机的所有相关系统设置，对系统做任何设置和操作，都可以在这里找到。在组织上控制面板将同类相关设置都放在一起，整合成：系统和安全、用户账户和家庭安全、网络和 Internet、外观和个性化、硬件和声音、时间、语言和区域、程序和轻松访问中心等 8 大类，每一大类中再按某个方面分成子类。Windows 7 的这种组织使操作变得简单快捷，一目了然。

从控制面板里启动一个设置应用程序的具体操作是：先选择某个相关设置的类别，然后选择一个子类，此时会出现所选子类所包含的设置应用程序，最后在列表中选择一个具体的应用程序，这样就可以启动相应的应用程序窗口或对话框，最后完成设置操作。

8.3.2 操作中心

Windows 7 在控制面板的“系统和安全”类别里提供了一个“操作中心”子类，该子类列出了有关需要注意的安全和维护设置的重要消息，如图 8.10 所示。操作中心中的红色项目标记为“重要”，表明应快速解决的重要问题，例如需要更新的已过期的防病毒程序。标记为黄色的项目是一些应考虑面对的建议执行的任务，例如建议的维护任务等。

若要查看有关“安全性”或“维护”部分的详细信息，请单击对应标题或标题旁边的箭头，以展开或折叠该部分。如果不想看到某些类型的消息，可以选择在视图中隐藏它们。

也可通过将鼠标放在任务栏最右侧的通知区域中操作中心的“”图标上，可快速查看操作中心中是否有新消息。单击该图标查看详细信息，然后单击某消息解决问题。

如果计算机出现问题，可检查操作中心以查看是否已标记问题。如果尚未标记，则还可以查找指向疑难解答程序和其他工具的有用链接，这些链接可帮助解决问题。

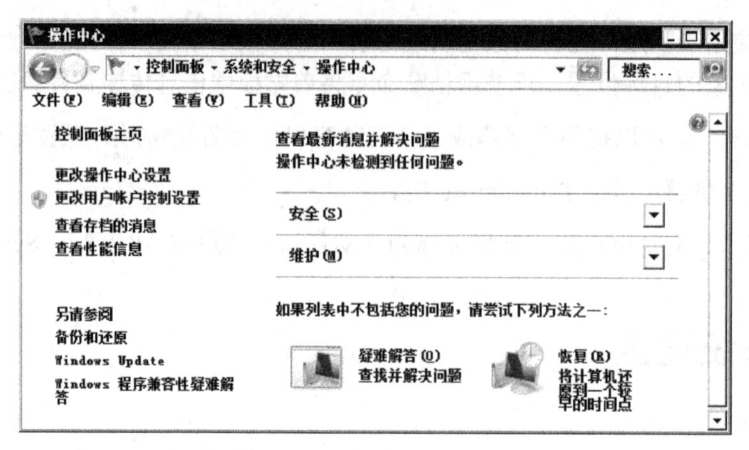

图 8.10 “操作中心”窗口

8.3.3 应用程序的卸载

打开“控制面板”窗口，选择“程序”类别，显示“程序”窗口，再在其中的“程序和功能”选项中选择“卸载程序”项，然后在显示的程序列表中选择要卸载的程序，并按提示进行操作，即可完成。

8.3.4 Windows 7 基本设置

（1）设置日期和时间

打开“控制面板”窗口，选择“时间、语言和区域”类别，然后选择“日期和时间”子类项中的“设置时间和日期”项，弹出“日期和时间”对话框，按对话框上的提示进行日期、时间设置即可。

（2）Windows 7 桌面设置

打开“控制面板”窗口，选择“外观和个性化”类别，“外观和个性化”窗口（如图 8.11 所示）中列出了对 Windows 7 桌面的背景、屏幕保护、外观等进行设置的应用程序。选择相应的应用程序后，按窗口（或对话框）上的提示进行相应的设置即可。

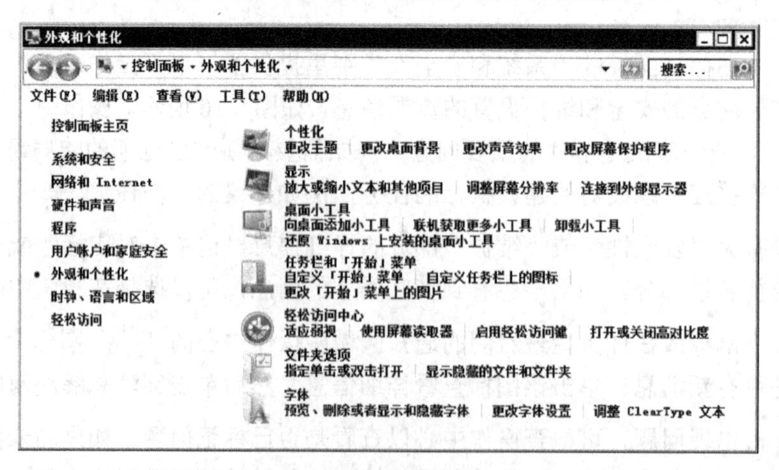

图 8.11 “外观和个性化”窗口

（3）鼠标设置

打开“控制面板”窗口，选择“硬件和声音”类别，然后在“设备和打印机”子类列表中选择“鼠标”，在随后弹出的“鼠标 属性”对话框中按提示进行相应的设置即可。

（4）网络相关设置

Windows 7 控制面板在“网络和 Internet”类别中，将所有网络相关设置集中在一起，正在连接的网络属性、设置新的网络连接、家庭组及 Internet 选项等设置。

例如，选择“网络和共享中心”，窗口如图 8.12 所示，在此窗口中按提示直接可以进行网络连接的相关设置。

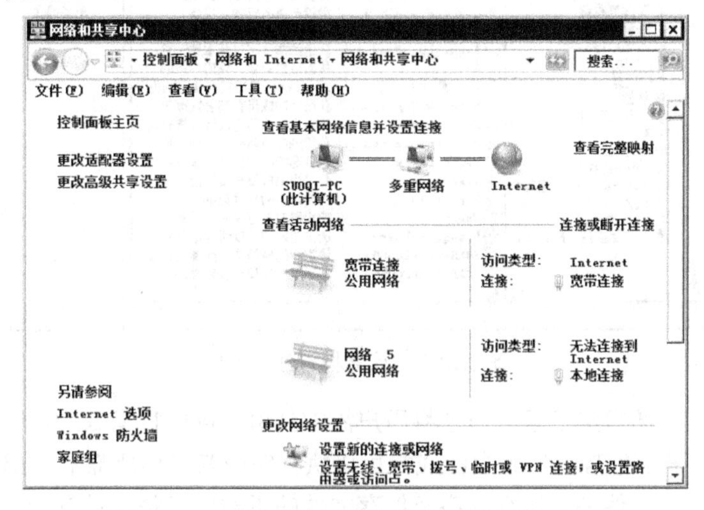

图 8.12　“查看基本网络信息并设置连接”窗口

8.3.5　用户管理

在 Windows 7 中通过“控制面板”的“用户账号”中提供的相关应用程序，即可添加、删除和修改用户账号，只需按提示一步一步操作即可完成。

创建的用户可以是“管理员”或“标准用户”用户，一般应建立为标准账户。标准账户可防止用户做出会对该计算机的所有用户造成影响的更改（如删除计算机工作所需要的文件），从而帮助保护计算机。

当使用标准账户登录到 Windows 时，可以执行管理员账户下的几乎所有的操作，但是如果要执行影响该计算机其他用户的操作（如安装软件或更改安全设置），则 Windows 可能要求提供管理员账户的密码。

Windows 7 操作系统中设计了一个新的计算机安全管理机制，即用户账户控制（UAC）。简单地说就是，如果其他用户对操作系统做了更改，而这些更改需要有管理员权限的，此时操作系统就会自动通知管理员，让其判断是否允许采用这个更改。

在使用计算机时，用标准用户账户可以提高安全性并降低总体拥有成本。当用户使用标准用户权限（而不是管理权限）运行时，系统的安全配置（包括防病毒和防火墙配置）将得到保护。这样，用户将能拥有一个安全的区域，可以保护其他的账户及系统的其余部分。

Windows 7 的用户管理功能可以使多个用户公用一台计算机，而且每个用户有设置自己的用户界面和使用计算机的权力。

另外，打开 Windows 7 提供的“计算机管理”窗口（如图 8.13 所示，方法是：单击“开始”，然后右击“计算机”图标，在弹出的快捷菜单中选择“管理”命令），可以对新建的用户账户进行权限的设置。

图 8.13 “计算机管理”窗口

权限和用户权力通常授予组。通过将用户添加到组，可以将指派给该组的所有权限和用户权力授予这个用户。“Users”组中的成员可以执行完成其工作所需的大部分任务，如登录计算机、创建文件和文件夹、运行程序及保存文件的更改。但是，只有 Administrators 组的成员可以将用户添加到组、更改用户密码或修改大多数系统设置。

8.4 知识扩展

除了 Windows 操作系统外，常用的操作系统还有 UNIX、Linux 等操作系统，它们都是非常好的管理计算机的操作系统。

8.4.1 UNIX 操作系统

UNIX 操作系统是美国 AT&T 公司于 1971 年在 PDP-11 上运行的操作系统。具有多用户、多任务的特点，支持多种处理器架构，最早由肯·汤普逊（Kenneth Lane Thompson）、丹尼斯·里奇（Dennis MacAlistair Ritchie）和 Douglas McIlroy 于 1969 年在 AT&T 的贝尔实验室开发。

1. UNIX 的发展史

1965 年，AT&T、MIT 和 GE 联合开发 Multics。

1969 年，KenThompson 和 Dennis Ritchie 在 PDP-7 上汇编 UNIX。

1970 年，PDP-11 系列机上汇编 UNIX v1。

1975 年，UNIX v6 发布并扩散到大学和科研机构。

1978 年，UNIX v7 发布，这是第一个商业版本。

1981 年，AT&T 发布 UNIX System Ⅲ，UNIX 开始转向为为社会提供的商品软件。

1983 年，AT&T 发布一个标志性版本 UNIX System V，系统功能已趋于稳定和完善。

有代表性的其他基于 UNIX 构架的发行版本主要有以下三大类。

① Berkley：加州大学伯克利分校发行的 BSD 版本，主要由于工程设计和科学计算。主要有 386BSD，DragonFly BSD，FreeBSD，NetBSD，NEXTSTEP，Mac OS X，OpenBSD，Solaris，（OpenSolaris，OpenIndiana），不同的 BSD 操作系统针对不同的用途及用户，可应用于多种硬件构架。

② System V：主要有 A/UX，AIX，HP-UX，IRIX，LynxOS，SCOOpenServer，Tru64，Xenix。

A/UX 是苹果计算机公司所开发的 UNIX 操作系统，此操作系统可以在该公司的一些 Macintosh 计算机上运行。

AIX 是 IBM 开发的一套 UNIX 操作系统。它符合 Open group 的 UNIX 98 行业标准，通过全面集成对 32 位和 64 位应用的并行运行支持，为这些应用提供了全面的可扩展性。

HP-UX 是惠普科技公司以 SystemV 为基础所研发成的类 UNIX 操作系统。

IRIX 是由硅谷图形公司以 System V 与 BSD 延伸程序为基础所发展成的 UNIX 操作系统，IRIX 可以在 SGI 公司的 RISC 型计算机上运行，即是采用 32 位、64 位 MIPS 架构的 SGI 工作站、服务器。

Xenix 是另一种 UNIX 操作系统，可在个人计算机及微型计算机上使用。该系统由微软和 AT&T 公司为 Intel 处理器所开发。后来，SCO 公司（Santa Cruz Operation，中小型企业和可复制分支机构软件解决方案供应商）收购了其独家使用权，自那以后，该公司开始以 SCO UNIX（亦被称作 SCO OpenServer）为名发售。

③ Hybrid：主要有 GNU/Linux，Minix，QNXUnix。其中，Linux 是另一类 UNIX 计算机操作系统的统称，它的核心支持从个人计算机到大型主机甚至包括嵌入式系统在内的各种硬件设备；Minix 是一个迷你版本的类 UNIX 操作系统(约 300 MB)，其他类似的系统还有 Idris，Coherent 和 Uniflex 等。这些类 UNIX 操作系统都是重新发展的，并没有使用任何 AT&T 的程序码。

2. UNIX 系统的特点

① 分时操作系统，支持多用户同时使用一台计算机。分时操作系统是把 CPU 的时间划分为多个时间片，每个用户一次只能运行一个时间片，时间片一到就让出处理机供其他用户程序使用。

② 网络操作系统。多台独立工作的计算机用通信线路链接起来，构成一个能共享资源的更大的信息系统，为 Client/Server 结构。

③ 可移植性强。其大量的代码由 C 语言编写，而 C 语言具有跨平台性。

④ 多用户、多任务的分时操作系统。多个用户可以同时使用，人机间实时交互数据。

⑤ 软件复用。程序由不同的模块组成，每个程序模块完成单一的功能，程序模块可按需任意组合。

⑥ 一致的文件、设备和进程间 I/O。与设备独立的 I/O 操作，外部设备作为文件操作。

⑦ 界面方便高效。Shell 命令灵活可编程。

⑧ 安全机制完善。口令、权限、加密等措施完善，具有抗病毒结构，具有误操作的局限和自动恢复功能。

⑨ 可用 Shell 来编程，它有着丰富的控制结构和参数传递机制。

⑩ 内部多进程结构易于资源共享，外部支持多种网络协议。

⑪ 系统工具和服务，具有 100 多个系统工具（命令）。

3. UNIX 文件系统

文件系统是指对存储在存储设备（如硬盘）中的文件所进行的组织管理，通常按照目录层次的方式进行组织。每个目录可以包括多个子目录以及文件，系统以“/”为根目录。

（1）UNIX 文件系统分类

UNIX 操作系统可由多个可以动态安装及拆卸的文件系统组成。其文件系统主要分为根文件系统和附加文件系统两大类。根文件系统是 UNIX 系统至少应含有的一个文件系统，它包含了构成操作系统的有关程序和目录，由“/”符号来表示。附加文件系统是除根文件系统以外的其他文件系统，它必须挂（mount）到根文件系统的某个目录下才能使用。

（2）UNIX 文件类型

在 UNIX 中文件共分为以下 4 种。

① 普通文件（-）：分为文本文件、二进制文件、数据文件。文本文件主要包括 ASCII 文本文件和一些可执行的脚本文件等；二进制文件主要是可执行文件等；数据文件主要是系统中的应用程序运行时产生的文件。

② 目录文件（d）：用来存放文件目录。

③ 设备文件（l）：设备文件代表着某种设备，一般放在/dev 目录下。它分为块设备文件和字符设备文件，块设备文件以区块为输入/输出单元，如磁盘；字符设备文件以字符作为输入/输出单元，如串口。

④ 链接文件（b/c）：类似于 Windows 系统中的快捷方式，它指向链接文件所链接着的文件。

UNIX 与 Windows 系统不同，UNIX 系统中目录本身就是一个文件，另外文件类型与文件的后缀名无关。不同类型的文件有着不同的文件类型标志（可使用“ls –l”命令来进行查看），它们使用表 8.1 中列出的符号来表示相应的文件类型。

表 8.1 文件类型标识符号

类型标识符号	文件类型
-	普通文件
d	目录文件
b	块设备文件
c	字符设备文件
l	链接文件

例如：

```
$ ls -l
-rwxr-xr-- 2 bill newservice 321 Oct 17 09:33 file1
drwxr-xr-x 2 bill newservice 96 Oct 17 09:40 dir1
```

其中，第一列的“-”表示 file1 是普通文件，“d”表示 dir1 为目录文件。

（3）UNIX 目录结构

UNIX 系统采用树型的目录结构来组织文件，每一个目录可能包含了文件和其他的目录。该结构以根目“/”为起点向下展开，每个目录可以有许多子目录，但每个目录都只能有一个父目录。常见的目录有/etc（常用于存放系统配置及管理文件）、/dev（常用于存放外围设备文件）、/usr（常用于存放与用户相关的文件）等。

（4）UNIX 文件名称

UNIX 文件名称支持长文件名，其对字母大小写敏感，比如 file1 和 File1 表示两个不同的文件。要说明的是，如果用“.”作为文件名的第一个字母，则表示此文件为隐含文件，如“.cshrc”文件。

UNIX 系统中对文件名的含义不做任何解释，文件名后缀的含义由使用者或调用程序解释。

（5）路径名

用斜杠“/”分割的目录名组成的一个序列，它指示找到一个文件所必须经过的目录。

路径有绝对路径和相对路径两种类型，绝对路径由根目录（/）开始；相对路径是指由当前目录开始的路径。另外，“.”表示当前目录，“..”表示上级目录。

4. 登录及操作界面

（1）登录

当操作终端与 UNIX 系统连通后，在终端上会显示出“login:” 登录提示符。在“login:”提示符后输入用户名，出现“password:”后再输入口令。如以 user1 用户登录的过程为：

```
Login: user1
Password:
```

输入的口令并不显示出来，输入完口令后，一般会出现上次的登录信息，以及 UNIX 的版本号。最后出现 Shell 提示符，等待用户输入命令。

（2）操作界面

传统的 UNIX 用户界面采用命令行方式，命令较难记忆，很难普及到非计算机专业人员。现在大多数的 UNIX 都使用图形用户界面（GUI），用户通过该界面与系统交互。GUI 通常使用窗口、菜单和图标来代表不同的 UNIX 命令、工具和文件。使用鼠标，可以打开菜单、移动窗口以及选择图标，其操作类似 Windows 的操作方法。

5. UNIX 命令格式

（1）UNIX 命令提示符

在命令行方式下，UNIX 操作系统会显示一个提示符，提示用户在此提示符后可以输入命令。不同的Shell有不同的默认提示符，其中：B Shell和K Shell的默认提示符为"$"；C Shell的默认提示符为"%"，但当以root用户登录时，系统提示符统一默认为"#"。用户可以更改自己的默认Shell和提示符。

（2）基本命令格式

UNIX命令的基本格式如下：

```
命令 参数1 参数2 ... 参数n
```

UNIX 命令由一个命令和零到多个参数构成，命令和参数之间，以及参数与参数之间用空格隔开。UNIX的命令格式和DOS的命令格式相似，但UNIX的命令区分大小写，且命令和参数之间必须隔开。

例如：

```
$cp  f1  memo
```

该命令复制f1文件到memo目录内。

UNIX 为用户提供了一个分时的操作系统以控制计算机的活动和资源，并且提供一个交互，灵活的操作界。UNIX 被设计成为能够同时运行多进程，支持用户之间共享数据。同时，支持模块化结构，当安装UNIX操作系统时，只需要安装工作需要的部分，例如：UNIX 支持许多编程开发工具，但是如果并不从事开发工作，只需要安装最少的编译器。用户界面同样支持模块化原则，互不相关的命令能够通过管道相连接用于执行非常复杂的操作。

8.4.2 Linux操作系统

1991年，芬兰赫尔辛基大学的大学生Linus Torvalds萌发了开发一个自由的UNIX操作系统的想法，当年，Linux 系统诞生，并且以可爱的企鹅作为其标志。为了不让这个羽毛未丰的操作系统“夭折”，Linus将自己的作品Linux通过Internet发布。从此一大批知名的、不知名的计算机编程人员加入到开发过程中来，Linux逐渐成长起来。

1. Linux简介

Linux是一套多用户、多任务免费使用和自由传播的类UNIX操作系统，它诞生于1991年10月5日（这是第一次正式向外公布的时间）。这个系统是由全世界各地的成千上万的程序员设计和实现的，其目的是建立不受任何商品化软件版权制约的、全世界都能自由使用的UNIX兼容产品。

Linux是在GNU公共许可权限下免费获得的，是一个符合POSIX标准的操作系统。用户可以通过网络或其他途径无偿地得到它及其源代码，可以无偿地获得大量的应用程序，而且可以任意地修改和补充它们。这是其他的操作系统所做不到的。正是由于这一点，来自全世界的无数程序员参与了Linux的修改、编写工作，程序员可以根据自己的兴趣和灵感对其进行改变。这让Linux吸收了无数程序员的精华，不断壮大。

Linux 操作系统软件包不仅包括完整的操作系统，而且还包括了文本编辑器、高级语言编译器等应用软件。它还包括带有多个窗口管理器的 X-Windows 图形用户界面，允许使用窗口、图标和菜单对系统进行操作。

Linux 系统可安装在各种计算机硬件设备中，从手机、平板电脑、路由器和视频游戏控制台，到 PC、大型机和超级计算机。

Linux 的基本思想有两点：第一，一切都是文件；第二，每个软件都有确定的用途。其中第一条详细来讲就是系统中的所有内容都归结为文件形式，包括命令、硬件、软件设备、操作系统、进程等等，对于操作系统内核而言，都被视为拥有各自特性或类型的文件。所以说 Linux 系统是基于 UNIX 系统的，很大程度上也是因为这两者的基本思想十分相近。

2. 主要的特点

（1）多用户多任务

多用户是指系统允许多个用户同时使用，资源可以被不同用户拥有使用，即每个用户对自己的资源（例如：文件、设备）有特定的权限，互不影响。多任务是指计算机同时执行多个程序，而且各个程序的运行互相独立。

Linux 支持多用户，各个用户对于自己的文件设备有自己特殊的权利，保证了各用户之间互不影响。Linux 系统调度每一个进程平等地访问微处理器，可以使多个程序同时并独立地运行。

（2）可靠的系统安全

Linux 采取了许多安全技术措施，包括对读、写进行权限控制、带保护的子系统、审计跟踪、核心授权等，这为网络多用户环境中的用户提供了必要的安全保障。

（3）良好的兼容性

Linux 的接口与 POSIX（Portable Operating System Interface for Unix，面向 UNIX 的可移植操作系统接口）相兼容，所以在 UNIX 系统下运行的应用程序，几乎完全可以在 Linux 上运行。

在 Linux 下还可通过相应的模拟器运行常见的 DOS、Windows 程序。这为用户从 Windows 转到 Linux 奠定了基础。

（4）强大的可移植性与嵌入式系统

可移植性是指将操作系统从一个平台转移到另一个平台使它仍然能按其自身的方式运行的能力。Linux 是一种可移植的操作系统，能够从微型计算机到大型计算机的任何环境中和任何平台上运行。可移植性为运行 Linux 的不同计算机平台与其他任何机器进行准确而有效的通信提供了手段，不需要另外增加特殊的和昂贵的通信接口。

嵌入式系统是根据应用的要求，将操作系统和功能软件集成于计算机硬件系统之中，从而实现软件与硬件一体化的计算机系统。Linux 是一个成熟而稳定的网络操作系统，将 Linux 植入嵌入式设备具有众多的优点。首先，Linux 的源代码是开放的，任何人都可以获取并修改，用之开发自己的产品；其次，Lirmx 是可以定制的，其系统内核最小只有约 134KB，一个带有中文系统和图形用户界面的核心程序也可以做到不足 1MB，并且同样稳定。另外，它和多数 UNIX 系统兼容，应用程序的开发和移植相当容易。同时，由于具有良好的可移植性，已成功使 Linux 运行于数百种硬件平台之上。

（5）友好的用户界面

Linux 向用户提供了两种界面：字符（命令行）界面和图形界面。

Linux 的传统用户界面是基于文本的字符界面，用户可以通过键盘输入相应的指令来进行操作，即 Shell，它既可以联机使用，又可存在文件上脱机使用。Shell 有很强的程序设计能力，用户可方便地用它编制程序，从而为用户扩充系统功能提供了更高级的手段。可编程 Shell 是指将多条命令组合在一起，形成一个 Shell 程序，这个程序可以单独运行，也可以与其他程序同时运行。

图形界面是类似 Windows 图形界面的 X-Window 系统，用户可以使用鼠标对其进行操作。在 X-Window 环境中就和在 Windows 中相似，给用户呈现一个直观、易操作、交互性强的友好的图形化界面。

（6）设备独立性

设备独立性是指操作系统把所有外部设备统一当成成文件来看待，只要安装好驱动程序，任何用户都可以像使用文件一样，操纵、使用这些设备，而不必知道它们的具体存在形式。

设备独立性的操作系统能够容纳任意种类及任意数量的设备，因为每一个设备都是通过其与内核的专用连接独立进行访问。

Linux 是具有设备独立性的操作系统，它的内核具有高度适应能力，随着更多的程序员加入 Linux 编程，会有更多硬件设备加入到各种 Linux 内核和发行版本中。另外，由于用户可以免费得到 Linux 的内核源代码，因此，用户可以修改内核源代码，以便适应新增加的外部设备。

（7）丰富的网络功能

完善的内置网络是 Linux 的一大特点。Linux 在通信和网络功能方面优于其他操作系统。其他操作系统不包含如此紧密地和内核结合在一起的连接网络的能力，也没有内置这些连网特性的灵活性。

Linux 免费提供了大量支持 Internet 的软件，用户能用 Linux 与世界上的其他人通过 Internet 网络进行通信。

Linux 不仅允许进行文件和程序的传输，它还为系统管理员和技术人员提供了访问其他系统的窗口。通过这种远程访问的功能，一位技术人员能够有效地为多个系统服务，即使那些系统位于相距很远的地方。

3. Linux 版本

Linux 也在不断发展和推陈出新，跟 Windows 系列一样拥有不同的版本。但是 Linux 的版本分为两部分，内核版本与发行套件版本。

（1）Linux 的内核版本

“内核”指的是一个提供硬件抽象层、磁盘及文件系统控制、多任务等功能的系统软件。

内核版本是在 Linux 的创始人 Linus 领导下的开发小组开发出的系统，主要包括内存调度、进程管理、设备驱动等操作系统的基本功能，但是不包括应用程序。一个内核不是一套完整的操作系统。

内核的版本号由“r.x.y”三个数字组成，其中，r 表示目前发布的内核主版本；x 表示开发中的版本；y 表示错误修补的次数。一般来讲，x 为偶数的版本表明该版本是一个可以使用的稳定版本，如 2.4.4；x 为奇数的版本表明该版本是一个测试版本，其中加入了一些新的内容，不一定稳定，如 2.1.111。

例如，Red Hat Fedora Core5 使用的内核版本是 2.6.16。表明 Red Hat Fedora Core5 使用的是一个比较稳定的版本，修补了 16 次。

（2）Linux 的发行版本

发行版本是一些组织或厂商将 Linux 系统内核与应用软件和文档包装起来，并提供一些安装界面和系统设定管理工具的一个软件包的集合。一套基于 Linux 内核的完整操作系统叫 Linux 操作系统。

相对于内核版本，发行套件的版本号随发布者的不同而不同，与系统内核的版本号相对独立。如 Red Hat Fedora Core5 指 Linux 的发行版本号，而其使用的内核版本是 2.6.16。

Linux 是自由软件，任何组织、厂商和个人都可以按照自己的要求进行发布，目前已经有了 300 余种发行版本，而且数目还在不断增加。Red Hat Linux、Fedora Core Linux、Debian Linux、Turbo Linux、Slackware Linux、Open Linux、SuSE Linux 和 Redflag Linux（红旗 Linux，中国发布）等都是流行的 Linux 发行版本。表 8.2 为经常采用的版本。

表 8.2 常用 Linux 发行版本简介

版本名称		特　点
debian	Debian Linux	开放的开发模式，并且易于进行软件包升级
fedora	Fedora Core	拥有数量庞大的用户，优秀的社区技术支持，并且有许多创新
	CentOS	CentOS 是一种对 RHEL（Red Hat Enterprise Linux）源代码再编译的产物，由于 Linux 是开发源代码的操作系统，并不排斥基于源代码的再分发，CentOS 就是将商业的 Linux 操作系统 RHEL 进行源代码再编译后分发，并在 RHEL 的基础上修正了不少已知的 bug
SuSE	SUSE Linux	专业的操作系统，易用的 YaST 软件包管理系统开放
	Mandriva	操作界面友好，使用图形配置工具，有庞大的社区进行技术支持，支持 NTFS 分区的大小变更
KNOPPIX	KNOPPIX	可以直接在 CD 上运行，具有优秀的硬件检测和适配能力，可作为系统的急救盘使用
gentoo linux	Gentoo Linux	Gentoo 拥有优秀的性能、高度的可配置性和一流的用户及开发社区
	Ubuntu	优秀易用的桌面环境，基于 Debian 的不稳定版本构建

续表

版本名称		特　点
redhat	RedHat linux	Red Hat Linux 能向用户提供一套完整的服务，这使得它特别适合在公共网络中使用。系统运行起来后，用户可以从 Web 站点和 Red Hat 那里得到充分的技术支持
红旗 Linux	Redflag Linux	由中科红旗软件技术有限公司、北大方正等开发的。是全中文化的 Linux 桌面，提供了完善的中文操作系统环境

在 Linux 环境下进行程序设计，要选择合适的 Linux 发行版本和稳定的 Linux 内核，选择一款适合自己的 Linux 操作系统。目前 Linux 内核版本的开发源代码树比较稳定通用的是 2.6.xx 的版本。

4. Linux 文件结构

Linux 与 Windows 下的文件组织结构不同，它不使用磁盘分区符号来访问文件系统，而是将整个文件系统表示成树状的结构，系统每增加一个文件系统都会将其加入到这个树中。

Linux 文件结构的开始，只有一个单独的顶级目录结构，叫做根目录，用“/”代表，所有的一切都从“根”开始，并且延伸到子目录。Windows 下文件系统按照磁盘分区的概念分类，目录都存于分区上。Linux 则通过“挂接”的方式把所有分区都放置在“根”下各个目录里。图 8.14 所示是一个 Linux 系统的文件结构。

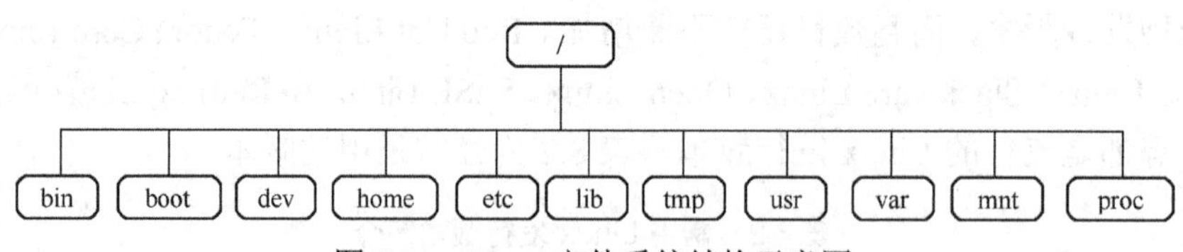

图 8.14　Linux 文件系统结构示意图

不同的 Linux 发行版本的目录结构和具体的实现功能存在一些细微的差别。但是主要的功能都是一致的。一些常用的目录如下：

- /bin：存放可执行命令，大多数命令存放在这里。
- /boot：存放系统启动时的所需要的文件，包括引导装载程序。
- /dev：存放设备文件，如 fd0、had 等。
- /home：主要存放用户账号，并且可以支持 ftp 的用户管理。系统管理员增加用户时，系统在 home 目录下创建与用户同名的目录，此目录下一般默认有 Desktop 目录。
- /etc：包括绝大多数 Linux 系统引导所需要的配置文件，系统引导时读取配置文件，按照配置文件的选项进行不同情况的启动，例如 fstab、host.conf 等。
- /lib：包含 C 编译程序需要的函数库，是一组二进制文件，例如 glibc 等。
- /tmp：用于临时性的存储。
- /usr：包括所有其他内容，如 src、local。Linux 的内核就在/usr/src 中。其下有子目录 /bin，存放所有安装语言的命令，如 gcc、perl 等。
- /var：包含系统定义表，以便在系统运行改变时可以只备份该目录，如 cache。
- /mnt：专门给外挂的文件系统使用的，里面有两个文件 cdrom 和 floopy，登录光驱、软驱时要用到。

注意：① 在 Linux 下文件和目录名是大小写敏感，即 Linux 系统区分大小写字母。这样字母的大小写十分重要，例如文件 Hello.c 和文件 hello.c 在 Linux 下不是一个文件，而在 Windows 下则表示同一个文件。

② 使用 Linux 系统，用户可以设置目录和文件的权限，以便允许或拒绝其他人对其进行访问。

目前 Windows 通常采用的是 FAT32 和 NTFS 文件系统，而 Linux 中保存数据的磁盘分区常用的是 ext2 和 ext3。ext2 文件系统用于固定文件系统和可活动文件系统，是 ext 文件系统的扩展。

ext3 文件系统是在 ext2 上增加日志功能后的扩展，兼容 ext2。两种文件系统之间可以互相转换，ext2 不用格式化就可以转换为 ext3 文件系统，而 ext3 文件系统转换为 ext2 文件系统也不会丢失数据。在 Linux 下支持多种文件系统，如 minix、umsdos、msdos、vfat、ntfs、proc、smb、ncp、iso9660、sysv、hpfs、affs 等。

8.4.3 Linux 与 UNIX 的异同

Linux 是 UNIX 操作系统的一个“克隆”系统，没有 UNIX 就没有 Linux。但是，Linux 和传统的 UNIX 有很大的不同，两者之间的最大区别是关于版权方面的：Linux 是开放源代码的自由软件，而 UNIX 是对源代码实行知识产权保护的传统商业软件。两者之间还存在如下的区别：

- UNIX 操作系统大多数是与硬件配套的，操作系统与硬件进行了绑定；而 Linux 则可运行在多种硬件平台上。
- UNIX 操作系统是一种商业软件；而 Linux 操作系统提供的则是一种自由软件，是免费的，并且公开源代码。
- UNIX 的历史要比 Linux 悠久，但是 Linux 操作系统由于吸取了其他操作系统的经验，其设计思想虽然源于 UNIX 但是要优于 UNIX。
- 虽然 UNIX 和 Linux 都是操作系统的名称，但 UNIX 除了是一种操作系统的名称外，作为商标，它归 SCO（Santa Cruz Operation，中小型企业和可复制分支机构软件解决方案供应商）公司所有。
- Linux 的商业化版本有 Red Hat Linux、SuSe Linux、slakeware Linux、国内的红旗 Linux 等，还有 Turbo Linux；UNIX 主要有 Sun 的 Solaris、IBM 的 AIX，HP 的 HP-UX，以及基于 x86 平台的 SCO UNIX/Unixware。
- Linux 操作系统的内核是免费的；而 UNIX 的内核并不公开。
- 在对硬件的要求上，Linux 操作系统要比 UNIX 要求低，并且没有 UNIX 对硬件要求的那么苛刻；在对系统的安装难易度上，Linux 比 UNIX 容易得多；在使用上，Linux 相对没有 UNIX 那么复杂。
- UNIX 发展领域和 Linux 差不多，但是 UNIX 可以往高端产业发展，IT 基础架构师，高端产业大部分领域使用的是 UNIX 服务器。

总体来说，Linux 操作系统无论在外观上还是在性能上都与 UNIX 相同或者比 UNIX 更好。在功能上，Linux 仿制了 UNIX 的一部分，与 UNIX 的 System V 和 BSD UNIX 相兼容。在 UNIX 上可以运行的源代码，一般情况下在 Linux 上重新进行编译后就可以运行，甚至 BSD UNIX 的执行文件可以在 Linux 操作系统上直接运行。

习题 8

一、填空题

1．要将当前窗口作为图像存入剪贴板，应按＿＿＿＿＿＿键。

2．要将整个桌面作为图像存入剪贴板，应按＿＿＿＿＿＿键。

3．通过＿＿＿＿＿＿可恢复被误删除的文件或文件夹。

4．复制、剪切和粘贴命令都有对应的快捷键，分别是＿＿＿＿＿＿、＿＿＿＿＿＿和＿＿＿＿＿＿。

5．Windows 7 是一个＿＿＿＿＿＿的操作系统。

6. Windows 7 针对不同的对象，使用不同的图标，但可分为＿＿＿＿＿＿、＿＿＿＿＿＿和＿＿＿＿＿＿三大类图标。

7．快捷方式图标是系统中某个对象的＿＿＿＿＿＿。

8．Windows 7 提供的“计算机（资源管理器）”是一个管理＿＿＿＿＿＿的重要工具，它清晰地显示出整个计算机中的文件夹结构及内容。

9．剪贴板是 Windows 7 中一个非常实用的工具，它是一个在 Windows 程序和文件之间用于传递信息的＿＿＿＿＿＿。剪贴板不但可以存储正文，还可以存储图像、声音等其他信息。

10. Windows 7 的控制面板集中了计算机的所有＿＿＿＿＿＿设置，对＿＿＿＿＿＿做任何设置和操作，都可以在这里找到。

二、选择题

1．在 Windows 7 包含 6 个版本，其中（　　）拥有所有功能，且面向高端用户和软件爱好者，仅仅在授权方式及其相关应用及服务上有区别。

A．Windows 7 Professional（专业版）　　B．Windows 7 Enterprise（企业版）

C．Windows 7 Ultimate（旗舰版）　　D．Windows 7 Home Premium（家庭高级版）

2．下列叙述中，不正确的是（　　）。

A．在 Windows 7 中打开的多个窗口，既可平铺又可层叠

B．在 Windows 7 中可以利用剪贴板实现多个文件之间的复制

C．在“计算机”窗口中，用鼠标左键双击应用程序名即可运行该程序

D．在 Windows 7 中不能对文件夹进行更名操作

3．当一个应用程序窗口被最小化后，该应用程序将（　　）。

A．被终止执行　　B．被删除　　C．被暂停执行　　D．被转入后台执行

4. 在输入中文时，下列的______操作不能进行中英文切换。

A. 用鼠标左键单击中英文切换按钮　　B. 用 Ctrl 键+空格键

C. 用语言指示器菜单　　D. 用 Shift 键+空格键

5. 下列操作中，能在各种中文输入法切换的是（　　）。

A. 用 Ctrl+Shift 组合键

B. 用鼠标左键单击输入法状态框“中/英”切换按钮

C. 用 Shift+空格键

D. 用 Alt+Shift 组合键

6. 在下列情况中（　　）是不能完成创建新文件夹。

A. 用鼠标右击桌面，在弹出的快捷菜单中选择“新建/文件夹”命令

B. 在文件或文件夹属性对话框中操作

C. 在资源管理器的“文件”菜单中选择“新建”命令

D. 用鼠标右击资源管理器的导航栏区或文件夹区，在弹出的快捷菜单中选择“新建”命令

7. （　　）是一套多用户、多任务免费使用和自由传播的操作系统。

A. Windows 7　　B. UNIX　　C. Linux　　D. VxWorks

8. 用鼠标拖放功能实现文件或文件夹的快速移动时，正确的操作是（　　）。

A. 用鼠标左键拖动文件或文件夹到目的文件夹上

B. 用鼠标右键拖动文件或文件夹到目的文件夹上，然后在弹出的菜单中选择“移动到当前位置”命令

C. 按住 Ctrl 键，然后用鼠标左键拖动文件或文件夹到目的文件夹上

D. 按住 Shift 键，然后用鼠标右键拖动文件或文件夹到目的文件夹上

9. 在“计算机”窗口中，如果想一次选定多个分散的文件或文件夹，正确的操作是（　　）

A. 按住 Ctrl 键，用鼠标右键逐个选取　　B. 按住 Ctrl 键，用鼠标左键逐个选取

C. 按住 Shift 键，用鼠标右键逐个选取　　D. 按住 Shift 键，用鼠标左键逐个选取

10. 在 Windows 应用程序中，某些菜单中的命令右侧带有“…”表示（　　）

A. 是一个快捷键命令　　B. 是一个开关式命令

C. 带有对话框以便进一步设置　　D. 带有下一级菜单

三、简答题

1. 简述 Windows 7 进行用户账号设置的方法。

2. 请简述 Windows 7 桌面的基本组成元素及功能。

3. 简述访问文件的语法规则。

4. 在 Windows 7 中，运行应用程序有哪几种方式？

5. 简述 Windows 7 的文件命名规则。

第 9 章

Office 2013 日常信息处理

用计算机解决日常工作学习中的文字编辑、表格计算、内容展示是必须掌握的基本技能。本章将以 Word 2013、Excel 2013、PowerPoint 2013 为工具介绍如何进行文字排版，数据计算以及内容的有效展示。

9.1 文字处理

计算机技术在文字处理方面的应用，使排版印刷相对早期来讲工作量减少、出版周期缩短、印刷质量提高。怎样用计算机来编辑和排版文字、图形，这就需要办公自动化文字处理软件，如 Word 文字处理软件、WPS 文字处理软件、记事本等。

总之，不管是纸张上的文字，还是屏幕上的文字，文字格式和版面设计都是特别重要的。在现实生活中，一篇完美的文章不仅仅要内容精彩，还要格式协调一致，包括文章的结构、文章的布局，以及文章的外部展现方法、手段等。排版正是文章的一种外部展现形式，无论从哪个角度来讲，这种形式都应被重视。

9.1.1 字处理软件

字处理软件是使用计算机实现文字编辑工作的应用软件。这类软件提供一套进行文字编辑处理的方法（命令），用户通过学习就可以在计算机上进行文字编辑。

利用计算机处理文字信息，需要有相应的文字信息处理软件。Word 是 Microsoft 公司推出的办公自动化套装软件 Office 中的字处理软件，是目前使用最广泛的字处理软件。使用 Word 软件，可以进行文字、图形、图像等综合文档编辑工作，可以和其他多种软件进行信息交换，可以编辑出图文并茂的文档。它界面友好、直观，具有“所见即所得”的特点，深受用户青睐。

1. 字处理软件的功能

一个字处理软件一般应具有下列基本功能。

（1）根据所用纸张尺寸安排每页行数和每行字数，并能调整左、右页边距。

（2）自动编排页号。

（3）规定文本行间距离。

（4）编辑文件。

（5）打印文本前，在屏幕上显示文本最后布局格式。

（6）从其他文件或数据库中调入一些标准段落，插入正在编辑的文本。

一个优秀的字处理软件，不仅能处理文字、表格，而且能够在文档中插入各种图形对象，并能实现图文混排。一般字处理软件中，可作为图形对象操作的有剪贴画、各种图文符号、艺术字、公式和各种图形等。

随着 Word 软件的不断升级，其功能不断增强，Word 提供了一套完整的工具，用户可以在新的界面中创建文档并设置格式，从而帮助制作具有专业水准的文档。丰富的审阅、批注和比较功能有助于快速收集和管理反馈信息。高级的数据集成功能可确保文档与重要的业务信息源时刻相连。

2. Word 的启动和退出

启动方法很多，常用的方法是从“开始”菜单启动、从“开始”菜单的“所有程序”栏启动或通过桌面快捷方式启动。当 Word 启动成功后，出现的界面如图 9.1 所示。

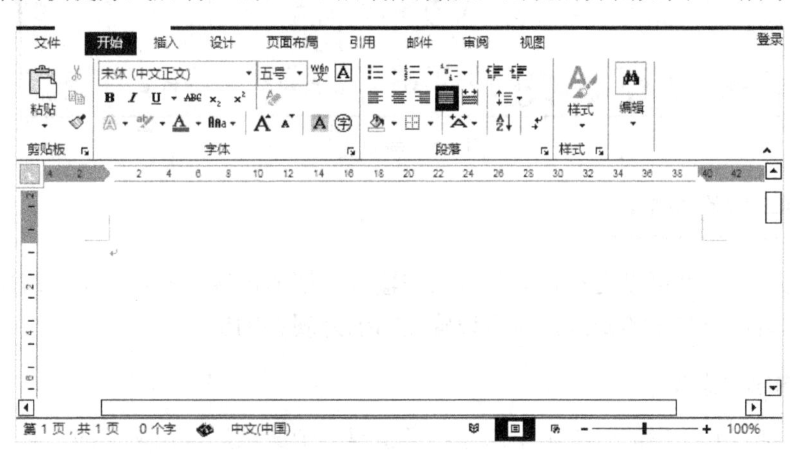

图 9.1　Word 2013 窗口

退出方法也很多，常用的主要有以下 4 种。

（1）单击 Word 窗口右上角的“关闭”按钮。

（2）右击标题栏，在弹出的快捷菜单中选择“关闭”命令。

（3）双击窗口左上角按钮。

（4）单击窗口左上角按钮，在弹出的菜单中选择“关闭”命令。

9.1.2 创建文档

Word 文档是文本、图片等对象的载体，要在文档中进行操作，必须先创建文档。在 Word 中可以创建空白文档，也可以根据现有的内容创建文档。创建新文档的方法有多种。

每次启动 Word 时，系统自动创建一个文件名为“文档 1”的新文档，用户可在编辑区中输入文本。

选择“文件”选项卡，将弹出文件菜单，Word的文件菜单中包含了一些常见的命令，例如新建、打开、保存和打印等。选择“新建”标签，显示“新建文档”标签页。如图9.2所示，在其中单击“空白文档”按钮，即可新建一个空白文档，在标题栏上显示文件名为“文档*n*”（*n*为一个整数）。

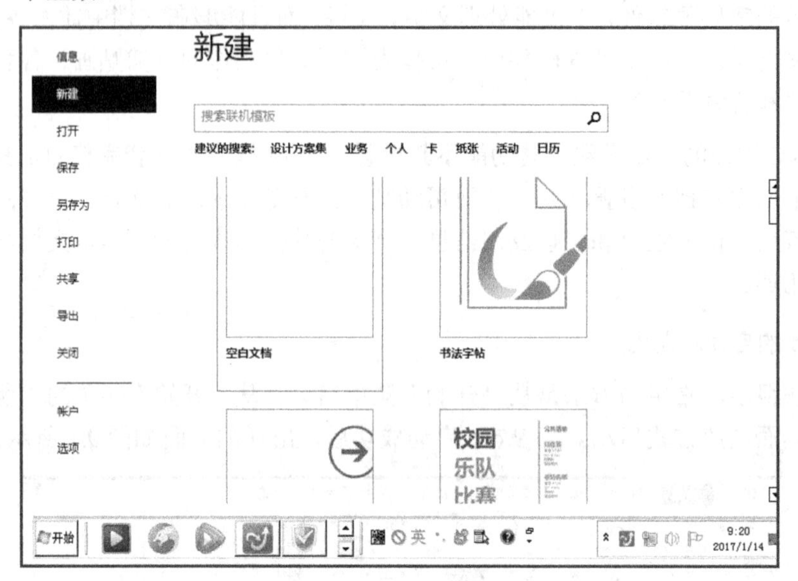

图9.2 新建文档

9.1.3 编辑与保存文档

创建新文档后，就可以选择合适的输入法输入文档的内容，并对其进行编辑操作。针对这些内容进行结构与文字的修改，最后设置文档的外观并输出。

1. 文档内容的输入

输入文本是Word中的一项基本操作。当新建一个文档后，在文档的开始位置将出现一个闪烁的光标，称之为“插入点”，在Word中输入的任何文本，都会在插入点处出现。定位了插入点的位置后，选择一种输入法，即可开始文本的输入。

① 确定插入点位置。在编辑区确定插入点的位置，因为插入点位置决定要输入内容的位置。若是空文档，则插入点在编辑区的左上角。

② 选择输入法。尤其是输入汉字时，要先选择合适的输入法。

③ 段落结束符。在输入一段文字时，无论这一段文字有多长（中间会自动换行），只有当这段文字全输入完成之后才输入一个段落结束符，即按回车键，表示一个段落的结束。

④ 特殊符号的输入。文档中如果要插入特殊符号，先确定插入点的位置，在“插入”选项卡的“符号”组中单击“符号”按钮，在下拉列表中选择“其他符号”项，弹出“符号”对话框，在其中选择所要的符号即可。

2. 文档内容的编辑

（1）文档内容的选择。Windows平台的应用软件都遵循一条操作规则：先选定内容，后对其操作。被选定的内容呈反向显示（黑底白字）。多数情况下是利用鼠标选定文档内容的，常用方法如下。

① 选定一行：鼠标指针移至选定区（即行左侧的空白区），指针呈箭头状，并指向右上时，单击左键。

② 选定一段：鼠标指针移至选定区，指针呈箭头状，并指向右上时，双击左键。

③ 选定整个文档：鼠标指针移至选定区，指针呈箭头状，并指向右上时，三击鼠标左键或按住 Ctrl 键并单击左键，还可以单击“开始”选项卡的“编辑”组中的“选择”按钮，在下拉列表中选择相应的选择范围。

④ 选定需要的内容：在需要选定的内容起始位置单击鼠标左键，并拖动鼠标到需要选定内容的末尾，即可选定文档内容。

⑤ 取消选定：单击鼠标左键。

（2）文档内容的删除。常用的删除文档中的内容方法如下：

① 选定欲删除文件的内容，按 Del 键，即可删除选定的内容；

② 如果要删除的仅是一个字，只要将插入点移到这个字的前边或后边，按 Del 键即可删除插入点后边的字，按 Backspace 键可以删除插入点前边的字。

如果发生误删除，可以单击快速工具栏中的“撤销键入”按钮。

（3）文档内容的移动或复制。移动或复制文档中内容的步骤如下（在“开始”选项卡的“剪贴板”组中进行）：

① 选定欲移动或复制文档的内容；

② 单击“剪贴板”组中的“剪切”（或复制）按钮；

③ 将鼠标指针移到欲插入内容的目标处，单击左键（即移动插入点到目标处）；

④ 单击“剪贴板”组中的“粘贴”按钮，便实现了移动或复制文档内容的操作。

如果文档内容移动距离不远，则可使用“拖动”的方法进行移动或复制。按住 Ctrl 键的同时“拖动”选定的内容则可实现复制；如果直接“拖动”选定的内容，则可实现移动。另外，剪切、复制、粘贴操作也可分别用组合键 Ctrl+X、Ctrl+C、Ctrl+V 实现。

（4）文档编辑中的插入状态和改写状态。当状态栏为“插入”按钮时，Word 系统处于插入状态，此时输入的文字会使插入点后面的文字自动右移。当单击“插入”按钮时，Word 系统便转换成改写状态，按钮名称显示为“改写”，这时输入的内容替换了原有的内容。再次单击“改写”按钮，又回到插入状态。也可以按键盘上的 Insert 键来切换。

（5）文档内容的查找与替换。通过查找功能，可以在文档中查找到指定内容（查找功能在“开始”选项卡的“编辑”组中），查找步骤如下：

① 单击“查找”按钮，在编辑区的左边出现“导航”对话框，如图 9.3 所示。

② 在“导航”对话框中的文本框中输入要查找的内容，如“文字处理软件”。

③ 单击查找下一处“▾”按钮，计算机开始从插入点处往后查找，找到第一个“文字处

理软件”关键字后，将暂停并将关键字以黄色突出显示。

④ 若要继续查找，则单击查找下一处“▼”按钮，这时计算机从刚找到的位置再查找下一处出现的“文字处理软件”。

⑤ 在检索到需要查找的内容后，可进行修改、删除等操作。

注意，若要关闭对话框，则可以单击“取消”按钮。

利用替换功能，可以将整个文档中给定的文本内容全部替换掉，也可以在选定的范围内进行替换（替换功能也是在“开始”选项卡的“编辑”组中进行）。替换步骤如下：

① 单击“替换”按钮，显示“查找和替换”对话框，选择对话框中的“替换”选项卡，如图9.4所示。

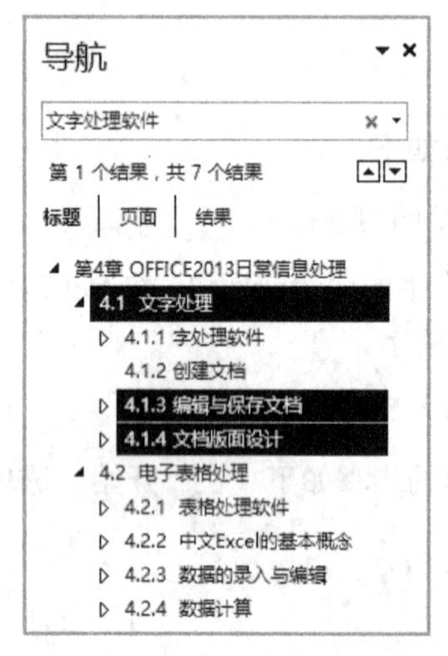

图9.3 查找中的“导航”对话框

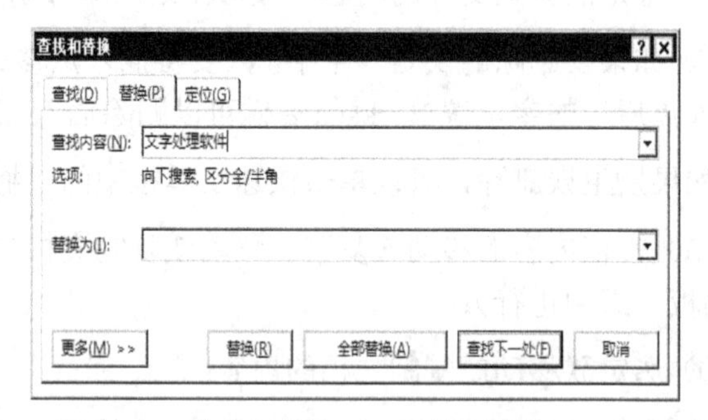

图9.4 “查找和替换”对话框“替换”选项卡

② 在“查找内容”文本框中输入要查找的内容（如“文字处理软件”），在“替换为”文本框中输入要替换的内容（如“Word”）。

③ 单击“全部替换”按钮，则所有符合条件的内容全部替换。如果需要选择性替换，则单击“查找下一处”按钮，找到后若需要替换，则单击“替换”按钮，若不需要替换，则继续单击“查找下一处”按钮，反复执行，直至文档结束。

3. 文档内容的保存

对于新建的Word文档或正在编辑的某个文档时，如果出现了计算机死机或停电等非正常关闭的情况，文档中的信息就会丢失，因此为了不造成更大的损失，及时保存文档是十分重要的。

（1）第一次保存文档。文档内容录入完毕或录入一部分就需保存文档。第一次保存文档需要选择“文件”选项卡中的“另存为”（或“保存”）命令，弹出如图9.5所示的对话框。

在“另存为”对话框中要指定保存位置和文件名。在默认情况下，所保存的文件类型是以.docx为扩展名的Word文档类型。

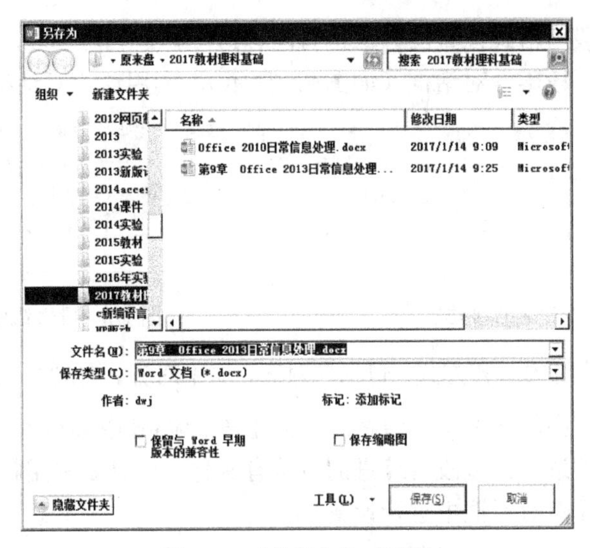

图 9.5　“另存为”对话框

（2）保存已有文件。如果是保存已有文件，则单击快捷工具栏中的“保存”按钮，或者选择“文件”选项卡中的“保存”命令即可。它的功能是将编辑文档的内容以原有的文件名保存，即用正在编辑的内容覆盖原有文件的内容。如果不想覆盖原有文件的内容，则应该选择“文件”选项卡中的“另存为”命令。

9.1.4　文档版面设计

在文档中，文字是组成段落的最基本内容，任何一个文档都是从段落文本开始进行编辑的，当输入完文本内容后就可以对相应的段落文本进行格式化编辑，从而使文档层次分明，便于阅读。

1．设置字符格式

字体、字号（中文字号从初号到八号、英文字号的磅值范围 5～72）、加粗、倾斜、下画线、删除线、下标、上标、改变大小写、字体颜色、字符底纹、带圈字符、字符边框、空心、阴影等的设置，Word 默认的字体、字号为宋体、5 号。

字符格式编辑同样遵循“先选定，后操作”的原则。字体的设置方法如下：

先选定要设置格式的文字，再选择“开始”选项卡的“字体”组中的相应按钮或打开“字体”对话框进行设置。“字体”对话框是通过单击“字体”组中右下角的对话框启动器弹出的，如图 9.6 所示。

2．设置段落格式

段落是构成整个文档的骨架，在 Word 的文档编辑中，用户每输入一个回车符，表示一个段落输入完成，同时在屏幕上出现一个回车标记“ ↵ ”，也称为段落标记。段落设置包括：段落的文本对齐方式、段落的缩进、段落中的行距、段落间距等。段落设置也称段落格式化。

在对段落设置的操作中，必须遵循这样的规律：如果对一个段落进行格式设置，只需在设置前将插入点置于段落中间即可，如果对几个段落进行设置，必须先选定设置段落，再进行段落的设置操作。段落格式设置的方法也有两种：一种是利用“段落”组中的按钮（如图 9.7 所示）；另一种是“段落”对话框（如图 9.8 所示），利用这个对话框进行设置。

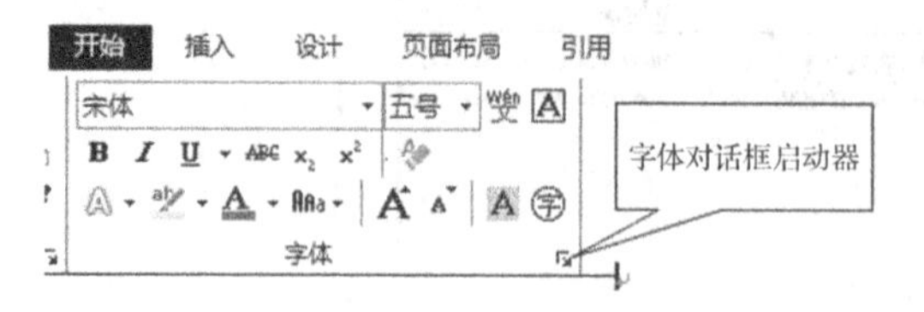

图 9.6 字体对话框启动器

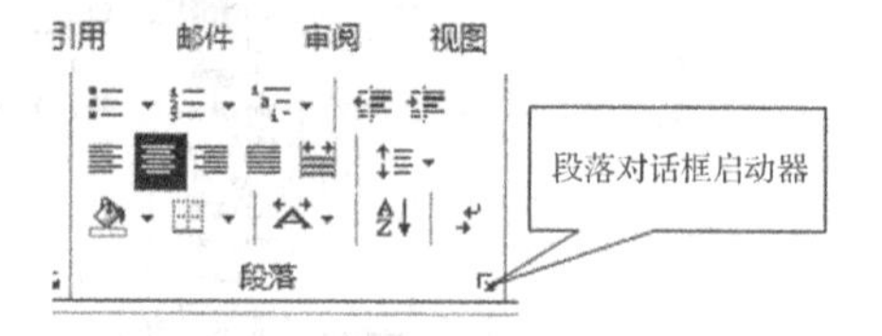

图 9.7 段落组中的各种按钮

段落对齐指文档边缘的对齐方式，包括左对齐、居中对齐、右对齐、两端对齐、分散对齐。

段落缩进是指段落中的文本与页边距之间的距离。Word 中共有 4 种格式：左缩进、右缩进、悬挂缩进和首行缩进。设置段落缩进的方法有两种：一种是采用标尺上的 4 个按钮进行缩进，另外一种是在段落对话框中进行设置。

段落间距的设置包括文档行间距与段间距的设置。所谓行间距是指段落中行与行之间的距离；所谓段间距，就是指前后相邻的段落之间的距离。段落间距是在段落对话框中进行设置。

3. 设置页眉和页脚

页眉和页脚通常用于显示文档的附加信息，例如页码、日期、作者名称、单位名称、徽标或章节名称等。其中，页眉位于页面顶部，而页脚位于页面底部。Word 可以给文档的每一页建立相同的页眉和页脚，也可以交替更换页眉和页脚，即在奇数页和偶数页上建立不同的页眉和页脚。

（1）设置页眉和页脚位置。在文档窗口中选择“页面布局”选项卡，在“页面设置”组中，单击“页面设置”对话框启动器，就可以打开“页面设置”对话框，选择“版式”标签。如图 9.9 所示，在其中设置页眉和页脚位置。

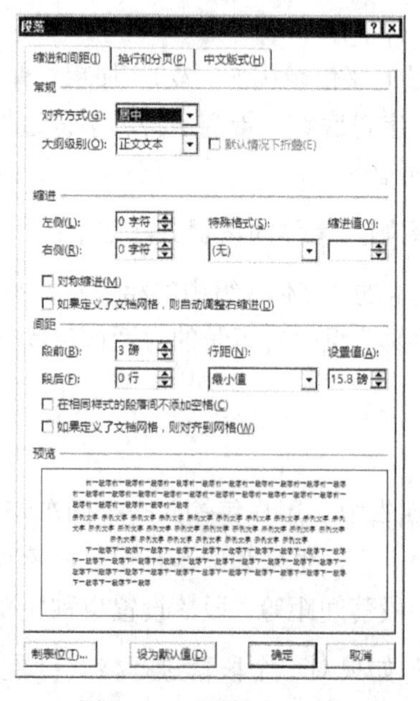

图 9.8 “段落”对话框

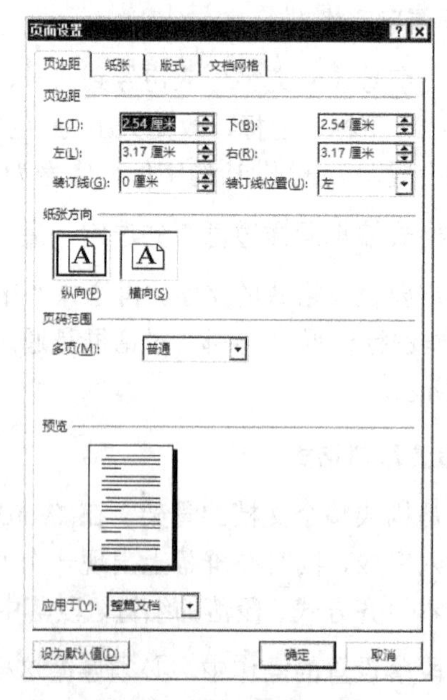

图 9.9 “页眉设置”对话框

（2）设置页眉、页脚内容。在文档窗口中选择“插入”选项卡，在“页眉和页脚”组中，单击“页眉”或“页脚”按钮进行设置。

4．设置文本框

文本框是将文字、表格、图形精确定位的有力工具。文本框如同容器，任何文档的内容，无论是一段文字、一张表格、一幅图形还是其综合体，只要被置于方框内，就可以随时被移动到页面的任何地方，也可以让正文环绕而过，还可以进行放大或缩小等操作。

注意：对文本框进行操作时，在页面视图显示模式下才能显示其效果。

（1）插入文本框。单击“插入”选项卡，在“文本”组中单击“文本框”按钮，再选择所要的文本框的类型。

（2）编辑文本框。文本框具有图形的属性，对其操作类似于图形的格式设置，选择插入的文本框，会弹出“绘图工具/格式”选项卡，在其中可以进行颜色、线条、大小、位置、环绕等的设置。

5．图文混排

（1）插入剪贴画。Office 提供的“Microsoft 剪辑库”包含了大量的剪贴画、图片等，利用这个强大的剪辑库，可以设计出多彩的文章。在 Word 文档中插入剪贴画的步骤：

① 定位插入点；

② 选择“插入”选项卡/“插图”组/“剪贴画”按钮，在“任务窗格”中显示的是剪贴画对话框；

在剪贴画对话框中，在“搜索范围”下拉列表中，选择 Office 收藏集；在“结果类型”下拉列表中，选择剪贴画；单击“搜索”按钮。这时剪贴画对话框中有许多的剪贴图片出现。

③ 用鼠标指向选中的图片，该图片右边出现一个按钮，单击该按钮，弹出一个菜单，选择“插入”，这时图片（嵌入式图片）显示在插入点处。

（2）插入图形。在 Word 中，可以直接插入的图形文件有：.bmp、.wmf、.jpg 等。

插入图形文件的步骤如下：

① 定位插入点。

② 选择“插入”选项卡/“插图”组/“图片”按钮，弹出“插入图片”对话框。

③ 在“插入图片”对话框中选择图形文件所在的文件夹和文件名。

④ 单击“插入”按钮，则所选图形显示在插入点处，如图 9.10 所示。

（3）编辑图形。对插入的图形可进行缩放、移动、剪裁、文字环绕等操作。设置图片的属性方法如下：单击需要修改属性的图片，系统弹出“图片工具/格式”选项卡，如图 9.11 所示。

① 缩放图形。使用鼠标可以快速缩放图形。在图形的任意位置单击，图形四周出现 8 个句柄；鼠标指针指向某个句柄时，指针变为双向箭头，按住鼠标拖动，图形四周出现虚线框，如果拖动的是四个角上的句柄之一，则图形呈比例放大或缩小；如果拖动的是横方向或纵方

向两个句柄中的一个，则图形变宽或变窄，变长或变短。

图 9.10　插入图片

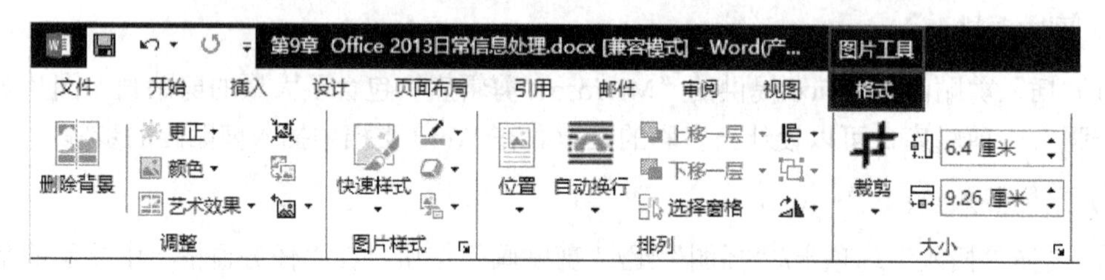

图 9.11　“图片工具/格式”选项卡

② 裁剪图形。利用裁剪功能，可以把图片的主要部分突显出来，次要的东西舍弃掉。选中图片后，单击“图片工具/格式”选项卡“大小”组中的“裁剪”按钮，鼠标指针也变成形状，将光标移到任一句柄上，按下鼠标左键拖动句柄，向内裁剪，向外复原部分图片。裁剪结果如图 9.12 所示。

图 9.12　图片裁剪结果

③ 改变图片的颜色、亮度、对比度和背景。利用“图片工具/格式”选项卡的“调整”工具组，可以很方便地调整图片的颜色、更改亮度、对比度和艺术效果特性。

（4）自选图形处理。在 Word 文档中，除了可以插入图形图片以外，用户还可以利用功能强大的“绘图工具/格式”选项卡，自绘图形，插入到文档之中。

① 绘制自选图形。Word 提供了一套现成的基本图形，共有七类：线条、连接符、基本形状、箭头总汇、流程图、星与旗帜、标注。在页面视图下可以方便地绘制、组合、编辑这些图形，也可以方便地将其插入文档之中。

操作步骤如下：

- 选择“插入”选项卡/“插图”组/“形状”按钮，出现“形状”对话框，如图 9.13 所示。
- 选择图形。
- 鼠标指针呈“十”字状，在需要插入图形处，拖动鼠标，即可画出所选图形。
- 可以利用图形周围的 8 个句柄，放大、缩小，可以利用深色的小方框修改图形的形状。这个深色小方框称为图形控制点。
- 将鼠标指针移动到控制点上，指针的形状变成斜向左上角的三角形，按住鼠标左键，拖动鼠标，出现虚线，表示改变后自选图形的形状，释放鼠标，就得到修改后的自选图形。
- 根据需要修改图形属性，得到满足需求的图形个体。

最近使用的形状
线条
矩形
基本形状
箭头总汇
公式形状
流程图
星与旗帜
标注
新建绘图画布(N)

图 9.13　“形状”对话框

图 9.14 展示了对基本图形的处理。

② 自选图形的组合。要将多个图形组合为一个图形首先选择多个图形，然后再组合。

选择多个图形的方法：单击“开始”选项卡→“编辑”组→“选择”按钮，在下拉菜单中选择“选择对象”，移动鼠标指针，从左上角拉向右下角，画一个矩形虚线框，将所有图形包含在内，则选择了所有图形。被选择的每个图形周围都显示 8 个句柄。

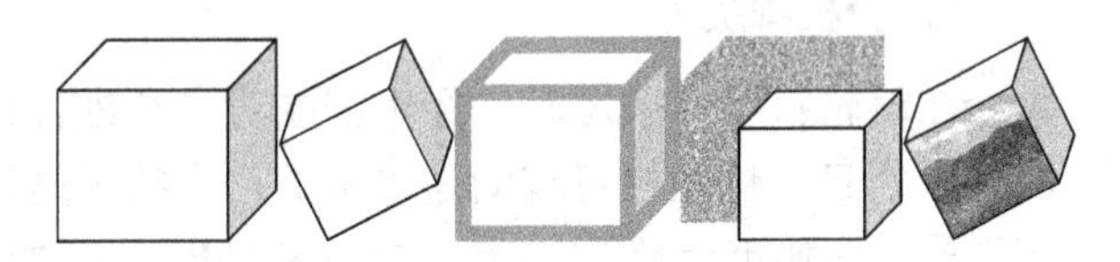

图 9.14　自选图形处理结果

如果选择了所有图形之后，选择“图片工具/格式”选项卡的“排列”工具组中的单击“组合”按钮，则多个图形就组合成一个图形。可以整体移动、放大、缩小、旋转等。

（5）图文混排。图文混排是 Word 提供的一种重要的排版功能。图文混排就是设置文字在图形周围的一种分布方式。

若要设置图文混排，按如下步骤操作：

选定图片，选择“图片工具/格式”选项卡“排列”组中的“自动换行”按钮，在下拉列表中选择相应的文字环绕，如图 9.15 所示，比如选择“四周型环绕”，则结果如图 9.16 所示。

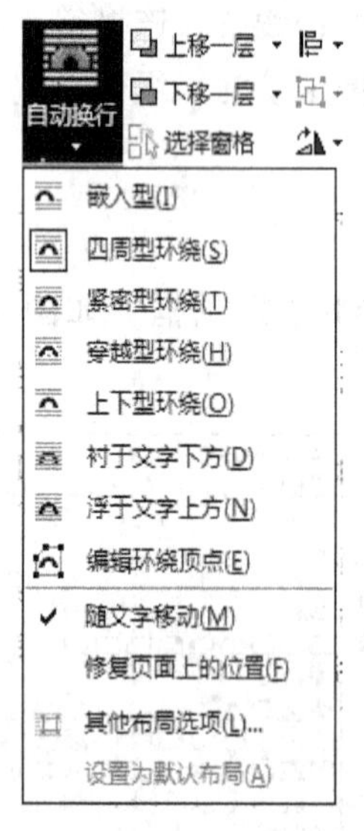

图 9.15　文字环绕对话框

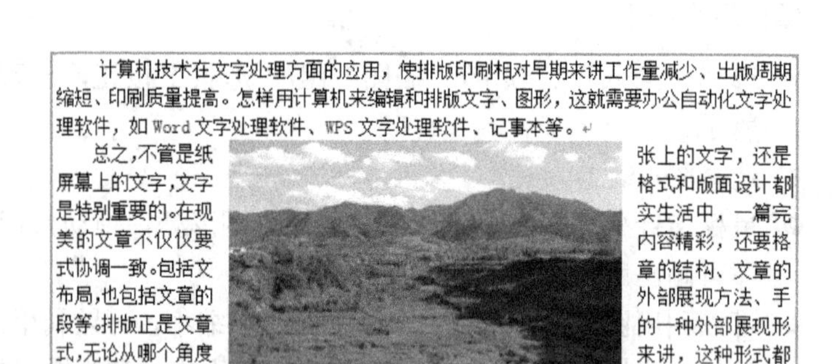

计算机技术在文字处理方面的应用，使排版印刷相对早期来讲工作量减少、出版周期缩短、印刷质量提高。怎样用计算机来编辑和排版文字、图形，这就需要办公自动化文字处理软件，如 Word 文字处理软件、WPS 文字处理软件、记事本等。

总之，不管是纸张上的文字，还是屏幕上的文字，文字格式和版面设计都是特别重要的。在现实生活中，一篇完美的文章不仅仅要内容精彩，还要格式协调一致。包括文章的结构、文章的布局，也包括文章的外部展现方法、手段等。排版正是文章的一种外部展现形式，无论从哪个角度来讲，这种形式都应被重视。

字处理软件是使计算机实现文字编辑工作的应用软件。这类软件提供一套进行文字编辑处理的方法（命令），用户通过学习，就可以在计算机上进行文字编辑。

图 9.16　四周型环绕

6. 首字下沉

首字下沉是报刊杂志中较为常用的一种文本修饰方式，使用该方式可以很好地改善文档的外观。报刊杂志的文章中，第一个段落的第一个字常常使用“首字下沉”的方式，以引起读者的注意，并从该字开始阅读。设置步骤如下：

图 9.17　“首字下沉”工具按钮

① 先将光标定位在需要设定首字下沉的段落中。

② 在文档窗口中选择“插入”选项卡，在“文本”组中选择“首字下沉”按钮，弹出下拉列表，在其中选择，如图 9.17 所示。

如果要取消首字下沉，单击“首字下沉”下拉列表中的“无”按钮即可。

7. 分栏排版

在编辑报纸、杂志时，经常需要对文章进行分栏排版，将页面分成多个栏目。这些栏目有的是等宽的，有的不是等宽的，从而使得整个页面布局显示更加错落有致，增加可读性。Word 具有分栏功能，用户可以把每一栏都作为一节对待，这样就可以对每一栏单独进行格式化和版面设计。

分栏设置步骤如下：

① 选定需要分栏的段落。在文档窗口中选择“页面布局”选项卡，在“页面设置”组中单击“分栏”按钮。弹出下拉列表，如图 9.18 所示。在下拉列表中选择需要分栏的命令，如果需要分更多栏，则选择“更多分栏”命令，弹出“分栏”对话框，如图 9.19 所示。在“栏数”文本框内输入要分的栏数，Word 最多可支持分为 11 栏。

② 在“分栏”对话框中选定栏数后，下面的“宽度和间距”栏内会自动列出每一栏的宽度和间距，可以重新输入数据修改栏宽，若选中“栏宽相等”复选框，则所有的栏宽均相同。

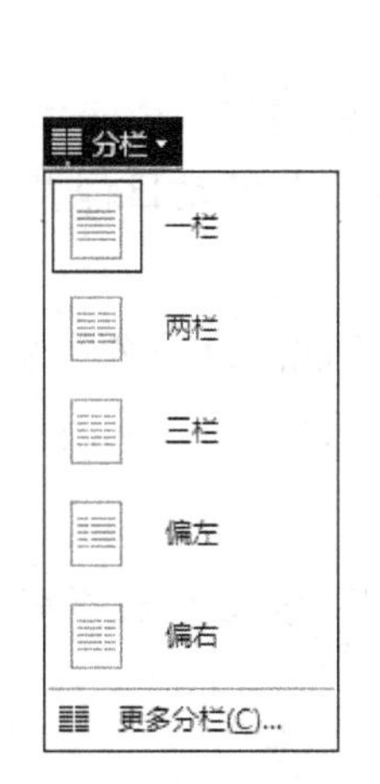

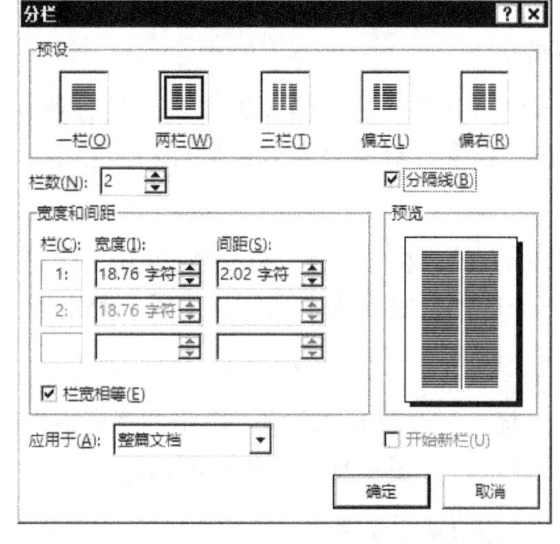

图 9.18　分栏下拉菜单　　　　图 9.19　“分栏”对话框实现更多分栏

③ 选中“分隔线”复选按钮，可以在栏与栏之间加上分隔线。

④ 在“应用于”文本框内，可以选择“整篇文档”、“插入点之后”、“所选文字”之一，然后单击“确定”按钮。

如果要取消分栏，需在“分栏”对话框中的“预设”栏内，单击“一栏”按钮，然后单击“确定”按钮。

8. 公式编辑

需要编辑公式时，单击“插入”选项卡，在“符号”组中包括了公式、符号、编号，可以使用两种不同的方法插入公式。

（1）直接插入。单击“公式”的下拉箭头，可以看到这里出现了一些公式，包括二次公式、二项式定理、和的展开式、傅里叶级数、勾股定理、三角恒等式、泰勒展开式、圆的面积等内置的公式，选择后直接插入即可。

（2）手工编辑。如果觉得内置的公式样式无法满足我们的需要，可以选择“插入新公式”项，或者直接单击“公式”按钮，此时会在当前文档中出现“在此处键入公式”的提示信息，同时当前窗口中会增加一个“公式工具/设计”选项卡，将光标定位于提示框中，就可以看到如图 9.20 所示的“公式工具/设计”选项卡。

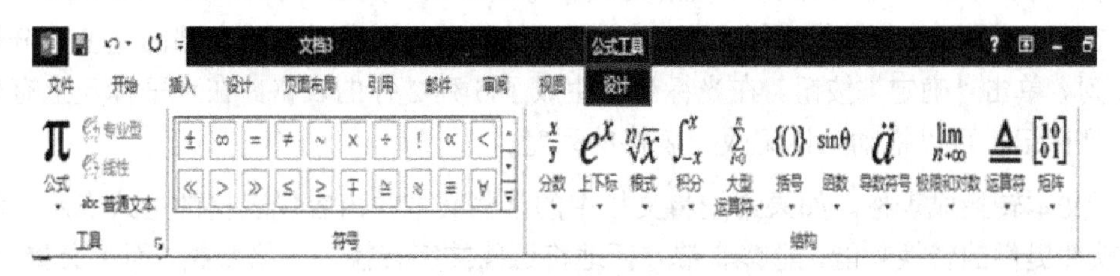

图 9.20　“公式工具/设计”选项卡

这里已经包含了十分丰富的各类公式，例如分数、上下标、根式、积分、大型运算符号、括号、函数、导数符号、极限和对数、运算符、矩阵等，每类公式都有一个下拉菜单，几乎所有的公式样式都可以在这里找到，需要什么，直接选择就可以了。

9．表格建立

表格是一种简单明了的文档表达方式，具有整齐直观、简洁明了、内涵丰富、快捷方便等特点。在工作中，经常会遇到像制作财务报表、工作进度表与活动日程表等表格的使用问题。

在文档中插入的表格由“行”和“列”组成，行和列的交差组成的每一格称为“单元格”。生成表格时，一般先指定行数、列数，生成一个空表，再输入内容。

（1）生成表格。

① 单击“插入”选项卡“表格”组中的“表格”按钮，在下拉列表中选择第一个“插入表格”选项来完成，如图9.21（左图）所示。

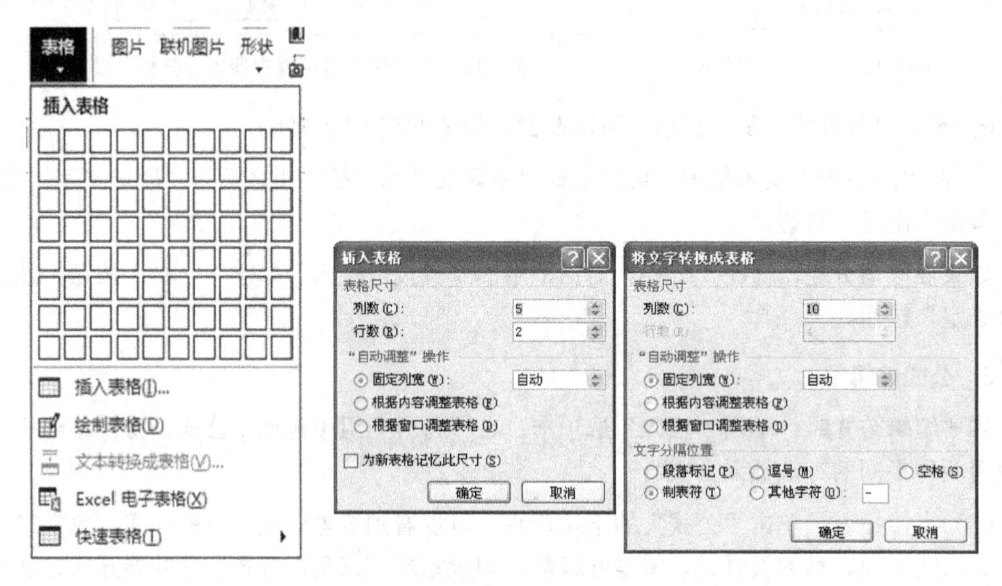

图9.21 插入表格三种方法

② 使用第二个“插入表格”生成表格步骤如下：

- 光标移动到要插入表格的位置。
- 单击第二个“插入表格”按钮，弹出“插入表格”对话框，如图9.21（中图）所示。
- 在“表格尺寸”栏中输入表格的列数和行数，如5列2行。
- 在“‘自动调整’操作”栏中，选择“自动”，系统会自动地将文档的宽度等分给各个列。单击“确定”按钮。在光标处就生成了5列2行的表格。在水平标尺上有表格的列标记，可以拖动列标记改变表格的列宽。

（2）文本转换成表格。如果希望将文档中的某些文本的内容以表格的形式表示，利用文字处理软件提供的转换功能，能够非常方便地将这些文字转换为表格数据，而不必重新输入。由于将文本转换为表格的原理是利用文本之间的分隔符（如空格、段落标记、逗号或制表位等）来划分表格的行与列，所以，进行转换之前，需要在选定的文本位置加入某种分隔符。例如，对于如下文本（分隔符为空格）：

学号 姓名 语文 数学 英语
2012345 刘德华 55 32 33
2012335 王思远 99 23 0
2012341 李凤兰 33 72 33
2012336 王伟鹏 97 32 22
2012344 李金来 33 56 66
2012337 李增高 91 61 11

选中以上文本，单击“表格”下拉列表中的“文本转换成表格”命令，弹出“将文字转换成表格”对话框，如图 9.21（右图）所示。在其中设置，则生成如表 9.1 所示的表格。

表 9.1 将文本转换为表格

学号	姓名	语文	数学	英语
2012345	刘德华	55	32	33
2012335	王思远	99	23	0
2012341	李凤兰	33	72	33
2012336	王伟鹏	97	32	22
2012344	李金来	33	56	66
2012337	李增高	91	61	11

（3）表格的编辑。表格编辑包括增加或删除表格中的行和列、改变行高和列宽、合并和拆分单元格等操作。

① 选定表格。像其他操作一样，对表格操作也必须“先选定，后操作”。在表格中有一个看不见的选择区。单击该选择区，可以选定单元格、选定行、选定列、选定整个表格。

- 选定单元格。当鼠标指针移近单元格内的回车符附近，指针指向右上且呈黑色时，表明进入了单元格选择区，单击左键，反向显示，该单元格被选定。
- 选定一行。当鼠标指针移近该行左侧边线时，指针指向右上呈白色，表明进入了行选择区，单击左键，该行呈反向显示，整行被选定。
- 选定列。当鼠标指针由上而下移近表格上边线时，指针垂直指向下方，呈黑色，表明进入列选择区，单击左键，该列呈反向显示，整列被选定。
- 选定整个表格。当鼠标指针移至表格内的任一单元格时，在表格的左上角出现“田”字形图案，单击图案，整个表格呈反向显示，表格被选定。

② 插入行、列、单元格。将插入点移至要增加行、列的相邻的行、列，单击右键，在快捷菜单中选择“插入”命令，单击子菜单中的命令，可分别在行的上边或下边增加一行，在列的左边或右边增加一列。

插入单元格时将插入点移至单元格，单击右键，在快捷菜单中选择“插入/插入单元格”命令，在弹出的“插入单元格”的对话框中选中相应的单选按钮后，再单击“确定”按钮。

如果是在表格的最末增加一行，只要把插入点移到右下角的最后一个单元格，再按 Tab 键即可。

③ 删除行、列或表格。选定要删除的行、列或表格，单击右键，在快捷菜单中选择“删除行（或）列”命令，即可实现相应的删除操作。

（4）调整表格的行高和列宽。用鼠标拖动法调整表格的行高和列宽，步骤如下：

① 将鼠标指针指向该行左侧垂直标尺上的行标记或指向该列上方水平标尺上的列标记，显示“调整表格行”或“移动表格列”。

② 按住鼠标左键，此时，出现一条横向或纵向的虚线，上下拖动可改变相应行的行高，左右拖动可改变相应列的列宽。

注意：如果在拖动行标记或列标记的同时按住Shift键不放，则只改变相邻的行高和列宽。表格的总高度和总宽度不变。

（5）单元格的合并与拆分。在调整表格结构时，需要将一个单元格拆分为多个单元格，同时表格的行数和列数也增加了，称这样的操作为拆分单元格。相反地，有时又需要将表格中的数据做某种归并，即将多个单元格合并成一个单元格，这样的操作称为合并单元格。

① 合并单元格。合并单元格就是将相邻的多个单元格合并成一个单元格，操作步骤如下：

- 选定所有要合并的单元格；
- 单击右键，在快捷菜单中选择“合并单元格”命令，该命令使选定的单元格合并成一个单元格。

② 拆分单元格。拆分单元格就是将一个单元格分成多个单元格，操作步骤如下：

- 选定要拆分的单元格；
- 单击右键，在快捷菜单中选择“拆分单元格”命令，弹出“拆分单元格”对话框，输入要拆分的列数及行数，单击“确定”按钮。

10．表格中的简单计算

Word中的表格不仅可以手动输入数据，同时也可以进行自动计算。

为了便于计算，Word为每个单元格设立了名称，单元格名称由列号和行号构成。列号按A、B、C、…依次排列，行号按1、2、3、…依次排列。所以，在表9.2中，表格左上角单元格的名称为A1，右下角单元格的名称为E5。

表9.2　成绩表

姓名	语文	英语	数学	总分
张敏玉	78	90	87	255
马云云	86	80	67	
周州	57	87	80	
王群	88	80	78	

Word中，表格计算过程如下：

① 将光标移动到放置结果的单元格，例如放入 E5 单元格。

② 在“表格工具/布局”选项卡中，单击“数据”组中的“公式”选项。

③ 系统弹出“公式”对话框，如图 9.22 所示。在公式栏中输入“=”，在粘贴函数栏中选择函数“sum”函数。

④ 在函数中输入运算参数，在编号格式栏中选择数据格式。结果如图 9.23 所示，B2:D2 表示从单元格 B2 到单元格 D2，编号格式 0 表示结果取整。

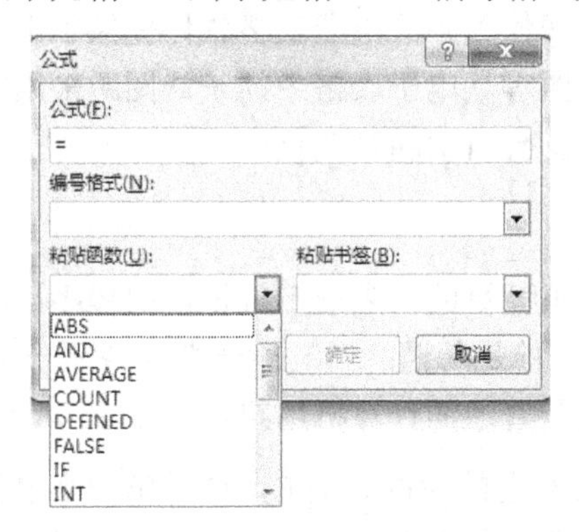

图 9.22　“公式”对话框

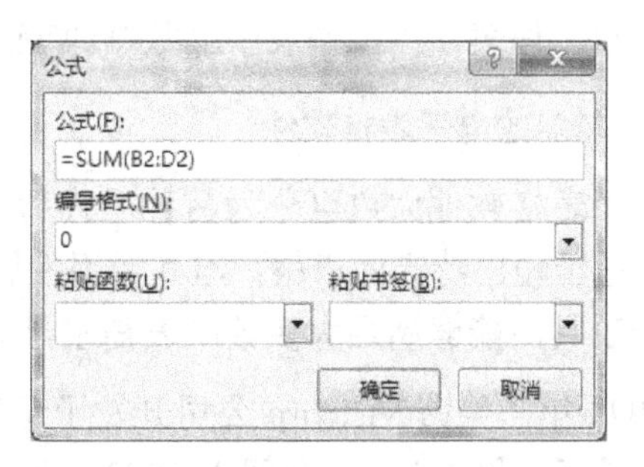

图 9.23　输入公式

⑤ 输入完毕，单击“确定”按钮，结果如图 9.24 所示。

⑥ 重复①～⑤，可以计算其他单元格。

姓名	语文	英语	数学	总分
张敏玉	78	90	87	255
马云云	86	80	67	
周州	57	87	80	
王群	88	80	78	

图 9.24　运算结果

9.2　电子表格处理

在日常工作中，无论是企事业单位还是教学、科研机构，经常会编制各种会计或统计报表，对数据进行一些加工分析。这类工作往往烦琐、费时。表处理软件是为了减轻这些人员的负担，提高工作效率和质量而编制的辅助进行这类工作的软件。使用表处理软件时，人们只需准备好数据，根据制表要求，正确地选择表处理软件提供的命令，就可以快速、准确地完成制表工作。

9.2.1　表格处理软件

1. 电子表格软件的基本功能

一般电子表格软件都具有三大基本功能：制表、计算、统计图。

（1）制表。制表就是画表格，是电子表格软件最基本的功能。电子表格具有极为丰富的格式，能够以各种不同的方式显示表格及其数据，操作简便易行。

（2）计算。表格中的数据常常需要进行各种计算，如统计、汇总等，因而计算是电子表格软件必不可少的一项功能，电子表格的计算功能十分强大，内容也丰富，可以采用公式或函数计算，也可直接引用单元格的值。为了方便计算，电子表格提供了各类丰富的函数。尤其是各种统计函数，为用户进行数据汇总提供了很大的便利。

（3）统计图。图形的方式能直观地表示数据之间的关系。电子表格软件提供了丰富的统计图功能，能以多种图表表示数据，如直方图、饼图等。电子表格中的统计图所采用的数据直接取自工作表，当工作表中的数据改变时，统计图会自动随之变化。

2. 常见的电子表格软件

电子表格软件大致可分为两种形式：一种是为某种目的或领域专门设计的程序，如财务程序，适于输出特定的表格，但其通用性较弱；另一种是所谓的“电子表格”，它是一种通用的制表工具，能够满足大多数制表需求，它面对的是普通的计算机用户。

1979 年，美国 Visicorp 公司开发了运行于苹果Ⅱ上的 VISICALE，这是第一个电子表格软件。其后，美国 Lotus 公司于 1982 年开发了运行于 DOS 下的 Lotus 1-2-3，该软件集表格、计算和统计图表于一体，成为国际公认的电子表格软件的代表。进入 Windows 时代后，微软公司的 Excel 逐步取而代之，成为目前普及最广的电子表格软件。

2000 年 7 月，北京海迅达科技有限公司推出了“HiTable 制表王”，使国产电子表格软件达到了一个新高度，其具有丰富易用的性能、与 Excel 高度兼容的操作，还增加了许多特有的功能，使电子表格更好用，更符合中国人的思维习惯。

中文 Excel 电子表格软件是 Microsoft 公司 Office 办公系列软件的重要组成之一。Excel 主要是以表格的方式来完成数据的输入、计算、分析、制表、统计，并能生成各种统计图形，Excel 是一个功能强大的电子表格软件。

图 9.25 是 Excel 的工作界面，图 9.26 是使用 Excel 创建的工作表示例。

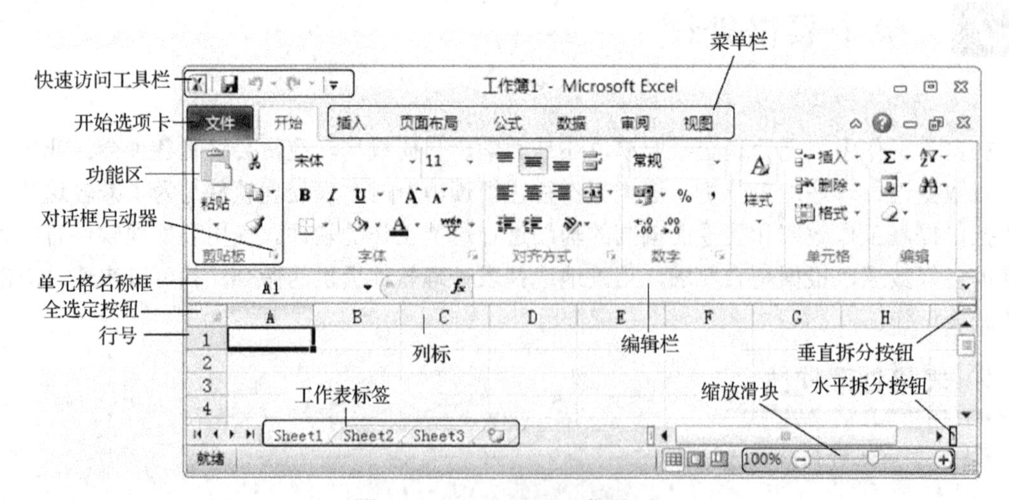

图 9.25　Excel 2013 工作界面

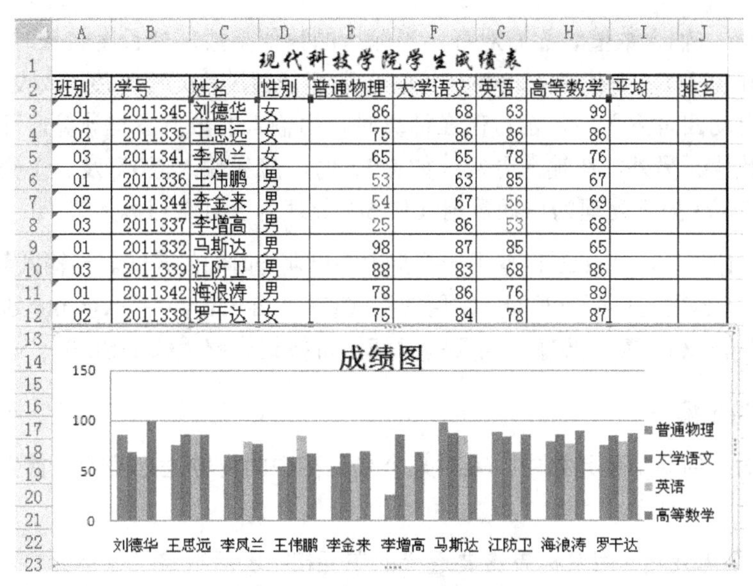

现代科技学院学生成绩表

班别	学号	姓名	性别	普通物理	大学语文	英语	高等数学	平均	排名
01	2011345	刘德华	女	86	68	63	99		
02	2011335	王思远	女	75	86	86	86		
03	2011341	李凤兰	女	65	65	78	76		
01	2011336	王伟鹏	男	53	63	85	67		
02	2011344	李金来	男	54	67	56	69		
03	2011337	李增高	男	25	86	53	68		
01	2011332	马斯达	男	98	87	85	65		
03	2011339	江防卫	男	88	83	68	86		
01	2011342	海浪涛	男	78	86	76	89		
02	2011338	罗千达	女	75	84	78	87		

图 9.26　Excel 工作表示例

9.2.2　Excel 的基本概念

1．工作簿

Excel 工作簿是由一张或若干张表组成的文件，其文件名的扩展名为.xlsx，一张表称为一个工作表。

2．工作表

Excel 工作表是由若干行和若干列组成的。行号用数字来表示，最多有 1048576 行；列标用英文字母表示，开始用一个字母 A、B、C、…、Z 表示，超过 26 列时用两个字母的组合 AA、AB、…、AZ、BA、BB、…、XFD 表示，最多有 16384 列。

3．单元格

行和列交叉的区域称为单元格。单元格的命名由它所在的列标和行号组成。例如，B 列 5 行交叉处的单元格名为 B5，名为 C6 的单元格就是第 6 行和第 C 列交叉处的单元格。一个工作表最多有 1048576×16384 个单元格。

9.2.3　数据的录入与编辑

1．单元格数据的输入

先选择单元格，再直接输入数据。会在单元格和编辑栏中同时显示输入的内容，用回车（Enter）键、Tab 键或单击编辑栏上的“✓”按钮三种方法确认输入。如果要放弃刚才输入的内容，单击编辑栏上的“×”按钮或按键盘上的 Esc 键即可。

① 文本输入。输入文本时靠左对齐。要输入纯数字的文本（如身份证号、学号等），在第一个数字前加上一个单引号即可（如：’00125）。注意：在单元格中输入内容时，默认状态是文本靠左对齐，数值靠右对齐。

② 数值输入。输入数值时靠右对齐，当输入的数值整数部分长度较长时，Excel用科学计数法表示（如1.234E+13代表1.234×10^{13}），小数部分超过单元格宽度（或设置的小数位数）时，超过部分自动四舍五入后显示。但在计算时，用输入的数值参与计算，而不是用显示的四舍五入后的数值。另外，在输入分数（如5/7）时，应先输入“0”及一个空格，然后再输入分数，否则Excel把它处理为日期数据（如5/7处理为5月7日）。

③ 日期和时间输入。Excel 内置了一些常用的日期与时间的格式。当输入数据与这些格式相匹配时，将它们识别为日期或时间。常用的格式有：“dd-mm-yy”“yyyy/mm/dd”“yy/mm/dd”“hh:mm AM”“mm/dd”等。要输入当天的时间，可按组合键“Ctrl+Shift+;”。

2. 单元格选定操作

要把数据输入到某个单元格中，或对某个单元格中的内容进行编辑，首先就要选定该单元格。

① 选定单个单元格。用鼠标单击要选择的单元格，表示选定了该单元格，此时该单元格也被称为活动单元格。

② 选定一个矩形（单元格）区域。将鼠标指针指向矩形区域左上角第一个单元格，按下鼠标左键拖动到矩形区域右下角最后一个单元格；或者用鼠标单击矩形区域左上角的第一个单元格，按住Shift键，再单击矩形区域右下角最后一个单元格。

③ 选定整行（列）单元格。单击工作表相应的行号或列标即可。

④ 选定多个不连续单元格或单元格区域。选定第一个单元格或单元格区域，按住 Ctrl 键不放，再用鼠标选定其他单元格或单元格区域，最后松开Ctrl键。

⑤ 选定多个不连续的行或列。单击工作表相应的第一个选择行号或列标，按住 Ctrl 键不放，再单击其他选择的行号或列标，最后松开Ctrl键。

⑥ 选定工作表全部单元格。单击“全部选定”按钮（工作表左上角所有行号的纵向与所有列标的横向交叉处）。

3. 自动填充数据

利用数据自动输入功能，可以方便快捷地输入等差、等比及预先定义的数据填充序列。如序列一月、二月、…、十二月；1、2、3、…。

（1）自动输入数据的方法。

① 在一个单元格或多个相邻单元格内输入初始值，并选定这些单元格。

② 鼠标指针移到选定单元格区域右下角的填充柄处，此时鼠标指针变为实心“十”字形，按下左键并拖动到最后一个单元格。

如果输入初始数据为文字数字的混合体，在拖动该单元格右下角的填充柄时，文字不变，其中的数字递增。例如，输入初始数据“第1组”，在拖动该单元格右下角的填充柄时，自动填充给后继项“第2组”、“第3组”……

（2）用户自定义填充序列。Excel 允许用户自定义填充序列，以便进行系列数据输入。

例如，在填充序列中没有第一名、第二名、第三名、第四名、第五名序列，可以由用户将其加入到填充序列中。

方法：选择“文件”选项卡，在其中单击“选项”按钮，弹出“Excel 选项”对话框，在对话框中选择“高级”命令项，在“常规”栏中单击“编辑自定义列表”按钮。弹出“自定义序列”对话框，如图 9.27 所示。

然后在“输入序列”文本框中输入自定义序列项（第一名、第二名、第三名、第四名、第五名），每输入一项，要按一次回车键作为分隔。整个序列输入完毕后单击“添加”按钮。

4．数据编辑

（1）数据修改。单击要修改的单元格，在编辑栏中直接进行修改；或者双击要修改的单元格，在单元格中直接进行修改。

（2）数据清除。数据清除的功能是，将单元格或单元格区域中的内容、格式等删除。数据清除的步骤如下：

① 选择要清除的单元格、行或列。

② 在“开始”选项卡的“编辑”组中，单击“清除”按钮旁边的箭头，弹出下拉列表，如图 9.28 所示。然后执行下列操作之一：

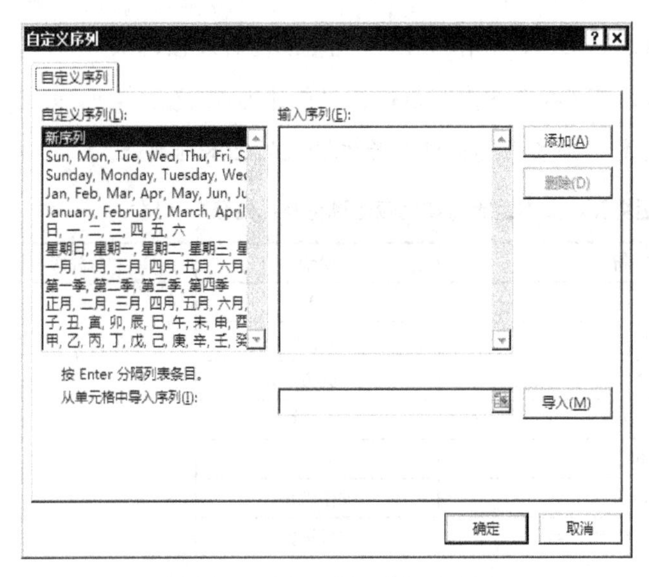

图 9.27　“自定义序列”对话框

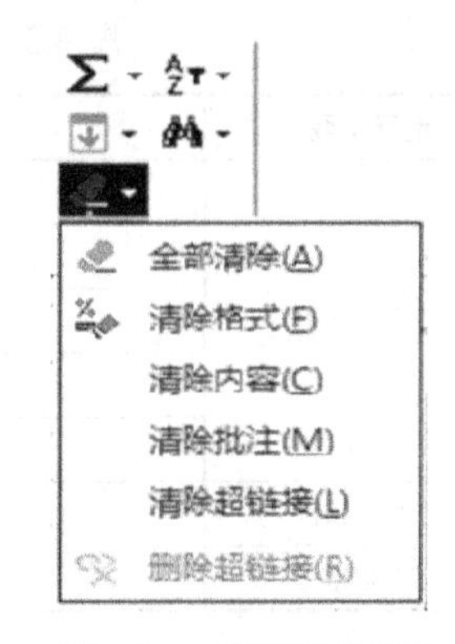

图 9.28　清除下拉列表

- 要清除所选单元格中包含的全部格式、内容和批注等，单击“全部清除”。
- 要只清除应用于所选单元格的格式，单击“清除格式”。
- 要只清除所选单元格中的内容，而保留所有格式和批注，单击“清除内容”。
- 要清除附加到所选单元格的所有批注，单击“清除批注”。

（3）数据复制或移动。数据复制（或移动）是指将选定区域的数据复制（移动）到另一个位置。

① 鼠标拖动法：选定要复制（或移动）的区域，将鼠标移动到选定区域的边框上，鼠标指针变成“花”形箭头，此时按住键盘上的 Ctrl 键（移动时不按），拖动到复制（移动）的目标位置。

② 使用剪贴板法：选定要复制（或移动）的区域，单击“开始”选项卡“剪贴板”组中的“复制（剪切）”按钮。然后选择复制（移动）到目标位置的左上角单元格，单击“剪贴板”组中的“粘贴”按钮，即可完成。

注意：数据复制或移动操作也可以采用快捷键来实现。

9.2.4 数据计算

Excel 的数据计算是通过公式实现的，可以对工作表中的数据进行加、减、乘、除等运算。

Excel 的公式以等号开头，后面是用运算符连接对象组成的表达式。表达式中可以使用圆括号“()”改变运算优先级。公式中的对象可以是常量、变量、函数及单元格引用，如=C3+C4、=D6/B6、=sum(B3:C8)等。当引用单元格的数据发生变化时，公式的计算结果也会自动更改。

1. 公式和运算符

（1）运算符。Microsoft Excel 包含四种类型的运算符：算术运算符、比较运算符、文本运算符和引用运算符，如表 9.3 和表 9.4 所示。

例如：=B2&B3;　　　　表示将 B2 单元格和 B3 单元格的内容连接起来

=" 总计为： " &G6;　　　　表示将 G6 中的内容连接在“总计为：”之后

注意：要在公式中直接输入文本，必须用英文双引号把输入的文本括起来。

表 9.3 算术运算符、文本运算符和比较运算符及优先级

运算类型	运算符	说明	优先级
算术运算符	–	负号	↑
	%	百分号	
	^	乘方	
	*和/	乘、除	
	+和–	加、减	
文本运算符	&	文字连接	
比较运算符	=、>、<、≥、≤、<>	比较运算	

表 9.4 引用运算符

引用运算符	含 义	举例
：	区域运算符（引用区域内全部单元格）	=sum(B2:B8)
，	联合运算符（引用多个区域内的全部单元格）	=sum(B2:B5,D2:D5)
空格	交叉运算符（只引用交叉区域内的单元格）	=sum(B2:D3 C1:C5)

（2）编制公式。选定要输入公式的单元格，输入一个等号“=”，然后输入编制好的公式内容，确认输入，计算结果自动填入该单元格中。

例如，计算刘德华的总评成绩。单击 H3 单元格，输入“=”号，再输入公式内容（如图 9.29 所示的公式计算成绩）；最后单击编辑栏上的“✓”按钮。计算结果自动填入 H3 单元格中。若要计算所有人的总分，可先选定 H3 单元格，再拖该单元格填充柄到 H12 单元格中即可。

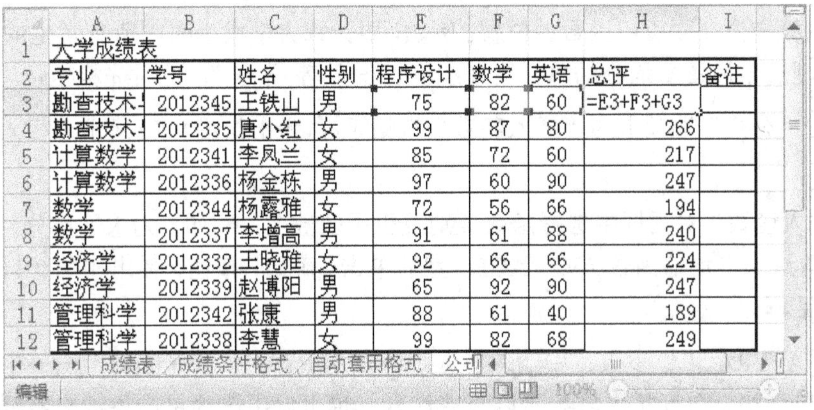

	A	B	C	D	E	F	G	H	I
1	大学成绩表								
2	专业	学号	姓名	性别	程序设计	数学	英语	总评	备注
3	勘查技术	2012345	王铁山	男	75	82	60	=E3+F3+G3	
4	勘查技术	2012335	唐小红	女	99	87	80	266	
5	计算数学	2012341	李凤兰	女	85	72	60	217	
6	计算数学	2012336	杨金栋	男	97	60	90	247	
7	数学	2012344	杨露雅	女	72	56	66	194	
8	数学	2012337	李增高	男	91	61	88	240	
9	经济学	2012332	王晓雅	女	92	66	66	224	
10	经济学	2012339	赵博阳	男	65	92	90	247	
11	管理科学	2012342	张康	男	88	61	40	189	
12	管理科学	2012338	李慧	女	99	82	68	249	

成绩表　成绩条件格式　自动套用格式　公式

图 9.29　公式计算成绩

（3）单元格引用。单元格引用分为相对引用、绝对引用和混合引用三种。

① 相对引用。相对引用是用单元格名称引用单元格数据的一种方式。例如，在计算孟磊的总评成绩公式中，要引用 E3、F3 和 G3 三个单元格中的数据，则直接写三个单元格的名称即可（“=E3+F3+G3”）。

相对引用方法的好处是：当编制的公式被复制到其他单元格中时，Excel 能够根据移动的位置自动调节引用的单元格。例如，要计算学生成绩表中所有学生的总评，只需在第一个学生总分单元格中编制一个公式，然后用鼠标向下拖动该单元格右下角的填充柄，拖到最后一个学生总评单元格处松开鼠标左键，所有学生的总评均被计算完成。

② 绝对引用。在行号和列标前面均加上“$”符号。在公式复制时，绝对引用单元格将不随公式位置的移动而改变单元格的引用。

③ 混合引用。混合引用是指在引用单元格名称时，行号前加“$”符号或列标前加“$”符号的引用方法。即行用绝对引用，而列用相对引用；或行用相对引用，而列用绝对引用。其作用是不加“$”符号的随公式的复制而改变，加了“$”符号的不发生改变。

例如，E$2 表示行不变而列随移动的列位置自动调整。$F2 表示列不变而行随移动的行位置自动调整。

④ 同一工作簿中不同工作表单元格的引用。如果要从 Excel 工作簿的其他工作表中（非当前工作表）引用单元格，其引用方法为：“工作表名!单元格引用”。

例如，设当前工作表为“Sheet1”，要引用“Sheet3”工作表中的 D3 单元格，其方法是：Sheet3!D3。

2. 使用函数

函数是为了方便用户对数据运算而预定义好的公式。Excel 按功能不同将函数分为 11 类，分别是财务、日期与时间、数学与三角函数、统计、查找与引用、数据库、文本、逻辑、信息等。下面介绍一下函数引用的方法。

函数引用的格式为：函数名（参数 1,参数 2, ……）其中参数可以是常量、单元格引用和其他函数。引用函数的操作步骤如下。

① 将光标定位在要引用函数的位置。例如，要计算大学成绩表中所有学生的“程序设计”课平均分，则选定放置平均分的单元格（E13），输入等号“=”，此时光标定位于等号之后。

② 单击“公式”选项卡的“插入函数”按钮 fx，弹出如图 9.30 所示“插入函数”对话框。

③ “插入函数”对话框中选择函数类别及引用函数名。例如，为求平均分，应先选常用函数类别，再选求平均值函数 AVERAGE。然后单击“确定”按钮，弹出如图 9.31 所示的“函数参数”对话框。

④ 在“AVERAGE”参数栏中输入参数。即在 Number1，Number2，……中输入要参加求平均分的单元格、单元格区域。可以直接输入，也可以用鼠标单击参数文本框右面的“折叠框”按钮，使“函数参数”对话框折叠起来，然后到工作表中选择引用单元格，选好之后，单击折叠后的“折叠框”按钮，即可恢复“函数参数”对话框，同时所选的引用单元格已自动出现在参数文本框中。

⑤ 当所有参数输入完后，单击“确定”按钮，此时结果出现在单元格中，而公式出现在编辑栏中。

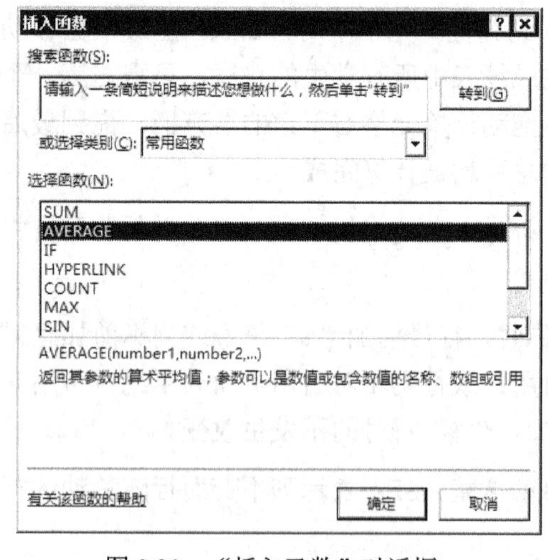

图 9.30 “插入函数”对话框

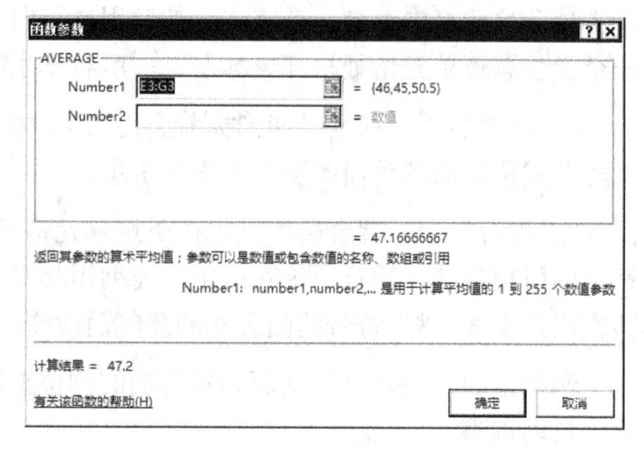

图 9.31 “函数参数”对话框

9.2.5 数据分析

在 Excel 中，数据清单是包含相似数据组并带有标题的一组工作表数据行。可以把“数据清单”看成是最简单的“数据库”，其中行作为数据库中的记录，列作为字段，列标题作为数据库中的字段名的名称。借助数据清单，可以实现数据库中的数据管理功能——筛选、排序等。Excel 除了具有数据计算功能，还可以对表中的数据进行排序、筛选等操作。

1．数据的排序

如果想将如图 9.29 所示的“大学成绩表”按男、女分开，再按总评从大到小排序，如果总评相同时，再按英语成绩从大到小排序，即排序是按性别、总评、英语 3 列为条件进行的，此时可用下述方法进行操作。

先选择单元格 A2 到 I12 区域，选择“开始（选项卡）/编辑（组）/排序和筛选（按钮）/自定义排序（项）”，弹出如图 9.32 所示的“排序”对话框，在该对话框中，选中“数据包含标题”按钮，在主要关键字下拉列表框中选择“性别”字段名，同时选中次序为“降序”；单击“添加条件”按钮，在次要关键字下拉列表框中选择“总评”字段名，同时选中次序为“降序”；在次要关键字（第三关键字）下拉列表框中选择“英语”字段名，同时选中次序为“降序”；最后单击“确定”按钮。排序结果如图 9.33 所示。

图 9.32　“排序”对话框

成绩1.xlsx

	A	B	C	D	E	F	G	H	I
1	大学成绩表								
2	专业	学号	姓名	性别	程序设计	数学	英语	总评	备注
3	勘查技术与工程	2012335	唐小红	女	99	87	80	83.5	良好
4	管理科学	2012338	李慧	女	99	82	68	75.0	中等
5	经济学	2012332	王晓雅	女	92	66	66	66.0	及格
6	计算数学	2012341	李凤兰	女	85	72	60	66.0	及格
7	数学	2012344	杨露雅	女	72	56	66	61.0	及格
8	经济学	2012339	赵博阳	男	65	92	90	91.0	优秀
9	计算数学	2012336	杨金栋	男	97	60	90	75.0	中等
10	数学	2012337	李增高	男	91	61	88	74.5	中等
11	勘查技术与工程	2012345	王铁山	男	75	82	60	71.0	中等
12	管理科学	2012342	张康	男	88	61	40	50.5	不及格

自动套用格式　公式计算　函数计算　排序

图 9.33　大学成绩表排序结果

2．数据的自动筛选

如果想从工作表中选择满足要求的数据，可用筛选数据功能将不用的数据行暂时隐藏起来，只显示满足要求的数据行。例如，对计算机成绩表进行筛选数据。将如图 9.29 所示的大学成绩表单元格 A1 到 I12 区域组成的表格进行如下的筛选操作。

先选择单元格 A2 到 I12 区域，选择“数据（选项卡）/排序和筛选（组）/筛选（按钮）”（或“开始（选项卡）/编辑（组）/排序和筛选（按钮）/筛选（选项）”），则出现如图 9.34 所示的数据筛选窗口，可以看到每一列标题右边都出现一个向下的筛选箭头，单击筛选箭头打开下拉菜单，从中选择筛选条件即可完成，如筛选性别为“女”的同学。在有筛选箭头的情况下，若要取消筛选箭头，也可以通过选择“数据（选项卡）/排序和筛选（组）/筛选（按钮）”命令完成。

成绩1.xlsx

专业	学号	姓名	性别	程序设计	数学	英语	总评	备注
勘查技术与工程	2012335	唐小红	女	99	87	80	83.5	良好
计算数学	2012341	李凤兰	女	85	72	60	66.0	及格
数学	2012344	杨露雅	女	72	56	66	61.0	及格
经济学	2012332	王晓雅	女	92	66	66	66.0	及格
管理科学	2012338	李慧	女	99	82	68	75.0	中等

图 9.34 数据筛选窗口

3. 数据的分类汇总

所谓分类汇总，就是对数据清单按某字段进行分类，将字段值相同的连续记录作为一类，进行求和、平均和计数等汇总运算。在分类汇总前，必须对要分类的字段进行排序，否则分类汇总无意义。操作步骤如下：

① 对数据清单按分类字段进行排序；选择“数据（选项卡）/排序和筛选（组）/排序（按钮）”来完成；

② 选中整个数据清单或将活动单元格置于欲分类汇总的数据清单之内；

③ 选择“数据（选项卡）/分级显示（组）/分类汇总（按钮）”，弹出“分类汇总”对话框；

④ 在“分类汇总”对话框中依次设置“分类字段”、“汇总方式”和“选定汇总项”等，然后单击“确定”按钮。

例如，对如图 9.29 所示的大学成绩表进行按专业分类汇总，求程序设计、英语和数学的平均值，“分类汇总”对话框和汇总结果分别如图 9.35 和图 9.36 所示。

图 9.35 “分类汇总”对话框

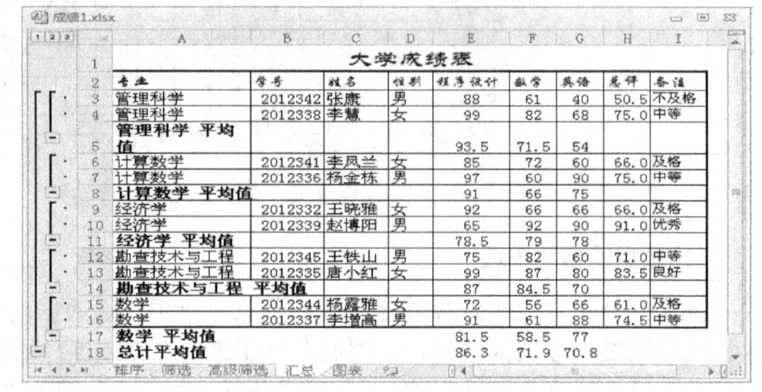

大学成绩表

专业	学号	姓名	性别	程序设计	数学	英语	总评	备注
管理科学	2012342	张康	男	88	61	40	50.5	不及格
管理科学	2012338	李慧	女	99	82	68	75.0	中等
管理科学 平均值				93.5	71.5	54		
计算数学	2012341	李凤兰	女	85	72	60	66.0	及格
计算数学	2012336	杨金栋	男	97	60	90	75.0	中等
计算数学 平均值				91	66	75		
经济学	2012332	王晓雅	女	92	66	66	66.0	及格
经济学	2012339	赵博阳	男	65	92	90	91.0	优秀
经济学 平均值				78.5	79	78		
勘查技术与工程	2012345	王铁山	男	75	82	60	71.0	中等
勘查技术与工程	2012335	唐小红	女	99	87	80	83.5	良好
勘查技术与工程 平均值				87	84.5	70		
数学	2012344	杨露雅	女	72	56	66	61.0	及格
数学	2012337	李增高	男	91	61	88	74.5	中等
数学 平均值				81.5	58.5	77		
总计平均值				86.3	71.9	70.8		

图 9.36 数据分类汇总结果

4. 数据的图表化

利用 Excel 的图表功能，可根据工作表中的数据生成各种各样的图形，以图的形式表示数据。共有 14 类图表可以选择，每一类中又包含若干种图表式样，有二维平面图形，也有三维立体图形。

下面以图 9.37 所示的大学成绩表为例，介绍创建图表的方法。

① 选择创建图表的数据区域，如图 9.37 所示。这里选择了姓名、程序设计、数学和英语四个字段。

成绩1.xlsx

	A	B	C	D	E	F	G	H	I
1	大学成绩表								
2	专业	学号	姓名	性别	程序设计	数学	英语	总评	备注
3	勘查技术与工程	2012345	王铁山	男	75	82	60	71.0	中等
4	勘查技术与工程	2012335	唐小红	女	99	87	80	83.5	良好
5	计算数学	2012341	李凤兰	女	85	72	60	66.0	及格
6	计算数学	2012336	杨金栋	男	97	60	90	75.0	中等
7	数学	2012344	杨露雅	女	72	56	66	61.0	及格
8	数学	2012337	李增高	男	91	61	88	74.5	中等
9	经济学	2012332	王晓雅	女	92	66	66	66.0	及格
10	经济学	2012339	赵博阳	男	65	92	90	91.0	优秀
11	管理科学	2012342	张康	男	88	61	40	50.5	不及格
12	管理科学	2012338	李慧	女	99	82	68	75.0	中等

图 9.37 图表的数据区域

② 选择"插入（选项卡）/图表（组）/柱形图（按钮）"，弹出如图 9.38 所示的"图表类型"下拉列表。

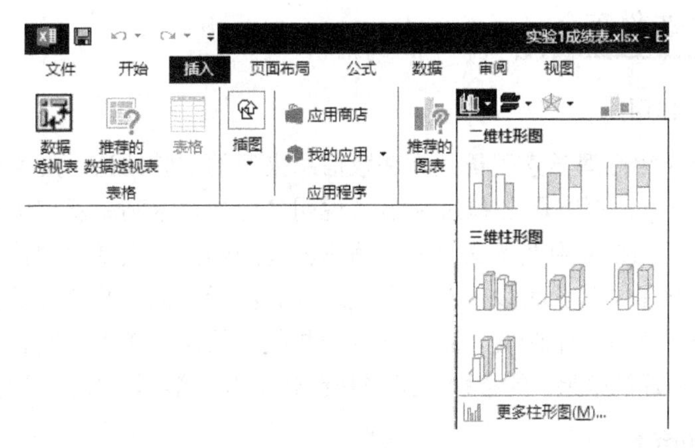

图 9.38 图表类型

③ 拖动改变图标大小和位置。

④ 选择柱形图，单击右键，弹出快捷菜单，选择"设置数据系列格式"，如图 9.39 所示。

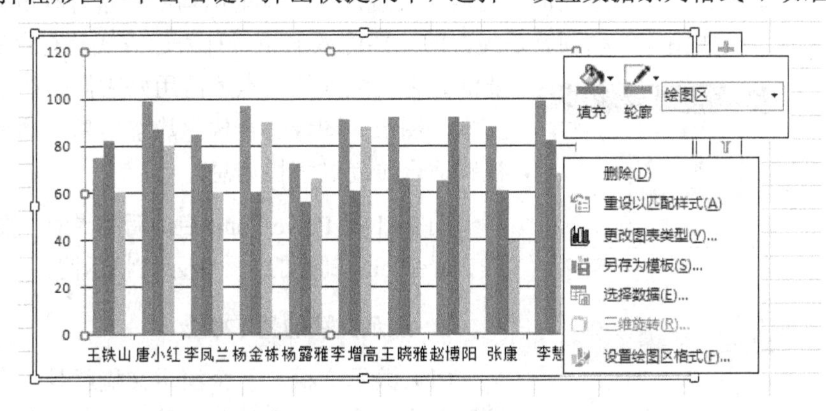

图 9.39 图表快捷菜单

注意：独立图表和其中对象图表之间可以互相转换，方法：右键单击图表，在快捷菜单中选择"移动图表"命令，弹出如图 9.40 所示的对话框，选择要转换的图表位置。

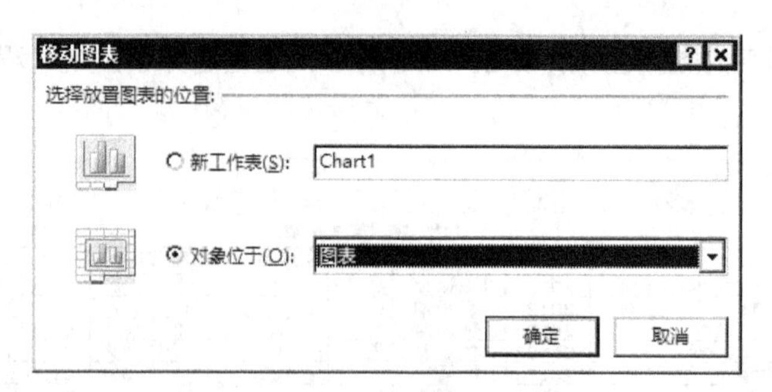

图 9.40 “移动图表”对话框

9.3 演示文稿

9.3.1 演示文稿软件简介

1．演示文稿的作用

根据网络资料介绍心理学家关于人类获取信息来源的实验结论：人类获取的信息 83%来自视觉，11%来自听觉，两方面之和为 94%。说明多媒体技术刺激感官所获取的信息量，比单一地听讲多得多。如果采用演示文稿展示信息就起到刺激听众视觉的功效。那是不是把所有报告内容都做成演示文稿就可以了？并不是这样。演示文稿与发言者是互相补充，互相影响的。演示文稿只是起到一个画龙点睛，展示一些关键信息的作用。发言者必须对演示文稿展开说明，才能收到好的效果。要特别注意的是创建幻灯片演示文稿的目的是支持口头演讲。

2．演示文稿的内容

在演示文稿中一般用文字表达的是报告的标题与要点。一方面可以方便听者笔录，另一方面通过文稿的文字内容来表达报告会的内容进程以及表达报告中的关键信息。在制作演示文稿时，图片、动画、图表都是些很好的内容表现形式，都能给与听众很好视觉刺激。但并不是将所有内容都做成图片、动画就是最好的。要注意的是每种表达方式都有它的局限性，要清楚它们之间的特点才能用好它们。在多媒体中，文本、图形、图像适合传递静态信息，动画、音频、视频适合传递过程性信息。

图 9.41 启动后的 PowerPoint 界面

图 9.41 是 PowerPoint 启动后的界面，图 9.42 是使用 PowerPoint 制作的一个演示文稿示例。

3．演示文稿的基本概念

（1）演示文稿。一个演示文稿就是一个文件，其扩展名为.pptx。一个演示文稿是由若干张“幻灯片”组成的。制作一个演示文稿的过程就是依次制作每一张幻灯片的过程。

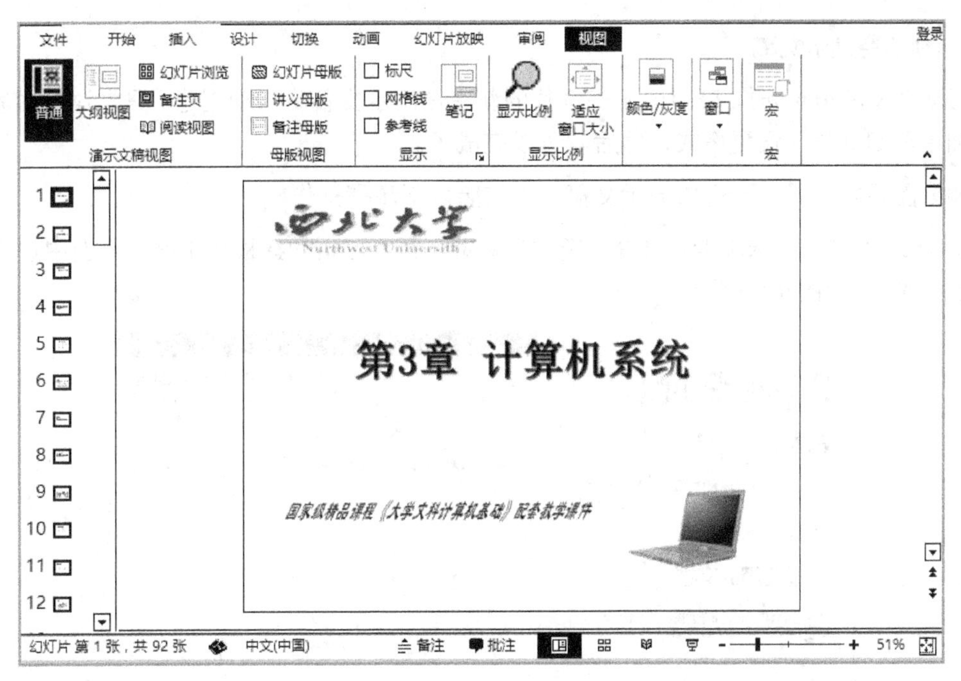

图 9.42　演示文稿实例

（2）幻灯片。视觉形象页，幻灯片是演示文稿的一个个单独的部分。每张幻灯片就是一个单独的屏幕显示。制作一张幻灯片的过程就是制作其中每一个被指定对象的过程。

（3）对象。是制作幻灯片的“原材料”，可以是文字、图形、表格、图表、声音、影像等。

（4）版式。幻灯片的“布局”涉及其组成对象的种类与相互位置的问题。系统提供了自动版式可供选用。

（5）模板。是指一个演示文稿整体上的外观设计方案，它包含预定义的文字格式、颜色，以及幻灯片背景图案等。

4．PowerPoint 的启动

在 Windows 系统中，当计算机上安装了 PowerPoint 软件后，就可以使用它制作演示文稿。启动 PowerPoint 有多种方法，最常见的启动方法步骤如下：

① 单击“开始”按钮，弹出开始菜单。

② 依次选择菜单“程序/Microsoft Office/Microsoft Office PowerPoint”命令，即可启动 PowerPoint。

9.3.2　演示文稿的制作与播放

当 PowerPoint 启动成功后，就可以利用它创建演示文稿，通常有多种方法创建演示文稿，分别是空演示文稿、根据设计模板、根据现有内容新建和 Microsoft Office Online 提供的模板创建。

1. 创建空演示文稿

启动PowerPoint时，带有一张幻灯片的新空白演示文稿将自动创建。只需添加内容、按需添加更多幻灯片、设置格式，然后就可以完成了。

如果需要新建另一个空白演示文稿，可按照以下步骤操作。

① 单击“文件”选项卡，选择“新建”标签，在“可用的模板和主题”界面中选择“空白演示文稿”，如图9.43所示。

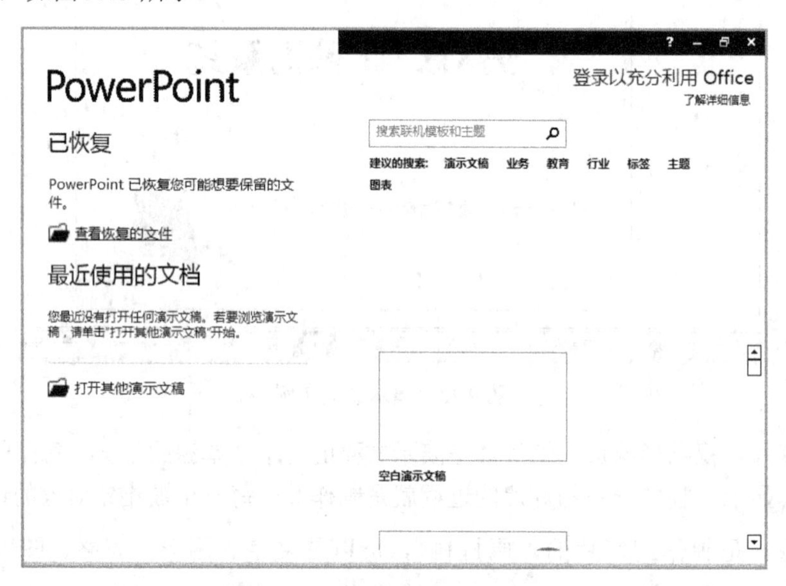

图9.43 “新建演示文稿”界面

② 此时“空白演示文稿”已选中，单击“创建”按钮即可。

注意：用Ctrl+N快捷键也可快速新建演示文稿。

2. 创建幻灯片

这一节将从“空演示文稿”开始，设计一个简单的“贾平凹文学艺术馆”演示文稿。

每一个演示文稿的第一张幻灯片通常都是标题幻灯片，创建标题幻灯片的步骤如下：

① 单击“文件”选项卡，选择“新建”标签，在“可用的模板和主题”对话框中选择“空白演示文稿”。

② 单击“创建”按钮。

③ 单击“单击此处添加标题”框，输入主标题的内容：“贾平凹文学艺术馆”。

④ 单击“单击此处添加副标题”框，输入子标题内容：

“JIAPINGWA GALLERY OF LITERATURE AND ART

资料来源：http://www.jpwgla.com/ ”

⑤ 单击“插入（选项卡）/图像（组）/图片（按钮）”，弹出“插入图片”对话框，选择相应的图片，此时就完成标题幻灯片的制作。如图9.44所示。

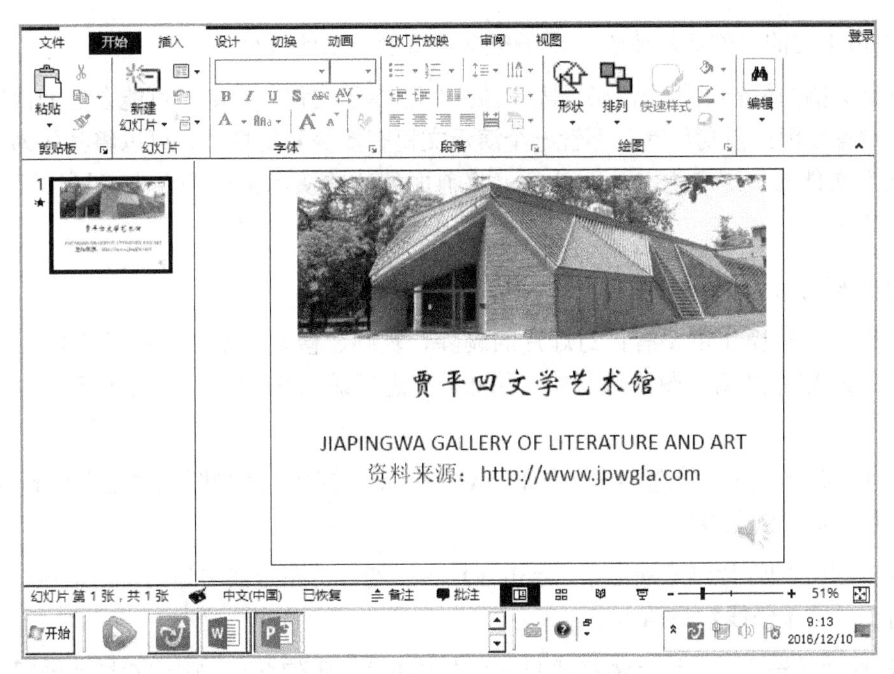

图 9.44　制作完成的标题幻灯片

⑥ 单击“开始（选项卡）/幻灯片（组）/新建幻灯片（下拉按钮）”，选择“标题和内容”版式。在“单击此处添加标题”中输入“贾平凹文学艺术馆概况”；在“单击此处添加文本”中输入“贾平凹文学艺术馆于 2006 年 9 月建成开放。贾平凹文学艺术馆是以全面收集、整理、展示、研究贾平凹的文学、书法、收藏等艺术成就及其成长经历为主旨的非营利性文化场馆”。

⑦ 单击“插入（选项卡）/图像（组）/图片（按钮）”，弹出“插入图片”对话框，选择相应的图片，此时就完成标题幻灯片的制作。如图 9.45 所示。

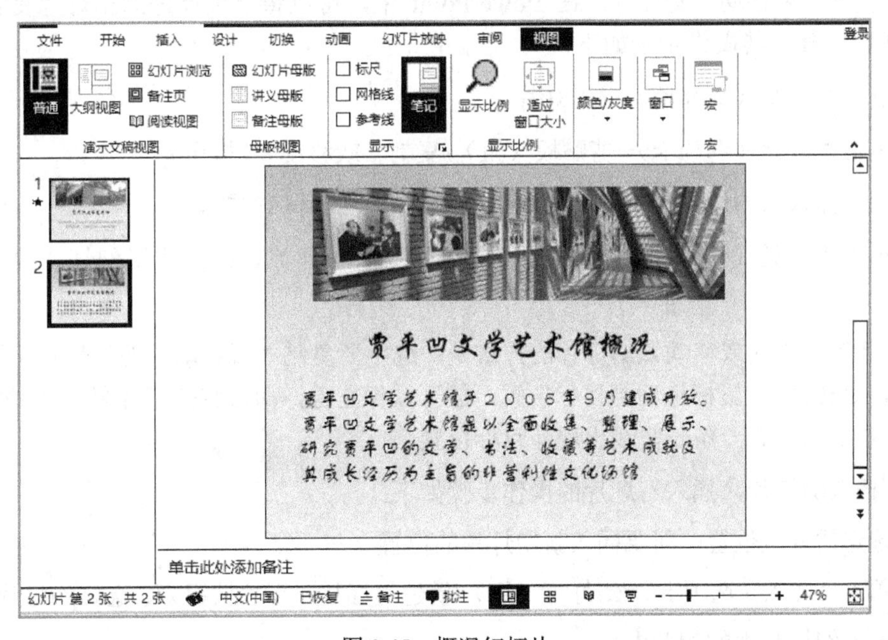

图 9.45　概况幻灯片

⑧ 单击下边的“幻灯片放映”按钮即可查看放映的效果。

在演示文稿的编辑过程中，必须随时注意保存演示文稿，否则，可能会因为误操作或软硬件的故障等原因而前功尽弃。不管一个演示文稿有多少张幻灯片，可以将其作为一个文件保存起来，文件的扩展名为.pptx。注意：将前面创建的演示文稿保存为“贾平凹文学艺术馆.pptx”文件。

3. 编辑幻灯片

幻灯片的编辑操作主要有：幻灯片的删除、复制、移动和幻灯片的插入等，这些操作通常都是在幻灯片浏览视图下进行的。因此，在进行编辑操作前，首先切换到幻灯片浏览视图。

（1）插入点与幻灯片的选定。首先在PowerPoint中打开“贾平凹文学艺术馆.pptx”文件，然后切换到幻灯片浏览视图。

① 插入点。幻灯片浏览视图下，单击任意一个幻灯片左边或右边的空白区域，一条黑色的竖线出现，这条竖线就是插入点。

② 幻灯片的选定。幻灯片浏览视图下，单击任意一张幻灯片，则该幻灯片的四周出现黑色的边框，表示该幻灯片已被选中；若要选定多个连续的幻灯片，先单击第一个幻灯片，再按下Shift键用鼠标单击最后一张幻灯片；若要选定多个不连续的幻灯片，按下Ctrl键用鼠标单击每一张幻灯片；选择“开始（选项卡）/编辑（组）/选择（按钮）/全选（项）”可选中所有的幻灯片。若要放弃被选中的幻灯片，单击幻灯片以外的任何空白区域，即可放弃被选中的幻灯片。

（2）删除幻灯片。在幻灯片浏览视图中，选定要删除的幻灯片，按Delete键即可删除。

（3）复制（或移动）幻灯片。在PowerPoint中，可以将已设计好的幻灯片复制（或移动）到任意位置。其操作步骤如下：

① 选中要复制（或移动）的幻灯片。

② 单击“开始（选项卡）/剪贴板（组）/复制（或移动）（按钮）”。

③ 确定插入点的位置，即移动（或移动）幻灯片的目标位置。

④ 单击“开始（选项卡）/剪贴板（组）/粘贴（按钮）”，即完成了幻灯片的复制（或移动）。

更快捷的复制（或移动）幻灯片的方法是：选中要复制（或移动）的幻灯片，按Ctrl键（移动不按Ctrl键），鼠标拖动到目标位置，放开鼠标左键，即可将幻灯片复制（或移动）到新位置。在拖动时有一条长竖线出现即目标位置。

（4）插入幻灯片。插入幻灯片的操作步骤如下：

① 选定插入点位置，即要插入新幻灯片的位置。

② 单击“插入（选项卡）/幻灯片（组）/新建幻灯片（下拉按钮）”，选择幻灯片的版式。

③ 输入幻灯片中的相关内容。

（5）在幻灯片中插入对象。PowerPoint 最富有魅力的地方就是支持多媒体幻灯片的制作。制作多媒体幻灯片的方法有两种：一是在新建幻灯片时，为新幻灯片选择一个包含指定媒体对象的版式；二是在普通视图情况下，利用“插入”选项卡，向已存在的幻灯片插入多媒体对象。在这里我们介绍后者，如图 9.46 所示。

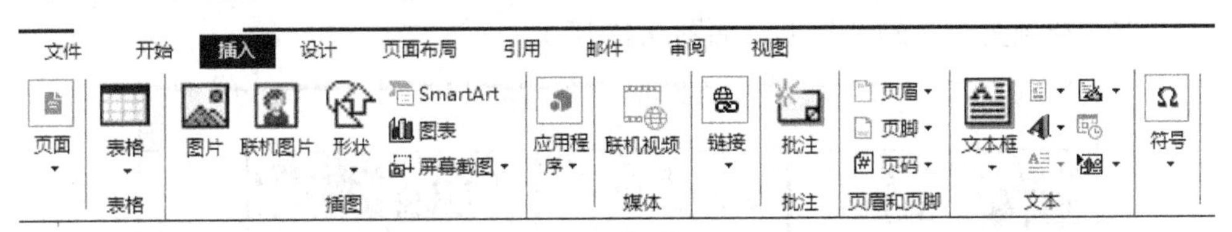

图 9.46　插入选项卡

① 在幻灯片上插入图形对象。可以在幻灯片上插入艺术字体、自选图形、文本框和简单的几何图形。最简单的方法是单击“插入”菜单，可以插入图片、剪贴画、相册、图形、插入 SmartArt 图形和插入图表。

② 为幻灯片中的对象加入链接。PowerPoint 可以轻松地为幻灯片中的对象加入各种动作。例如，可以在单击对象后跳转到其他幻灯片，或者打开一个其他的幻灯片文件等。在这里将为前面实例中的第 2、3、4、5 张幻灯片插入自选的形状图形，并为其增加一个动作，使得在单击该自选图形后，将跳回到标题幻灯片继续放映。设置步骤：

- 在第一张幻灯片后插入一张“导读”幻灯片。并在第 3、4、5 和 6 张幻灯片上插入自选图形对象，作为返回按钮。
- 第 2 张幻灯片中选择“A 贾平凹文学艺术馆概况”，并用右键单击该对象，在弹出的快捷菜单中选择“超链接”，将会弹出一个“编辑超链接”对话框，如图 9.47 所示。

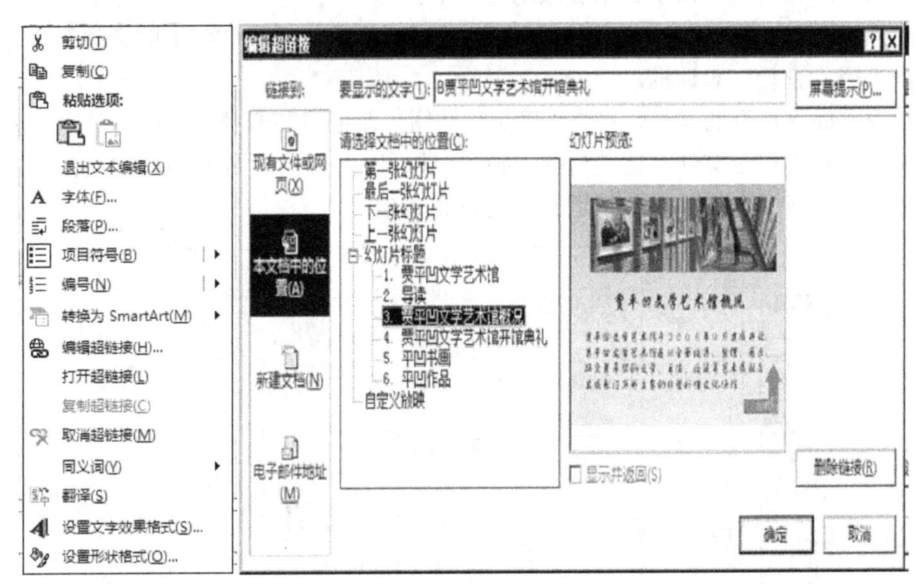

图 9.47　“编辑超链接”对话框

- 在“编辑超链接”对话框中，单击“链接到”栏中的“本文档中的位置”选项，然后在右边的“请选择文档中的位置”中选择“3 贾平凹文学艺术馆概况”幻灯片。

- 单击“确定”按钮，就完成了链接的设置。通过放映幻灯片，可以看到当放映到第 2 张幻灯片时，单击该“A 贾平凹文学艺术馆概况”时，幻灯片放映跳到第 3 个幻灯片了。
- 同样的方法对第 2 张幻灯片中的“B 贾平凹文学艺术馆开馆典礼”、“C 平凹书画”和“D 平凹作品”分别进行设定。再对第 3、4、5、6 张幻灯片上的返回按钮进行设定让其都链接到第 2 张幻灯片上，如图 9.48 所示。

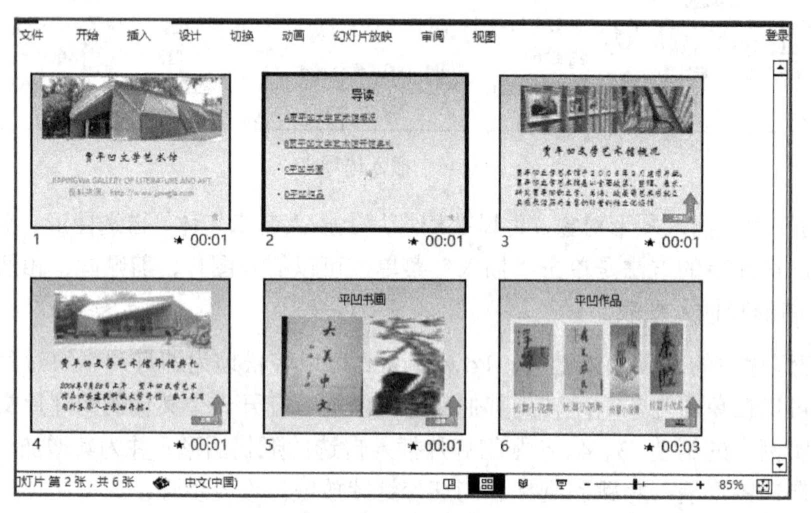

图 9.48　超链接设置

③ 向幻灯片插入影片和声音。只要有影片和声音的文件资料，制作多媒体幻灯片是非常便捷的，下面以插入背景音乐对象为例说明操作步骤：

- 在幻灯片视图下，切换到第 2 张幻灯片上。
- 选择“插入（选项卡）/媒体（组）/音频（按钮）”，选择“PC 上的音频”命令项，弹出“插入音频”对话框。
- 选择要插入声音的文件，单击“确定”按钮，即可将声音插入到幻灯片上。如图 9.49 所示。对于声音文件，建议选择 midi 文件，即文件扩展名为.mid 的文件，它们的文件较小，音质也很优美，很适合作为背景音乐。

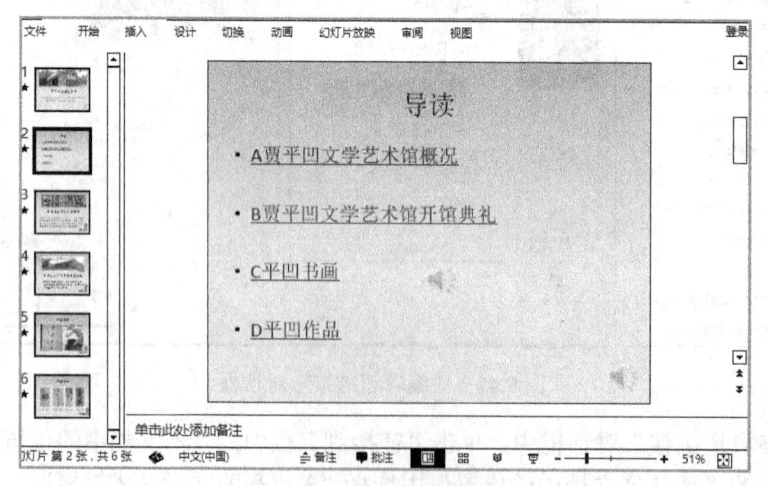

图 9.49　自动播放选择

● 播放时，会显示声音图标。
● 放映幻灯片进行检查，可以看到已经完成了背景音乐的插入。

注意：插入影片文件的方法与插入声音的方法基本相同，即选择菜单“插入/媒体/视频”命令。

4. 为对象设置动画

PowerPoint 可以为幻灯片中的对象设置动画效果。

在“贾平凹文学艺术馆.pptx”文件中第 6 张幻灯片内容为“平凹作品”，并采用动画的方式显示。采用“自定义动画”命令设计动画效果的步骤：

① 打开“贾平凹文学艺术馆.pptx”文件。

② 编辑第 6 张幻灯片。

③ 指针指向文字区，选择这段文字，选择“动画/高级动画/添加动画”，在下拉列表中选择“其他动作路径”，在“添加动作路径”对话框中选择“S 形曲线 1”。如图 9.50 所示。

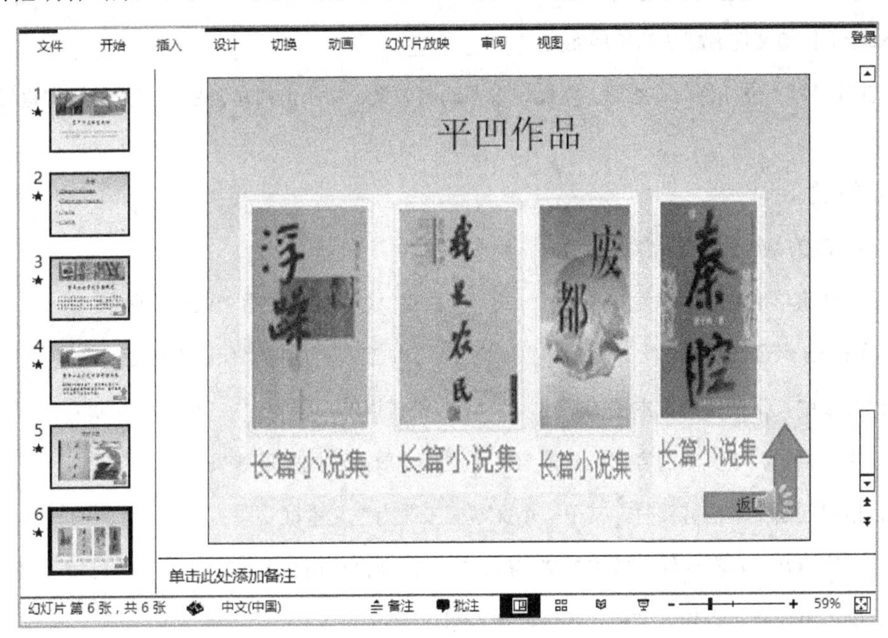

图 9.50 “动画”设置

5. 播放演示文稿

当演示文稿制作完成后，就可以进行播放，具体方法如下：

① 选择起始播放的幻灯片。

② 单击状态栏上的“幻灯片放映”按钮，系统从所选幻灯片开始播放。

逐页播放是系统默认的播放方式（单击左键或回车键控制）。若用户进行了计时控制，则整个播放过程自动按计时完成，用户不需参与。在播放过程，若要终止，只需单击右键，在快捷菜单中选择“结束放映”项。

习题 9

一、填空题

1．利用 Word 进行文档排版的字符格式化设置可通过使用工具栏中____________工具组的有关按钮。

2．在 Word 中进行段落排版时，如果对一个段落操作，只需在操作前将光标置于____________，若是对几个段落操作，首先应当____________，再进行各种排版操作。

3．如果按 Del 键误删除了文档，应执行____________命令恢复所删除的内容。

4．Excel 2013 的工作表中，单元格名称是由工作表的____________和____________命名的。

5．当选定一个单元格后，其单元格名称显示在____________。

6．Excel 的公式以____________为开头。

7．Excel 工作簿文件名默认的扩展名为____________。

8．可以对幻灯片进行移动、删除、复制、设置动画效果，但不能对单独的幻灯片的内容进行编辑的视图是____________。

二、选择题

1．欲将修改的 Word 文档保存在优盘上，则应该用（　　）。

A．文件菜单中的“另存为”命令　　B．文件菜单中的“保存”命令

C．Ctrl+S 组合键　　D．工具栏中的“保存”命令

2．在 Word 中，下列有关文本框的叙述，（　　）是错误的。

A．文本框是存放文本的容器，且能与文字进行叠放，形成多层效果

B．用户创建文本框链接时，其下一个文本框应该为空文本框

C．当用户在文本框中输入较多的文字时，文本框会自动调整大小

D．文本框不仅可以输入文字，还可以插入图片

3．当对建立图表的引用数据进行修改时，下列叙述正确的是（　　）。

A．先修改工作表的数据，再对图表进行相应的修改

B．先修改图表的数据，再对工作表中相关数据进行修改

C．工作表的数据和相应的图表是关联的，用户只要对工作表的数据进行修改，图表就会自动地做相应的更改

D．若在图表中删除了某个数据点，则工作表中相关的数据也被删除

4．关于格式刷的作用，描述正确的是（　　）。

A．用来在表中插入图片　　B．用来改变单元格的颜色

C．用来快速复制单元格的格式　　　　D．用来清除表格线

5．下列对于单元格的描述不正确的是（　　）。

A．当前处于编辑或选定状态的单元格称为“活动单元格”

B．用 Ctrl+C 组合键复制单元格时，既复制了单元格的数据，又复制了单元格的格式

C．单元格可以进行合并或拆分

D．单元格中的文字可以纵向排列，也可以呈一定角度排列

6．保存 Power Point 2013 演示文稿的磁盘文件扩展名一般是（　　）。

A．docx　　B．xlsx　　C．pptx　　D．txtx

7．（　　）视图方式下，显示的是幻灯片的缩图，适用于对幻灯片进行组织和排序、插入、删除等功能。

A．幻灯片放映　　B．普通　　C．幻灯片浏览　　D．备注页

8. 如果要从第 3 张幻灯片跳转到第 8 张幻灯片，需要在第 3 张幻灯片上插入一个对象并设置其（　　）。

A．超链接　　B．预设动画　　C．幻灯片切换　　D．自定义动画

9．保存 Word 2013 电子文档默认的文件扩展名是（　　）。

A．docx　　B．xlsx　　C．pptx　　D．txtx

10．保存 Excel 2013 电子表格工作簿文件扩展名是（　　）。

A．docx　　B．xlsx　　C．pptx　　D．txtx

三、操作题

1．设计一个插有水印的文件，分别用图形和文字制作，如下图所示。

计算机软件水平考试概述

中国计算机软件水平考试是由国家信息化办公室宏观指导，***中国计算机软件***专业技术资格和水平考试中心具体组织实施的全国性专业化计算机水平考试。自 1991 年开始实施至今，已经历了近十年的锤炼与发展，考生规模不断扩大，在国内外产生了较大影响。

水平考试中心从 1999 年开始，对软件水平考试的内容、结构及实施方式进行全面调整。调整后的软件水平考试内容和结构基本符合我国计算机发展的总体趋势，有利于用人单位挑选和使用人才。目前，**软件水考试每年举办一次，采取全国统一组织、统一大纲、统一命题、统一合格标准、颁发统一证书的方法实行。**

1999年专业技术资格和水平考试已于 1999 年 10 月 10 日进行。今后，软件水平考试将分五个专业进行，每个专业设置初、中、高三个级别。考生可以根据个人的实际情况选择相应的专业和级别参加考试。各专业级别的考试分模块进行，除程序设计专业设置两个考试模块外，其它四个专业均设置三个考试模块。考生只要在连续两年的时间里通过某一专业中某一级别所有模块的考试即可获得相应的软件水平考试合格证书。

考试暂定为每年举行一次。一般是 4 月报名，10 月份考试。除程序设计专业外，其它专业考试均在一天中分三个时间段完成，每个时间段进行一个模块的考试，时间均为 90 分钟。程序设计专业的考试范围包括两个模块，在一天中分两个时间段进行，考试时间分别为 150 分钟和 120 分钟．

要求：

（1）输入文字。标题为小三号、粗体、加红色双下画线、加底纹、居中。

（2）第二段：左右各缩进两个字符，段前段后的间距各一行；“中国计算机软件”加着重号，蓝色、倾斜、粗体；“软件水平考试……方法实行”字体为蓝色、粗体，加波浪型红色下画线。

（3）第三段：“1999”首字下沉两行、Roman 体、35.5 磅；分两栏。

（4）第四段：悬挂缩进两个字符；最后一行“考试时间分别为 150 分钟和 120 分钟”分散对齐，宽度与第四段正文的其他各行相等。

（5）在页面四周插入艺术图案。插入“水印”，衬于第二、三段文字之下。

2．插入自选图形，制作贺年卡，插入文字“新年好！”或“Happy New Year”。

3．用 Excel 制表，表格内容如下。

姓名	英语	计算机	高等数学	总分	平均分	备注
张震	89	92	70			
崔建成	76	68	77			
韩小燕	83	97	93			
周小花	93	87	81			
李红	77	85	88			
赵春燕	87	80	76			

要求：

（1）求每一个学生的总分和平均分；（2）用函数判断每个学生总分大于等于 260 分时给备注栏填写“优秀”；（3）给上表增加一个学生成绩表标题，要求用艺术字；（4）根据上表创建一个显示每一个学生成绩的独立图表。

4．设计一份自己单位简介的演示文稿，要求包含有组织结构图和管理人员分工图，幻灯片的切换采用不同的动画方式，每张幻灯片的放映时间设计为 10 秒，并且将幻灯片的放映方式设计成循环放映方式。

5．个人简历演示文稿的制作。要求：

（1）制作一张个人简历幻灯片，包含标题、照片、个人情况说明。

（2）各种内容都要以动画的形式出现。

（3）动画的出现顺序是“标题、照片、个人情况说明”的顺序。

6．在演示文稿中建立有选择的新歌欣赏。要求：

（1）建立 4 张幻灯片。

（2）第 1 张为导航幻灯片，标题为“新歌欣赏”，在其上有 3 首歌的歌名，第 1 首歌名超链接到第 2 张幻灯片；第 2 首歌名超链接到第 3 张幻灯片；第 3 首歌名超链接到第 4 张幻灯片。

（3）在第 2 张幻灯片上添加第 1 首背景歌曲音乐及与音乐有关的背景图片。

（4）在第 3 张幻灯片上添加第 2 首背景歌曲音乐及与音乐有关的背景图片。

（5）在第 4 张幻灯片上添加第 3 首背景歌曲音乐及与音乐有关的背景图片。

注意：在 2、3、4 张幻灯片上的标题为歌名，都有跳转到第 1 张幻灯片的超链接。

附录 A

A.1 微型计算机硬件组成

一个完整的计算机系统由硬件系统及软件系统两大部分构成。其中，计算机硬件是计算机系统中由电子、机械和光电元件组成的各种计算机部件和设备的总称，是计算机完成各项工作的物质基础。而计算机软件是指计算机所需的各种程序及有关资料，它是计算机的灵魂。计算机系统基本组成如图 A.1 所示。

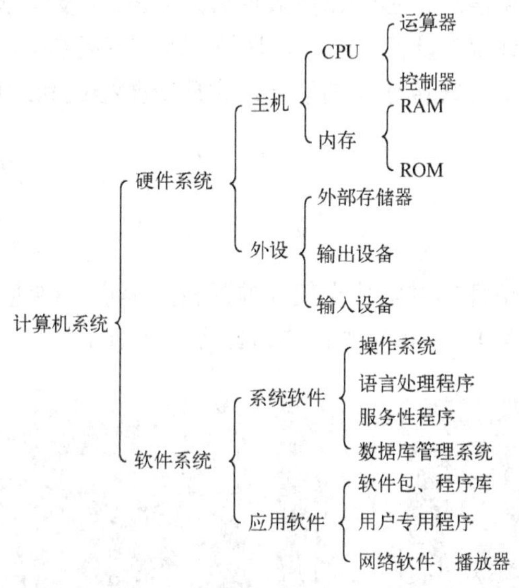

图 A.1 计算机系统基本组成

A.1.1 硬件概述

硬件是计算机硬件的简称，硬件具有原子特性，是计算机存在的物质基础。

1. 物理部件

在逻辑上，一个完整的计算机硬件系统由 5 部分组成。5 大部件在物理上则包含主机箱、电源、主板、CPU、内存、硬盘、光驱、显卡、声卡、网卡、风扇，显示器、鼠标、键盘、打印机、扫描仪、音箱、摄像头、麦克风等配件。

2. 总线

在PC中，CPU、存储器和I/O设备之间是采用总线连接，总线是PC中数据传输或交换的通道，目前的总线宽度正从32位向64位过渡。通常用频率来衡量总线传输的速度，单位为Hz。根据连接的部件不同，总线可分为：内部总线、系统总线和外部总线。内部总线是同一部件内部连接的总线；系统总线是计算机内部不同部件之间连接的总线；有时也会把主机和外部设备之间连接的总线称为外部总线。根据功能的不同，系统总线又可以分为三种：数据总线（Data Bus，DB）、地址总线（AddressBus，AB）和控制总线（ControlBus，CB），如图A.2所示。

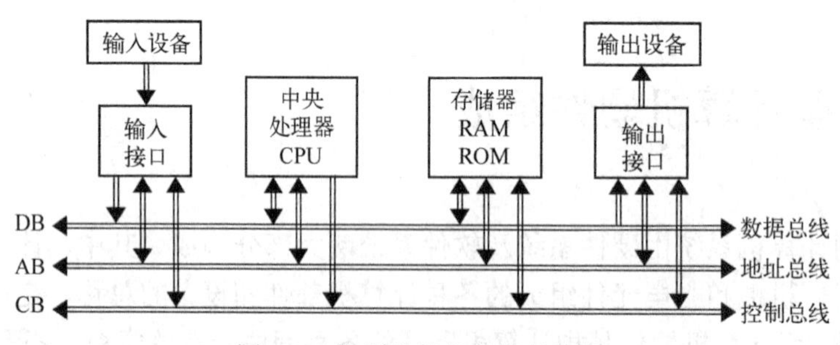

图A.2 微型计算机总线结构图

数据总线负责传送数据信息，它既允许数据读入CPU又支持从CPU读出数据；而地址总线则用来识别内存位置或I/O设备的端口，是将CPU连接到内存及I/O设备的线路组，通过它来传输数据地址；控制总线传递控制信号，实现对数据线和地址线的访问控制。

A.1.2 主机箱与主板

1. 主机箱

主机箱为PC的各种部件提供安装支架（前面板上提供了硬盘、光驱的安装支架，后面板主要提供电源的安装支架）。主机箱内部构造如图A.3所示。

（a）立式主机箱内部　（b）卧式主机箱内部

图A.3 主机箱内部构造

2. 主板

主板又叫主机板、系统板或母板。它安装在主机箱内，是微机最基本的也是最重要的部件之一。主板一般为矩形电路板，上面安装了组成计算机的主要电路系统，一般有 BIOS 芯片、I/O 控制芯片、键盘和面板控制开关接口、指示灯插接件、扩充插槽、主板及插卡的直流电源供电接插件等元件，如图 A.4 所示。

图 A.4　华硕 P5Q 主板

当微机工作时由输入设备输入数据，由 CPU 来完成大量的数据运算，再由主板负责组织输送到各个设备，最后经输出设备输出。

3．选购主板的原则

主板对计算机的性能影响很重大，所以，选择主板应从以下几个方面考虑：

（1）工作稳定，兼容性好；

（2）功能完善，扩充力强；

（3）使用方便，可以在 BIOS 中对尽量多的参数进行调整；

（4）厂商有更新及时、内容丰富的网站，维修方便快捷；

（5）价格相对便宜，即性价比高。

A.1.3　中央处理器

CPU（Central Processing Unit）中文名称为中央处理器或中央处理单元，它是计算机系统的核心部件。CPU 性能的高低直接影响着微机的性能，它负责微机系统中数值运算、逻辑判断、控制分析等核心工作。INTEL 公司生产的酷睿 I7 CPU 的外观如图 A.5 所示。

1．基本结构

CPU 的内部结构可以分为运算部件、控制部件和寄存器部件三大部分，三个部分相互协调。8086 CPU 的内部结构示意图如图 A.6 所示。

（1）运算部件

运算部件可以执行定点或浮点的算术运算操作、移位操作及逻辑操作，也可执行地址的运算和转换。

图 A.5 INTEL 公司生产的酷睿 I7 CPU

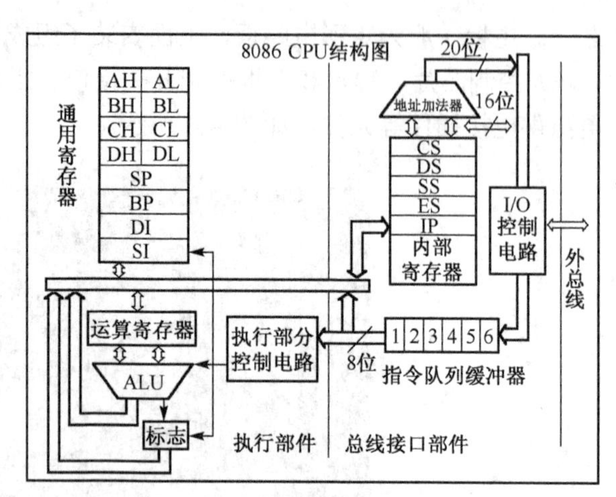

图 A.6 8086 CPU 的内部结构示意图

（2）控制部件

控制部件主要负责对指令译码，并且发出为完成每条指令所要执行的各个操作的控制信号。其结构有两种：一种是以微存储为核心的微程序控制方式；另一种是以逻辑硬布线结构为主的控制方式。

（3）寄存器部件

寄存器部件包括通用寄存器、专用寄存器和控制寄存器。有时，中央处理器中还有一些缓存，用来暂时存放一些数据指令。目前市场上的中高端中央处理器都有 2MB 左右的高速缓存。

2. 工作过程

CPU 在工作时遵守存储程序原理，可分为取指令、分析指令、执行指令 3 个阶段。CPU 通过周而复始地完成取指令、分析指令、执行指令这一过程，实现了自动控制过程。为了使三个阶段按时发生，还需要一个时钟发生器来调节 CPU 的每一个动作，它发出调整 CPU 步伐的脉冲，时钟发生器每秒钟发出的脉冲越多，CPU 的运行速度就越快。

3. CPU 的主要技术

为了提高运算速度，CPU 中采用了很多新技术。

（1）超流水技术

流水线技术是指在程序执行时，多条指令重叠进行操作的一种准并行处理实现技术。Intel 首次在 80486 芯片中开始使用。在 CPU 中，由 5～6 个不同功能的电路单元组成一条指令处理流水线，然后将一条 x86 指令分成 5～6 步后再由这些电路单元分别执行，这样就能在一个 CPU 时钟周期完成一条指令，提高了 CPU 的运算速度。

假定一条指令的执行分三个阶段：取指、分析、执行，每个阶段所耗费的时间 T 相同，则顺序执行 N 条指令时，所耗费时间为 $3NT$，如图 A.7 所示。

若采用流水线技术，则可以提高效率，总的时间为 $(N+2)T$，如图 A.8 所示。

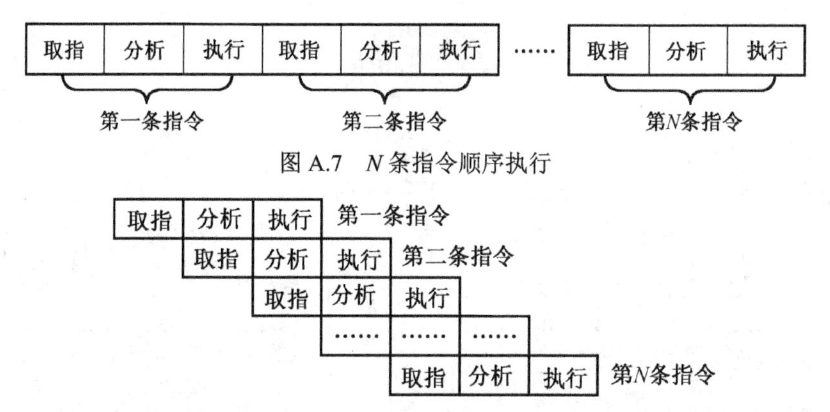

图 A.7　N 条指令顺序执行

图 A.8　N 条指令流水执行

超级流水线又叫深度流水线，它是提高 CPU 速度通常采取的一种技术。超级流水线就是将 CPU 处理指令的操作进一步细化，增加流水线级数，同时提高系统主频，加快每一级的处理速度。例如 Pentium4，流水线达到 20 级，频率已经超过 3GHz。

（2）超标量技术

超标量技术是指 CPU 内有多条流水线，这些流水线能够并行处理。在单流水线结构中，指令虽然能够重叠执行，但仍然是顺序的。超标量结构的 CPU 支持指令级并行，从而提高 CPU 的处理速度。超标量技术主要借助硬件资源重复（如有两套译码器和 ALU 等）来实现空间的并行操作。超标量处理器是通用微处理器的主流体系结构，几乎所有商用通用微处理器都采用超标量体系结构。Pentium 处理器是英特尔第一款桌面超标量处理器，其具有三条流水线，两条整数指令流水线（U 流水和 V 流水）和一条浮点指令流水线。

（3）多核技术

多核是指在一枚处理器中集成两个或多个完整的计算内核。多核技术源于仅靠提高单核芯片的速度会产生过多热量，且无法带来明显的性能改善。单芯片多处理器通过在一个芯片上集成多个微处理器核心来提高程序的并行性。每个微处理器核心实质上都是一个相对简单的单线程微处理器或比较简单的多线程微处理器，这样多个微处理器核心就可以并行地执行程序代码，因而具有较高的线程级并行性。例如，酷睿 i7 为 3.5 GHz 主频，4 核 8 线程。AMD FX-8150 为 3.6 GHz 主频，8 核 8 线程。

由于 CMP（单芯片多处理器）采用了相对简单的微处理器作为处理器核心，使得 CMP 具有高主频、设计和验证周期短、控制逻辑简单、扩展性好、易于实现、功耗低、通信延迟低等优点。目前，单芯片多处理器已经成为处理器体系结构发展的一个重要趋势。图 A.9 所示为 Intel 公司的双核 Core Duo T2000 系列架构图。

（4）多 CPU 技术

多核处理器就是在一块 CPU 基板上集成多个处理器核心，并通过并行总线将各处理器核心连接起来共享诸如高速缓冲存储器（Cache）等其他硬件。而对于多 CPU 而言，则是真正意义上多核心，不光是处理器核心是多个，其他诸如高速缓冲存储器等硬件配置也都是多份的。

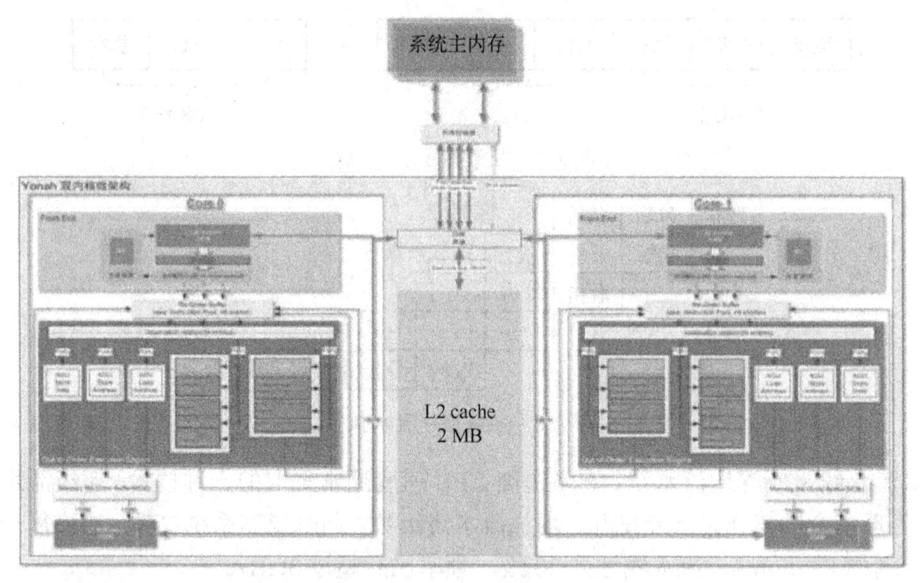

图 A.9　双核 Core Duo T2000 系列架构

A.1.4　存储器

计算机存储器的体系结构如图 A.10 所示。

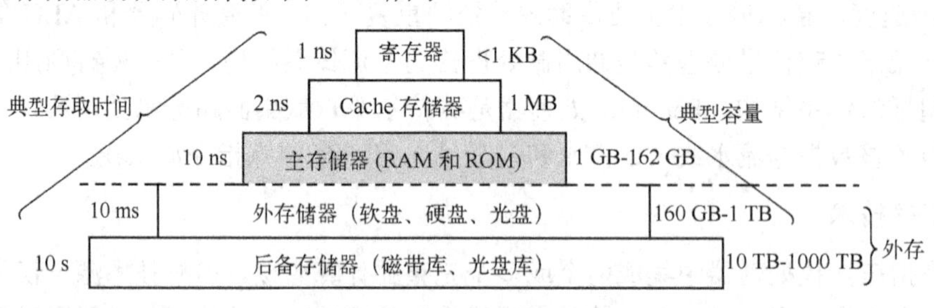

图 A.10　存储器的体系结构

内存、外存和 CPU 之间的信息传递关系如图 A.11 所示。只要计算机在运行，CPU 就会把需要运算的数据调到内存中，然后进行运算，当运算完成后，CPU 再将结果传送出来。

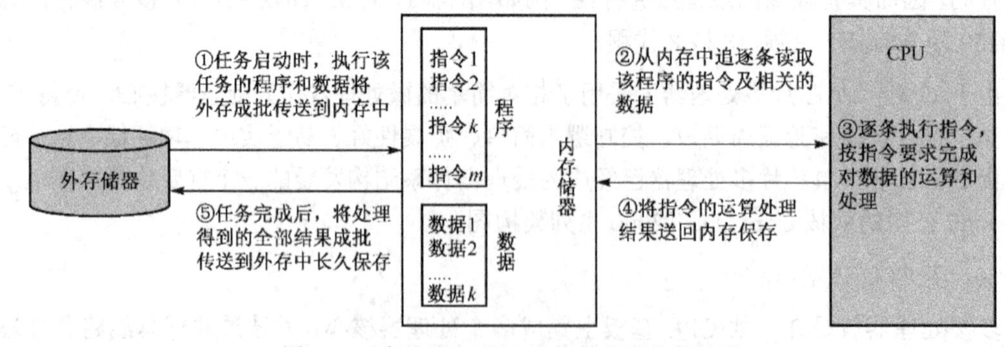

图 A.11　存储器和 CPU 之间的信息传递关系

1. 内存

内存是 CPU 信息的直接来源，其作用是暂时存放 CPU 中的运算数据，以及与硬盘等外部存储器交换的数据。传统意义上的内存主要包括只读存储器（ROM）和随机存储器（RAM）两部分。

（1）只读存储器（ROM）

在制造 ROM（Read Only Memory）的时候，信息（数据或程序）被存入并永久保存。这些信息只能读出，一般不能写入。即使机器停电，这些数据也不会丢失。ROM 一般用于存放计算机的基本程序和数据，如存放 BIOS 的就是最基本的 ROM。

（2）随机存储器（RAM）

随机存储器（Random Access Memory，RAM）既可以从中读取数据，又可以写入数据。当机器电源关闭时，存于其中的数据就会丢失。内存条就是将 RAM 集成块集中在一起的一小块电路板，它插在计算机中的内存插槽上。目前市场上常见的内存条有 1GB、2GB、4GB 等容量。内存条如图 A.12 所示，一般由内存芯片、电路板、金手指等部分组成。

图 A.12　金士顿 DDR3 1333 2GB 内存条

随着 CPU 性能的不断提高，JEDEC 组织很早就开始酝酿 DDR2 标准，DDR2 能够在 100 MHz 频率的基础上提供每个插脚最少 400MBps 的带宽，而且其接口将运行于 1.8V 电压上，进一步降低发热量，以便提高频率。DDR3 比 DDR2 有更低的工作电压，从 DDR2 的 1.8V 降到 1.5V，性能更好，更为省电，DDR3 目前能够达到最高 2000MHz 的速度。

衡量内存性能时，主要有以下几个指标。

（1）存取速度

内存的存取速度用存取一次数据的时间来表示，单位为 ns（纳秒），1 ns=10^{-9} s。值越小表明存取时间越短，速度就越快。目前，DDR 内存的存取时间一般为 6 ns，而更快的存储器多用在显卡的显存上，存取时间有 5 ns、4 ns、3.6 ns、3.3 ns、2.8ns 等。

（2）存储容量

存储容量是指存储器可以容纳的二进制信息量。目前常见的为 1 GB、2 GB、4 GB 等。衡量存储器容量时，经常会用到以下单位。

① 位（bit）：一位就代表一个二进制数 0 或 1。用符号 b 来表示。

② 字节（Byte）：每 8 位（bit）为 1 字节（Byte）。用符号 B 来表示。

③ 千字节（KB）：1 KB=1024B。

④ 兆字节（MB）：1MB=1024KB=1024×1024B=1048576B。

⑤ 吉字节（GB）：1GB=1024MB。

随着存储信息量的增大，需要有更大的单位表示存储容量，比吉字节（GB）更高的还有：

太字节（TB，Terabyte）、PB（Petabyte）、EB（Exabyte）、ZB（Zettabyte）和 YB（Yottabyte）等，其中，1 PB=1024 TB，1 EB=1024 PB，1 ZB=1024EB，1YB=1024ZB。

需要注意的是，存储产品生产商会直接以 1 GB=1000 MB、1 MB=1000 KB、1 KB=1000B 的计算方式统计产品的容量，这就是为何所购买的存储设备容量达不到标称容量的主要原因（如标注为 320GB 的硬盘其实际容量只有 300 GB 左右）。

2. 高速缓冲存储器

高速缓冲存储器（Cache）的引入是为了解决 CPU 和内存之间的速度不匹配问题。Cache 位于 CPU 与内存之间，是一个读/写速度比内存更快的存储器，其容量一般只有主存储器的几百分之一，但它的存取速度能与中央处理器相匹配。当 CPU 向内存中写入或读出数据时，这个数据也被存储进高速缓冲存储器中。当 CPU 再次需要这些数据时，CPU 就可以直接从高速缓冲存储器读取数据。在整个处理过程中，如果中央处理器绝大多数存取主存储器的操作能为存取高速缓冲存储器所代替，计算机系统处理速度就能显著提高。当然，如果需要的数据在 Cache 中没有，CPU 会再去内存中读取数据。

采用高速缓冲存储器技术的计算机已相当普遍。有的计算机还采用多个高速缓冲存储器（如系统高速缓冲存储器、指令高速缓冲存储器和地址变换高速缓冲存储器等）以提高系统性能。随着主存储器容量不断增大，高速缓冲存储器的容量也越来越大。

3. 外存

外存也称辅助储存器，用于信息的永久存放。当要用到外存中的程序和数据时，才将它们调入内存。所以外存只同内存交换信息，而不能被计算机的其他部件所访问。常见的外存有：磁表面储存器（软磁盘、硬磁盘）、光表面储存器（光盘，包括 CD-ROM、DVD 等）、半导体储存器（U 盘）等。

（1）硬盘

硬盘存储器的信息存储依赖磁性原理。硬盘容量大、性价比高，其面密度已经达到每平方英寸 100GB 以上。硬盘内部结构如图 A.13 所示。硬盘实物结构如图 A.14 所示。

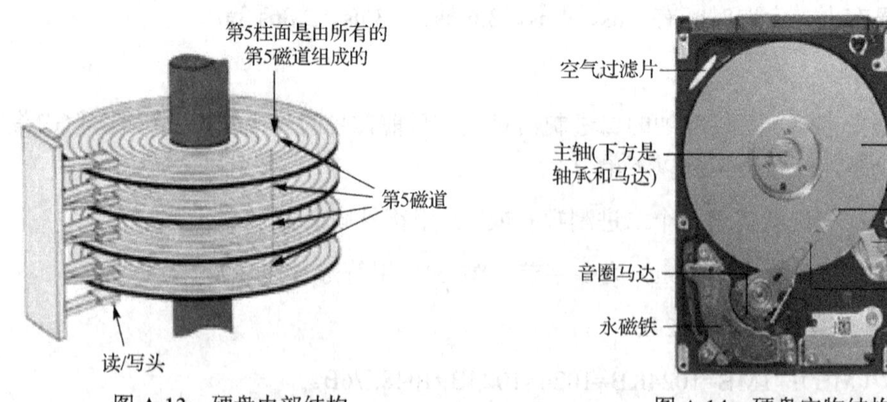

图 A.13 硬盘内部结构　　图 A.14 硬盘实物结构

硬盘不仅用于各种计算机和服务器中，而且用于磁盘阵列和各种网络存储系统中。关于硬盘，有以下几个概念需要了解。

① 磁头：磁头是硬盘中最昂贵的部件，用于数据的读/写。

② 磁道：当磁盘旋转时，磁头若保持在一个位置上，则每个磁头都会在磁盘表面划出一个圆形轨迹，这些圆形轨迹就叫做磁道。

③ 扇区：硬盘上的每个磁道被等分为若干弧段，这些弧段便是硬盘的扇区，每个扇区的容量大小为512 B。数据的存储一般以扇区为单位。

④ 柱面：硬盘通常由重叠的一组盘片构成，每个盘面都被划分为数目相等的磁道，并从外缘的0开始编号，具有相同编号的磁道形成一个圆柱，称为硬盘的柱面。

对于硬盘，在衡量其性能时，主要有以下几个性能指标。

① 容量。硬盘的容量以GB为单位，硬盘的常见容量有500GB、640GB、750GB、1000GB、1.5 TB、2 TB、3 TB等，随着硬盘技术的发展，还将推出更大容量的硬盘。

② 转速。转速指硬盘盘片在一分钟内所能完成的最大旋转圈数，转速是硬盘性能的重要参数之一，在很大程度上直接影响到硬盘的速度，单位为rpm。rpm值越大，内部数据传输速率就越快，访问时间就越短，硬盘的整体性能也就越好。普通家用硬盘的转速一般有5 400 rpm、7 200 rpm两种。笔记本电脑硬盘的转速一般以4 200 rpm、5 400 rpm为主。服务器硬盘性能最高，转速一般有10 000 rpm，性能高的可达15000rpm。

③ 平均访问时间。平均访问时间指磁头找到指定数据的平均时间，通常是平均寻道时间和平均等待时间之和。平均寻道时间指硬盘在盘面上移动磁头至指定磁道寻找相应目标数据所用的时间，单位为毫秒。平均等待时间指当磁头移动到数据所在磁道后，等待所要数据块转动到磁头下的时间，它是盘片旋转周期的 1/2。平均访问时间既反映了硬盘内部数据传输速率，又是评价硬盘读/写数据所用时间的最佳标准。平均访问时间越短越好，一般在11ms～18ms之间。

（2）固态硬盘

固态硬盘简称固盘，如图A.15所示。固态硬盘用固态电子存储芯片阵列而制成的硬盘，由控制单元和存储单元（FLASH芯片、DRAM芯片）组成。固态硬盘的存储介质分为两种，一种是采用闪存（FLASH芯片）作为存储介质，另外一种是采用DRAM作为存储介质。

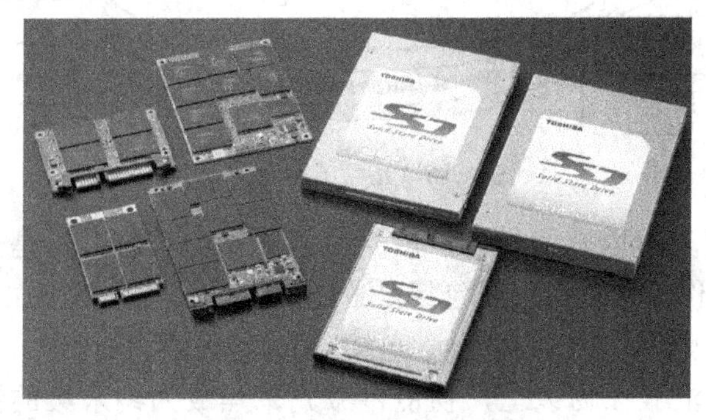

图A.15 固态硬盘示意图

① 基于闪存类的固态硬盘。基于闪存的固态硬盘采用FLASH芯片作为存储介质，这也

是通常所说的 SSD。它的外观可以被制作成多种模样，例如：笔记本电脑硬盘、微硬盘、存储卡、U 盘等样式。最大的优点就是可以移动，而且数据保护不受电源控制，能适应于各种环境，适合于个人用户使用。一般它擦写次数普遍为 3000 次左右。

② 基于 DRAM 的固态硬盘。采用 DRAM 作为存储介质，应用范围较窄。它仿效传统硬盘的设计，可被绝大部分操作系统的文件系统工具进行卷设置和管理，并提供工业标准的 PCI 和 FC 接口用于连接主机或者服务器。应用方式可分为 SSD 硬盘和 SSD 硬盘阵列两种。它是一种高性能的存储器，而且使用寿命很长，美中不足的是需要独立电源来保护数据安全。DRAM 固态硬盘属于比较非主流的设备。

基于闪存的固态硬盘是固态硬盘的主要类别，其内部构造简单，主体其实就是一块 PCB 板，而这块 PCB 板上最基本的配件就是控制芯片、缓存芯片和用于存储数据的闪存芯片。主控芯片是固态硬盘的大脑，其作用一是合理调配数据在各个闪存芯片上的负荷，二则是承担了整个数据中转，连接闪存芯片和外部 SATA 接口。不同主控之间能力相差非常大，在数据处理能力、算法，对闪存芯片的读取写入控制上会有非常大的不同，直接会导致固态硬盘产品在性能上差距高达数十倍。

固态硬盘具有读写速度快，防震抗摔，低功耗，无噪音，工作温度范围大，轻便等优点。但寿命有限是其主要缺点。

（3）光盘

光盘（Compact Disc，CD）通过聚焦的氢离子激光束实现信息的存储和读取，又称激光光盘。根据是否可写，光盘可分为不可擦写光盘（如 CD-ROM、DVD-ROM 等）和可擦写光盘（如 CD-RW、DVD-RAM 等）。根据光盘结构不同，可分为 CD、DVD、蓝光光盘等几种类型。CD 光盘的最大容量大约为 700MB，DVD 盘片单面容量为 4.7GB，双面容量为 8.5GB，其中 HD DVD 单面单层容量为 15GB、双层容量为 30GB；蓝光（BD）的容量则比较大，单面单层容量为 25GB、双面容量为 50GB。

常见的 CD 光盘非常薄，只有约 1.2mm 厚，主要分为五层，包括基板、记录层、反射层、保护层、印刷层，其结构示意图如图 A.16 所示。

图 A.16 光盘结构示意图

光驱是用来读/写光盘内容的设备，激光头是光驱的心脏，也是最精密的部分。它主要负责数据的读取工作。激光头主要包括：激光发生器（又称激光二极管）、半反光棱镜、物镜、透镜及光电二极管这几部分。当激光头读取盘片上的数据时，从激光发生器发出的激光透过半反射棱镜汇聚在物镜上，物镜将激光聚焦成为纳米级的激光束并照射到光盘上。此时，光盘上的反射层就会将照射过来的光线反射回去，透过物镜再照射到半反射棱镜上。

此时，由于棱镜是半反射结构，经过反射，穿过透镜，到达光电二极管上。由于光盘表面是以突起不平的点来记录数据的，所以反射回来的光线就会射向不同的方向。人们将射向不同方向的信号定义为0或1，发光二极管接收到的是那些以0、1排列的数据，并最终将它们解析成为需要的数据。在激光头读取数据的整个过程中，寻迹和聚焦直接影响光驱的纠错能力及稳定性。寻迹就是保持激光头能够始终正确地对准记录数据的轨道。

目前，光驱有以下几种类型。

① CD-ROM光驱：只能读取CD-ROM的驱动器。

② DVD光驱：可以读取DVD碟片的光驱，除了兼容DVD-ROM、DVD-VIDEO、DVD-R、CD-ROM等常见的格式外，对于CD-R/RW、CD-I、VIDEO-CD、CD-G等都能很好地支持。

③ COMBO光驱：COMBO光驱（康宝光驱）是一种集CD刻录、CD-ROM和DVD-ROM为一体的多功能光存储产品。

④ 刻录光驱：包括CD-R、CD-RW和DVD刻录机等，其中，DVD刻录机又分DVD+R、DVD-R、DVD+RW、DVD-RW（W代表可反复擦写）和DVD-RAM。刻录机的外观和普通光驱相似，只是其前置面板上通常都清楚地标识写入、复写和读取三种速度。

光驱有两个重要的性能指标。

① 光驱的读盘速度。光驱的标称速度是指光驱在读取盘片最外圈时的最快速度，而读内圈时的速度要低于标称值。目前，CD-ROM光驱所能达到的最大CD读取速度是56倍速（CD单倍传输速度为150 Kbps）；DVD-ROM光驱大部分为48倍速（DVD单倍速传输速度为1350Kbps）；康宝产品基本都达到了52倍速。

② 光驱的容错能力。相对于读盘速度，光驱的容错性更为重要。为了提高光驱的读盘能力，采取多种技术措施，其中人工智能纠错（AIEC）是比较成熟的技术。AIEC通过对上万张光盘的采样测试，记录下适合的读盘策略，并保存在光驱的BIOS芯片中，以方便光驱针对偏心盘、低反射盘、划伤盘自动进行读盘策略的选择。

（4）U盘

U盘全称为USB闪存盘，通过USB接口与计算机连接，实现即插即用。U盘的最大优点是：便于携带、存储容量大、价格低、性能可靠。一般U盘的容量有16GB、32GB、64 GB等。金士顿的HyperX Predator 1TB的U盘是目前全球最大容量的U盘，采用锌合金外壳，长度和高度与传统长条状U盘差不多，不过厚度比较大。这款U盘采用USB3.0接口，读写速度可达240MB/s读160MB/s写。

U盘组成简单，一般由外壳、机芯、闪存、包装几部分组成，如图A.17所示。

其中机芯和闪存是其核心组成部分。U盘的使用寿命用可擦写次数表示，一般采用MLC颗粒的U盘可擦写1万次以上，采用SLC颗粒的U盘使用寿命更是长达10万次。

图A.17 U盘内部结构

在使用U盘时，有以下几点需要注意。

① 不要在指示灯快速闪烁时拔出，因为这时 U 盘正在读取或写入数据，中途拔出可能会造成硬件、数据的损坏。

② 不要在备份文档完毕后立即关闭相关的程序，因为程序可能还没完全结束，这时拔出 U 盘，很容易影响备份。所以文件备份到 U 盘中后，应过一些时间再关闭相关程序，以防意外。

③ 在系统提示无法停止时也不要轻易拔出 U 盘，这样也会造成数据遗失。

④ 不要长时间将 U 盘插在 USB 接口上，这样容易引起接口老化，对 U 盘也是一种损耗。

A.1.5 输入输出设备

输入设备将要加工处理的外部信息转换成计算机能够识别和处理的内部表示形式（即二进制代码）并输送到计算机中去。在微型计算机系统中，最常用的输入设备是键盘、鼠标和扫描仪。输出设备将计算机内部以二进制代码形式表示的信息转换为用户所需要并能识别的形式（如十进制数字、文字、符号、图形、图像、声音）或其他系统能接受的信息形式，并将其输出。在微型机系统中，主要的输出设备有显示器、打印机、音箱等。

下面主要介绍音箱、扫描仪、显示器和打印机。

1. 声卡和音箱

声卡的用途不仅仅是发声那么简单。在多媒体技术中，它是实现声波/数字信号相互转换的硬件电路。声卡的组成包括音频信号合成器、音频信号放大器、A/D 与 D/A 转换电路、数字音频信号处理电路等部分，如图 A.18 所示。

图 A.18 声卡示意图

（1）声卡

一块声卡除了可以播放 MP3/CD 之外，还具有播放数字音乐，录音和语音识别，语音通讯，实时的效果器，MIDI 的制作等功能。

衡量声卡的性能可以从多个方面入手，以下几个参数对声卡性能影响较大。

① 复音数量。复音数量代表了声卡能够同时发出多少种声音。复音数越大，音色就越好，播放 MIDI 时可以听到的声部就越多、越细腻。如果一首 MIDI 乐曲中的复音数超过了声卡的复音数，将丢失某些声部，但一般不会丢失主旋律。目前声卡的硬件复音数都不超过 64 位。

② 采样精度。采样精度是指将声音从模拟信号转化为数字信号的二进制位数，即进行 A/D、D/A 转换的精度。目前有 8 位、12 位、16 位和 24 位的音频采样标准。采样精度的大小影响声音的质量，位数越多，声音的质量越高，但需要的存储空间也越大。

③ 采样频率。采样频率是指每秒采集声音样本的数量。标准的采样频率有三种：11.025 kHz（语音）、22.05 kHz（音乐）和 44.1 kHz（高保真），有些高档声卡能提供 5 kHz～48 kHz 的连续采样频率。采样频率越高，记录声音的波形就越准确，保真度就越高，但采样产生的数据量也越大，要求的存储空间也越大。

（2）音箱

有了一块好的声卡，要想发出动人的声音，还需要有音箱。对于音箱，在衡量其性能时，主要有以下几个指标。

① 功率。根据国际标准，功率有两种标注方法：额定功率与最大承受功率（瞬间功率或峰值功率）。额定功率是指在额定频率范围内给扬声器一个规定了波形的持续模拟信号，扬声器所能发出的最大不失真功率。最大承受功率是扬声器不发生任何损坏的最大电功率。在选购多媒体音箱时要以额定功率为准，但音箱的功率也不是越大越好，适用就是最好的，对于普通家庭用户的 20 平方米左右的房间来说，真正意义上的 50W 功率是足够的了。

② 失真度。失真度在音箱与扬声器系统中尤为重要，直接影响到音质音色的还原程度。失真度指标常以百分数表示，数值越小表示失真度越小。普通音箱的失真度以小于 0.5%为宜，而通常低音炮的失真度都普遍较大，小于 5%就可以接受了。

③ 信噪比。信噪比是指音箱回放的正常声音信号强度与噪声信号强度的比值，单位 dB 表示。设备的信噪比越高表明它产生的杂音越少。一般来说，信噪比越大，说明混在信号里的噪声越小，声音回放的音质量越高，否则相反。普通音箱信噪比一般不应该低于 70dB，高保真音箱的信噪比应达到 110dB 以上。

2. 扫描仪

扫描仪是将各种形式的图像信息输入计算机的重要工具。扫描仪可分为三大类型：滚筒式扫描仪、平面扫描仪和专用扫描仪（包括笔式扫描仪、便携式扫描仪、胶片扫描仪、底片扫描仪、名片扫描仪等），如图 A.19 所示。

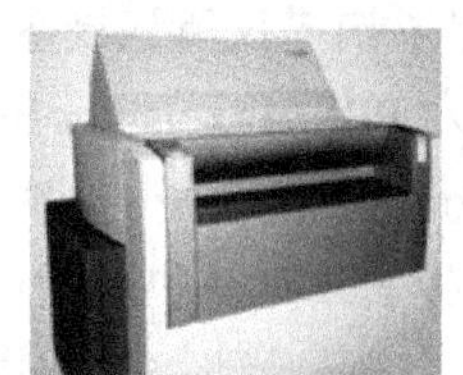

（a）滚筒式扫描仪　（b）文稿扫描仪　（c）底片扫描仪　（d）平面扫描仪

图 A.19　常见的扫描仪

滚筒式扫描仪广泛应用于专业印刷排版领域，一般使用光电倍增管，因此它的密度范围较大，而且能够分辨出图像更细微的层次变化。平面扫描仪又称台式扫描仪，是办公用扫描仪的主流产品，扫描幅面一般为 A4 或 A3。平面扫描仪使用的是光电耦合器件，故其扫描的密度范围较小。

（1）工作原理

扫描仪的工作原理如下：扫描仪发出强光照射在稿件上，没有被吸收的光线将被反射到光学感应器上。光学感应器接收到这些信号后，将这些信号传送到数模（D/A）转换器中，数模转换器再将其转换成计算机能读取的信号，然后通过驱动程序转换成显示器上能看到的正确图像，其基本工作过程如图 A.20 所示。

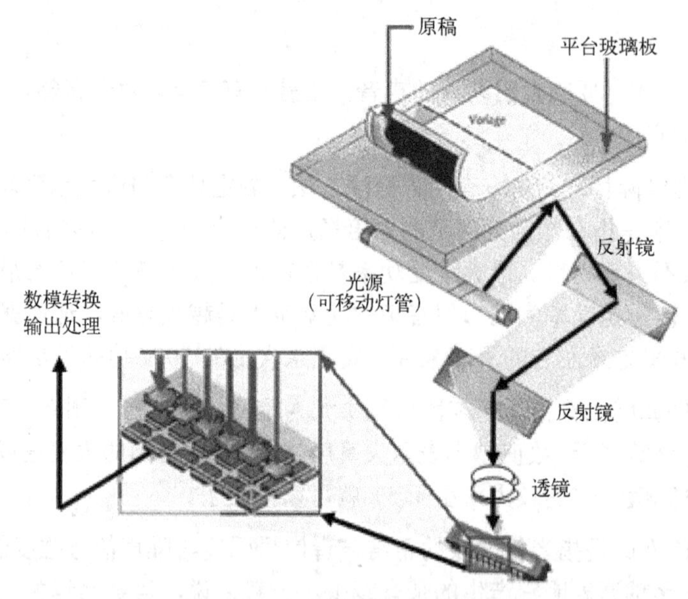

图 A.20 扫描仪的基本工作原理

待扫描的稿件通常可分为：反射稿和透射稿。前者泛指一般的不透明文件，如报刊、杂志等，后者包括幻灯片（正片）或底片（负片）。如果经常需要扫描透射稿，就必须选择具有光罩（光板）功能的扫描仪。

（2）技术指标

对于扫描仪，在衡量其性能时，主要有以下几个性能指标。

① 分辨率。分辨率是扫描仪最主要的技术指标，它决定了扫描仪所记录图像的清晰度，通常用每英寸长度上扫描图像所含像素的个数来表示，单位为 PPI（Pixels Per Inch）。目前大多数扫描仪的分辨率在 300～2400PPI 之间。PPI 数值越大，分辨率越高。分辨率一般有两种：光学分辨率和插值分辨率。光学分辨率就是扫描仪的实际分辨率，它是决定图像清晰度和锐利度的关键性能指标。插值分辨率则是通过软件运算的方式来提高分辨率，即用插值的方法将采样点周围遗失的信息填充进去，也称为软件增强的分辨率。

② 灰度级。灰度级表示图像的亮度层次范围。级数越多，扫描仪图像亮度范围越大、层次越丰富，目前多数扫描仪的灰度级为 256 级。

③ 色彩数。色彩数表示彩色扫描仪所能产生颜色的范围，通常用表示每个像素点颜色的数据位数表示。例如，常说的真彩色图像指的是每个像素点的颜色用 24 位二进制数表示（由三个 8 位的彩色通道组成），红绿蓝通道结合可以产生 2^{24}≈16.67M 种颜色组合，即 16.7M 色，色彩数越多，扫描图像越鲜艳、真实。

④ 扫描速度。扫描速度是指扫描仪从预览到扫描完成光头移动的时间。扫描速度有多种表示方法，通常用指定分辨率和图像尺寸下的扫描时间来表示。

3. 显示器

PC 的显示系统由显卡和显示器组成，它们共同决定了图像的输出质量。

（1）显卡

显卡全称显示接口卡，又称为显示适配器。显卡将计算机系统所需要的显示信息进行转换驱动，并向显示器提供行扫描信号，控制显示器的正确显示。显卡一般可分两类：集成显卡和独立显卡，如图 A.21 所示。

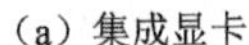
（a）集成显卡

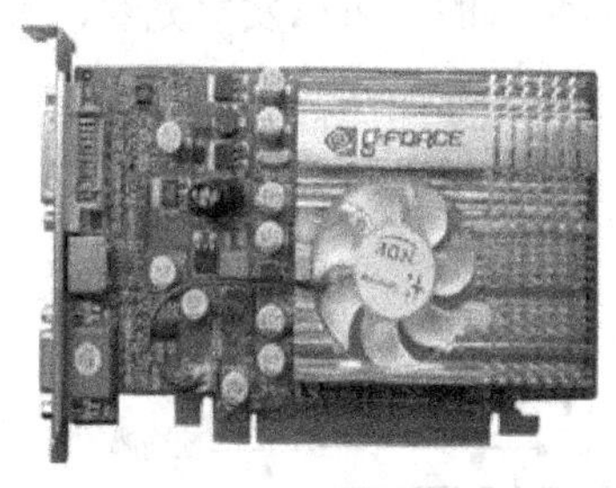

（b）独立显卡

图 A.21　显卡示意图

① 集成显卡。集成显卡将显示芯片、显存及其相关电路都集成在主板上，与主板融为一体。集成显卡的显示芯片有单独的，但大部分都集成在主板的北桥芯片中。一些主板集成的显卡也在主板上安装了单独显存，但其容量较小，所以，集成显卡的显示效果与处理性能相对较弱。集成显卡的优点是功耗低、发热量小，不用花费额外的资金购买。不足之处在于不能升级。

② 独立显卡。独立显卡是指将显示芯片、显存及其相关电路单独制作在一块电路板上，作为一块独立的板卡存在，它需占用主板的扩展插槽。独立显卡的优点是单独安装，一般不占用系统内存，能够得到更好的显示效果和性能，容易进行显卡的硬件升级。不足之处在于系统功耗有所加大，发热量也较大。

显卡的重要技术参数如下。

① 核心频率。显卡的核心频率是指显示核心的工作频率，在一定程度上可以反映出显示核心的性能，在同样级别的芯片中，核心频率高的则性能要强一些。提高核心频率是显卡超频的方法之一。

② 显存。显存全称是显卡内存，其主要功能是存储显示芯片所处理的各种数据。显存容量是选择显卡的关键参数之一，其在一定程度上也会影响显卡的性能。显存位宽是显存在一个时钟周期内所能传送数据的位数，位数越大则瞬间所能传输的数据量越大，目前市场上的显存位宽有 64 位、128 位和 256 位三种，人们习惯上说的 64 位显卡、128 位显卡和 256 位显卡就是指其相应的显存位宽。

（2）显示器

显示器类型很多，按显示原理可以分为阴极射线管显示器（CRT）和液晶显示器（LCD），阴极射线管显示器已逐步淘汰，LCD 显示器已成为主流产品。从液晶显示器的结构来看，LCD 显示屏属于分层结构，如图 A.22 所示。

一些高档的数字 LCD 显示器采用数字方式传输数据、显示图像，这样就不会产生由显卡造成的色彩偏差或损失。并且完全没有辐射，即使长时间观看 LCD 显示器屏幕也不会对眼睛造成很大伤害。

从液晶显示器的结构来说，无论是笔记本电脑屏还是桌面电脑液晶显示器，采用的液晶显示器屏全是由不同部分组成的分层结构。LCD 由两块玻璃板构成，厚约 1mm，其间由包含液晶材料的电化学器件以 5μm 间隔均匀隔开。因为液晶材料本身并不发光，所以在显示屏两边都设有作为光源的灯管，而在液晶显示屏背面有一块背光板（或称匀光片）和反光膜。背光板是由荧光物质组成的，可以发射光线，其作用主要是提供均匀的背景光源。

液晶显示器的工作原理如图 A.23 所示。

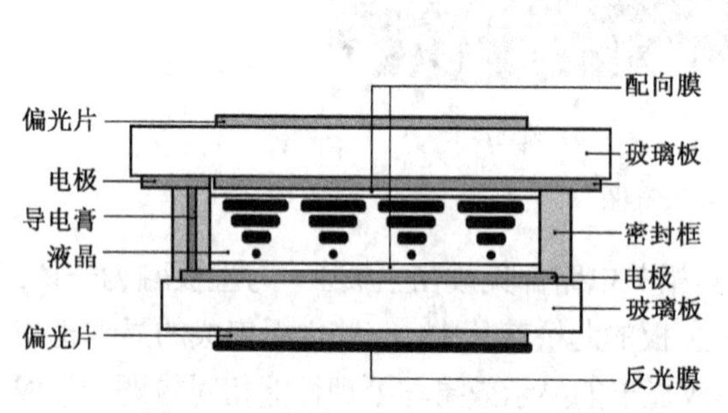

图 A.22 液晶显示器结构示意图

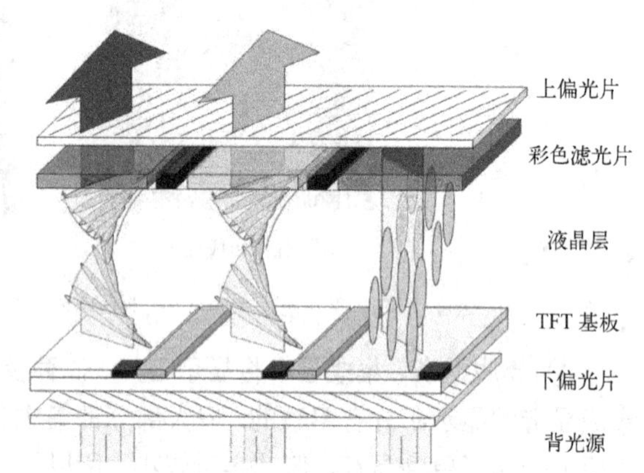

图 A.23 液晶显示器的工作原理

液晶是一种介于固体和液体之间的特殊物质，它是一种有机化合物，常态下呈液态，但是它的分子排列却和固体晶体一样非常规则，因此取名液晶，它的另一个特殊性质在于，如果给液晶施加一个电场，会改变它的分子排列，这时如果给它配合偏振光片，它就具有阻止光线通过的作用（在不施加电场时，光线可以顺利透过），如果再配合彩色滤光片，改变加给液晶的电压大小，就能改变某一颜色透光量的多少。

背光板发出的光线在穿过第一层偏振过滤层之后进入包含成千上万液晶液滴的液晶层。液晶层中的液滴都被包含在细小的单元格结构中，一个或多个单元格构成屏幕上的一个像素。在玻璃板与液晶材料之间是透明的电极，电极分为行和列，在行与列的交叉点上，通过改变电压而改变液晶的旋光状态，液晶材料的作用类似于一个个小光阀。在液晶材料周边是控制电路部分和驱动电路部分。当液晶显示器中的电极产生电场时，液晶分子就会产生扭曲，从而将穿越其中的光线进行有规则的折射，后经第二层过滤层的过滤在屏幕上显示出来。

对于液晶显示器来说，亮度往往和背光源有光。背光源越亮，整个液晶显示器的亮度也会随之提高。

液晶显示器的主要技术参数有以下方面。

① 屏幕尺寸。屏幕尺寸指液晶显示器屏幕对角线的长度，单位为英寸。大尺寸液晶显示器观看效果好一些，更利于在远一点的距离观看或在宽敞的环境中观看。但受液晶板制造工艺的影响，尺寸过大的液晶屏幕成本会急剧上升，现在的主流产品屏幕尺寸在 27 英寸左右。

② 点距。液晶屏幕的点距就是两个液晶颗粒（光点）之间的距离，它决定着显示器显示画面的精细程度。常见液晶显示器分辨率及点距如表 A.1 所示。

表 A.1 液晶显示器分辨率及点距

尺寸	分辨率	点距	比例
22 英寸	1680×1050	0.282mm	16：10
24 英寸	1920×1080	0.277mm	16：9
24 英寸	1920×1200	0.270mm	16：10
27 英寸	1920×1080	0.311mm	16：9
27 英寸	2560×1440	0.233mm	16：9

从理论上说，点距越小，画面越精细，字体边缘越细滑。相反，点距越大，字体也越大，边缘轮廓锯齿严重，画面会显得粗糙。这也是为什么很多售价几万的专业显示器的尺寸大多数为 27 英寸的原因。为了能让 27 英寸的液晶显示器更好的低价普及（售价和 24 英寸的相差无几），也有一些产品采用了 1920×1080 的分辨率，点距 0.311mm。从理论上讲，这样的分辨率搭配这样的点距在 27 英寸的液晶显示器上，画面会有些粗糙，但实际测试效果尚可接受。

③ 色彩数。色彩数就是显示器所能显示的最多颜色数。目前液晶显示器常见的颜色种类有两种：一种是 24 位色，也叫 24 位真彩，这 24 位真彩由红绿蓝三原色（每种颜色 8 位色彩）组成，所以这种液晶板也叫 8 位液晶板，颜色一般称为 16.7 M 色；另一种液晶显示器三原色每种只有 6 位，也叫 6 位液晶板，通过“抖动”技术，快速切换局部相近颜色，利用人眼的残留效应获得缺失色彩，颜色一般称为 16.2 M 色。两者实际视觉效果差别不算太大，目前高端液晶显示器中 16.7 M 色占主流。

4．打印机

打印机用于将计算机处理结果打印在相关介质上。衡量打印机性能的指标有三项：打印分辨率、打印速度和噪声。按照打印机的工作原理，将打印机分为击打式打印机和非击打式打印机两大类。击打式打印机包括针式打印机，非击打式打印机包括喷墨打印机和激光打印机等，常见打印机如图 A.24 所示。

（a）针式打印机　（b）喷墨打印机　（c）激光打印机

图 A.24　常见打印机

（1）针式打印机

针式打印机在很长的一段时间内流行不衰，这与它极低的打印成本和很好的易用性及单据打印的特殊用途是分不开的。打印质量低、工作噪声大是其主要缺点。现在只有在银行、超市等需要大量打印票单的地方还可以看见它。针式打印机通过打印针对色带的机械撞击，在打印介质上产生小点，最终由小点组成所需打印的对象。而打印针数就是指针式打印机的打印头上的打印针数量，打印针的数量直接决定了产品打印的效果和打印的速度。目前最常见的产品的打印针数为 24 针，早期的针式打印机也有采用 9 针的，但是打印的效果和速度都要逊色很多。而一些高端的产品则有采用双打印头的，不过每一个打印头的针数也是24针的，但是打印的速度会大大提高。

（2）喷墨打印机

喷墨打印机的打印头上一般有48个或48个以上的独立喷嘴，这些独立喷嘴可以喷出各种不同颜色的墨滴。不同颜色的墨滴落于同一点上，形成不同的复色。一般来说，喷嘴越多，打印速度越快。喷墨打印机良好的打印效果与较低的价位，使其占领了广大中低端市场。另外，喷墨打印机还具有更为灵活的纸张处理能力。

（3）激光打印机

激光打印机可以提供更高质量、更快速的打印。其中，低端黑白激光打印机的价格目前已经降到了几百元，达到了普通用户可以接受的水平。它的打印原理是：利用光栅图像处理器产生要打印页面的位图，然后将其转换为电信号等一系列脉冲送往激光发射器，在这一系列脉冲的控制下，激光被有规律地放出。与此同时，反射光束被感光鼓接收并发生感光。当纸张经过感光鼓时，鼓上的着色剂就会转移到纸上，印成了页面的位图。最后，当纸张经过一对加热辊后，着色剂被加热熔化，固定在纸上，整个过程准确而且高效。激光打印机的工作过程如图A.25所示。

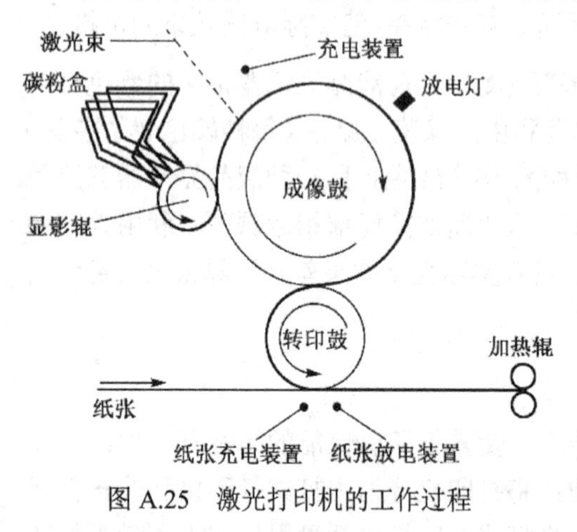

图A.25 激光打印机的工作过程

虽然激光打印机的价格要比喷墨打印机高得多，但从单页的打印成本上讲，激光打印机则要便宜很多。而彩色激光打印机的价位很高，几乎都要在万元上下，很难被普通用户接受。

（4）其他类型打印机

除了以上三种最为常见的打印机外，还有热转印打印机和大幅面打印机等几种应用于专业方面的打印机。热转印打印机利用透明染料进行打印，它的优势在于专业、高质量的图像打印。大幅面打印机的打印原理与喷墨打印机基本相同，但打印幅宽一般都能达到24英寸以上，它的主要用途集中在工程与建筑领域。

A.2 微型计算机软件组成

软件已是计算机运行不可缺少的部分。现代计算机进行的各种事务等处理都是通过软件实现的，用户也是通过软件与计算机进行交互的。

A.2.1 计算机软件概述

软件是计算机系统的重要组成部分，随着计算机应用的不断发展，计算机软件也形成了一个庞大的体系，在这个体系中存在着不同类型的软件，它们在计算机系统的运行过程中起着不同的作用。

1. 软件的概念

软件是计算机的灵魂，是计算机应用的关键。如果没有适应不同需要的计算机软件，人们就不可能将计算机广泛地应用于人类社会的生产、生活、科研、教育等几乎所有领域。目前，计算机软件尚无一个统一的定义。但就其组成来说，主要是由程序和相关文档两个部分组成的。程序是用于计算机运行的，且必须装入计算机才能被执行，而文档不能被执行，主要是给用户看的。

（1）程序

程序是计算任务的处理对象和处理规则的描述，是一系列按照特定顺序组织的计算机数据和指令的集合。程序应具有3个方面的特征：其一是目的性，即要得到一个结果；其二是可执行性，即编制的程序必须能在计算机中运行；其三是程序是代码化的指令序列，即是用计算机语言编写的。

（2）文档

文档是了解程序所需的阐明性资料。它是指用自然语言或形式化语言所编写的用来描述程序的内容、组成、设计、功能规格、开发情况、测试结构和使用方法的文字资料和图表，如程序设计说明书、流程图、用户手册等。

程序和文档是软件系统不可分割的两个方面。为了开发程序，设计者需要用文档来描述程序的功能和如何设计开发等，这些信息用于指导设计者编制程序。当程序编制好后，还要为程序的运行和使用提供相应的使用说明等相关文档，以便使用人员使用程序。

2. 软件和硬件的关系

现代计算机系统是由硬件系统和软件系统两部分组成的，硬件系统是软件（程序）运行的平台，且通过软件系统得以充分发挥和被管理。计算机工作时，硬件系统和软件系统协同工作，通过执行程序而运行，两者缺一不可。软件和硬件的关系主要反映在以下3个方面。

（1）相互依赖协同工作

计算机硬件建立了计算机应用的物质基础，而软件则提供了发挥硬件功能的方法和手段，扩大其应用范围，并提供友好的人机界面，方便用户使用计算机。

（2）无严格的界线

随着计算机技术的发展，计算机系统的某些功能既可用硬件实现，又可以用软件实现（如解压图像处理）。采用硬件实现可以提高运算速度，但灵活性不高，当需要升级时，只能更新硬件。而用软件实现则只需升级软件即可，设备不用换。因此，硬件与软件在一定意义上说没有绝对严格的分界线。

（3）相互促进协同发展

硬件性能的提高，可以为软件创造出更好的运行环境，在此基础上可以开发出功能更强的软件。反之，软件的发展也对硬件提出了更高的要求，促使硬件性能的提高，甚至产生新的硬件。

3. 计算机软件的分类

根据计算机软件的用途，可以将软件分为系统软件、支撑软件和应用软件3类。应当指出，软件的分类并不是绝对的，而是相互交叉和变化的，有些系统软件（如语言处理系统）可以看作支撑软件，而支撑软件的有些部分可看作系统软件，另一些部分则可看成是应用软件的一部分。所以也有人将软件分为系统软件和应用软件两大类。为了便于读者对不同类型软件的理解，下面按照3类来介绍。

（1）系统软件

系统软件利用计算机本身的逻辑功能，合理地组织和管理计算机的硬件、软件资源，以充分利用计算机的资源，最大限度地发挥计算机效率，方便用户的使用及为应用开发人员提供支持，如操作系统、程序设计语言处理程序、数据库管理系统等。

（2）支撑软件

支撑软件是支持其他软件的编制和维护的软件。主要包括各种工具软件、各种保护计算机系统和检测计算机性能的软件，如测试工具、项目管理工具、数据流图编辑器、语言转换工具、界面生成工具及各类杀毒软件等。

（3）应用软件

应用软件是为计算机在特定领域中的应用而开发的专用软件，如各种信息管理系统、各类媒体播放器、图形图像处理系统、地理信息系统等。应用软件的范围极其广泛，可以这样说，哪里有计算机应用，哪里就有应用软件。

3类软件在计算机中处在不同的层次，最里层是系统软件，中间是支撑软件，外层是应用软件，如图A.26所示。

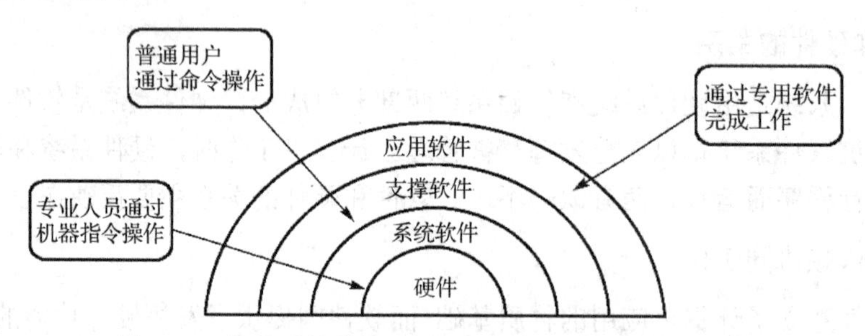

图A.26 软件系统结构及不同层提供的操作方式示意图

A.2.2 系统软件简介

系统软件是软件系统的核心，它的功能就是控制和管理包括硬件和软件在内的计算机系统的资源，并对应用软件的运行提供支持和服务。它既受硬件支持，又控制硬件各部分的协调运行。它是各种应用软件的依托，既为应用软件提供支持和服务，又对应用软件进行管理和调度。常用的系统软件有操作系统、语言处理系统及数据库管理系统等。

1. 操作系统

操作系统（Operating System，简称OS）是直接运行在“裸机”上的系统软件。从资源管理的角度，操作系统是为了合理、方便地利用计算机系统，而对其硬件资源和软件资源进行管理的软件。主要功能是调度、监控和维护计算机系统，负责管理计算机系统中各种独立的硬件，使得它们可以协调工作。当多个软件同时运行时，操作系统负责规划及优化系统资源，并将系统资源分配给各种软件，同时控制程序的运行。操作系统还为用户提供方便、有效、友好的人机操作界面。

（1）操作系统的基本功能

操作系统主要包括处理机管理、存储管理、文件管理、设备管理和作业管理五项管理功能。

① 处理机管理。处理机是计算机中的核心资源，所有程序的运行都要靠它来实现。如何协调不同程序之间的运行关系，如何及时反应不同用户的不同要求，如何让众多用户能够公平地得到计算机的资源等都是处理机管理要关心的问题。具体地说处理机管理要做如下事情：对处理机的时间进行分配，对不同程序的运行进行记录和调度，实现用户和程序之间的相互联系，解决不同程序在运行时相互发生的冲突。

处理机管理可归结为对进程的管理：包括进程控制、进程同步、进程通信和进程调度。进程控制是指为作业创建一个或几个进程，并对其分配必要的资源，然后进程进入三态转换，直至结束回收资源撤销进程，进程的引入实现了多道程序的并发执行，提高了处理机的利用率。进程控制关系如图 A.27 所示。

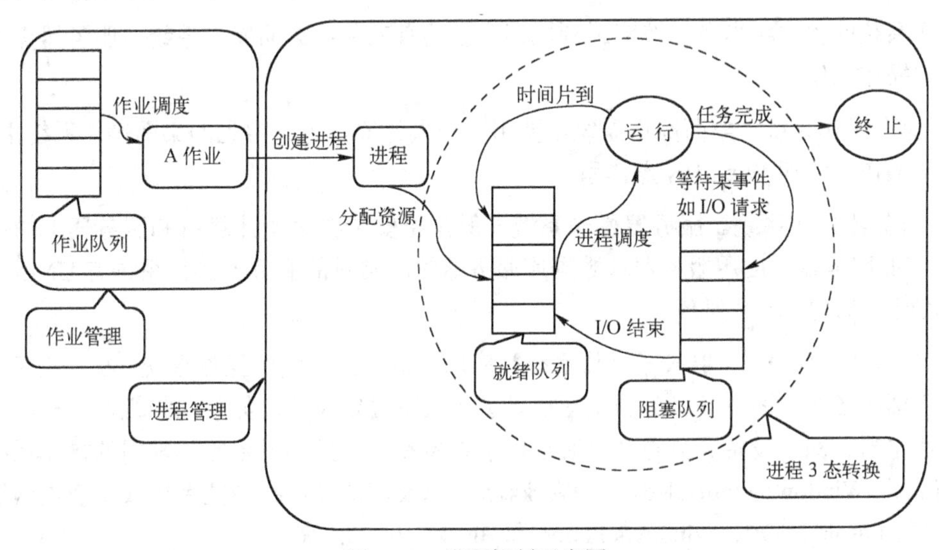

图 A.27 进程控制示意图

② 存储管理。存储管理解决的是内存的分配、保护和扩充的问题。计算机要运行程序就必须有一定的内存空间，当多个程序都在运行时，如何分配内存空间才能最大限度地利用有限的内存空间为多个程序服务；当内存不够用时，如何利用外存将暂时用不到的程序和数据放到外存上去，而将急需使用的程序和数据调到内存中来，这些都是存储管理所要解决的问题。

③ 文件管理。文件管理解决的是如何管理好存储在外存上的数据（如磁盘、光盘、U 盘等），是对存储器的空间进行组织分配，负责数据的存储，并对存入的数据进行保护检索的系统。

文件管理有以下三方面的任务。

- 有效地分配文件存储器的存储空间（物理介质）；
- 提供一种组织数据的方法（按名存取、逻辑结构、组织数据）；
- 提供合适的存取方法（顺序存取、随机存取）。

④ 设备管理。外围设备是计算机系统的重要硬件资源，与CPU、内存资源一样，也应受到操作系统的管理。设备管理就是对各种输入/输出设备进行分配、回收、调度和控制，以及完成基本输入/输出等操作。

⑤ 作业管理。在操作系统中，常常把用户要求计算机完成的一个计算任务或事务处理称为一个作业。作业管理的主要任务是作业调度和作业控制。作业调度是要根据一定的调度算法，从输入到系统的作业队列中选出若干个作业，分配必要的资源（如内存，外部设备等），为它建立相应的用户作业进程和为其服务的系统进程，最后把这些作业的程序和数据调入内存，等待进程调度程序去调度执行。作业调度的目标是使作业运行最大限度地发挥各种资源的利用率，并保持系统内各种进程的充分并行。作业控制是指在操作系统支持下，用户如何组织其作业并控制作业的运行。作业控制方式有两种：脱机作业控制和联机作业控制。

（2）操作系统的基本分类

操作系统的种类相当多，按应用领域划分主要有三种：桌面操作系统、服务器操作系统和嵌入式操作系统。

① 桌面操作系统。桌面操作系统主要用于个人计算机上。常见的桌面操作系统主要有：类UNIX操作系统和Windows操作系统。

② 服务器操作系统。服务器操作系统一般是指安装在大型计算机和服务器上的操作系统，如Web服务器、应用服务器和数据库服务器等。常见的服务器操作系统有UNIX系列，Linux系列，Windows系列等。

③ 嵌入式操作系统。嵌入式操作系统是应用在嵌入式环境的操作系统。嵌入式环境广泛应用于生活的各个方面，涵盖范围从便携设备到大型固定设施，如数码相机、手机、平板电脑、家用电器、医疗设备、交通灯、航空电子设备和工厂控制设备等。常用的操作系统有嵌入式Linux、Windows Embedded、VxWorks等，以及广泛使用在智能手机或平板电脑等操作系统，如Android、iOS、Windows Phone和BlackBerry OS等。

2. 语言处理系统

（1）程序设计语言

为了告诉计算机应当做什么和如何做，必须把处理问题的方法、步骤以计算机可以识别和执行的形式表示出来，也就是说要编制程序。这种用于书写计算机程序所使用的语法规则和标准称为程序设计语言。程序设计语言按语言级别有低级语言与高级语言之分。低级语言是面向机器的，包括机器语言和汇编语言两种。高级语言有面向过程（如C语言）和面向对象（如C++语言）两大类。

① 机器语言。机器语言是以二进制代码形式表示的机器基本指令的集合，是计算机硬件唯一可以直接识别和执行的语言。其特点是运算速度快，且不同计算机其机器语言不同。其缺点是难阅读，难修改。图 A.28 就是一段用机器语言编写的程序段。

② 汇编语言。汇编语言是为了解决机器语言难以理解和记忆，用易于理解和记忆的名称和符号表示的机器指令，如图 A.29 所示。汇编语言虽比机器语言直观，但基本上还是一条指令对应一种基本操作，对同一问题而编写的程序在不同类型的机器上仍然是互不通用的。

机器语言和汇编语言都是面向机器的低级语言，与特定的机器有关，执行效率高，但与人们思考问题和描述问题的方法相距太远，使用烦琐、费时，易出差错。低级语言的使用要求使用者熟悉计算机的内部细节，非专业的普通用户很难使用。

③ 高级语言。高级语言是人们为了解决低级语言的不足而设计的程序设计语言，由一些接近于自然语言和数学语言的语句组成，如图 A.30 所示。

功能	操作码	操作数
取数	00111110	00000111
加数	11000110	00001010

图 A.28　机器语言程序示例

功能	操作码	操作数
取数	LOAD　AX,	7
加数	ADD　AX,	10

图 A.29　汇编语言程序示例

功能	语句
取数	X=7;
加数	X=x+10;

图 A.30　高级语言程序示例

高级语言更接近于要解决的问题的表示方法并在一定程度上与机器无关，用高级语言编写程序，接近于自然语言与数学语言，易学、易用、易维护。一般来说，用高级语言编程效率高，但执行效率没有低级语言高。

（2）语言处理程序

用程序设计语言编写的程序称为源程序。源程序（除机器语言程序）不能被直接运行，它必须先经过语言处理变为机器语言程序（目标程序），再经过装配连接处理，变为可执行的程序后，才能够在计算机上运行。语言处理程序是把用一种程序设计语言表示的程序转换为与之等价的另一种程序设计语言表示的程序。语言处理程序实际是一个翻译程序，被它翻译的程序称为源程序，翻译生成的程序称为目标程序。

语言处理程序（翻译程序）的实现途径主要有解释方式和编译方式两种。

① 解释方式。按照源程序中语句的执行顺序，即由事先存入计算机中的解释程序对高级语言源程序逐条语句翻译成机器指令，翻译一句执行一句，直到程序全部翻译执行完，如图 A.31 所示。由于解释方式不产生目标程序，所以每次运行程序都得重新进行翻译。

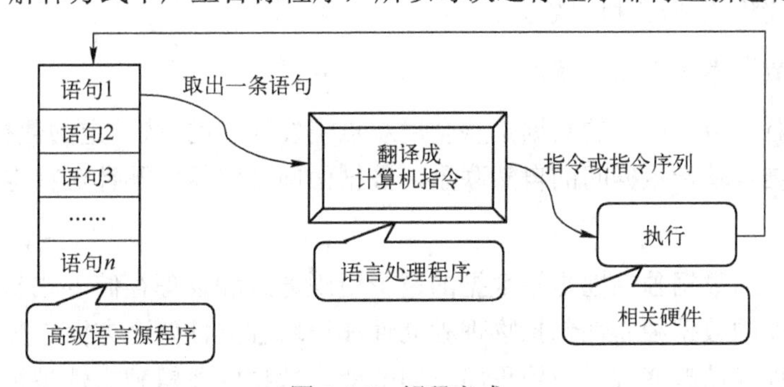

图 A.31　解释方式

解释方式的优点是交互性好，缺点是执行效率低。

② 编译方式。编译方式是指利用事先编好的一个称为编译程序的机器语言程序，作为系统软件存放在计算机内，当用户将高级语言编写的源程序输入计算机后，编译程序便把源程序整个地翻译成用机器语言表示的与之等价的目标程序，然后通过装配链接生成可执行程序，如图 A.32 所示。生成的可执行程序以文件的形式存放在计算机中。

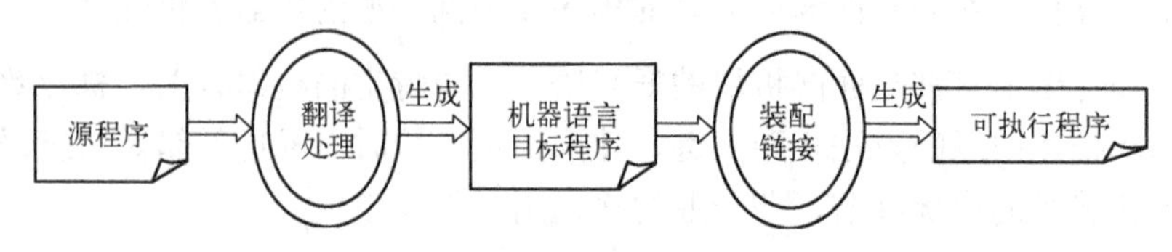

图 A.32　编译方式示意图

编译程序、解释程序、汇编程序都是编程语言处理程序，其区别主要为：汇编程序（为低级服务）是将汇编语言书写的源程序翻译成由机器指令和其他信息组成的目标程序；解释程序（为高级服务）直接执行源程序或源程序的内部形式，一般逐句读入、翻译、执行，不产生目标代码，如 BASIC 解释程序；编译程序（为高级服务）是将高级语言书写的源程序翻译成与之等价的低级语言的目标程序。编译程序与解释程序最大的区别之一在于前者生成目标代码，而后者不生成；此外，前者产生的目标代码的执行速度比解释程序的执行速度要快；后者人机交互好，适于初学者使用。

3．数据库管理系统

计算机处理的对象是数据，因而如何管理好数据是一个重要的问题。数据管理是利用计算机硬件和软件技术对数据进行有效的收集、存储、处理和应用的过程。其目的在于充分、有效地发挥数据的作用，实现数据的价值。

（1）数据库

数据库是存放数据的仓库，是对现实世界有用信息的抽取、加工和处理，并按一定格式长期存储在计算机内的、有组织的、可共享的数据集合。数据库的概念包括两层意思：

- 数据库是能够合理保管数据的“仓库”，用户在该“仓库”中存放要管理的事务数据，“数据”和“库”两个概念相结合构成数据库。
- 数据库包含数据管理的新方法和新技术，通过数据库，人们可以方便地组织数据、维护数据、控制数据和利用数据。

相对文件，数据库具有如下特点。

① 数据结构化。数据库中的数据是从全局观点出发建立的，按一定的数据模型进行组织、描述和存储。其结构基于数据间的自然联系，数据面向全组织，不针对特定应用，具有整体的结构化特征。

② 数据独立性。数据独立性是指数据的逻辑组织方式和物理存储方式与用户的应用程序相对独立。数据库的数据独立性包括物理独立性和逻辑独立性两个方面。数据的物理独立性是指当数据的物理存储改变时，应用程序不用改变。数据的逻辑独立性是指当数据的逻辑结

构改变时，用户应用程序不用改变。通过数据独立性可以简化应用程序的编制，大大减少应用程序的维护和修改工作量。

③ 数据冗余低。数据的冗余度是指数据重复的程度。数据库系统从整体角度描述数据，数据可以被多个应用共享。这样可以节约存储空间、减少存取时间，而且可以避免数据之间的不相容和不一致。但还需要必要的冗余，必要的冗余可保持数据间的联系。

④ 统一的数据管理和控制。数据库对系统中的用户来说是共享资源。计算机的共享一般是并发的，即多个用户可以同时存取数据库中的数据，甚至可以同时存取数据库中同一个数据。统一的数据管理和控制由数据库管理系统（DBMS）提供。DBMS 在系统的位置如图 A.33 所示。

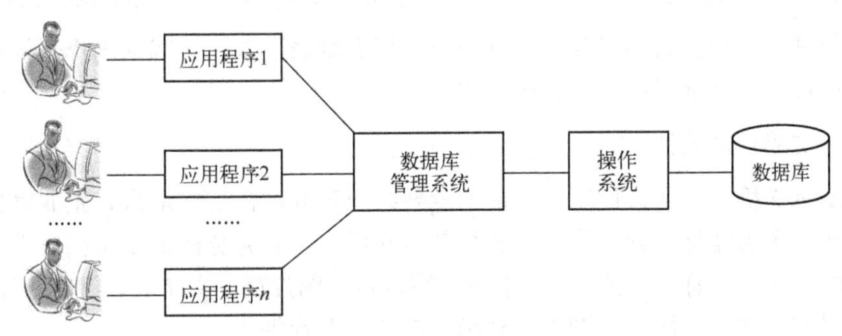

图 A.33 数据库管理系统

（2）数据库管理系统的基本功能

数据库管理系统（DBMS）就是对数据库中的数据进行管理、控制的软件，其介于应用程序与操作系统之间的数据库管理软件，是数据库的核心。其主要功能是维护数据库，以及接收和完成用户程序或命令提出的访问数据库的各种请求。包括如下 4 方面的功能。

① 数据定义功能。对数据库中数据对象的定义，用来建立所需的数据库（即设计库结构），如库、表、视图、索引、触发器等。

② 数据操纵功能。对数据库中数据对象的基本操作，用来对数据库进行查询和维护等操作。

③ 数据控制功能。对数据库中数据对象的统一控制，即控制数据的访问权限。主要控制包括数据的安全性、完整性和多用户的并发控制。

④ 系统维护功能。对数据库中数据对象的输入、转换、转储、重组、性能监视等。

数据库管理系统隐藏了数据在数据库中的存放方式等底层细节，使编程人员能够集中精力管理信息，而不考虑文件的具体操作或数据连接关系的维护。

A.2.3 应用软件简介

应用软件面向实际问题，为人们提供高效、便捷的解决手段。常见的应用软件有以下几类。

（1）字处理软件

字处理软件是使计算机实现文字编辑工作的应用软件。现在的字处理软件都支持所见即所得的功能。大家熟知的Word、WPS软件就是这种类型的字处理软件。特点是使用方法简单、容易掌握。该法适合普通人员使用，且主要在办公等部门应用。

一个优秀的字处理软件，不仅能处理文字、表格，而且能够实现图文混排。一般字处理软件中，可作为图形对象操作的有剪贴画、各种图文符号、艺术字、公式、各种图形等。

（2）表处理软件

表处理软件（也称电子表格软件）的主要功能是以表格的方式来完成数据的输入、计算、分析、制表、统计，并能生成各种统计图形。它不只是在功能上能够完成通常的人工制表工作，而且在表现形式上也充分考虑了人们手工制表的习惯，将表格形式直接显示在屏幕上，使用户操作起来就像纸质表格一样方便。大家熟知的Excel软件就是这种类型的软件。

使用表处理软件时，人们只需准备好数据，根据制表要求，正确地选择表处理软件提供的命令，就可以快速、准确地完成制表工作。

（3）演示文稿处理软件

现在，演示文稿正成为人们工作生活的重要组成部分，在工作汇报、企业宣传、产品推介、婚礼庆典、项目竞标、管理咨询等领域都有应用。一套完整的演示文稿文件一般包含：片头动画、PPT封面、前言、目录、过渡页、图表页、图片页、文字页、封底、片尾动画等。所采用的素材有：文字、图片、图表、动画、声音、影片等。

演示文稿可以通过不同的方式播放，可将演示文稿打印成一页一页的幻灯片，也可使用幻灯片机或投影仪播放，可以将演示文稿保存到光盘中以进行分发，也可在幻灯片放映过程中播放音频流或视频流。

（4）媒体处理软件

媒体处理软件主要用于媒体信息的处理，主要包括声音处理软件、图形图像软件、媒体工具软件等。

声音处理软件主要用于完成对声音的数字化处理，形成数字音频文件。这类软件有很多种，Windows附件中的录音机就是一个简单的声音编辑软件；图形图像软件是浏览、编辑、捕捉、制作、管理各种图形和图像文档的软件，主要用于图像加工、动画制作等；媒体工具软件是将文字、图像、声音、动画和视频等多媒体素材按照需求结合，形成表现力强、交互性强且可在本地主机或网络上传输运行的多媒体应用系统。

常见的媒体处理软件有图像处理软件（如Photoshop）、图像浏览和管理软件（如ACDSee）、桌面图像捕捉软件（如HyperSnap）、MP3播放软件（如Winamp）、媒体播放器（如Media Player）、多媒体制作工具（如Authorware）、非线性编辑软件（如Premiere）等。

（5）网络工具软件

网络工具软件主要提供网络环境下的应用，包括网页浏览器、下载工具、电子邮件工具、网页设计制作工具等。通过这类软件，用户可以编辑、制作网络中使用的文档。

参考文献

[1] 董卫军. 大学计算机应用技术. 北京：科学出版社，2014.

[2] 董卫军. 计算机导论（第二版）. 北京：电子工业出版社，2014.

[3] 董卫军. 计算机导论. 北京：电子工业出版社，2011.

[4] 耿国华. 大学计算机应用基础（第二版）. 北京：清华大学出版社，2010.

[5] 耿国华. 大学文科计算机基础. 北京：高等教育出版社，2006.

[6] 朱战立. 计算机导论（第二版）. 北京：电子工业出版社，2010.

[7] 教育部高等学校文科计算机基础教学指导委员会. 高等学校文科类专业大学计算机教学基本要求（2010 年版）. 北京：高等教育出版社，2010.

[8] 教育部高等学校计算机基础课程教学指导委员会. 高等学校计算机基础教学发展战略研究报告暨计算机基础课程教学基本要求. 北京：高等教育出版社，2009.